Winz

Einführung ins Qualitätsmanagement

Gerald Winz

Einführung ins Qualitätsmanagement

Qualitätsmethoden, Projektplanung, Kommunikation

2., aktualisierte Auflage

Dieses Buch ist in der Erstauflage unter dem Titel „Qualitätsmanagement für Wirtschaftsingenieure“ erschienen.

Bibliografische Information der Deutschen Nationalbibliothek:
Die Deutsche Nationalbibliothek verzeichnet diese Publikation in der Deutschen Nationalbibliografie; detaillierte bibliografische Daten sind im Internet über <http://dnb.d-nb.de/> abrufbar.

Print-ISBN 978-3-446-47333-1
E-Book-ISBN 978-3-446-47739-1
ePub-ISBN 978-3-446-47781-0

www.hanser-fachbuch.de
Lektorat: Lisa Hoffmann-Bäuml
Herstellung: Carolin Benedix
Satz: Eberl & Koesel Studio, Kempten
Coverrealisation: Max Kostopoulos
Titelmotiv: Stephan Rönigk, unter Verwendung von Grafiken © istockphoto.com/AlonzoDesign
Druck und Bindung: CPI books GmbH, Leck
Printed in Germany

Inhalt

Vorwort

Das Buch soll all diejenigen ansprechen, die einen Überblick und ein breites Wissen über Qualitätsmanagement benötigen. Dies ist in der Industrie für Querschnittsaufgaben in Einkauf, Vertrieb, Service, Logistik, Planung, Projektmanagement und Qualitätsmanagement gegeben. Es sind die typischen Einsatzgebiete der Ingenieure und Ingenieurinnen, Wirtschaftsingenieure und Betriebswirte. Ein Denken in Zusammenhängen ist erforderlich. Die Aufgaben stehen zumeist in einem internationalen Kontext. Zugleich erwartet die Industrie von ihren Qualitätsexperten eine besonders hohe kommunikative Kompetenz. Daher werden in vielen Kapiteln die kommunikativen Gesichtspunkte und Lösungen für die Herausforderungen im Qualitätsmanagement besonders herausgestellt und behandelt.

Die im Buch dargestellten Themen reichen vom Qualitätsmanagement in der Beschaffung über Statistik zur Beurteilung der Fähigkeit von Prozessen und Prüfmitteln über eine große Bandbreite von Qualitätsmethoden bis hin zum Projekt- und Risikomanagement. Das Thema Servicequalität wird aufgrund seiner ansteigenden Bedeutung für die produzierende Industrie ausführlich dargestellt.

Durch meine internationalen Industrieerfahrungen weiß ich, wie wichtig der Schwerpunkt interkulturelles Qualitätsmanagement ist. Wie können trotz kulturell bedingter Unterschiede in der Kommunikation, im Qualitätsverständnis und in der Fehlerkultur Qualitätsmanagementsysteme im Ausland erfolgreich entwickelt werden? Diese Herausforderung wird besonders praxisnah und lösungsorientiert behandelt.

In der zweiten Auflage finden die aktuellen Normen Berücksichtigung. Wichtige Sachverhalte werden durch zusätzliche Beispielrechnungen veranschaulicht. Neue Entwicklungen im Rahmen von Qualitätsmanagement 4.0 werden aufgezeigt. Das spannende Kapitel „Interkulturelles Qualitätsmanagement“ wurde umfassend überarbeitet.

Prof. Dr.-Ing. Gerald Winz

1 Einführung

Zur größten Rückrufaktion der Geschichte kam es 2015 in den USA wegen fehlerhafter Airbags des japanischen Zulieferers Takata. Zu den bereits 17 Millionen reparierten Fahrzeugen wurden nochmals über 33 Millionen Autos in die Werkstätten beordert. Bereits 2004 gab es einen Unfall mit dem Airbag. Doch die Ingenieure taten das Ereignis als Einzelfall ab und suchten nicht nach der Fehlerursache. Die Unfälle mit Toten und Verletzten häuften sich. Tatsächlich wurden in der Entwicklung und in der Fertigung Fehler im Qualitätsmanagement gemacht. In einer Fabrik in Mexiko kam es zu Abweichungen im Produktionsprozess, in einer US-Fabrik sortierte eine Maschine mangelhafte Teile nicht automatisch aus. Der Qualitätsleiter von Takata musste sich sogar vor dem US-Senat verantworten. Die Firma meldete kurz darauf Konkurs an. Auch in Deutschland geschehen permanent KFZ-Rückrufe. Diese werden in der Rückrufdatenbank des Kraftfahrzeugbundesamtes unter *www.kba-online.de* nachgehalten. Im Jahr 2021 gab es in Deutschland 575 vom Kraftfahrzeugbundesamt veranlasste Rückrufaktionen. Zehn Jahre früher lag die Zahl bei lediglich 186. Das europäische Schnellwarnsystem „Safety Gate" schützt vor gesundheitlich bedenklichen Verbraucherprodukten im Non-Food-Bereich (siehe *https://ec.europa.eu/safety-gate-alerts/screen/webReport*).

2021 rief der Medizintechnikhersteller Philips weltweit Beatmungsgeräte zurück. Alleine in Deutschland waren 200 000 Menschen betroffen. Der Konzern musste einen Milliardenbetrag auf seine Sparte abschreiben. 2016 musste der Premiumhersteller Samsung sein High-End-Smartphone Galaxy Note 7 weltweit zurückholen, da es in seltenen Einzelfällen zu Bränden aufgrund einer Akkuüberhitzung gekommen war (vgl. Allemann 2016). Das Note 7 durfte auf vielen Flügen nicht mehr mitgenommen werden. Millionen von Endverbrauchern waren betroffen. Solche prominenten Qualitätsunfälle sind nur die Spitze des Eisbergs, da die allermeisten Rückrufe im Business-to-Business-Geschäft passieren und damit außerhalb der öffentlichen Aufmerksamkeit.

Die Beispiele zeigen, wie bedeutend und umfassend Qualitätsmanagement heute ist. Es beginnt in der Entwicklung, geht über die Fertigung und Prüfvorschriften und reicht bis zur Fehleranalyse von Produkten im Markt. Gleichzeitig rücken die

Aspekte Fehlerkultur, Kommunikation und Lieferantenbeziehung ins Blickfeld. Die Hersteller sind von ihren Lieferanten in hohem Grad abhängig. Ein Wechsel dauert mindestens ein Jahr, da die meisten Zulieferprodukte wie Airbags oder Akkus speziell auf das Endprodukt abgestimmt sind. Die jüngere Vergangenheit ist leider voll mit negativen Beispielen, und es betrifft alle Industriezweige.

Woran liegt es? Wird an der Qualität gespart, liegt es am schlechten Projektmanagement in der Entwicklung oder mangelt es an der Kommunikation zwischen dem Hersteller und den Zulieferern? Oder fehlt den Unternehmen häufig auch das erforderliche Wissen zur Lösung von Herausforderungen im Qualitätsbereich? Denn neben der Qualität der Produkte geht es auch um die Qualität der Fertigungs- und anderer Unternehmensprozesse. Das beginnt schon mit dem Prüfen der Tauglichkeit einer Idee. Gutes Qualitätsmanagement benötigt deshalb

- technisches Wissen über Produktion, Statistik und Methoden,
- betriebswirtschaftlichen Sachverstand und Organisationswissen,
- professionelles Projektmanagement sowie
- Kommunikationskompetenzen und interkulturelle Qualitätskompetenz.

Qualität ist ein wesentlicher Erfolgsfaktor für Unternehmen. Wer Mängel in der Produkt- oder Servicequalität aufweist, steht vor einem Verkaufsproblem. Spricht sich das Qualitätsproblem herum, wandelt sich das Verkaufsproblem zu einem Imageproblem. Es kann Jahre dauern, bis das Bild von der guten Qualität wieder zurechtgerückt ist. Das Management von Qualität ist damit ein wesentlicher Teil der Unternehmensstrategie.

1.1 Die Entwicklungsgeschichte des Qualitätswesens

Das Verständnis und die Aufgaben des Qualitätswesens haben sich über die Zeit entwickelt. Bild 1.1 zeigt die wichtigsten Entwicklungsstufen der jüngeren Geschichte im Überblick.

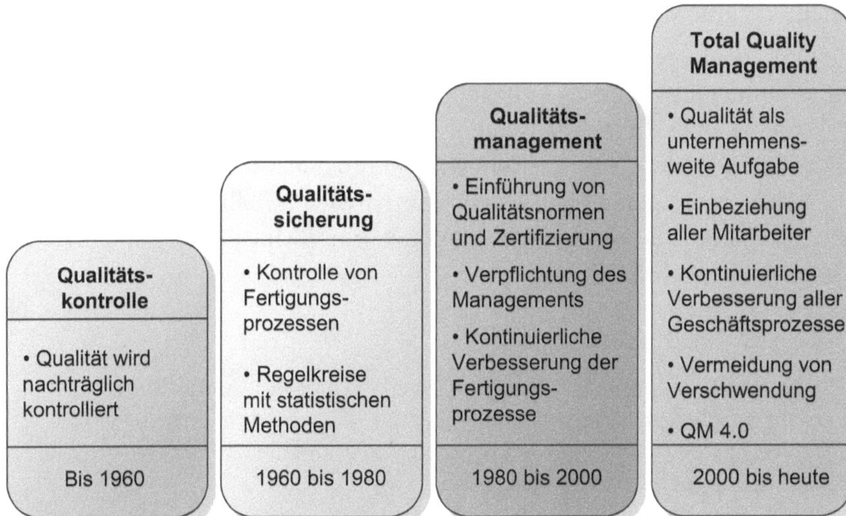

Bild 1.1 Entwicklungsgeschichte des Qualitätswesens

Qualitätskontrolle

Zu allen Zeiten haben sich Menschen mit Qualität beschäftigt. Keine Pyramide wäre entstanden, wenn die Ägypter nicht auf Qualität geachtet hätten. Bis in die 1960er-Jahre hinein beschränkte sich das Qualitätswesen allerdings zumeist auf die nachträgliche Kontrolle des fertigen Produkts. Mittels manueller, später automatisierter Methoden wurde eine Ausschussprüfung durchgeführt. Die guten Teile werden geliefert, die schlechten verworfen. Auch heute sind Qualitätsendkontrollen – zumindest an kritischen Stellen – in der Industrie üblich, aber nur als Teil des Maßnahmenbündels.

Qualitätssicherung

Ab circa 1960 setzte sich die Überlegung durch, dass das Endprodukt automatisch gut ist, wenn der Fertigungsprozess korrekt abläuft. Man hat sich deshalb auf die Qualitätssicherung des Fertigungsprozesses verlegt. Mit dem Einzug der computergestützten numerischen Maschinensteuerung (CNC-Steuerung) wurde mittels statistischer Methoden die Prozessregelung (kurz SPC: Statistical Process Control) eingeführt. Hierbei werden aus dem laufenden Fertigungsprozess stichprobenartig Werkstücke entnommen und gemessen. Aus den Messwerten lassen sich Rückschlüsse auf die Parameter des Fertigungsprozesses ziehen und diese entsprechend nachstellen. Hierdurch wird die Reaktionszeit auf Fehler verkürzt, Ausschuss und Nacharbeit werden reduziert.

Qualitätsmanagement

Durch die fortschreitende Reduzierung der Fertigungstiefe – einer der Treiber war und ist die Automobilindustrie – entstanden komplexe Kunden-Lieferanten-Beziehungen. Von jetzt an bestimmt die Qualität der zugelieferten Güter maßgeblich die Qualität des Endprodukts, d. h. der Hersteller ist erheblich von der Qualitätsfähigkeit seiner Lieferanten abhängig. Deshalb war es wichtig, Mindeststandards und Vertrauen zu schaffen. So wurden die Qualitätsnormen eingeführt und diese werden bis heute weiterentwickelt.

HINWEIS

Eine *Norm* ist ein Dokument zur regelmäßigen Anwendung, welches Regeln und Forderungen für Geschäfts- und Arbeitsprozesse, Tätigkeiten, Produkte und Merkmale festlegt. Eine Norm wird von nationalen oder internationalen Gremien und Verbänden erarbeitet und verabschiedet. ■

Eine externe Partei muss prüfen, ob ein Unternehmen die Anforderungen einer Norm erfüllt. Durch eine schriftliche Bestätigung oder eine offizielle Zertifizierung wird dies dokumentiert. Das Zertifikat gilt als Nachweis, dass Qualität organisatorisch beherrscht wird. Zertifiziert wird hier das Qualitätsmanagementsystem. 1992 wurde in der weltweit gültigen Norm 8402 der Begriff des Qualitätsmanagements geprägt. Hierin muss sich das Management des Unternehmens zum Qualitätsmanagement verpflichten. Der Gedanke der kontinuierlichen Verbesserung der Fertigungsprozesse hält Einzug.

HINWEIS

Unter einem *Qualitätsmanagementsystem* wird sowohl die Gestaltung der Aufbauorganisation und der Ablauforganisation als auch die Verknüpfung der qualitätsbezogenen Aktivitäten untereinander verstanden. Es entsteht ein System vernetzter Regelkreise auf allen betrieblichen Ebenen, welches die Ziele, die Verantwortlichkeiten, die Prozesse, die Dokumentation und die zur Durchführung erforderlichen Mittel festlegt. Maßgeblich für den Aufbau und den Umfang eines Qualitätsmanagementsystems sind die internen und externen Randbedingungen, die Produkte und Leistungen, organisatorische Abläufe sowie die Größe des Unternehmens. ■

Total Quality Management

Das Qualitätsmanagement entwickelte sich zu einem unternehmensweiten Ansatz weiter, der heute unter dem Begriff Total Quality Management (TQM) bekannt ist. Der Name soll betonen, dass es sich um einen totalen, d. h. ganzheitlichen Ansatz handelt, der alle Mitarbeiter und alle Geschäftsprozesse einbezieht. Die Fertigungsprozesse sind also nur eine Teilmenge. Diese Betrachtung erfordert ein hohes Maß an Prozessorientierung. Das vorrangige Ziel sind vorbeugende – also präventive – Maßnahmen in den Prozessen wie dem Entwicklungs- und dem Fertigungsprozess.

Die Ganzheitlichkeit des modernen Qualitätsverständnisses verdeutlicht der Qualitätskreis in Bild 1.2. Entlang des Produktlebenszyklus muss in allen Phasen eine hohe Qualität erzielt werden. Dazu müssen Vorgaben definiert und deren Umsetzung bzw. Erreichung verfolgt werden. Es beginnt bei der Marktanalyse, geht über die Produktentwicklung und die Fertigungsprozessplanung zur Fertigung und Prüfung bis zum Versand sowie der Servicebetreuung und endet bei der Entsorgung des Produkts.

Bild 1.2 Der Qualitätskreis

In diesem umfassenden Qualitätsverständnis sind die Prozesse auf den Kunden ausgerichtet. Die Größen Zeit, Kosten und Qualität werden gemeinsam optimiert. Die Konzentration auf absolute Qualität verhindert Nacharbeit, Doppelarbeit und Verschwendung. Damit hat Total Quality Management eine große Überschneidung zum populären Ansatz des Lean Management, dessen Ziel ebenfalls die Organisation von schlanken, d. h. verschwendungsfreien Geschäftsprozessen ist.

TQM ist als Unternehmensphilosophie zu verstehen, die durch Strategien und Maßnahmen umgesetzt werden muss. Vertreter des TQM-Ansatzes sind unter anderem die ISO 9004, das Excellence-Modell der European Foundation for Quality Management (EFQM) und Six Sigma. Six Sigma ist im Grunde eine Rückbesinnung auf die Fülle vorhandener Werte, Methoden, Techniken und Möglichkeiten des Total Quality Management, die aber jetzt intensiver, tiefgreifender geschult und genutzt werden. Damit hilft Six Sigma dem Unternehmen, seine Prozesse zu durchleuchten, Verschwendung zu vermeiden und die Produktivität voranzutreiben. Six Sigma verlangt TQM-Vollnutzung. Die unbestechliche statistische Messung der Prozessleistung aller kundenrelevanten Unternehmensprozesse steht im Vordergrund. Relevanz haben vorrangig die messbaren Verbesserungen und Einsparungen.

Jüngste Entwicklungen im Qualitätsmanagement sind im Kontext von Industrie 4.0 zu sehen. Durch die Digitalisierung und Vernetzung von Produkten, Maschinen, Produktionsprozessen und sogar organisatorischen Abläufen entstehen auch für das Qualitätsmanagement neue Möglichkeiten, die unter dem Schlagwort Qualitätsmanagement 4.0 zusammengefasst werden (vgl. beispielsweise Refflinghaus 2016, S. 1 oder Freisinger et al. 2022, S. 23). Datenströme aus einer Vielzahl von Sensoren werden in Echtzeit ausgewertet. Durch *Machine Learning* lernen Maschinen und Anlagen, die Qualität zu verbessern. In einer visionären Zukunft erkennt die Künstliche Intelligenz ohne Zeitverzug, dass eine ungünstige Kombination von Prozessparametern vorliegt, und würde in den Prozess eingreifen, um sicherzustellen, dass das Werkstück innerhalb der Toleranzen liegt.

■ 1.2 Der Qualitätsbegriff

Doch was ist Qualität? Es gibt bis heute heterogene und diffuse Auffassungen über „Qualität" und keine allgemein akzeptierte Definition. Der Qualitätsbegriff ist vom lateinischen „qualitas" abgeleitet und bedeutet „Beschaffenheit, Eigenschaft". Zwei zentrale Ansätze der Qualitätsdefinition sind der kundenbezogene und der produktbezogene Qualitätsbegriff.

Der *produktbezogene Qualitätsbegriff* findet sich in der DIN ISO wieder und bezieht sich auf objektive Kriterien (Bild 1.3). Entscheidend ist, dass eindeutige Merkmale festgelegt und damit überprüfbar sind. Zu diesen Merkmalen können physikalische Größen (z. B. Gewicht, Temperatur, Beschleunigung) zählen, aber auch Merkmale, die sich auf den Verkauf des Produkts (z. B. Preis, Menge pro Einheit, Verpackungsgröße) oder den Umgang mit dem Kunden (Kundenfreundlichkeit) beziehen.

In der DIN EN ISO 9000 sind die Qualitätsbegriffe wie folgt definiert:

Qualität:	**Grad, in dem ein Satz inhärenter** (innewohnender) **Merkmale eines Objekts die Anforderungen erfüllt.**
Merkmal:	kennzeichnende Eigenschaft
Objekt:	Einheit, Gegenstand, etwas Wahrnehmbares oder Vorstellbares
Anforderung:	Erfordernis oder Erwartung, die festgelegt, üblicherweise vorausgesetzt oder verpflichtend ist.

Bild 1.3 Der Qualitätsbegriff nach DIN EN ISO 9000:2015, 3.6.2

Die Merkmale einer zu prüfenden Einheit können unterschiedlicher Art sein. Es wird unterschieden in:

- *Quantitative Merkmale:* Sie können Werten zugeordnet werden, die sich auf einer Skala abbilden lassen. Sie werden auch als variable Merkmale bezeichnet. Beispiele sind: Durchmesser, Längenmaß, Bohrungstiefe, Schichtdicke, Ofentemperatur, Stromstärke.
- *Qualitative Merkmale:* Sie haben kennzeichnenden oder klassifizierenden Charakter. Sie sind einer Skala ohne definierte Teilung zugeordnet und werden auch als attributive Merkmale bezeichnet. Beispiele sind: Poren auf Bauteiloberflächen, Grat vorhanden ja/nein, Rattermarken, Bauteilbeschädigungen, Lackfehler, Einschlüsse, Kratzer.

Die Qualität von Produkten und Dienstleistungen umfasst aber nicht nur deren Funktion, sondern auch ihren wahrgenommenen Nutzen für den Kunden (DIN EN ISO 9000:2015, 2.2.1). So kann aus Sicht des Produzenten die Qualität in Ordnung sein, weil die spezifizierten Merkmale eingehalten wurden. Aus der *kundenbezogenen Sicht* ist das Produkt vielleicht von geringer Qualität, weil er andere - auch subjektive - Merkmale einbezieht (Tabelle 1.1). Warum das so ist, erklärt das Kano-Modell.

Tabelle 1.1 Qualitätssichten

	Qualität objektiv schlecht	Qualität objektiv gut
Qualität subjektiv schlecht	Desaster	Kommunikations-problem
Qualität subjektiv gut	Zeitbombe	Idealzustand

■ 1.3 Das Kano-Modell

HINWEIS

Noriaki Kano, *1940 in Tokio, ist emeritierter Professor an der Universität Tokio. In den 1980er-Jahren entwickelte er das Kundenzufriedenheitsmodell, welches heute unter dem Namen Kano-Modell bekannt ist.

Nach Kano können die Merkmale, die ein Kunde an ein Produkt oder an einen Service stellt, in Kategorien unterteilt werden. Kano unterscheidet in dem nach ihm benannten Modell (Bild 1.4):

- *Basismerkmale* bewirken bei Erfüllung keine Zufriedenheit beim Kunden, führen jedoch bei Nichterfüllung zu Unzufriedenheit, z. B. den Wunsch nach einem Airbag oder einer Servolenkung äußert der Kunde nicht explizit, sie werden als selbstverständlich definiert.
- *Leistungsmerkmale* basieren auf den individuellen Anforderungen, die der Kunde äußert, z. B. Motorleistung bei dem einen oder die Klimaanlage bei dem anderen Kunden.
- *Begeisterungsmerkmale* werden vom Kunden nicht erwartet und auch nicht explizit gewünscht, lösen aber bei Vorhandensein Begeisterung aus, z. B. Kurvenlicht. Hier können kleine Unterschiede die Kundenentscheidung ausmachen.
- *Indifferente Merkmale* stehen für den Kunden in keinem Zusammenhang zur Zufriedenheit bzw. Unzufriedenheit, z. B. die Farbe des Wischwassers.
- *Umkehrmerkmale* führen beim Kunden bei Vorhandensein zur Unzufriedenheit bzw. Ablehnung. Beim Pkw könnten dies die lauten Windgeräusche während der Autobahnfahrt sein.

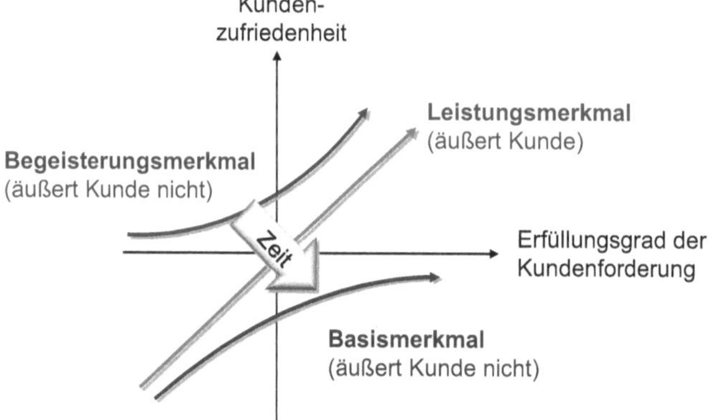

Bild 1.4
Das Kano-Modell

Merkmale, die Begeisterung ausgelöst haben, können über die Jahre zu Leistungsmerkmalen abrutschen und eines Tages in der Kundenwahrnehmung zu Basismerkmalen werden. Insbesondere bei technischen Produkten ist dies schnell möglich (vgl. Winz/Brysch 2013, S. 22). Löste in den 90er-Jahren das mobile Telefonieren noch Begeisterung aus, so sind guter Empfang, klare Sprachqualität, geringes Gewicht und lange Laufzeit Basismerkmale.

1.4 Wirtschaftliche Aspekte

Qualität hat neben den beschriebenen Markt- und Imageaspekten insbesondere auch eine wirtschaftliche Auswirkung: Je später ein Fehler in der Produktentstehungskette aufgedeckt wird, desto größer sind die durch ihn verursachten Kosten. Die Fehlerkosten steigen circa um den Faktor 10 von Phase zu Phase: Entwicklung, Arbeitsvorbereitung, Produktion, Feldeinsatz. Wird der Fehler jeweils eine Phase später entdeckt, so sind die Kosten zur Fehlerbeseitigung etwa zehnmal höher (Bild 1.5). Ist das fehlerhafte Produkt bereits im Feld, d. h. beim Kunden im Einsatz, dann kann es unkalkulierbar teuer werden, wie die eingangs erwähnten Beispiele zeigen. Hiermit wird die wirtschaftliche Bedeutung eines präventiven Qualitätsmanagements deutlich. Qualitätsmanagement muss schon in der Entwicklung, besser noch bei der Erfassung der Kundenanforderungen ansetzen. Legt man das Verständnis des Total Quality Management zugrunde, dann ist die Beseitigung jeglicher Art von Verschwendung Aufgabe des Qualitätsmanagements.

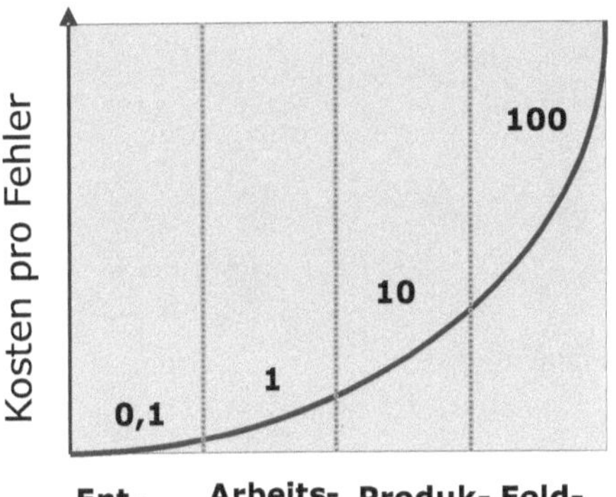

Bild 1.5
Die Zehnerregel der Fehlerkosten

Ein Teil der Fehlerkosten wird gemessen und liegt dem Controlling vor. Man spricht auch von den *Costs of Nonconformance* (Bild 1.6), also den Abweichungskosten. Dazu gehören Nacharbeit, Ausschuss und Garantieleistungen. Diese Kosten sind meist bekannt und werden berichtet. Es wird geschätzt, dass sie ungefähr 5 bis 8 % vom Umsatz ausmachen. Der größte Teil der Kosten ist jedoch nicht bekannt und befindet sich wie ein Eisberg unterhalb der Wasseroberfläche. Dazu gehören beispielsweise verspätete Waren, die mit Expresslieferungen zum Kunden gebracht werden, oder verlorene Fertigungskapazitäten, weil durch Qualitätsprobleme die Maschine angehalten werden muss. Wer rechnet schon die Kapitalbindungskosten der gesperrten Ware aus dem Lagerbestand heraus? Auch die Problemlösungsbesprechungen zu den immer gleichen wiederkehrenden Qualitätsunfällen binden Experten und Management. Die Kosten werden in den seltensten Fällen gemessen, weil die Mitarbeiter „eh da" sind. Die so blockierten Mitarbeiter könnten sich aber stattdessen um neue Produkte oder Kunden kümmern, wenn es diese Qualitätsprobleme nicht gäbe. Und wer misst schon die Zufriedenheit von Mitarbeitern oder Kunden? Wie kann man das in Geld umrechnen? Entgangene Aufträge lassen sich gar nicht messen. Man spricht in solchen Fällen von Opportunitätskosten.

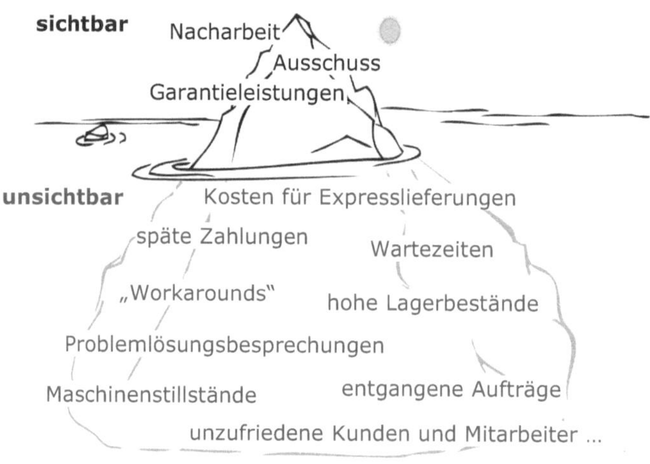

Bild 1.6 Costs of Nonconformance – das Eisbergmodell

Hieraus wird ersichtlich, dass Qualität von Produkten, Dienstleistungen und Unternehmensprozessen eine oftmals unterschätzte wirtschaftliche Dimension hat. Unternehmen, die Qualitätsmanagement systematisch und konsequent umsetzen, erzielen daraus wirtschaftliche Vorteile. Es mögen zwar am Anfang Aufwendungen in Personal, Trainings und Geräte stehen, die sich aber bei richtigem Verständnis und richtiger Durchführung mittel- und langfristig immer auszahlen.

1.5 Prinzipien eines umfassenden Qualitätsverständnisses

Ein umfassendes und modernes Qualitätsverständnis geht weit über das reine Messen von Produktmerkmalen hinaus. Es bezieht das gesamte Unternehmen mit allen Mitarbeitern und Partnern ein. Es ist präventiv, d.h. es zielt darauf, Fehler zu vermeiden, bevor sie auftreten. Weiterhin verfolgt ein umfassendes Qualitätsverständnis einen prozessorientierten Ansatz, also weg von einem Denken in Funktionen und Abteilungen hin zu einem Denken in Prozessen und Abläufen. Zudem steht der Kunde im Mittelpunkt, an dem sich Qualität und Qualitätswahrnehmung festmachen (Bild 1.7).

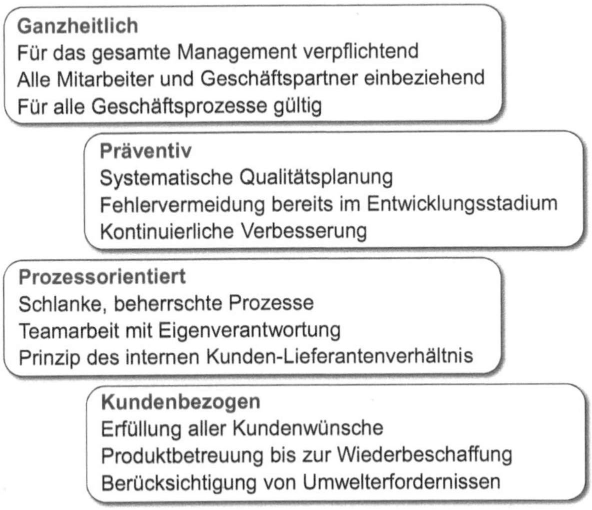

Ganzheitlich
Für das gesamte Management verpflichtend
Alle Mitarbeiter und Geschäftspartner einbeziehend
Für alle Geschäftsprozesse gültig

Präventiv
Systematische Qualitätsplanung
Fehlervermeidung bereits im Entwicklungsstadium
Kontinuierliche Verbesserung

Prozessorientiert
Schlanke, beherrschte Prozesse
Teamarbeit mit Eigenverantwortung
Prinzip des internen Kunden-Lieferantenverhältnis

Kundenbezogen
Erfüllung aller Kundenwünsche
Produktbetreuung bis zur Wiederbeschaffung
Berücksichtigung von Umwelterfordernissen

Bild 1.7 Prinzipien eines umfassenden Qualitätsverständnisses

1.6 Aufbau des Buchs

Das umfassende Qualitätsverständnis muss kommuniziert und dauerhaft im Unternehmen implementiert werden. Auf diesem Weg soll das Buch den Leser darin unterstützen, indem es die Art und Weise der Qualitätsorganisation erklärt, die dafür nötigen Methoden darlegt wie auch bedeutende kommunikative Aspekte im Qualitätsmanagement beleuchtet (Bild 1.8). Zunächst werden im Kapitel „Qualitätsmanagementsysteme“ die Grundlagen gelegt, indem auf die wichtigen Normen und Begrifflichkeiten eingegangen wird. Die in der Praxis sehr bedeutsamen Themen der Beschaffung, der statistischen Prozessregelung und der Messsystemanalyse werden in gesonderten Kapiteln vertieft. Eine nachhaltige Umsetzung gelingt nur mit der konsequenten Anwendung von Qualitätswerkzeugen und Methoden. Dabei haben im modernen QM die Fehlermöglichkeits- und Einflussanalyse (FMEA), das Management von Prozessketten und die damit zusammenhängenden Methoden zur Erfassung der qualitätsbezogenen Kosten eine herausragende Bedeutung und werden entsprechend ausführlich erläutert. Neben der technischen Qualität nimmt der Kunde die produktbegleitende Servicequalität wahr. Hier wird auf neueste Entwicklungen eingegangen und mittels Best-Practice-Beispielen vertieft. Zur professionellen Umsetzung der Qualitätsmaßnahmen werden die wesentlichen Aspekte der Projektplanung und der entsprechenden Führungsaufgaben gesondert umrissen. Zu den Führungsaufgaben gehört es, mit ausländischen Lieferanten und Kunden zu verhandeln und Fertigungsstätten im Ausland zu managen. Künftig muss der Ingenieur noch stärker das Qualitätsmanagement in einem interkulturellen Kontext gezielt betreiben. Sowohl in der Wissenschaft als auch in der Praxis wird diese Herausforderung bislang nicht ausreichend berücksichtigt. Deshalb werden in einem ausführlichen Kapitel die kulturellen Ausprägungen von QM-Aspekten diskutiert und Lösungswege zur Überbrückung dargelegt.

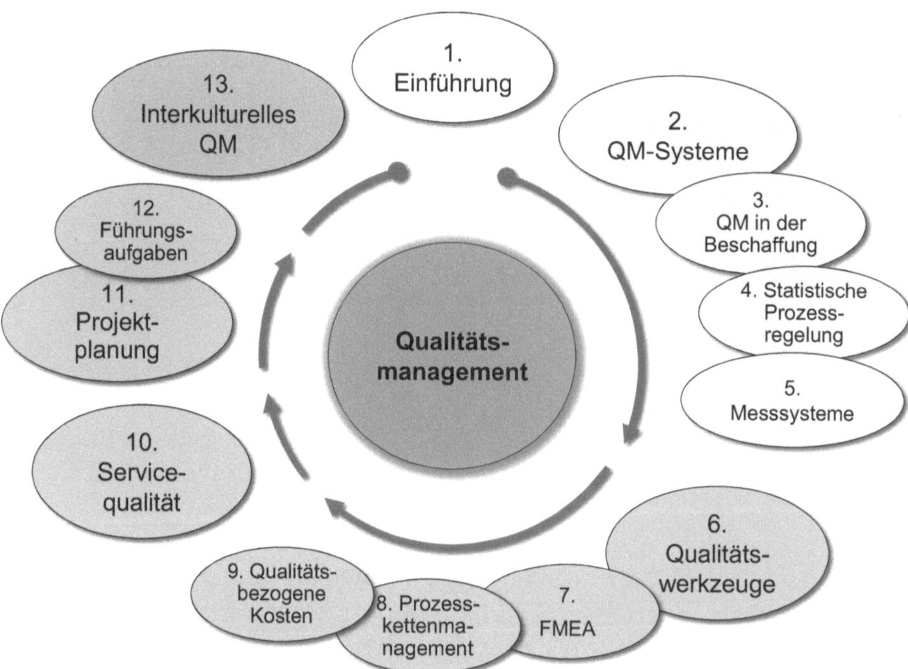

Bild 1.8 Aufbau des Buchs

Hiermit erhalten die Ingenieurin und der Ingenieur das Rüstzeug für die erfolgreiche Bewältigung aller Herausforderungen des modernen Qualitätsmanagements in Studium und Praxis.

1.7 Literatur

DIN EN ISO 9000:2015: *Qualitätsmanagementsysteme – Grundlagen und Begriffe.* Beuth Verlag, Berlin

Allemann, M. (2016): *Rückruf-Aktionen nehmen zu. Oder doch nicht?* Interview im Schweizer Rundfunk. Abrufbar unter: *www.srf.ch/news/wirtschaft/rueckruf-aktionen-nehmen-zu-oder-doch-nicht.* Zugriff am 01.01.2023

Freisinger et al. (2022): *Die digitale Transformation des Qualitätsmanagements.* Carl Hanser Verlag, München

Refflinghaus, R. (2016): „Vorwort". In: Refflinghaus, Kern, Klute-Wenig: *Qualitätsmanagement 4.0 – Status Quo! Quo vadis?* Universität Kassel, S. 1

Winz, G.; Brysch, A. (2013): „Wenn Kundenbegeisterung entscheiden soll – Neuer Leitfaden zur Einführung von Service Excellence". In: *QZ Qualität und Zuverlässigkeit* 58-4, S. 22 – 25

2 Qualitätsmanagement-systeme

Qualität muss im Unternehmen organisiert und gemanagt werden. Als Leitfaden dienen Normen, in denen Forderungen gestellt werden, die unternehmensspezifisch zu erfüllen sind. In diesem Kapitel werden der Aufbau und wesentliche Inhalte eines Qualitätsmanagementsystems nach der weltweit am meisten verbreiteten ISO 9001 beschrieben. Hieran lässt sich der Status quo des modernen Qualitätsmanagements verdeutlichen. Die Gliederung orientiert sich am Prozessmodell der Norm. Einen anderen Ansatz entwickelt das Modell der European Foundation for Quality Management. Es gilt als Vertreter der Total-Quality-Management-Philosophie und verfolgt einen ganzheitlichen Anspruch. Die Untersuchung der Wirksamkeit von Qualitätsmaßnahmen und Qualitätssystemen oder die Erfüllung von Normvorgaben findet im Audit statt.

2.1 Grundlagen

Damit Qualität nicht nur zufällig erzeugt wird und Kunden durch ein schwankendes Qualitätsniveau unzufrieden sind, müssen organisatorische Maßnahmen ergriffen werden, die sicherstellen, dass Produkt- und Servicequalität sicher und dauerhaft auf einem hohen Niveau erzielt werden. Zu den wichtigen organisatorischen Maßnahmen gehören die Beschreibung von Prozessen und Tätigkeiten, die Regelung von Zuständigkeiten, die Schulung von Mitarbeitern, die Anwendung von Methoden, der Einsatz der Messtechnik und die Koordination von Dokumenten und Informationsflüssen. Dies geschieht in einem von der Organisation bestimmten, aufgebauten und aufrechterhaltenen Qualitätsmanagementsystem. Die Organisation ist das Unternehmen, welches durch die Gesamtheit der aufbau- und ablauforganisatorischen Gestaltung (Bild 8.1) dargestellt ist. Das Qualitätsmanagementsystem konzentriert sich dabei auf die qualitätsbezogenen Aktivitäten und deren Verknüpfung.

Es entsteht so ein System vernetzter Regelkreise auf allen betrieblichen Ebenen. Die Elemente des Qualitätsmanagementsystems beinhalten die Struktur der Organisation, Rollen und Verantwortlichkeiten, Planung, Betrieb, Politiken, Praktiken, Regeln, Überzeugungen, Ziele und Prozesse zum Erreichen dieser Qualitätsziele. Das Qualitätsmanagement soll den erreichten Zustand nicht nur aufrechterhalten, sondern bei Änderungen der Randbedingungen weiterentwickeln und kontinuierlich verbessern.

Ein Qualitätsmanagementsystem ist immer ein auf das einzelne Unternehmen angepasstes System. Beispielsweise wird ein globaler Konzern, der Infotainmentsysteme produziert, ein deutlich umfangreicheres Qualitätsmanagementsystem haben als ein lokales Kleinunternehmen in der Lohnfertigung von Maschinenabdeckungen. Der Aufbau und der Umfang des Systems werden also von den unternehmensspezifischen Zielsetzungen bestimmt. Maßgeblich sind die internen und externen Randbedingungen, die Produkte und Leistungen, die organisatorischen Abläufe sowie die Größe des Unternehmens.

2.2 Die Norm DIN EN ISO 9001

Seit über 40 Jahren werden Qualitätsnormen entwickelt und finden weltweit Verbreitung. Der am weitesten verbreitete Standard ist die DIN EN ISO 9001 mit knapp einer Million zertifizierter Unternehmen. Die Norm ist Teil der Normenreihe DIN EN ISO 9000 ff., an die sich ein Unternehmen bei der Erstellung seines Qualitätsmanagementsystems anlehnen kann. Die Normenreihe wird regelmäßig überarbeitet, um den Anforderungen der Wirtschaft und Weiterentwicklungen im Qualitätsmanagement gerecht zu werden. Der aktuelle Revisionsstand einer ISO-Norm ist an der Jahreszahl zu erkennen, welche durch einen Doppelpunkt getrennt hinter der ISO-Nummer steht.

HINWEIS

DIN: Deutsches Institut für Normung

EN: Europäische Norm

ISO: International Organization for Standardization

Die Reihe besteht aus drei Normen, die unterschiedliche Zielstellungen verfolgen:

- In der Norm *DIN EN ISO 9000:2015* mit dem Titel „Qualitätsmanagementsysteme - Grundlagen und Begriffe“ werden die Grundlagen für Qualitätsmanagementsysteme und die in der Normenreihe verwendeten Begriffe erläutert. Sie wurde 2015 überarbeitet und schafft eine einheitliche Begriffsdefinition zwischen der ISO 9000 ff. und der ISO 14011 für das Umweltmanagement.

- Die Norm *DIN EN ISO 9001:2015* mit dem Titel „Qualitätsmanagementsysteme – Anforderungen“ ist zwingend für die Zertifizierung. Sie zielt auf die Qualitätssicherungsprozesse, die notwendig sind, um die gegebenen Kundenanforderungen zu erfüllen. Damit stellt die ISO 9001 einen Mindeststandard zur Umsetzung von Qualitätsmanagementsystemen dar. Dies ist der wesentliche Unterschied zur ISO 9000 und 9004. Die Vorteile der Anwendung der ISO 9001 sind zum einen das Vertrauen, welches zwischen externem Kunden und Lieferanten geschaffen wird, und zum anderen beseitigt es Schwachstellen in der Organisation und in den Abläufen.
- Die Norm *DIN EN ISO 9004:2018* mit dem Titel „Qualitätsmanagement – Qualität einer Organisation – Anleitung zum Erreichen nachhaltigen Erfolgs“ geht über die ISO 9001 hinaus. Die ISO 9004 ist keine Zertifizierungs- oder Vertragsgrundlage, sondern sie stellt einen Leitfaden zur systematischen Verbesserung der Gesamtleistung einer Organisation bereit. Dieser enthält Anleitungen zur Ausrichtung eines Unternehmens in Richtung Total Quality Management. Die Norm stellt zudem Prozesse zur ständigen Verbesserung übersichtlich dar. Sie ist übergeordnet und auf alle Organisationen anwendbar, unabhängig von deren Art und Größe und von der Art der Produkte. Dabei muss die Firma in einer Selbstbewertung überprüfen, in welchem Maß die Organisation die in der ISO 9004 enthaltenen Elemente anwendet. Zu jedem Element wird ein Reifegrad festgelegt. Der Abschluss der Selbstbewertung sollte zu einem Maßnahmenplan für Verbesserung führen.

2015 fand die Revision der ISO 9000 und der ISO 9001 statt. Die Unterschiede zum Revisionsstand 2008 sind erheblich. Man spricht deshalb auch von einer großen Revision. Die Struktur hat sich verändert. Es wird die sogenannte High Level Structure benutzt, die für alle ISO-Normen, die sich auf Managementsysteme beziehen, verbindlich ist (Tabelle 2.1). Durch diese Vereinheitlichung soll für Unternehmen zukünftig die Integration verschiedener Normen erleichtert werden.

Tabelle 2.1 High Level Structure der ISO 9001

Aufbau der DIN EN ISO 9001:2015
1 Anwendungsbereich
2 Normative Verweisungen
3 Begriffe
4 Kontext der Organisation
5 Führung
6 Planung für das Qualitätsmanagementsystem
7 Unterstützung
8 Betrieb
9 Bewertung der Leistung
10 Verbesserung

Die ISO 9001 unterstützt die prozessorientierte Ausrichtung von Unternehmen und orientiert sich an den Geschäftsprozessen. Der Aufbau folgt deshalb einem sogenannten Prozessmodell (Bild 2.1). Es stellt die Integration bzw. das Zusammenspiel von sieben Hauptkategorien dar, welche den Inhalt eines QMS präsentieren und miteinander in Verbindung stehen. Sie sind in weitere Unterkategorien gegliedert. In den entsprechenden Kapiteln der Norm sind die Forderungen beschrieben. Die Umsetzung der Forderungen obliegt dem Unternehmen. Je nach Branche, Größe des Unternehmens und Komplexität der Produkte und Dienstleistungen kann eine solche Umsetzung im Unternehmen unterschiedlich umfangreich ausfallen.

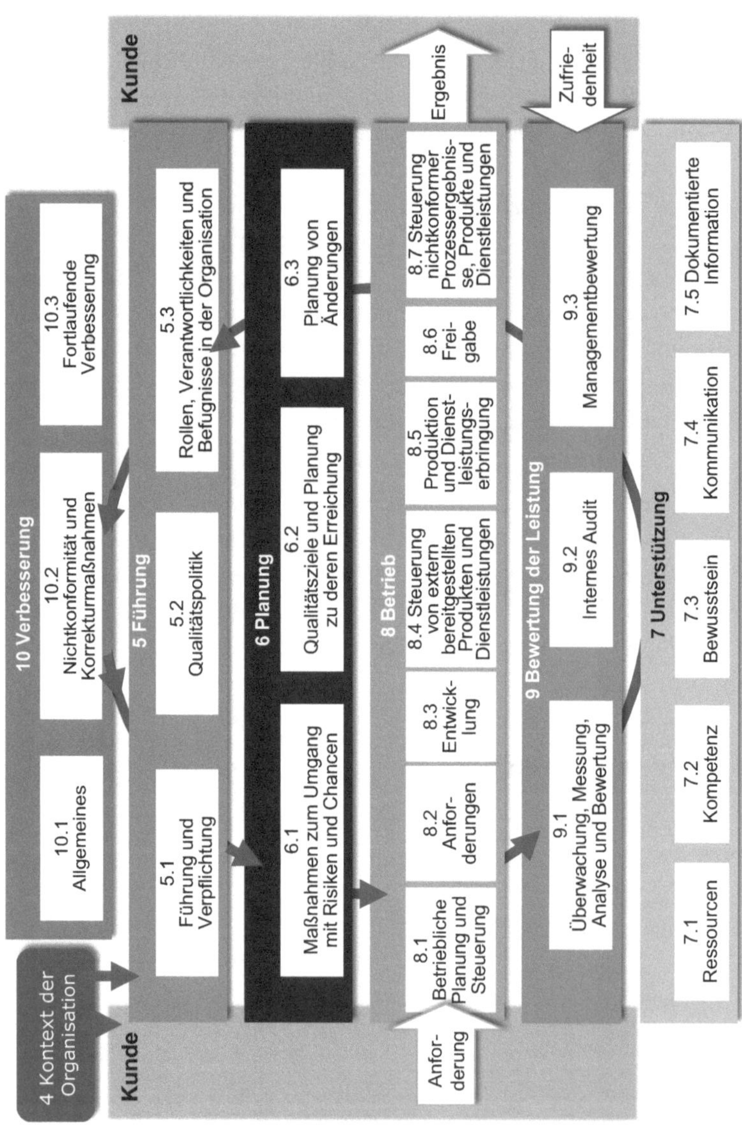

Bild 2.1 Das Prozessmodell der ISO 9001

2.2.1 Kontext der Organisation

Der „Kontext der Organisation" sind die internen und externen Faktoren, die eine Auswirkung auf die Vorgehensweise einer Organisation haben.

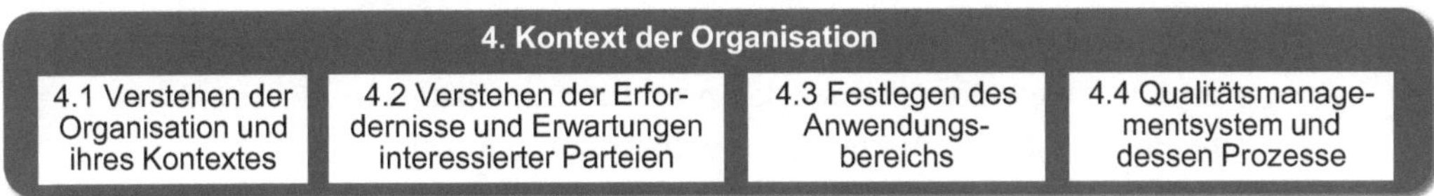

Bild 2.2 Struktur des Normkapitels „Kontext der Organisation"

Das Normkapitel 4 besteht aus den vier Abschnitten (Bild 2.2):

- *Verstehen der Organisation und ihres Kontextes* (4.1): Das Unternehmen muss sich fragen, welche Themen aus dem Umfeld Einfluss auf das QMS haben: technische, soziale, kulturelle oder wirtschaftliche Zusammenhänge, Wettbewerber, Gesetze.
- *Verstehen der Erfordernisse und Erwartungen interessierter Parteien* (4.2): Das Unternehmen muss klären, welche interessierten Parteien für das QMS relevant sind und welche Erfordernisse und Erwartungen sie haben (Bild 2.3). Hiermit wird dem sogenannten Stakeholder-Ansatz Rechnung getragen.

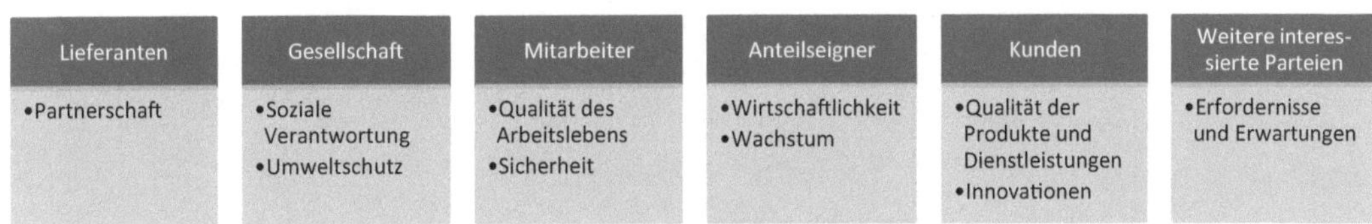

Bild 2.3 Beispiele von interessierten Parteien sowie deren Erfordernisse und Erwartungen (in Anlehnung an DIN ISO 9004:2018, S. 15)

- *Festlegen des Anwendungsbereichs des Qualitätsmanagementsystems* (4.3): Der Anwendungsbereich des QMS muss bestimmt und die Grenzen müssen festgelegt werden. Der Bereich kann sich auf die gesamte Firma, ein Werk oder einzelne Abteilungen beziehen. Dazu muss als dokumentierte Information verfügbar sein, für welche Produkte und Dienstleistungen das QMS gilt.
- *Qualitätsmanagementsystem und dessen Prozesse* (4.4): Das Unternehmen muss ein QMS einschließlich der benötigten Prozesse aufbauen, aufrechterhalten und verbessern. Die Norm erwähnt, dass dazu unter anderem Folgendes bestimmt werden muss:
  - die erforderlichen Eingaben, Abfolgen und Ergebnisse dieser Prozesse,

- die Wechselwirkungen der Prozesse, Kriterien und Indikatoren zur Leistungsmessung,
- die benötigten Ressourcen,
- die Zuweisung von Verantwortungen und Befugnissen,
- Methoden zur Überwachung, Bewertung und Messung.

Die Durchführung der Prozesse muss so weit dokumentiert sein, dass die Prozesse wie geplant ausgeführt werden können. Die Umsetzung in der Praxis geschieht mittels Prozessbeschreibungen und Arbeitsanweisungen.

Die *Prozessbeschreibung* stellt den Ablauf von Tätigkeiten, Entscheidungen, Zuständigkeiten und Dokumenten von Geschäftsprozessen dar, wie in dem Beispiel in Bild 2.4 gezeigt.

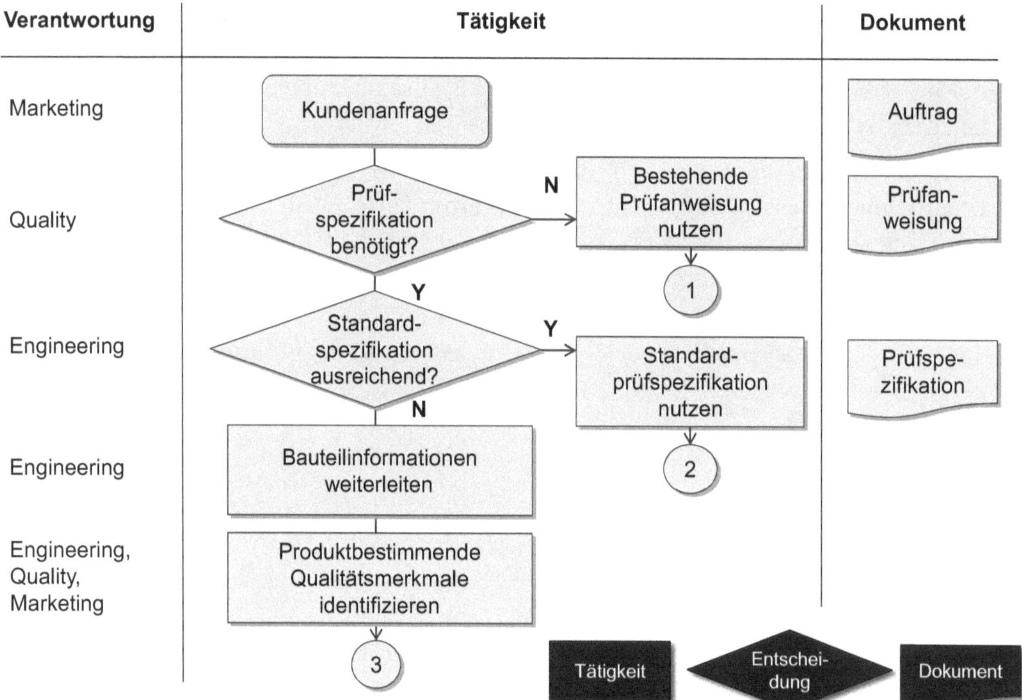

Bild 2.4 Grafische Prozessbeschreibung am Beispiel eines Prüfplanprozesses

All diese Dokumente müssen genehmigt, verteilt und aktualisiert werden. Alte Dokumente werden gelöscht bzw. eingesammelt und gegen die aktualisierte Version ausgetauscht. Arbeitet ein Werker beispielsweise noch nach einer alten Arbeitsanweisung, kann dies erhebliche negative Folgen wie erhöhte Ausschussraten oder auch erhöhte Verletzungsgefahren haben.

2.2.2 Führung

Die oberste Leitung ist eine Person oder Personengruppe, die eine Organisation auf der obersten Ebene führt und steuert (Geschäftsführung, Vorstand, Bereichsleiter). Sie hat eine Vorbild- und Motivationsfunktion. Dies ist von besonderer Bedeutung für die Mitarbeiter. Da mit der Einführung und Durchsetzung eines Qualitätsmanagementsystems häufig Veränderungen der gewohnten Abläufe einhergehen, ist nicht selten mit Widerstand zu rechnen. Zudem trägt die oberste Leitung die Verantwortung für die Wirksamkeit des QMS. Das Kapitel 5 der Norm umfasst die Führung und Verpflichtung für das QMS, für die Kundenorientierung, für die Qualitätspolitik und für die Rollen, Verantwortlichkeiten und Befugnisse in der Organisation (Bild 2.5).

Bild 2.5 Struktur des Normkapitels „Führung“

Die oberste Leitung muss in Bezug auf das Qualitätsmanagementsystem *Führung und Verpflichtung* (5.1) zeigen, indem sie

- ... die Verantwortung für die Wirksamkeit des QMS übernimmt und sicherstellt, dass das QMS seine beabsichtigten Ergebnisse erzielt. Hierzu gehört auch, dass Personen und andere relevante Führungskräfte einbezogen, angeleitet und unterstützt werden, damit diese zur Wirksamkeit des QMS beitragen können.
- ... die Bedeutung eines wirksamen Qualitätsmanagements sowie die Wichtigkeit der Erfüllung der Anforderungen des QMS vermittelt. Geht beispielsweise der Werksleiter persönlich in die Nachtschicht, um das neue Qualitätsprogramm zu schulen, dann ist dies ein klares Zeichen an die Belegschaft und betont die Relevanz des Qualitätsmanagementsystems.
- ... sicherstellt, dass die Qualitätspolitik und die Qualitätsziele festgelegt und mit der strategischen Ausrichtung und dem Kontext der Organisation vereinbar sind.
- ... sicherstellt, dass die Anforderungen des QMS in die Geschäftsprozesse der Organisation integriert werden und das Bewusstsein über den prozessorientierten Ansatz, das risikobasierte Denken und den Gedanken der Verbesserung fördern.
- ... sicherstellt, dass die für das QMS erforderlichen Ressourcen zur Verfügung stehen.

Die oberste Leitung hat die Kundenorientierung hervorzuheben, indem *Kundenanforderungen* methodisch ermittelt werden mit dem Ziel, die Kundenzufriedenheit zu verbessern. Dies schließt auch Gesetze und behördliche Auflagen ein. Risiken und Chancen sind zu bestimmen und zu berücksichtigen. Der Fokus auf Kundenzufriedenheit und Verbesserung ist aufrechtzuerhalten. Dazu gibt es verschiedene Methoden wie das Kano-Modell, das Quality Function Deployment oder Befragungen. Wichtig ist, dass dabei die verschiedenen Abteilungen wie der Vertrieb, das Marketing, die Entwicklung, das Qualitätsmanagement und andere zusammenarbeiten.

Die Festlegung der *Qualitätspolitik* (5.2) als Teil der Unternehmenspolitik liegt in der Verantwortung der obersten Leitung. Sie muss eine Verpflichtung zur Erfüllung von Anforderungen und zur kontinuierlichen Verbesserung des QMS enthalten. Die Qualitätspolitik bildet den Rahmen für die Qualitätsziele und ist an die Mitarbeiter zu kommunizieren, z. B. im Intranet, durch Aushänge und Schulungen, und die Qualitätspolitik muss für die interessierten Parteien verfügbar sein.

Von der obersten Leitung werden die relevanten *Rollen, Verantwortlichkeiten und Befugnisse in der Organisation* (5.3) festgelegt und kommuniziert. Sie muss sicherstellen, dass

- ... das QMS die Anforderungen der Norm erfüllt.
- ... die Verantwortlichkeit benannt wird, welche über die Leistung des QMS und Verbesserungsmöglichkeiten berichtet.
- ... die Kundenorientierung innerhalb der Organisation gefördert wird. Die Norm stellt auch an dieser Stelle nochmals die Bedeutung des Kunden heraus.
- ... bei Änderungen die Integrität des QMS erhalten bleibt. Solche Änderungen können neue Produkte, neue Lieferanten, ein neuer Standort oder geänderte Abläufe sein.

2.2.3 Planung für das Qualitätsmanagementsystem

Das Normkapitel „Planung“ beinhaltet Forderungen zu Maßnahmen im Umgang mit Risiken und Chancen, zur Formulierung von Zielen und deren Erreichung sowie zur Planung von Änderungen (Bild 2.6).

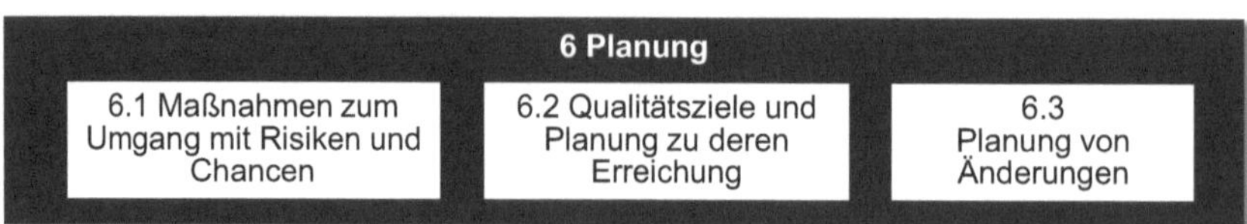

Bild 2.6 Struktur des Normkapitels „Planung“

Die Norm verlangt vom Unternehmen, dass es die *Risiken und Chancen* eines QMS bestimmt (6.1). Dies drückt den präventiven Charakter des Qualitätsmanagementsystems aus und repräsentiert damit die vorbeugenden Maßnahmen. Typische Maßnahmen und Methoden werden in Kapitel 6, Kapitel 7 und Abschnitt 11.3 besprochen. Die Maßnahmen zum Umgang mit Risiken und Chancen müssen proportional zum Einfluss auf die Konformität von Produkten und Dienstleistungen sein. Mit diesem risikobasierten Ansatz sollen unerwünschte Auswirkungen auf das QMS verhindert und fortlaufende Verbesserungen erreicht werden. Es gibt jedoch keine Anforderungen an einen formellen Risikomanagementprozess.

Ausgehend von der Qualitätspolitik sind die *Qualitätsziele* (6.2) abzuleiten. Die allgemeinen Qualitätsziele müssen über operative Teilziele und Unterziele auf die Prozesse und Mitarbeiter heruntergebrochen werden (Bild 2.7). Qualitätsziele müssen konkret und messbar sein, einen Soll-Wert haben und dürfen sich nicht widersprechen. Sie können in Mitarbeitergesprächen oder in Workshops vereinbart werden. Im optimalen Fall kennt dann jeder Mitarbeiter seinen messbaren Beitrag zum übergeordneten Qualitätsziel.

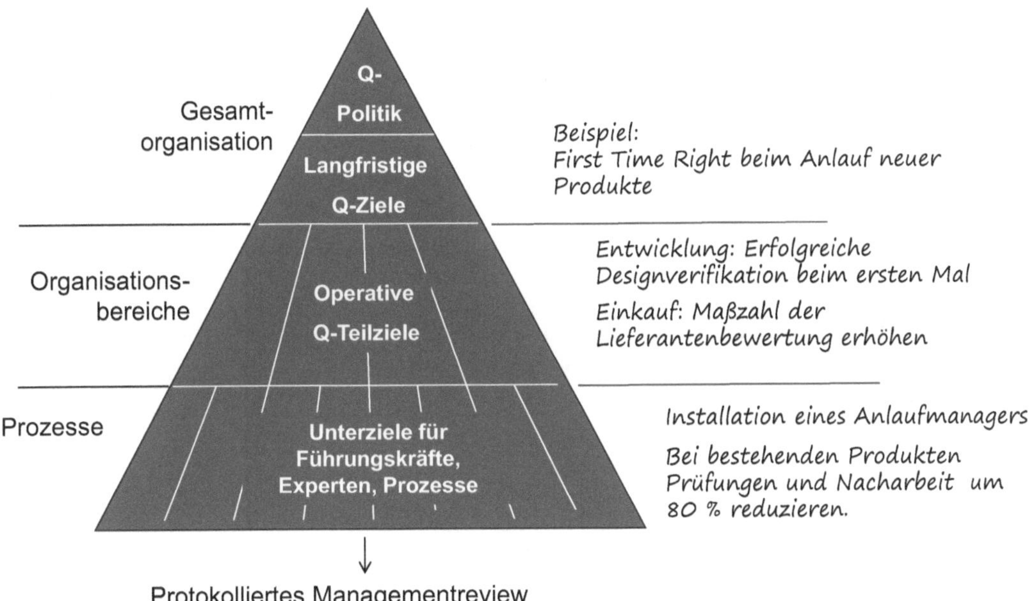

Bild 2.7 Pyramide der Qualitätsziele

Kommt es zur *Planung von Änderungen* (6.3), die sich beispielsweise durch neue Produkte und Dienstleistungen, neue Lieferanten, neue Fertigungstechnologien oder durch den Kauf oder Verkauf von Geschäftsbereichen ergeben, muss die Organisation jede mögliche Konsequenz daraus berücksichtigen und sicherstellen, dass die Änderung in das QMS integriert wird. Die Organisation muss weiterhin die Verfügbarkeit von Ressourcen gewährleisten und eventuell Verantwortungen und Befugnisse neu benennen.

2.2.4 Unterstützung

Das Normkapitel „Unterstützung" ist neu aufgenommen (Bild 2.8). Hierin befinden sich viele Inhalte aus der Revision 2008, nur anders zusammengestellt.

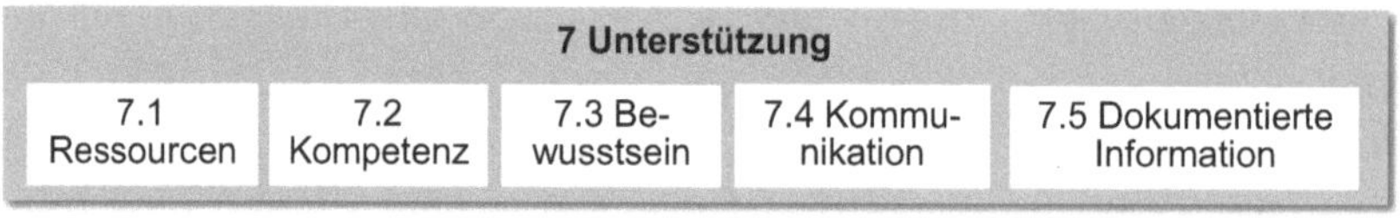

7 Unterstützung				
7.1 Ressourcen	7.2 Kompetenz	7.3 Bewusstsein	7.4 Kommunikation	7.5 Dokumentierte Information

Bild 2.8 Struktur des Normkapitels „Unterstützung"

Allgemein wird zu den *Ressourcen* (7.1) verlangt, dass die Organisation die erforderlichen internen und externen Ressourcen für das QMS ermittelt und bereitstellt.

Zu den Ressourcen zählen im Einzelnen die benötigten Personen, die Infrastruktur, welche aus Gebäude und Gebäudetechnik, Hardware und Software, Transporteinrichtungen und Informations- und Kommunikationstechnik besteht, und weiterhin die Prozessumgebung, die Messmittel und das Wissen.

Die Prozessumgebung muss das Erreichen von konformen Produkten und Dienstleistungen ermöglichen. Bei der Produktion von Elektronikbauteilen können dies beispielsweise die Luftfeuchtigkeit und der Staubgehalt in der Fertigung sein. Bei der Fertigung von präzisen Bauteilen kann dies die konstante Temperatur für hochgenaue Längenmessungen sein oder wie Bild 2.9 zeigt, die ausreichende Beleuchtung des Arbeitsplatzes, welche die Fehlerraten senkt.

BEISPIEL

Bei der Analyse der Leistungsabhängigkeit an typischen Industriearbeitsplätzen zeigt sich, dass die Fehlerquote für schwierige Sehaufgaben wie Sägen oder Zuschneiden mit zunehmender Beleuchtungsstärke deutlich stärker zurückgeht als bei einfachen Sehaufgaben. Die Befragung der Beschäftigten während der Langzeitversuche ergab, dass eine höhere Beleuchtungsstärke zu geringerer Ermüdung führt. ■

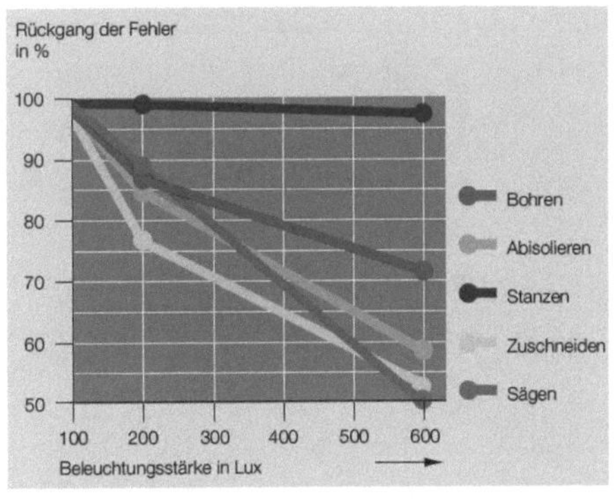

Bild 2.9
Rückgang der Fehlerquote in Abhängigkeit von der Beleuchtungsstärke (licht.de o. J.)

Die Organisation muss das Wissen bestimmen, das benötigt wird, um ihre Prozesse durchzuführen und um die Konformität von Produkten und Dienstleistungen zu erreichen. Dieses Wissen, welches auch geistiges Eigentum und Erfahrungsschatz beinhaltet, muss vermittelt werden. Zur Wissenserlangung kann sich die Organisation interner Quellen bedienen wie beispielsweise aus Lessons-Learned-Projekten, 8D-Reports, FMEA-Dokumentationen, Reviews zum Projektabschluss und Expertenwissen. Oder es können auch externe Quellen wie Hochschulen, Konferenzen sowie der Wissenserwerb durch Kunden und Anbieter genutzt werden. Es wird jedoch kein umfassendes Wissensmanagementsystem gefordert.

Das Normkapitel zur *Kompetenz* (7.2) behandelt die Fähigkeit, Wissen und Fertigkeiten anzuwenden, um die beabsichtigten Ergebnisse zu erzielen. Für Personal, welches die Qualitätsleistung beeinflusst, muss die nötige Kompetenz bestimmt werden. Die Organisation muss sicherstellen, dass die Person durch angemessene Ausbildung, Schulung oder Erfahrung kompetent ist und wenn erforderlich Maßnahmen zur Kompetenzerwerbung einleiten. Die Umsetzung kann beispielsweise durch ein Vorgehen zur systematischen Einarbeitung von neuen Mitarbeitern geschehen. Dazu ist ein Soll-Fähigkeitsprofil von jedem Arbeitsplatz zu erstellen, worauf dann der Abgleich mit dem Ist-Fähigkeitsprofil erfolgt. Hieraus ermittelt sich der Schulungsbedarf. Ebenfalls sollten regelmäßig Schulungen zum Qualitätsmanagement durchgeführt und in der Personalakte dokumentiert werden.

ANMERKUNG

Die Norm erläutert nicht, was beispielsweise unter „angemessen" (in der englischen Fassung „appropriate") zu verstehen ist. Dies eröffnet einen Interpretationsspielraum. So werden die Dinge interkulturell teilweise völlig unterschiedlich verstanden und umgesetzt (siehe Kapitel 13, „Interkulturelles Qualitätsmanagement").

Die Norm fordert unter *Bewusstsein* (7.3), dass die Personen die Qualitätspolitik, die relevanten Qualitätsziele, ihre Verantwortlichkeiten, ihren eigenen Beitrag zum QMS bzw. die Folgen einer Nichterfüllung kennen müssen. In der Praxis bedeutet eine Änderung im Bewusstsein immer eine Verhaltensänderung. Dies gelingt am besten in der in Bild 13.22 gezeigten Unternehmenskultur der Lernenden Qualitätsorganisation.

Die Organisation muss in der internen und externen *Kommunikation* (7.4) bestimmen, worüber, wann, mit wem und wie sie über das QMS kommuniziert. Kommunikation erhöht generell das Engagement der Personen und ihr Verständnis über den Kontext der Organisation, über die Kundenerwartungen und über das QMS allgemein.

Dokumentierte Informationen (7.5) sind Informationen, die von einer Organisation gelenkt und aufrechterhalten werden, ebenso wie das Medium, auf dem sie enthalten sind. Eine dokumentierte Information beinhaltet die Kennzeichnung, das Format und die angemessene Überprüfung. In der Norm wird pauschal von dokumentierten Informationen gesprochen. Kleine Unternehmen benötigen weniger Dokumentation als große Unternehmen oder solche mit komplexen Prozessen und Produkten.

Die Lenkung der dokumentierten Informationen verlangt ein Verfahren zur Genehmigung, Herausgabe, Bewertung, Aktualisierung, Änderungskennzeichnung und Verhinderung des Gebrauchs alter Dokumente. Die Umsetzung erfolgt durch eine verbindliche Vorschrift, wer welche Regeln, Vorschriften und Formulare im Unternehmen aufstellen und in Kraft setzen darf, wo die Dokumente bzw. Regeln für Mitarbeiter auffindbar sind und wie lange sie aufbewahrt werden müssen.

2.2.5 Betrieb

Der Betrieb umfasst einen großen Bereich des Produktlebenszyklus, beginnend bei der Planung über die Entwicklung, die Produktion und Dienstleistungserbringung bis zur Freigabe und Steuerung nichtkonformer Ereignisse (Bild 2.10).

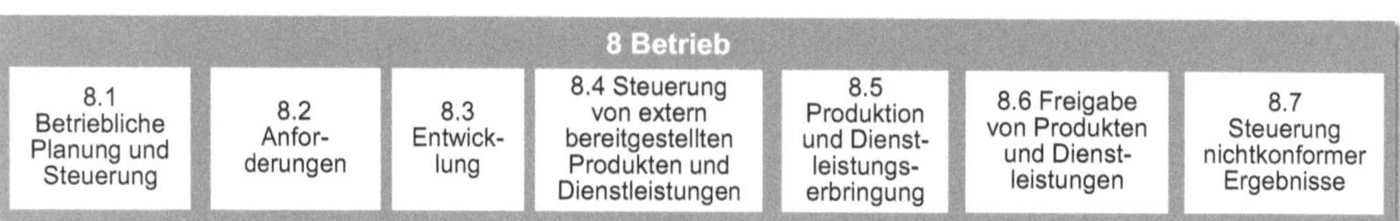

Bild 2.10 Struktur des Normkapitels „Betrieb"

Ausgehend von den analysierten Chancen und Risiken wird die betriebliche *Planung und Steuerung* (8.1) abgeleitet. Es müssen die Kriterien und Ressourcen bestimmt werden, damit konforme Produkte und Dienstleistungen erreicht werden. Die Umsetzung kann durch eine Ressourcenplanung auf Basis von Maschinenbelegung, von Aufträgen und Arbeitsplänen oder durch die Zuordnung von Personal zu Projekten erfolgen. Die Freigabe erfolgt nur auf Basis von Aufträgen und Projekten auf Basis von geprüften Personalressourcen. Zur Planung und Steuerung gehören neben den richtig qualifizierten Mitarbeitern ebenfalls die Bestimmung von Maschinen, Lagerkapazitäten, die Festlegung der Prüf- und Qualitätssicherungsinstrumente und die Festlegung der Daten zum Nachweis einer fehlerfreien Produktqualität. Das Ergebnis dieser Planung muss für die Betriebsabläufe der Organisation geeignet sein. Die Methodik muss der Situation angepasst erfolgen.

Die Prozesse zur Herstellung des Produkts müssen beschrieben und freigegeben werden. In Fällen der Massenproduktion mit unqualifizierten Mitarbeitern erfolgt eine ausführliche Planung der Prozesse teilweise komplett bebildert mit allen Handgriffen, die durchzuführen sind. Auf der operativen Ebene gibt es detaillierte *Arbeitsanweisungen* für Fertigungsschritte, Montageaufgaben und Einstellarbeiten. Hierzu gehören auch Checklisten, Prüfanweisungen und Formulare. Für komplexe Arbeitsanweisungen ist es ratsam, diese mit Bildern zu unterstützen, um Eindeutigkeit herzustellen und kritische Schritte abzusichern (Bild 2.11).

Lagerschuhe aufnehmen, Linearführung reinigen und abziehen

- Montage der Linearführung Zeichnung / Artikel Nr. 9711: Linearführung auspacken, Lagerschuhe abnehmen, mit Waschbenzin reinigen und die Auflageflächen und Anschlagkanten der Linearführungen und des Maschinenbetts mit dem Ölstein abziehen und erneut mit Waschbenzin reinigen.

Klebfolie auflegen.

- Linearführungen auf das Maschinenbett legen. Leisten neben die Linearführungen legen. Nun zuerst die Mitte der Linearführung markieren. Die Schrauben M6*16*8.8*6912 in die Linearführungen einlegen. Auflegen der Klebfolie auf Führungsschienen. Nun die Lagerschuhe auf die Linearführung aufsetzen.

Bild 2.11 Beispiel für eine bebilderte Arbeitsanweisung

Der Prozess des *Bestimmens von Anforderungen an Produkte und Dienstleistungen* (8.2) beginnt mit der Kundenkommunikation. Kundenanforderungen können sich mit der Zeit ändern, wie das Kano-Modell zeigt. Daraus werden die Anforderungen an die Produkte und Dienstleistungen abgeleitet. Die Umsetzung gelingt durch die Erstellung eines Lasten-/Pflichtenhefts, welches die Anforderungen und Einsatzbedingungen sowie die angestrebten Leistungsdaten des Produkts umfassend darstellt. Auch bei Dienstleistungen und Beratungsprojekten gibt es solche Leistungsbeschreibungen. Zuletzt sind die Forderungen an Produkte und Dienstleistungen zu überprüfen.

Das Normkapitel zur *Entwicklung von Produkten und Dienstleistungen* (8.3) enthält Unterkapitel zu der Entwicklungsplanung, den Entwicklungseingaben (Anforderungen), der Entwicklungssteuerung, den Entwicklungsergebnissen und den Entwicklungsänderungen. In der Praxis enthält der Produktentwicklungsprozess, welcher Teil des Idea-to-Product-Prozesses ist, Quality Gates, auch Meilensteine genannt. Quality Gates sind die Prüfungen und Entwicklungsbewertungen, die dokumentiert werden. Die Validierung einer Produktentwicklung wäre die Prüfung eines Prototyps, bei der Entwicklung eines Seminars wäre es ein Pilotlehrgang mit ausgewählten Teilnehmern.

Die *Steuerung von extern bereitgestellten Produkten und Dienstleistungen* (8.4) soll sicherstellen, dass die beschafften Prozesse, Produkte und Dienstleistungen den Anforderungen entsprechen. Die Art und der Umfang der Kontrolle von externen Bereitstellungen sind zu ermitteln und die externen Anbieter über die Anforderungen zu informieren. In der Norm wird nicht von Lieferanten gesprochen, sondern von sämtlichen externen Anbietern, was beispielsweise Lieferungen aus Schwesterwerken einbezieht. Bei der Umsetzung ist eine systematische Auswahl der Lieferanten wichtig. Welche Kriterien fließen in welcher Gewichtung in die Entscheidung ein? Dazu kommt, dass regelmäßig eine Lieferantenbeurteilung vorgenommen werden sollte. Die eingehende Ware ist auf Mängel zu prüfen, was beispielsweise in der Wareneingangsprüfung geschehen kann. Heute wird häufig in Qualitätsvereinbarungen festgelegt, dass der Lieferant Prüfzeugnisse mitliefert. Nähere Ausführungen finden sich in Kapitel 3, „Qualitätsmanagement in der Beschaffung".

Die *Produktion und Dienstleistungserbringung* (8.5) verlangt beherrschte Bedingungen, Kennzeichnung und Rückverfolgbarkeit, sorgfältigen Umgang mit dem Eigentum des Kunden sowie Produkterhaltung während der Verarbeitung und Auslieferung bis zum Kunden. Neu ist die Forderung, auch die Tätigkeiten nach der Lieferung zu ermitteln. Diese können durch Risikoanalysen oder Kundenfeedback, Gewährleistungsbestimmungen und Pflichten zur Instandhaltung oder zur Entsorgung entstehen.

Die Umsetzung der Normforderung kann bei produzierenden Firmen durch Fähigkeitsuntersuchungen von Fertigungsprozessen und Maschinen erfolgen. Laufende Prozesse werden durch Statistical Process Control überwacht. Qualifiziertes Personal darf Tätigkeiten entsprechend einer Freigabematrix ausführen. Über eine solche Matrix wird sichergestellt, dass nur die richtig qualifizierten Mitarbeiter die komplexen Fertigungs- und Montageschritte ausführen und Maschinen bedienen.

Die Kennzeichnung und die Rückverfolgung der Produkte im Produktionsprozess sind wichtig für die Ermittlung von Fehlerursachen, die schnelle Eingrenzung von Chargen und die Minimierung von Produkthaftungsrisiken. Gibt es bei einem Produkt in der Fertigung oder aus dem Feld Qualitätsprobleme oder auch nur Hinweise darauf, so muss eindeutig zu klären sein, aus welchem Produktionslos das

Teil stammt, auf welcher Maschine und von welchem Werker es produziert und welches Einsatzmaterial dazu verwendet wurde.

Als Beispiele für die Produkterhaltung während der Verarbeitung und des Transports eignen sich folgende Maßnahmen: Kennzeichnung von Material, Produkt, Lagerplatz, Verpackungsmaterial vor, während und nach der Produktion (Bild 2.12). Bei der Entnahme von Material muss auf das Mindesthaltbarkeitsdatum geachtet werden. Dies betreffen die meisten Chemikalien, Kleber, einige Elektronikbauteile und weitere Materialien. Auch während der Lagerung darf sich der Zustand nicht verändern. Dazu muss die richtige Lagerart in geeigneten Lagerbereichen und Räumen vorgesehen sein.

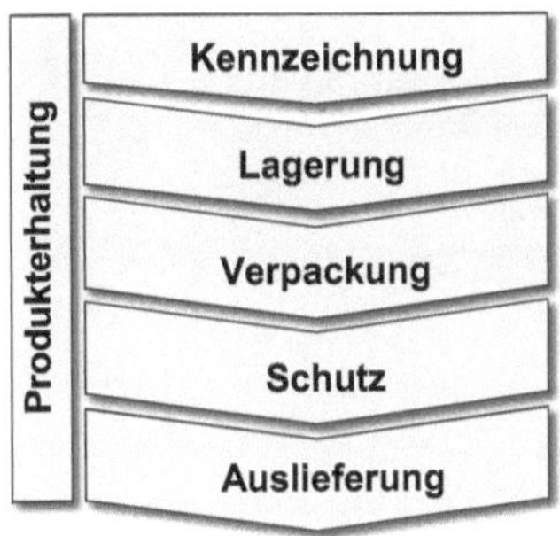

Bild 2.12
Forderung nach Produkterhaltung während der internen Verarbeitung und der Auslieferung

Die Auswahl der Verpackungsmaterialien und Verpackungsmethoden schützt die Ware z. B. vor Verschmutzung wie Staub. Bei Elektronikbauteilen ist der Schutz vor Feuchtigkeit wichtig, weil Metalle korrodieren können oder Kleber zum Aufquellen neigen. Auch während der Auslieferung selbst muss die Qualität bewahrt werden. Bei sensiblen Produkten, z. B. bei Bildschirmen, medizinischen Geräten, Maschinen usw., werden Indikatoren deutlich sichtbar an der Außenverpackung angebracht. Stoß-, Kipp- und Temperaturindikatoren überwachen die Belastungen beim Transport empfindlicher Güter.

Von Konformität wird gesprochen, wenn ein Merkmal, Prozess, Produkt oder eine Dienstleistung die Anforderungen erfüllt. Bei einem Fehler, d. h. bei Nichterfüllung einer Anforderung, wird von Nichtkonformität gesprochen. Die *Freigabe von Produkten und Dienstleistungen* (8.6) darf erst erfolgen, nachdem diese auf Konformität geprüft wurden. Es muss zurückverfolgbar sein, welche Person die Freigabe gegeben hat.

Die *Steuerung nichtkonformer Ergebnisse* (8.7) verlangt eine Vorgehensweise zur Steuerung und Kennzeichnung fehlerhafter Produkte und Dienstleistungen einschließlich Verantwortlichkeiten und Befugnissen zur Fehlerbeseitigung, Sonderfreigabe sowie Verhinderung des Gebrauchs. Dies gilt auch für Nichtkonformitäten, die erst nach der Auslieferung bzw. der Dienstleistungserbringung erkannt wurden. Tatsache ist, dass fehlerhafte Produkte in jedem Unternehmen auftreten können. Der Umgang mit ihnen muss klar geregelt sein. Meist erfolgt eine Sperrung der Produkte und häufig auch der Produktion. Nach der Analyse des Fehlers und Beseitigung der Ursache bzw. Einführung einer Kurzfristmaßnahme zur Eindämmung (Containment-Maßnahme) kann weiterproduziert werden. Bei einem schon ausgelieferten Produkt muss analysiert werden, inwieweit der gleiche Fehler auch bei anderen ausgelieferten Produkten auftreten kann.

2.2.6 Bewertung der Leistung

Das Normkapitel „Bewertung der Leistung" besteht aus drei Unterkapiteln (Bild 2.13).

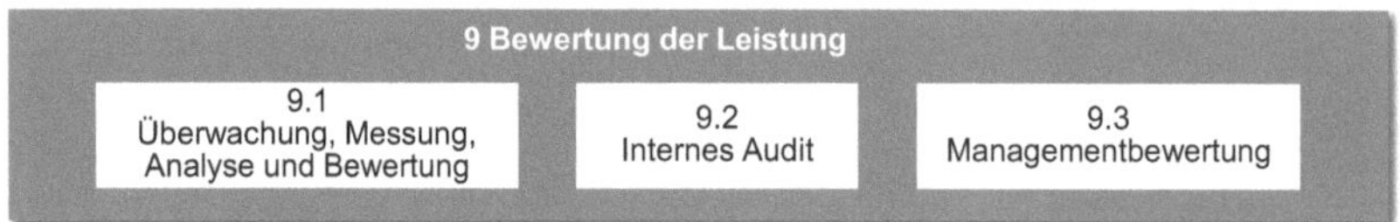

Bild 2.13 Struktur des Normkapitels „Bewertung der Leistung"

Unter *Überwachung, Messung, Analyse und Bewertung* (9.1) muss die Organisation bestimmen, was mit welchen Methoden wann überwacht bzw. gemessen und analysiert wird. Geeignete dokumentierte Informationen müssen als Nachweis aufbewahrt werden. In der Praxis sind diese Daten im Prüfplan enthalten. Die Organisation muss die Kundenzufriedenheit systematisch und dokumentiert messen und dazu Methoden festlegen. Diese können beispielsweise Fragebögen oder Gesprächsleitfaden für Kundengespräche sein. Weitere Informationsquellen sind Händlerberichte und Garantieleistungen. Die Daten aus der Messung sind zu analysieren und zu beurteilen hinsichtlich Konformität, Kundenzufriedenheit, Wirksamkeit des QMS, Prozessleistung, Leistung externer Anbieter und hinsichtlich des Verbesserungspotenzials.

Die Organisation muss *interne Audits* (9.2) durchführen, um die Wirksamkeit ihres QMS zu prüfen. Interne Audits sind das Mittel zur Überwachung der Funktionsfähigkeit des QMS und der internen Organisation. Interne Schwachstellen werden aufgedeckt. Dazu müssen Auditprogramme geplant, Auditkriterien festgelegt, Auditoren ausgewählt und geschult, Audits fachgerecht durchgeführt, Korrekturmaßnahmen umgesetzt und Auditergebnisse dokumentiert und an die oberste Leitung berichtet werden.

Es findet eine regelmäßige dokumentierte *Managementbewertung* (9.3) durch die oberste Leitung über Eignung, Angemessenheit, Wirksamkeit, Veränderungsbedarf, Qualitätspolitik und Qualitätsziele statt. Das Ergebnis sind Entscheidungen und Maßnahmen zur Verbesserung des QMS, der Prozesse, der Produkte und des

Ressourcenbedarfs. Wichtige Informationsquellen für die Managementbewertung sind Kundenreklamationen, Feldrückläufer, Lieferantenbewertungen, Qualitätskennzahlen und Auditberichte.

2.2.7 Verbesserung

Das Normkapitel „Verbesserung" beschäftigt sich mit den Korrekturmaßnahmen bei Nichtkonformitäten und der fortlaufenden Verbesserung (Bild 2.14).

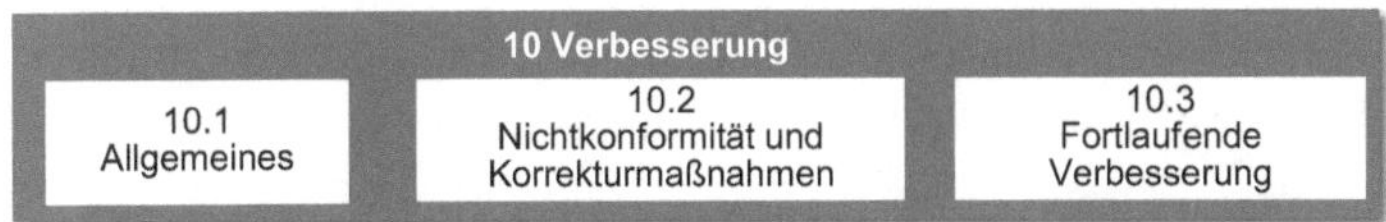

Bild 2.14 Struktur des Normkapitels „Verbesserung"

Unter *Allgemeines* (10.1) ist die Organisation aufgerufen, Verbesserungen zu bestimmen, um die Kundenzufriedenheit zu erhöhen. Dies umfasst die Verbesserung von Prozessen, Produkten, Dienstleistungen und des QMS insgesamt. Verbesserungsmaßnahmen können als Reaktion auf einen Fehler eingeführt werden, als Teil eines kontinuierlichen Verbesserungsprogramms, als Durchbruch, als Innovation oder als Umorganisation.

Wenn *Nichtkonformität* (10.2) auftritt, dann muss die Organisation darauf reagieren. Sie muss die Ursachen herausfinden und bestimmen, ob vergleichbare Fehler auftreten können, erforderliche Korrekturmaßnahmen einleiten, die Wirksamkeit überprüfen und falls erforderlich das QMS ändern. Dieses Unterkapitel beinhaltet den klaren präventiven Auftrag, indem gefordert wird zu prüfen, ob die erkannte Nichtkonformität auch an anderer Stelle auftreten kann. Die Umsetzung gelingt durch die in Kapitel 6 und Kapitel 7 beschriebenen Methoden wie 8D, Poka Yoke und FMEA.

Wesentliches Merkmal eines modernen Qualitätsverständnisses ist die *fortlaufende Verbesserung* (10.3). Hierzu fordert die Norm, die Eignung und Wirksamkeit des QMS ständig zu verbessern. Quellen sind die Ergebnisse ihrer diversen Analysen und die Managementbewertung. Es müssen geeignete Methoden zur fortlaufenden Verbesserung ausgewählt und angewendet werden. Der Plan-Do-Check-Act-Zyklus (kurz PDCA, deutsch „Planen, Durchführen, Prüfen, Handeln") lässt sich hier direkt anwenden. Die Methode besteht aus den vier Schritten (Bild 2.15):

- *Plan*: Festlegen der Ziele des Systems, Analyse der Situation und Entwicklung von Verbesserungsmaßnahmen.
- *Do*: Umsetzen der geplanten Maßnahmen.

- *Check*: Überprüfung der Wirksamkeit der durchgeführten Maßnahmen durch Messen von Prozessen, Produkten und Dienstleistungen.
- *Act*: Wenn nötig Umsetzung von weiteren Verbesserungsmaßnahmen, ansonsten Definition und Kommunikation des neuen Standards.

Der PDCA-Zyklus findet sich auch im Prozessmodell der ISO 9001 (Bild 2.1) wieder. Der Schritt *Plan* entspricht dem Normkapitel 6 Planung, der Schritt *Do* entspricht den Normkapiteln 7 und 8 Unterstützung und Betrieb, der Schritt *Check* entspricht dem Normkapitel 9 Bewertung der Leistung, und der Schritt *Act* entspricht dem Normkapitel 10 Verbesserung.

HINWEIS

Der PDCA-Zyklus wird auch Deming-Kreis genannt zu Ehren von William Edwards Deming, *1900 in Sioux City, Iowa, †1993 in Washington, D.C. Deming war ein US-amerikanischer Physiker, Statistiker sowie Pionier im Bereich des Qualitätsmanagements. Ab den 1940er-Jahren entwickelte er die prozessorientierte Sicht auf die Tätigkeiten eines Unternehmens, die später auch Eingang in die diversen Qualitätsnormen und Qualitätsmanagementlehren fand.

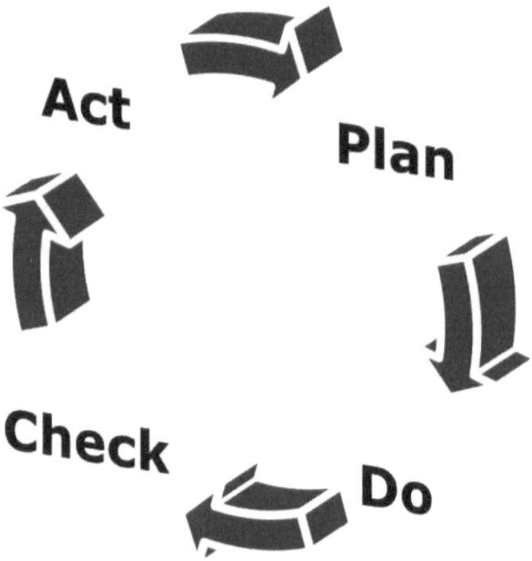

Bild 2.15
Der PDCA-Zyklus als Methode der fortlaufenden Verbesserung

■ 2.3 Weitere wichtige Normen

Die Automobilindustrie fordert ein über die ISO 9001 hinausgehendes Niveau und hat konkrete Zusatzforderungen aufgestellt. Die *IATF 16949* (International Automotive Task Force) stellt eine Vereinheitlichung der spezifischen Richtlinien von großen Automobilherstellern dar. Für die Zulieferindustrie bedeutet dies eine Vereinfachung, denn sie muss nicht für verschiedene Kunden verschiedene Normen erfüllen. Die IATF 16949 greift die ISO 9001 auf und ergänzt bzw. verschärft die Anforderungen für ihre Branche.

Beispielsweise fordert die Norm unter „Kompetenz“ zusätzlich, dass die Organisation für Mitarbeiter, die einen Einfluss auf die Erfüllung auf die Qualitätsanforderungen haben, eine praktische Ausbildung am Arbeitsplatz (On-the-job-Training) durchführt inklusive Schulungen zur Kundenanforderungen. Dies gilt auch für Zeitarbeiter. Dabei muss die Schulungstiefe dem Bildungsniveau der Mitarbeiter und der Komplexität der Aufgabe angepasst sein Die Organisation muss eine Liste aller qualifizierten internen Auditoren führen. Es sind Mindestkompetenzen zum prozessorientierten Ansatz, zu den kundenspezifischen Anforderungen nachzuweisen. Beispielsweise müssen Prozessauditoren über das technische Verständnis der zu auditierenden Produktionsprozesse verfügen (vgl. IATF 16949:2016, S. 35 f.).

Im Kapitel „Planung“ verlangt die Norm, dass die Firmen Notfallpläne vorbereitet haben sollen, die Kundenbestellungen auch im Falle eines Ereignisses wie Stromausfall, Arbeitskräftemangel oder Ausfall von wichtigen Maschinen zu erfüllen (vgl. IATF 16949:2016, S. 28).

Ebenfalls sehr weit verbreitet ist die *DIN EN ISO 14001:2015* für Umweltmanagementsysteme. Der Zweck ist es, Organisationen einen systematischen Rahmen bereitzustellen, um die Umwelt zu schützen. Dies geschieht durch die Festlegung von Anforderungen an ein Umweltmanagementsystem, welches es einer Organisation ermöglicht, ihre Umweltleistung zu verbessern. Die Struktur entspricht der High Level Structure für Managementsysteme genauso wie auch die ISO 9001.

Die *DIN EN ISO 50001:2018* für Energiemanagementsysteme erfasst die Energieströme im Unternehmen und bewertet die Energieeffizienz. Die weltweite Anwendung trägt zu einer effizienteren Nutzung der verfügbaren Energiequellen, zu einer besseren Wettbewerbsfähigkeit sowie zur Reduzierung von Treibhausgasemissionen und anderen Umweltauswirkungen bei. Sie ist unabhängig von der genutzten Energieart anwendbar. Ihre Einhaltung ist in Deutschland Voraussetzung für die teilweise Befreiung besonders energieintensiver Unternehmen von der bis 2022 erhobenen Erneuerbare-Energien-Gesetz-Umlage. Auch hier ist der Aufbau entlang der High Level Structure für Managementsysteme.

Die *DIN ISO 45001:2018* ist die Managementsystemnorm für Sicherheit und Gesundheit bei der Arbeit. Die Norm führt den Arbeitsschutz und das betriebliche Gesundheitsmanagement in einen internationalen Standard zusammen und lehnt sich in ihrer Struktur an die ISO 9001 und die ISO 14001 an.

■ 2.4 Das EFQM Excellence Modell

Eine konkrete Umsetzung von TQM und ISO 9004 ist das „EFQM Excellence Modell“ der European Foundation for Quality Management. Es ist unabhängig von Branche, Größe und Struktur ein geeignetes Managementmodell, welches einer Organisation eine Hilfestellung gibt und aufzeigt, wo es sich auf der Reise zu Excellence bzw. TQM befindet, Defizite erkennen lässt und zu Verbesserungen motiviert (Brunner/Wagner 2008, S. 339; Sommerhoff/Kamiske 2018, S. 5; Benes/Groh 2022, S. 328).

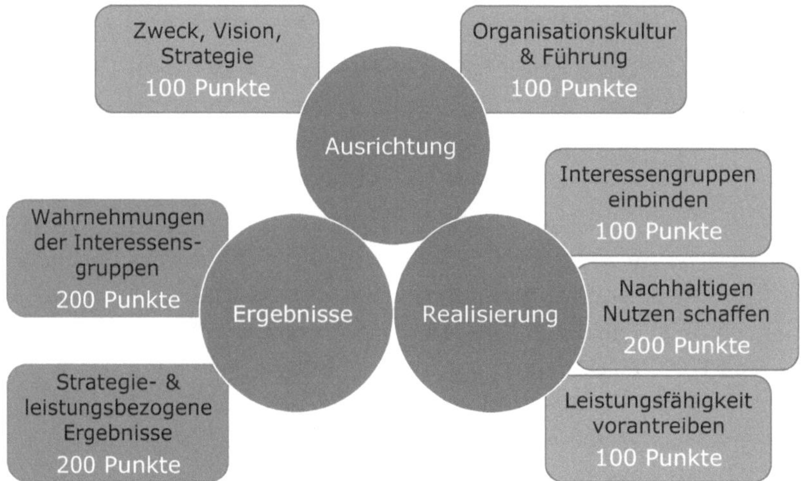

Bild 2.16 Das EFQM Excellence Modell 2019 der European Foundation for Quality Management (in Anlehnung an EFQM 2019)

Das EFQM Excellence Modell bietet den Rahmen für die ganzheitliche Bewertung und Steuerung der Organisation. Alle Elemente, die das Funktionieren der Organisation ausmachen, werden hier in Beziehung zueinander gesetzt und darauf überprüft, ob sie reibungslos ineinandergreifen. Exzellente Organisationen erzielen dauerhaft herausragende Leistungen, welche die Erwartungen aller ihrer Interessengruppen erfüllen oder übertreffen.

Das EFQM Excellence Modell ist allerdings auch weniger konkret als die ISO 9001. Konstant ausreichende Leistungen stellen in der ISO 9001 oder der ISO 14001 kein Problem dar. Das EFQM-Modell hingegen ist ein dynamisches Messsystem. Man schneidet im Vergleich zum sich weiter verbessernden Besten immer schlechter ab. Die Bewertung eines Unternehmens kann in Form einer Selbstbewertung ähnlich der ISO 9004 oder einer Fremdevaluierung im Rahmen des Europäischen Qualitätspreises erfolgen.

Das Modell EFQM 2019 besteht aus sieben Kriterien (Bild 2.16) unter folgenden Oberpunkten:

- Ausrichtung (warum existiert die Organisation?),
- in Realisierung (wie beabsichtigt die Organisation ihren Zweck zu erreichen und ihre Strategie umzusetzen?) und
- die Ergebnisse (was hat sie bisher erreicht und was will sie künftig erreichen?).

Nach der sogenannten RADAR-Logik der EFQM wird die Organisation analysiert. RADAR steht für die Anfangsbuchstaben von Results, Approaches, Deployment, Assess and Refine (Ergebnisse, Vorgehensweisen, Umsetzung, Bewerten und Verbessern). Jedes der sieben Modellkriterien wird bewertet. Entsprechend einem Schema können zusammen bis zu 1000 Punkte erreicht werden.

Dies geschieht intern im Rahmen einer Selbstbewertung. Organisationen, die an einer externen Anerkennung ihrer Leistung interessiert sind, werden von einem Assessorenteam bewertet. Die Anwendung des EFQM-Modells hat den Vorteil, dass sich Organisationen miteinander vergleichen können. Außerdem kann auch in künftigen Selbstbewertungen Fort- oder Rückschritt gegenüber der Ausgangslage festgestellt werden.

2.5 Auditierung und Zertifizierung

Ob eine Norm eingehalten wird, Prozessbeschreibungen befolgt werden, ein Produkt die geforderten Qualitätsmerkmale erfüllt oder ein ganzes Qualitätsmanagementsystem wirksam ist, muss von einer unabhängigen Person anhand von Kriterien beurteilt werden. Ein solches Untersuchungsverfahren wird Audit genannt, von lateinisch „audire“ = „hören“.

HINWEIS

Im *Audit* wird die Wirksamkeit von QM-Maßnahmen untersucht, Schwachstellen werden aufgedeckt und Verbesserungen vorgeschlagen. Ein Audit ist also eine Begutachtung. Es kann auch das gesamte eigene Qualitätsmanagementsystem untersucht werden, aber auch das des Lieferanten. Auditoren sind geschulte Fachleute.

Es werden verschiedene Auditarten unterschieden. Beim internen Audit (1st-party Audit) untersucht die Firma selbst einen eigenen Bereich auf Konformität. Zum Beispiel untersucht die Firma, ob ihre Fertigung entsprechend den Prozess- und Verfahrensbeschreibungen arbeitet. Dazu werden in der Regel geschulte Qualitätsmanager eingesetzt. Beim Lieferantenaudit (2nd-party Audit) auditiert der Kunde seinen Lieferanten.

Im Produktaudit wird das fertiggestellte und geprüfte Produkt bezüglich definierter Prüfmerkmale überprüft. Im Verfahrensaudit werden kritische Abläufe und Geschäftsprozesse untersucht, ob Prozessbeschreibungen vorliegen, die Vorschriften eingehalten werden und das Personal ausreichend qualifiziert ist. Im Systemaudit werden die Aufbau- und Ablauforganisation des QMS sowie die Anwendung und Wirksamkeit des QM-Handbuchs und der QM-Anweisungen untersucht. Der Verband der deutschen Automobilindustrie hat in seinem VDA-6-Regelwerk eigene Fragenkataloge zum Audit entwickelt, so beispielsweise im Band VDA 6.1 zum QM-Systemaudit Serienproduktion.

Planmäßige Audits werden nach Ankündigung durchgeführt. Das außerplanmäßige Audit ist ein Überraschungsaudit. Werden schwere Abweichungen festgestellt, wird ein Wiederholungsaudit vereinbart und geprüft, ob die vereinbarten Abstellmaßnahmen umgesetzt wurden und wirksam sind. In vielen Fällen legt der Kunde vertraglich fest, dass der Lieferant bestimmte Forderungen (z. B. ISO 9001) einhält und dies durch eine Auditierung mit Zertifizierung nachweist.

HINWEIS

Die *Zertifizierung* ist die Begutachtung einer bestimmten Einheit (Unternehmen, Produkt, Prozess, Person) durch einen akkreditierten, also anerkannten Prüfer, der die Einhaltung von bestimmten Standards schriftlich bestätigt.

Der Prüfer bzw. die Prüforganisation werden im Hinblick auf Strukturen und Prüftätigkeit gleichfalls durch eine sogenannte Akkreditierungsorganisation überwacht. Diese lässt die Prüfer zu und kann gegebenenfalls auch die Prüfberechtigung wieder entziehen. Ab dem 1. Januar 2010 nahm die Deutsche Akkreditierungsstelle GmbH (DAkkS) ihre Tätigkeit als einzige nationale Akkreditierungsstelle für die deutsche Wirtschaft auf.

Im Zertifizierungsaudit (3rd-party Audit) prüfen die Auditoren in Auditgesprächen mit den jeweiligen Bereichs- und Abteilungsleitern, durch Befragung von Mitarbeitern an ihren Arbeitsplätzen und durch Einsichtnahme in die QM-Dokumentation. Die Zertifizierung macht Sinn, wenn das Zertifikat beim Kunden Vertrauen schafft. Damit können Lieferantenaudits der Kunden entfallen bzw. sich reduzieren. Gleichzeitig wird das Unternehmen bei der Vorbereitung auf die Zertifizierung zahlreiche Verbesserungshinweise (z. B. Prozessoptimierungen) erhalten. Zertifikate für Qualitätsmanagementsysteme gelten drei Jahre. In dieser Zeit finden jährliche Überwachungsaudits statt. Danach erfolgt ein Wiederholungsaudit.

2.6 Zusammenfassung

Das Qualitätsmanagementsystem leitet und lenkt ein Unternehmen bezüglich Qualität. In der weltweit am weitesten verbreiteten Norm ISO 9001 werden grundlegende Anforderungen an ein Qualitätsmanagementsystem gestellt. Diese gliedern sich entsprechend dem Prozessmodell der Norm nach sieben Hauptkategorien: Kontext der Organisation, Führung, Planung, Unterstützung, Betrieb, Bewertung der Leistung und Verbesserung. Die Norm ist branchenunabhängig und deshalb in vielen Forderungen wenig konkret. Weitere branchen- und themenspezifische Normen betreffen die Automobilindustrie oder den Umweltschutz.

Einen ganzheitlichen Ansatz verfolgt das Modell der European Foundation for Quality Management. Ein wichtiges Element des Modells ist die Selbstbewertung des Unternehmens. Dort sind in den sieben Kriterien, die in die drei Oberpunkte Ausrichtung, Realisierung und Ergebnisse unterteilt sind, maximal 1000 Punkte erreichbar.

Das Audit untersucht die Wirksamkeit von Qualitätsmerkmalen. Das Zertifizierungsaudit untersucht die Einhaltung von Forderungen einer Norm. Bei Bestehen wird das Zertifikat erteilt.

2.7 Literatur

Benes, G.; Groh, P. E. (2022): *Grundlagen des Qualitätsmanagements.* Carl Hanser Verlag, München

Brunner, F. J.; Wagner, K. W. (2016): *Taschenbuch Qualitätsmanagement.* Carl Hanser Verlag, München

DIN EN ISO 9000:2015: *Qualitätsmanagementsysteme – Grundlagen und Begriffe.* Beuth Verlag, Berlin

DIN EN ISO 9001:2015: *Qualitätsmanagementsysteme – Anforderungen.* Beuth Verlag, Berlin

DIN EN ISO 9004:2018: *Qualitätsmanagement – Qualität einer Organisation – Anleitung zum Erreichen nachhaltigen Erfolgs.* Beuth Verlag, Berlin

DIN EN ISO 14001:2015: *Umweltmanagementsysteme – Anforderungen mit Anleitung zur Anwendung.* Beuth Verlag, Berlin

DIN EN ISO 50001:2018: *Energiemanagementsysteme – Anforderungen mit Anleitung zur Anwendung.* Beuth Verlag, Berlin

EFQM (Hrsg.) (2019): *Das EFQM Modell.* EFQM, Brüssel

IATF 16949:2016: *Qualitätsmanagement – System-Standard der Automobilindustrie.* Beuth Verlag, Berlin licht.de (Hrsg.) (o. J.): *licht.wissen* – Industrie und Handwerk, Heft 05, Frankfurt am Main

Sommerhoff, B.; Kamiske, G. (2018): *EFQM zur Organisationsentwicklung.* Carl Hanser Verlag, München

VDA 6.1 (2016): *Qualitätsmanagement in der Automobilindustrie. Teil 1 QM-Systemaudit Serienproduktion.* Verband der Automobilindustrie, Berlin

3 Qualitätsmanagement in der Beschaffung

Die Qualität des Endprodukts hängt von der Qualität der Zulieferprodukte ab. Die ISO 9001 verlangt von der Organisation die Sicherstellung der extern bereitgestellten Prozesse, Produkte und Dienstleistungen. Daneben muss die Organisation Kriterien für die Beurteilung, Auswahl, Leistungsüberwachung und Neubeurteilung von externen Anbietern einführen und dokumentieren. Die umfangreichen Aufgaben des Qualitätsmanagements im gesamten Beschaffungsprozess werden in diesem Kapitel beschrieben. Es beginnt bei der Formulierung der Beschaffungsstrategie, geht weiter über die Auswahl der Lieferanten und der Verhandlung des Qualitätsvertrags bis zur Prüfung der Erstmuster. Die vom Lieferanten bereitgestellte Ware wird im Wareneingang kontrolliert, und der Lieferant selbst wird regelmäßig beurteilt. Auch die Analyse der im Feld genutzten Produkte lässt Rückschlüsse auf die Qualität der Zulieferteile zu.

3.1 Aufgaben des Qualitätsmanagements in der Beschaffung

Ein großer Teil der Wertschöpfung findet nicht im Unternehmen selbst statt, sondern wird zugekauft. Die unterschiedlichen Gründe für die Reduzierung der Fertigungstiefe können in den Kosten, der Innovationsfähigkeit des Lieferanten, der angestrebten eigenen Komplexitätsreduzierung oder der Konzentration auf das Kerngeschäft liegen. Bei vielen Erzeugnissen beträgt der Anteil der zugekauften Komponenten 70 % oder mehr. Somit sind die Qualität des Produkts und damit der eigene Unternehmenserfolg stark abhängig von der Leistungsfähigkeit der Lieferanten.

Daher muss dem Qualitätsmanagement in der Lieferkette (Supply Chain) eine besondere Aufmerksamkeit geschenkt werden. Nachfolgend einige Beispiele, bei denen die Qualität der zugelieferten Produkte so große Mängel aufwies, dass es zu großen Rückrufaktionen kam, die neben den Kosten für Ersatz und Lieferausfall auch einen Imageverlust bedeuten. Ein über Jahre aufgebautes Markenimage und Kundenvertrauen sind über Nacht zerstört.

BEISPIEL

Im Jahr 2008 musste der Hersteller Sony 100 000 Laptops wegen Brandgefahr zurückrufen. Ursache war der zugelieferte Akku. Im Jahr 2010 musste Toyota 2,3 Millionen Autos in den USA und 1,8 Millionen Autos in Europa zurückrufen. Das zugelieferte Gaspedal konnte durch Kondenswasser klemmen. Für die Firma Toyota, die immer für die Qualität ihrer Produkte steht und in allen Pannenstatistiken beste Plätze einnimmt, war dies ein herber Imageverlust, der sich in einem Einbruch der Verkaufszahlen niederschlug. ▪

Auch die entsprechenden Normen zeigen, welche zentrale Rolle die Beschaffung im Qualitätsmanagement einnimmt. Die ISO 9001 fordert, dass die Organisation sicherstellt, dass extern bereitgestellte Prozesse, Produkte und Dienstleistungen den festgelegten Anforderungen entsprechen. Art und Umfang der Überwachung von Lieferanten und beschafften Produkten hängen davon ab, wie hoch der Einfluss auf die nachfolgende Produktrealisierung oder auf das Endprodukt ist, und zweitens, wie wirksam die angewendeten Kontrollen des externen Anbieters sind.

Die Norm der International Automotive Task Force 16949 weist ausdrücklich darauf hin, dass eine Organisation auch dann für die Qualität der zugelieferten Produkte verantwortlich ist, wenn der Lieferant vom Kunden bestimmt bzw. vorgegeben wurde (vgl. IATF 16949:2016, S. 53).

Der Beschaffungsprozess läuft in Phasen ab, in denen dem Qualitätsmanagement unterschiedliche Aufgaben zukommen (Bild 3.1). Diese werden im weiteren Verlauf beschrieben.

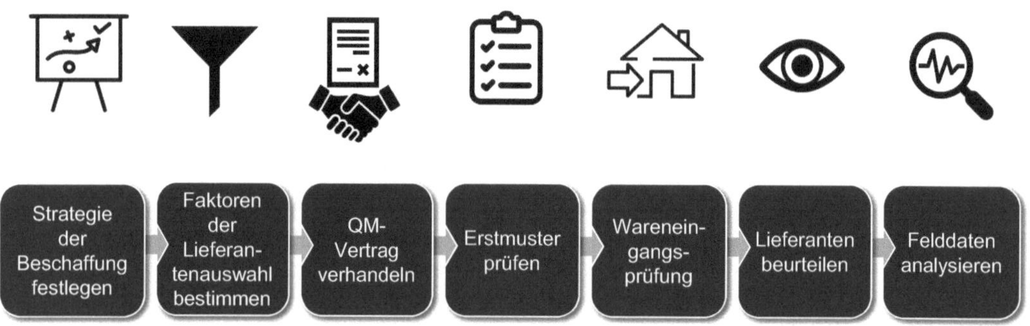

Bild 3.1 Die Aufgaben des Qualitätsmanagements im Beschaffungsprozess

■ 3.2 Strategie der Beschaffung festlegen

Die Formulierung der Beschaffungsstrategie und die Lieferantenauswahl werden in der Regel vom Einkauf, der Qualitätsabteilung, der Logistik und bei hochinnovativen Produkten auch der Entwicklungsabteilung im Unternehmen gemeinschaftlich durchgeführt.

Die optimale Beschaffungsstrategie hängt zum einen von den Aspekten der Beschaffungsgüter ab. Darunter fallen die technische Komplexität des Produkts, die Anzahl der Einzelteile, die Variantenvielfalt und das Einkaufsvolumen. Das Einkaufsvolumen errechnet sich aus dem Stückpreis multipliziert mit der Stückzahl. Auch wird die Marktverfügbarkeit geprüft. Zum anderen wird die Beschaffungsstrategie durch die Aspekte der Beschaffungsquellen bestimmt. Hier steht das Versorgungsrisiko im Vordergrund, welches sich durch die Abhängigkeit vom Lieferanten ausdrückt. Der Einfluss auf den Lieferanten korreliert mit dem Anteil am Umsatz beim Lieferanten. Andererseits berücksichtigt das Versorgungsrisiko die Gefahr von Lieferengpässen beispielsweise bei Qualitätsproblemen, bei länger andauernden Streiks oder bei Naturkatastrophen. So hatte der Tsunami 2011 in Japan zu wochenlangen Stromengpässen und in Folge zu großen Produktionsausfällen in der japanischen Industrie geführt, die Kunden in aller Welt, darunter den deutschen Maschinenbau, über Monate beeinträchtigten. Viele Firmen konnten nicht kurzfristig auf andere Lieferanten umsteigen, weil diese nicht zertifiziert waren oder keine Kapazitäten hatten. Im März 2021 blockierte das Containerschiff Ever Given den Suezkanal für sechs Tage. Das Ereignis sorgte viele Wochen für Verspätungen in der globalen Schifffahrt und einen Warenstau in den Häfen. Im Zuge der Corona-Pandemie wurden die globalen Lieferketten empfindlich gestört. Zulieferbetriebe konnten aufgrund von diversen Behinderungen in Produktion und Transport ihren Verpflichtungen nicht mehr nachkommen.

Die *globale Beschaffung* (Global Sourcing) lohnt sich vor allem bei großen Stückzahlen, bei denen die Transportkosten nicht ins Gewicht fallen. Eine höhere Anzahl an möglichen Lieferanten, der Zugang zu speziellen Ressourcen, geringe Lohnkosten als auch die Nähe zu den Absatzmärkten spielen eine treibende Rolle. Nachteilig können sich ein unterschiedliches – teilweise kulturell bedingtes – Qualitätsverständnis (siehe Kapitel 13), erhöhte Kommunikationsaufwände und längere Reaktionszeiten auswirken.

Die *lokale Beschaffung* (Local Sourcing) bevorzugt Lieferanten aus der näheren Umgebung. Schneller und umweltfreundlicher Transport, geringe Lagerkosten durch den Abruf kleinerer Mengen, keine Zollvorschriften und der Vertrauensaufbau durch kurzfristige Besuche vor Ort sind Vorteile. Die termingenaue Lieferung von Teilen Just in Time (JIT) oder Just in Sequence (JIS) erfordert ein hohes Qualitätsvertrauen und lokale Lieferanten.

Der Bezug bei einer einzigen Beschaffungsquelle – das *Single Sourcing* – vereinfacht die Koordinierung und Kommunikation von Qualitätsstandards. Das Einkaufsvolumen wird auf einen Lieferanten gebündelt, um einen guten Preis zu erzielen. Das Unternehmen begibt sich aber in eine gewisse Abhängigkeit von seinem Lieferanten. So manches Unternehmen musste bereits zu unkonventionellen Maßnahmen greifen und seinen Lieferanten finanziell unterstützen oder sogar aufkaufen.

BEISPIEL

2014 hat der Flugzeugbauer Airbus 60 % der Anteile am spanischen Lieferanten Alestis übernommen, der auf Bauteile aus Kohlefaser spezialisiert ist. Der Spanier hatte mit Produktionsproblemen zu kämpfen, schrieb über Jahre Verluste und stand zeitweise unter Insolvenzverwaltung. Da Alestis ein wichtiger Lieferant von kompletten Bauteilen ist, sichert Airbus damit seine Produktionskette ab. ■

Um sich nicht in eine solche Abhängigkeit zu begeben, bevorzugen Unternehmen insbesondere der Automobilbranche den Bezug des gleichen Teils aus mehreren Quellen. Mit diesem *Multi Sourcing* lassen sich durch den Wettbewerb zwischen den Lieferanten trotz geringeren Volumens pro Lieferant womöglich günstigere Preise erzielen. Weiterhin sind die höhere Flexibilität bei Bedarfsschwankungen und die Verfügbarkeit bei Qualitätsproblemen zu nennen.

Beim *Forward Sourcing* wird der Lieferant als Entwicklungspartner angesehen. Der Hersteller bindet den Lieferanten in die Produktplanung ein, nutzt sein Know-how und realisiert so kurze Entwicklungszeiten.

Aus der Kombination von Wertigkeit des Produkts und Versorgungsrisiko ergibt sich eine Vier-Felder-Matrix. Bild 3.2 zeigt die möglichen Beschaffungsstrategien. Hochwertige Güter, die kein Versorgungsrisiko haben, weil es mehrere Anbieter im Markt gibt, werden als Hebelprodukte bezeichnet. Hier lässt sich durch ein Multi Sourcing der Markt abschöpfen, d. h. durch ein geschicktes Ausspielen der Lieferanten werden gute Einkaufspreise erzielt. Gleichzeitig möchte man bei hochwertigen Gütern aus wirtschaftlichen Gründen keine Bestände bevorraten. Deshalb werden diese immer bedarfsnah beschafft. Voraussetzung dafür ist eine perfekte Qualitätssicherung bei den Lieferanten, denn es gibt keine Bestände zum Ausgleich von Schlechtteilen. Gibt es hingegen nur einen einzigen Lieferanten, dann entsteht eine starke Abhängigkeit von einer Quelle. Produkte mit niedriger Wertigkeit werden dann zu Engpassprodukten. Hier würde man zur Risikominimierung langfristige Lieferverträge abschließen und zugleich Bestände bevorraten. Noch kritischer wird es bei hochwertigen Zulieferprodukten, weil eine Bevorratung unbezahlbar wäre. Es muss in einer Make-or-Buy-Analyse überlegt werden, ob dieses Produkt nicht doch selber produziert werden soll oder alternativ der Lieferant über eine Partnerschaft eng angebunden wird.

Bild 3.2 Portfolioanalyse für Beschaffungsgüter

3.3 Faktoren der Lieferantenauswahl bestimmen

Bei der Lieferantenauswahl muss ein ganzheitlicher Ansatz verfolgt werden. Nicht einzelne Kriterien und vielleicht kurzfristige Ziele wie der günstigste Preis dürfen im Vordergrund stehen. Denn was helfen der niedrigste Preis und der schnellste Vertragsabschluss, wenn beim Produktionsstart der Lieferant nicht fähig ist, die vertraglich zugesagte Qualität zu liefern, oder in Konkurs geht? Durch mangelhafte oder schwankende Qualität der Zulieferteile werden erhebliche Managementressourcen gebunden, und die Kosten steigen durch Nacharbeit, Kontrollaufwände und Expresslieferungen. Bei den heutigen vernetzten Lieferketten muss sogar auf die Qualitätsfähigkeit der Unterlieferanten des Lieferanten geachtet werden.

Das *Trichtermodell* hat sich für die globale Lieferantenauswahl bewährt (Bild 3.3). Dabei erfolgt eine schrittweise Selektierung durch ausgewählte Kriterien, um die Lieferantenanzahl einzugrenzen:

- *1. Stufe*: Der Gesamtmarkt wird abgebildet (in der Regel über Datenbankabfragen), z. B. alle indischen Automobilzulieferer.
- *2. Stufe*: Lieferanten werden in Technologiecluster eingeteilt, z. B. Gussteile, Schmiedeteile, gestanzte Teile, Kunststoffteile, Gummiteile.

- *3. Stufe*: Eine Exporttätigkeit zeigt, ob ein Lieferant auch außerhalb seines Heimatmarkts liefern möchte, was in schnell wachsenden Schwellenländern nicht selbstverständlich ist.
- *4. Stufe*: Erfüllung spezieller Faktoren, die in einem Audit beim Lieferanten vor Ort abgefragt werden (Supplier Pre-Evaluation).

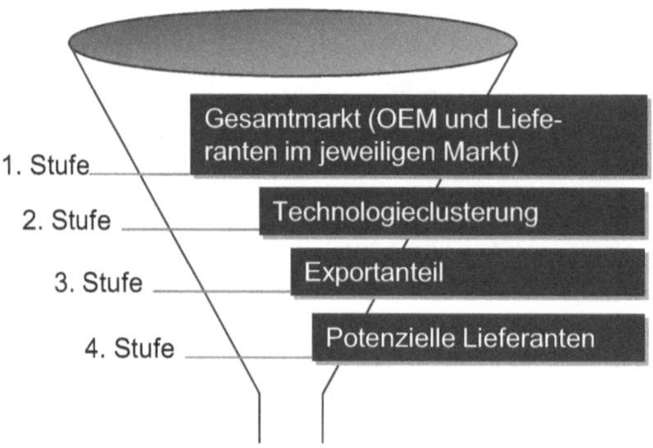

Bild 3.3 Das Trichtermodell der Beschaffungsmarktanalyse

In Bild 3.4 sind typische Einflussfaktoren auf die Lieferantenauswahl aus den Perspektiven der Unternehmensfunktionen Qualitätsmanagement, Unternehmensführung, Logistik, Fertigung, Entwicklung/Innovation und Einkauf dargestellt.

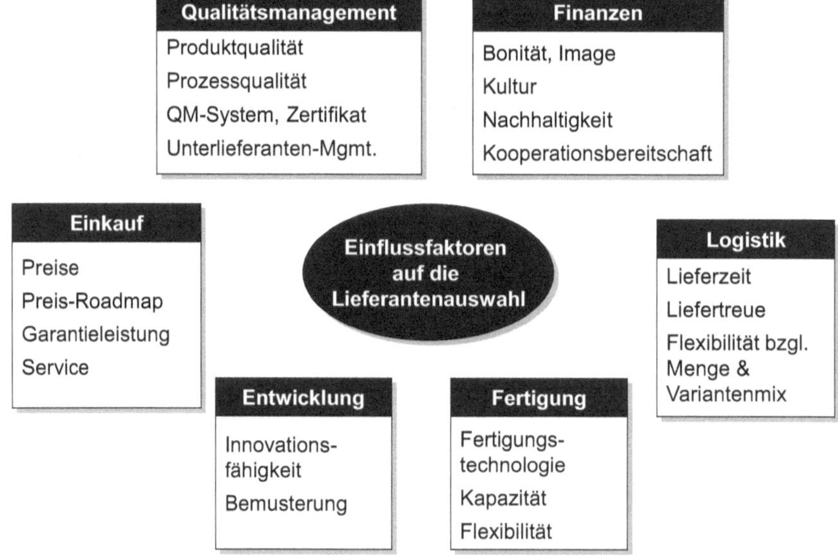

Bild 3.4 Einflussfaktoren auf die Lieferantenauswahl

Im Bereich Qualitätsmanagement werden unter anderem folgende Aspekte beim Lieferanten abgefragt:

- Ist das Qualitätssystem beschrieben und deckt es alle Bereiche, Ebenen und Mitarbeiter ab?
- Wie umfassend ist der Qualitätskontrollplan (Methoden, Tools, Anleitungen, Berichte)?
- Gibt es einen Prozess der Analyse, Kontrolle und Freigabe von Korrekturmaßnahmen?
- Wie werden die Qualitätskosten gemanagt (Kosten für Ausfälle, Aufzeichnungen, Maßnahmen)?
- Finden regelmäßige interne und externe (System-, Prozess-, System-)Audits statt?
- Sind die Nacharbeitsprozesse klar organisiert (Anleitungen, Aufzeichnungen)?
- Gibt es ein durchgehendes Dokumentenmanagementsystem (Verfallsdatum, Nummerierung usw.)?
- Sind die Freigabeprozesse klar geregelt?
- Gibt es ein Änderungsmanagement?
- Sind geeignete Anlagen zur Qualitätsprüfung (3D-Messung, Labor usw.) vorhanden?

3.4 Qualitätsmanagementvertrag verhandeln

Neben den heute vom Kunden bereits erwarteten Zertifizierungen nach ISO 9001 und weiteren branchenspezifischen Normen werden zwischen Kunde und Lieferant zusätzliche Qualitätsvereinbarungen getroffen. Der Kunde möchte unternehmensspezifische Anforderungen vereinbaren und im Sinne eines präventiven Qualitätsmanagements die Qualität beim Lieferanten absichern anstelle einer eigenen aufwendigen Wareneingangsprüfung. Weiterhin soll das gegenseitige Vertrauen gefestigt werden.

Im Vertrag können Vereinbarungen zu folgenden Punkten getroffen werden:

- Audit: Der Lieferant gestattet dem Auftraggeber, durch Audits festzustellen, ob die Qualitätssicherungsmaßnahmen seine Anforderungen erfüllen. Insbesondere, wenn der Lieferant auch Konkurrenten beliefert, muss festgelegt werden, welche Örtlichkeiten bei einem Audit besucht werden dürfen und welche aus Geheimhaltungspflichten eventuell nicht.

- Informations- und Dokumentationspflichten: Der Lieferant verpflichtet sich, vor Änderungen von Fertigungsverfahren, Materialien, Unterlieferanten, Prüfverfahren oder der Verlagerung von Fertigungsstandorten die Freigabe des Auftraggebers einzuholen. Dazu sind Qualitätsnachweise vorzulegen. Prüfergebnisse und qualitätsrelevante Dokumente sind 10 Jahre aufzubewahren.
- QM in der Entwicklung: Der Lieferant verpflichtet sich, ein Projektmanagement mit Projektplan und Quality Gates aufzusetzen. Er wendet präventive Methoden an. Dazu gehört die FMEA (siehe Kapitel 7). Bei Risikoprioritätszahlen größer einer bestimmten Grenze wie beispielsweise 100 sind Verbesserungsmaßnahmen durchzuführen.
- QM in der Serienproduktion: Es können Vorgaben zu statistischen Auswertungen in der Produktion wie das Führen von Qualitätsregelkarten (siehe Abschnitt 4.2) oder die Berechnung von Fähigkeitskennzahlen (siehe Abschnitt 4.3) gemacht werden. Diese und weitere statistische Auswertungen von wichtigen Qualitätskennzahlen sind monatlich zu übermitteln. Ungewöhnlich hohe Ausfallraten bzw. Abweichungen von Soll-Vorgaben sind dem Kunden unverzüglich mitzuteilen. Weiterhin können Kennzeichnungspflichten und Verpackungsvorschriften vereinbart werden. Steht ein Fertigungshochlauf an, weil das Produkt neu ist, dann lassen sich hier QM-Maßnahmen treffen, die über die der laufenden Fertigung hinausgehen.
- Reklamationsmanagement: Es sollten klare Eskalations- und Kommunikationspfade im Falle von Qualitätsauffälligkeiten festgelegt sein. Oftmals wird auch der Einsatz der 8D-Methode (vgl. Kapitel 6) verbunden mit Fristen festgelegt. Beispielsweise müssen die ersten drei Schritte der Methode in 48 Stunden bearbeitet und reportet werden. Weiterhin wird die Kostenerstattung für Sperrbestand, zusätzliche Stichproben und Mängelbeseitigung geklärt. Der Lieferant kann zu einer Produkthaftpflicht- und Rückrufversicherung verpflichtet werden.
- Garantie: Vereinbarungen zur Garantiedauer wie beispielsweise erweiterte Gewährleistungsregelungen für die Nutzung des Produkts werden getroffen.

3.5 Erstmuster prüfen

Ein Erstmuster ist ein Erzeugnis, das erstmals unter Serienbedingungen, d. h. mit gleichen Materialien, Maschinen, Räumlichkeiten, gefertigt wurde. Das Erstmuster wird einer Vollprüfung unterzogen: Maß-, Werkstoff-, Funktionsprüfung. Teilweise werden sehr aufwendige Tests durchgeführt. Der Lieferant dokumentiert seine Ergebnisse und stellt den Prüfbericht seinem Abnehmer oder potenziellen Kunden zur Verfügung. Der Abnehmer kann dann eine Freigabe erteilen, zusätzliche Tests verlangen oder eigene Tests durchführen.

Der Vorteil der Erstmusterprüfung besteht für beide Seiten darin, dass noch vor Serienbeginn unzulässige Abweichungen erkannt werden können. Nach Freigabe dient das Muster als Referenzbauteil für den Qualitätsstandard.

Ein Beispiel aus der Halbleiterindustrie zeigt, wie aufwendig solche Prüfungen sein können. Die besonders kritische Stelle ist die Verbindung zwischen Chip und Gehäuse, dem sogenannten Modul. Es darf während der gesamten Lebensdauer des Produkts (beispielsweise Airbag-Chips, Mikrocontroller für Smartphones, Chipkarten oder elektronischer Reisepass) zu keiner Ablösung kommen, ansonsten wäre das Produkt sofort funktionslos.

BEISPIEL

In der Halbleiterindustrie werden die auf dem Wafer befindlichen Microchips vereinzelt und in sogenannte Module verbaut. Das Modul schützt den Chip und stellt gleichzeitig die Anschlüsse für die Umwelt, beispielsweise eine Platine oder Chipkarte, bereit. Bevor ein neues Moduldesign in den Markt geht, werden umfangreiche Zuverlässigkeitsprüfungen durchgeführt. Die gesamte Lebensdauer des Produkts wird simuliert. Bei der mehrwöchigen Feuchte-Wärme-Prüfung wird das Chipmodul in einer Prüfkammer einer Temperatur von 40 °C und 93 % Luftfeuchte ausgesetzt. Zusätzlich wird die Prüfung mit aktiver Spannung durchgeführt. Hiermit wird das Korrosionsverhalten des Chips untersucht. An der Übergangsstelle von Materialien kann durch die Kapillarwirkung Feuchtigkeit eindringen, und der Chipkleber quillt auf. Im schlimmsten Falle kommt es zur Ablösung von Schichten, und die Bonddrähte reißen (Bild 3.5).

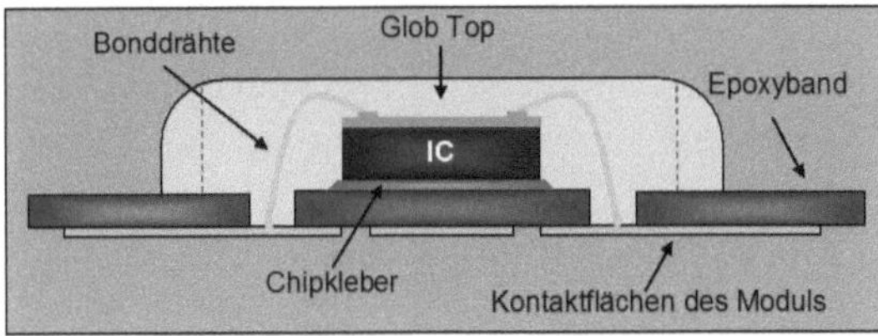

Bild 3.5
Wirebondmodul mit Glob Top (in Anlehnung an Rankl/Effing 2002, S. 49)

3.6 Wareneingangsprüfung

Die Qualität von Zulieferteilen hat maßgeblichen Einfluss auf die Kontinuität der internen Abläufe und die Qualität der Endprodukte. Die ISO 9001 fordert die Organisation auf, sicherzustellen, dass die extern bereitgestellten Prozesse, Produkte und Dienstleistungen den festgelegten Anforderungen entsprechen. Art und Umfang der Kontrollen hängen davon ab, wie sicherheitskritisch ein Zulieferteil ist und wie wirksam die vom Lieferanten angewendeten Kontrollen sind.

Mit der Wareneingangsprüfung soll deshalb sichergestellt werden, dass nur angelieferte Produkte, welche die Qualitätsanforderungen erfüllen, im Unternehmen weiterverarbeitet werden.

Der Endhersteller kann auch aus produkthaftungsrechtlichen Gründen veranlasst sein, Wareneingangsprüfungen vorzunehmen. Dies gilt insbesondere für die Prüfung der mitgelieferten Warendokumente und die Prüfung der kritischen Merkmale am Produkt.

3.6.1 Annahmestichprobe

Für den Wareneingangsbereich werden drei Fehlerarten unterschieden (DIN 55350-31: 1985, S. 2):

- Ein *kritischer Fehler* führt zur Gefährdung von Personen oder zieht einen beträchtlichen wirtschaftlichen Schaden nach sich, beispielsweise dadurch, dass der kritische Fehler die Erfüllung der Funktion einer größeren Anlage verhindert.
- Ein *Hauptfehler* ist ein nicht kritischer Fehler. Er führt voraussichtlich zu einem Ausfall oder setzt die Brauchbarkeit für den vorgesehenen Verwendungszweck wesentlich herab.
- Ein *Nebenfehler* setzt voraussichtlich die Brauchbarkeit für den vorgesehenen Verwendungszweck nicht wesentlich herab. Oder der Fehler stellt eine Abweichung von den Festlegungen dar, wodurch der Gebrauch oder Betrieb der Einheit nur geringfügig beeinflusst wird.

Die Art der Wareneingangsprüfung entscheidet über den Prüfaufwand. Die Abstufungen sind in Bild 3.6 dargestellt. Der größte Aufwand entsteht bei der *Vollprüfung*, die bei Erstmustern durchgeführt wird. Über die vereinbarten Merkmale hinaus werden weitere qualitätsrelevante Prüfungen durchgeführt.

Bild 3.6 Abstufung des Prüfaufwands

Eine *100-%-Prüfung* wird bei kritischen Fehlern oder bei komplexen Produkten in der Einzel- und Kleinserienfertigung vorgenommen. Es werden alle Qualitätsmerkmale bei allen Teilen geprüft.

Bei Haupt- und Nebenfehlern wird die *Annahmestichprobe* unter Anwendung genormter Stichprobenvorschriften durchgeführt. Die Annahmestichprobenprüfung ist ein Verfahren zur Entscheidung über die Annahme oder Rückweisung eines Loses, bei der zufällig aus dem Los Einheiten entnommen wurden. Die Vorgehensweise ist in der DIN ISO 2859-1:20014 genormt. Bei großem Vertrauen kommen auch die *Einzelprüfung* oder der *Prüfverzicht* zur Anwendung. Eine Sonderform ist die qualitative Annahmestichprobenprüfung. Es wird nur gut - schlecht entschieden, ohne einen genauen Wert zu messen. Vorteile sind die kürzeren Prüfzeiten, die vereinfachte Durchführung und die im Allgemeinen geringeren Kosten pro Prüfung.

Bei der Entnahme einer Stichprobe ist darauf zu achten, dass sie repräsentativ ist. Um dies zu gewährleisten, müssen an möglichst vielen Stellen des Loses Teile entnommen werden. Wenn aus einer Gitterbox mit Gussteilen die Stichprobe nur aus der obersten Lage entnommen wird oder wenn von einer Spule mit aufgewickelten Bauteilen nur der Anfang des Bands kontrolliert wird, erspart dies zwar mühevolle Arbeit, führt aber zu falschen Ergebnissen, da eine solche Stichprobe nicht repräsentativ für die Gesamtmenge ist.

3.6.2 Einfachstichprobenanweisung

Einfachstichprobenprüfungen folgen dem Prinzip, dass aus einer Grundgesamtheit **N** eine Stichprobe der Größe **n** gezogen und auf Fehler geprüft wird.

- *Annahmezahl*: Findet man in der Stichprobe maximal **c** fehlerhafte Einheiten, wird das Los angenommen.
- *Rückweisezahl*: Findet man **d** = c + 1 oder mehr fehlerhafte Einheiten, wird das Los zurückgewiesen.

HINWEIS

N: Grundgesamtheit

n: Stichprobenumfang

c: Annahmezahl

d: Rückweisezahl

(n - c): Stichprobenanweisung

BEISPIEL

Aus einer Lieferung von 1000 Kugelschreibern wird eine Stichprobe von 80 Kugelschreibern gezogen. Mit dem Lieferanten wird vereinbart, dass das Los angenommen wird, wenn in der Stichprobe maximal drei defekte Kugelschreiber gefunden werden, andernfalls wird das Los zurückgewiesen. Die Stichprobenanweisung lautet dann (80 - 3).

Die Stichprobenanweisung ist also eine Zusammenstellung des anzuwendenden Stichprobenumfangs sowie der zugehörigen Annahmekriterien für das Prüflos (DIN ISO 2859-1:2014).

3.6.3 Doppelstichprobenanweisung

Ließe sich der Aufwand noch weiter verringern? Könnte man nicht einen kleineren Stichprobenumfang nehmen und dafür zwei besonders strenge Grenzen setzen, die eindeutig „gut“ und „schlecht“ ausweisen wie in Bild 3.7 gezeigt? Für den zweifelhaften Bereich dazwischen muss eine zweite Stichprobe gezogen werden.

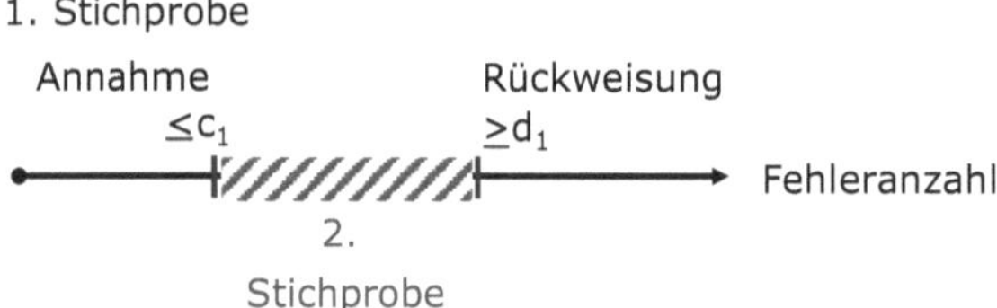

Bild 3.7 Schematische Darstellung des Vorgehens bei der Doppelstichprobe

Dieser Fall tritt ein, wenn die Schlechtteile der ersten Stichprobe weder kleiner oder gleich c_1 und auch nicht größer oder gleich d_1 sind. Dann wird die erste Stichprobe zur Seite gelegt und eine zweite Stichprobe aus dem Rest desselben Loses im selben Umfang n wie bei der ersten Stichprobe gezogen und ausgewertet. Jetzt legt man die Schlechtteile aus beiden Stichproben zusammen. Es gelten dann für die Entscheidung über die Annahme des Loses die neuen Grenzen c_2 und d_2.

HINWEIS

c_1: Annahmezahl erste Stichprobe

d_1: Rückweisezahl erste Stichprobe

c_2: Annahmezahl beide Stichproben zusammen

$d_2 = c_2 + 1$: Rückweisezahl beide Stichproben zusammen

$(n - c_1/d_1 - c_2/d_2)$: Doppelstichprobenanweisung

BEISPIEL

Der Prüfaufwand für die Lieferung von 1000 Kugelschreibern soll durch eine Doppelstichprobe vereinfacht werden. Es wird vereinbart, eine Stichprobe von 50 Kugelschreibern zu ziehen. Das Los wird angenommen, wenn in der Stichprobe maximal ein defekter Kugelschreiber gefunden wird, und abgelehnt bei vier defekten. Bei zwei oder drei gefundenen defekten Kugelschreibern soll eine zweite Stichprobe im gleichen Umfang gezogen werden. Werden in beiden Stichproben zusammen maximal vier defekte Schreiber gefunden, wird das Los angenommen, bei fünf oder mehr wird abgelehnt. Die Doppelstichprobenanweisung lautet dann (50 - 1/4 - 4/5).

3.6.4 Stichprobenprüfung nach ISO 2859

Auf Basis der Stichprobenprüfung nach DIN ISO 2859:2014 werden Stichprobenprüfungen vereinbart in Abhängigkeit von

- der AQL (Acceptance Quality Limit),
- dem Prüfniveau (Prüfschärfe),
- dem Umfang N des gelieferten Loses und
- den vorangegangenen Prüfergebnissen (Prüfdynamisierung).

Acceptance Quality Limit

Das zentrale Ordnungskriterium der DIN ISO 2859 Norm ist die zu vereinbarende Qualitätslage. Die Qualitätslage wird als AQL bezeichnet und steht für Acceptance Quality Limit (deutsch „annehmbare Qualitätsgrenzlage"). Die Zahl sagt in Prozent aus, welcher Fehleranteil im Los noch zulässig ist, und stellt so die schlechteste noch hinnehmbare Qualitätslage dar. Liegt der Fehleranteil des Lieferloses dicht unter der AQL-Zahl, so ist das Los zwar in Ordnung, es wird aber bei der Stichprobe mit einer zu großen Wahrscheinlichkeit zurückgewiesen. Dies wird als Herstellerrisiko, also das Risiko des Lieferanten bezeichnet. Zudem besteht die Gefahr, dass das Prüfniveau dann verschärft wird bis hin zur 100-%-Prüfung. Die Norm fordert daher, dass Lieferanten eine mittlere Qualitätslage ihrer Fertigungsprozesse haben sollten, die deutlich besser ist als die AQL (vgl. DIN ISO 2859-1:2014, S. 21). Das Rechenbeispiel in Bild 3.8 zeigt, dass ein Fehleranteil in der Produktion anzustreben ist, der maximal nur halb so groß ist wie die AQL-Zahl.

Losgröße	1000
Prüfniveau	PN II
AQL vereinbart	1,5%
Stichprobenumfang n	80
Stichprobenanweisung	(80-3)

tatsächlicher Fehleranteil	Wahrscheinlichkeit der Annahme	Ablehnung
p = 0,75%	0,997	0,003
p = 1,5%	0,967	0,033
p = 2,0%	0,923	0,077

Die Annahmewahrscheinlichkeit berechnet sich unter Anwendung der Binomialverteilung

$$P(X \leq 3) = \sum_{k=0}^{3} \binom{80}{k} p^k (1-p)^{80-k}$$

Herstellerrisiko: Das Risiko für den Lieferanten, dass der Kunde ein gutes Los zurückweist, ist mit 0,3% äußerst gering.

Das Herstellerrisiko steigt um den Faktor 10.

Abnehmerrisiko: Das Risiko für den Kunden, dass ein schlechtes Los angenommen wird, ist mit 92,3% extrem hoch.

Deshalb gilt:
Der tatsächliche Fehleranteil p des Prozesses sollte **deutlich besser** als die AQL-Zahl sein.

Bild 3.8 Rechenbeispiel Herstellerrisiko und Abnehmerrisiko

Die Norm weist ausdrücklich darauf hin, dass die Festlegung der AQL nicht bedeutet, dass der Lieferant das Recht hat, wissentlich eine fehlerhafte Einheit zu liefern (DIN ISO 2859-1:2014, S. 21).

Eine AQL von 1,5 bedeutet, dass nach den Stichprobenplänen AQL = 1,5 geprüft wird.

Prüfniveau

Das Prüfniveau bestimmt die Schärfe der Prüfung. Man wählt üblicherweise zwischen den drei Prüfniveaus I, II, III. Das Prüfniveau III prüft schärfer, und das Prüfniveau I reduziert die Prüfung im Vergleich zum Prüfniveau II. Ist kein Prüfniveau angegeben, dann wird das Niveau II gewählt.

Es existieren vier Sonderprüfniveaus S1 bis S4 für zerstörende oder unverhältnismäßig kostenintensive Prüfungen.

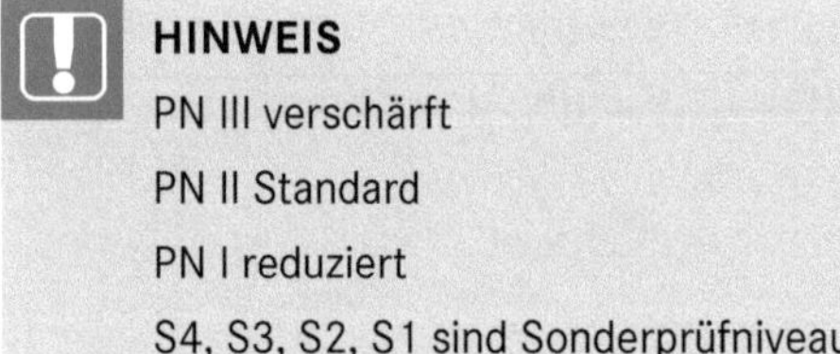

HINWEIS

PN III verschärft

PN II Standard

PN I reduziert

S4, S3, S2, S1 sind Sonderprüfniveaus

Auswahl des AQL-Stichprobenplans

Die Auswahl des Prüfplans beginnt mit der Feststellung der Größe des zu prüfenden Loses. Weiterhin wird das Prüfniveau bestimmt, also ob es sich um eine normale, verschärfte oder reduzierte Prüfung handelt. Daraus ergibt sich der Kennbuchstabe von A bis R. Er ist aus der Tabelle „Kennbuchstaben für den Stichprobenumfang“ abzulesen (DIN ISO 2859-1:2014, S. 34).

In Verbindung mit der AQL-Zahl und dem Kennbuchstaben wird die Stichprobenanweisung ermittelt. Hierzu dienen die Leittabellen für die Einfachstichprobenanweisung bzw. für die Doppelstichprobenanweisung. Zunächst wird aus der Spalte neben dem Kennbuchstaben der Stichprobenumfang n abgelesen. Es ist anzumerken, dass n für die Doppelstichprobe sowohl bei der ersten als auch bei der zweiten Entnahme die gleiche Größe hat.

In der gleichen Zeile befinden sich unter der ausgewählten AQL-Zahl die Werte für die Annahmezahl c und die Rückweisezahl d. Bei der Einfachstichprobe ist d immer um eins größer als c. Für die Doppelstichprobe werden vier Zahlen abgelesen: c_1 und d_1, darunter c_2 und d_2. Der schematische Ablauf des Verfahrens ist in Bild 3.9 dargestellt. Die Tabellen für die Stichprobenpläne finden sich in der DIN ISO 2859-1:2014 oder alternativ in Linß 2018, S. 491 ff.

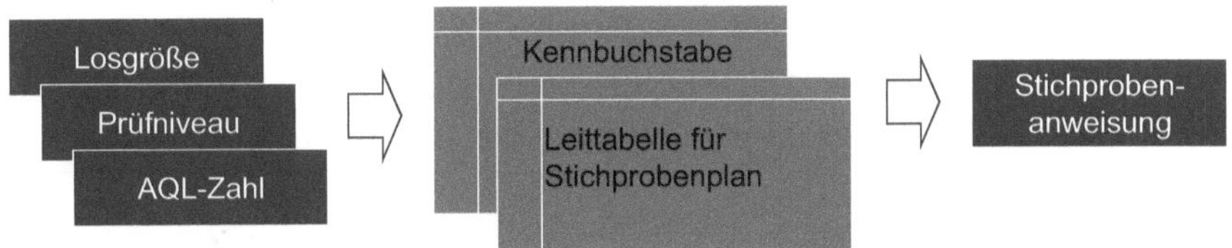

Bild 3.9 Vorgehensweise bei der Erstellung der Stichprobenanweisung

Prüfdynamisierung

Das Stichprobensystem bietet weiterhin die Möglichkeit, sich durch normale, verschärfte oder reduzierte Prüfung der Herstellerqualität anzupassen (vgl. DIN ISO 2859-1:2014, S. 23 ff.). Hiermit wird Rechnung getragen, dass bei einem hohen Vertrauen in die Herstellerqualität - nachgewiesen durch zehnmal Annahme in Folge - aus Kosten- und Zeitgründen auf eine reduzierte Prüfung (Prüfniveau PN I) umgestellt werden kann. Bei konstant guter Qualitätslage können Lose sogar übersprungen werden (Skip Lot).

Umgekehrt muss bei Verdacht auf mangelnde Qualität - nachgewiesen durch Ablehnung von zwei aus fünf Losen - auf eine verschärfte Prüfung (Prüfniveau PN III) umgestellt werden, um sich vor mangelnder Qualität bei Zulieferteilen zu schützen. Erst bei der Annahme von fünf aufeinanderfolgenden Losen kann zurück auf die normale Prüfung (Prüfniveau PN II) gegangen werden. Werden innerhalb der verschärften Prüfung fünf aufeinanderfolgende Prüflose abgewiesen, dann muss die Stichprobenprüfung abgebrochen werden. Es folgt die 100-%-Prüfung. Die Stichprobenprüfung kann erst wieder aufgenommen werden, wenn der Lieferant die Qualitätslage verbessert. Das Vorgehen der Prüfdynamisierung ist in Bild 3.10 zusammengefasst.

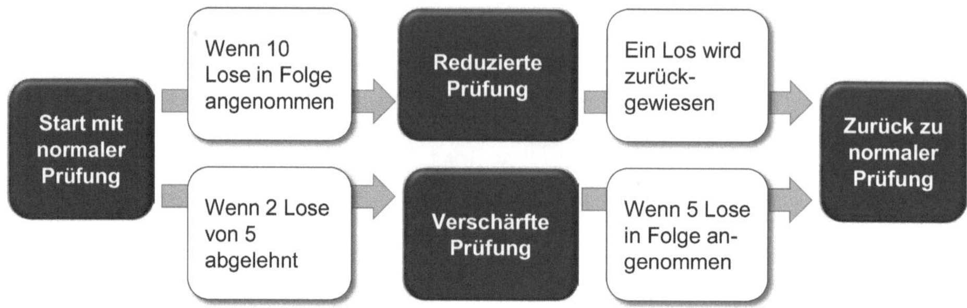

Bild 3.10 Das Vorgehen der Prüfdynamisierung

3.6.5 Grenzen der Wareneingangsprüfung

Die klassische Wareneingangskontrolle soll mittels Stichprobenprüfung über die Annahme oder Rückweisung des angelieferten Loses entscheiden. Die Stichprobenprüfung wird angewendet bei Massenprodukten mit geringer Qualitätsanforderung, deren Fehler eine geringe Fehlerwirkung haben und mit hoher Wahrscheinlichkeit entdeckt werden.

Die Anforderung an hochwertige Zulieferteile – z. B. von Elektronikbauteilen für die Automobilindustrie – lautet heute jedoch Fehlerfreiheit (engl. zero defect). Genauere Spezifikationen können sich zwischen 50 bis 30 ppm (parts per million) Fehleranteilen befinden. Bei dieser annähernden Fehlerfreiheit funktionieren die klassischen Wareneingangsprüfmethoden nur noch begrenzt bzw. nicht mehr.

Die Umsetzung der Zero-Defect-Strategie bei Zulieferteilen kann nur durch präventive Qualitätsmaßnahmen erreicht werden. Dies fängt bei der Auswahl des Lieferanten und der Beurteilung dessen Qualitätsmanagementsystems an, geht über die Festschreibung dessen Prozess- und Warenausgangskontrolle (z. B. 100 % automatische visuelle Inspektion) weiter bis hin zur Zusammenarbeit in partnerschaftlichen und aktiven Verbesserungsteams.

Vielfach verlangen Kunden in ihren Einkaufsbedingungen, dass der Lieferant eine Warenausgangskontrolle durchzuführen habe. Zugleich verzichtet der Kunde selbst auf eine Wareneingangsprüfung und beschränkt sich stattdessen im Wareneingang auf eine Identitätsprüfung und einen Dokumentenabgleich. Eine Eingangskontrolle, die identisch mit der Ausgangskontrolle beim Lieferanten ist, will man aus wirtschaftlichen Gesichtspunkten vermeiden. Zudem ist in Just-in-Time-Lieferketten die Reaktionszeit zu gering, wenn der Fehler erst im Wareneingang des Kunden festgestellt wird. Es droht dann Bandstopp.

Aus Gründen der Produkthaftung ist diese Vorgehensweise aber bedenklich (vgl. Helmig 2014, S. 86ff.). Wenn der Kunde auf eine eigene Wareneingangsprüfung verzichtet, dann besteht ein nicht unerhebliches Restrisiko. Es können sich während des Transports Beschädigungen eingestellt haben oder es lässt sich die Funktion des Lieferteils erst im eingebauten Zustand beim Kunden erkennen. Deshalb sollte für kritische Merkmale - also solche, die eine Gefährdung für Personen darstellen oder größere Anlagen stilllegen können - eine Wareneingangsprüfung durchgeführt werden.

Bei sicherheitskritischen Bauteilen, beispielsweise Airbag-Chips, wäre es sehr risikoreich, sich ausschließlich auf seinen Lieferanten zu verlassen. Im Falle eines Defekts sind der finanzielle Schaden und der Imageschaden immens. Hier muss alles getan werden, fehlerhafte Produkte nicht weiterzuverarbeiten. Unabhängig von der Kontrolle des Lieferanten ist es notwendig, eigene Kontrollen im Wareneingang durchzuführen.

3.7 Lieferanten beurteilen

Die 9001-Norm schreibt vor, dass in regelmäßigen Abständen der Lieferant beurteilt wird. Die Lieferantenbeurteilung geht über die Beurteilung der Qualitätsfähigkeit hinaus und kann auch Aspekte der Logistik oder der Finanzen einschließen. Zu unterscheiden sind

- die primäre Lieferantenbewertung: Beurteilungsverfahren vor Auftragsvergabe,
- die Lieferantenbeurteilung bei laufender Lieferung.

Ziel ist es, dem Lieferanten aufzuzeigen, ob er den Forderungen des Abnehmers entspricht und wo Verbesserungspotenziale liegen (Bild 3.11). Weiterhin werden dem Einkauf gesicherte Informationen für die Lieferantenauswahl bereitgestellt. Auch ist die Lieferantenbeurteilung Bestandteil des firmeninternen Risiko- und Qualitätsmanagementsystems, denn auf operativer Ebene wird es der Wareneingangsprüfung erleichtert, ihre Schwerpunkte aufgrund der begrenzten Prüfkapazität richtig zu setzen (vgl. Schmitt/Pfeifer 2015, S. 191). Auf strategischer Ebene fließen die Ergebnisse in die Managementbewertung des eigenen Qualitätsmanagementsystems mit ein.

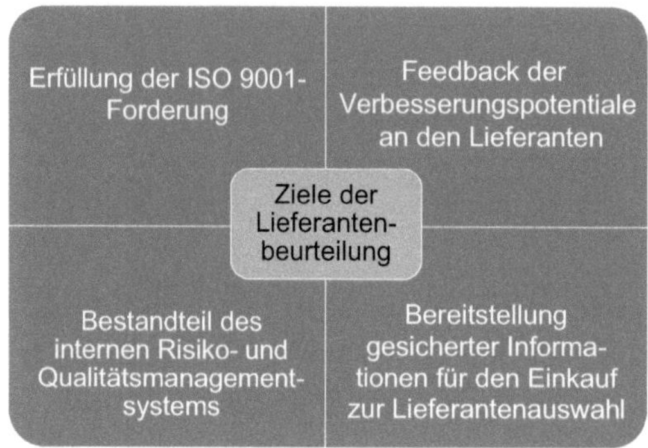

Bild 3.11
Ziele der Lieferantenbeurteilung

Mögliche Kriterien einer Lieferantenbeurteilung sind in Bild 3.12 gezeigt. Unternehmen, die über eine Vielzahl von Lieferanten verfügen, werden die Kriterien gewichten und die Bewertungen mit Punkten versehen. Es ergibt sich dann für jeden Lieferanten eine Gesamtpunktzahl. Damit werden Lieferanten sowohl untereinander als auch über die Zeitachse vergleichbar.

Bei weichen Beurteilungskriterien, den sogenannten Soft Facts wie beispielsweise Flexibilität bei Änderungen oder dem Verhalten bei Verhandlungen, spielt die subjektive Einschätzung des Bewerters eine Rolle. Insbesondere sind Eindrücke, die kurz vor der Bewertungsrunde passieren, im Gedächtnis präsent. Deshalb beeinflusst der Zeitpunkt der Durchführung oftmals die Bewertung. Als Alternative zur singulären Bewertung empfiehlt sich die Einführung eines Lieferantenportals, in der jede Lieferung und jedes Event in eine kontinuierliche Bewertung einfließt. Der Lieferant bekommt Zugangsdaten, mit denen er sich im Portal anmeldet und sich selbstständig zu jedem Zeitpunkt über seine eigene Lieferleistung erkundigt. Bei schlechter Bewertung muss er Maßnahmen zur Optimierung vornehmen.

Qualität:
- Anzahl Reklamationen
- Zusammenarbeit bei Qualitätsproblemen
- QM-System vorhanden
- Qualitätszahl in der WE-Kontrolle
- Auditberichte....

Logistik:
- Termin- und Mengentreue
- Flexibilität bei kurzfristigen Änderungen

Entwicklung:
- Innovationsfähigkeit
- Einhaltung Milestones
- Technische Ausrüstung

Finanzen:
- Preisentwicklung
- Finanzielle Lage

Bild 3.12 Mögliche Aspekte einer Lieferantenbeurteilung

Neben der Beurteilung der Leistung des Lieferanten müssen noch zwei weitere Aspekte berücksichtigt werden, um bei der anschließenden Analyse die richtigen Entscheidungen zu treffen. Zum einen muss die strategische Bedeutung für den Kunden eingeordnet werden. Gibt es Alternativen oder hat der Lieferant womöglich Alleinstellungsmerkmale, die ein Abhängigkeitsverhältnis Kunde-Lieferant begründen? Zum anderen fließt das Umsatzvolumen, welches beim Lieferanten platziert ist, in das Gesamtbild ein. Es ergibt sich wie in Bild 3.13 dargestellt eine Vier-Felder-Matrix. Jedem dieser Felder ist eine eindeutige Handlungsmöglichkeit zugeordnet. Wie sehen die vier Handlungsmöglichkeiten nun aus? Im Klassifizierungsfeld rechts oben befinden sich die Top-Lieferanten: Sie sind strategisch bedeutend und hervorragend beurteilt. Hier gilt es, durch intensive Beziehungspflege einen Leistungsabfall zu verhindern. Im Feld rechts unten befinden sich ebenfalls gut beurteilte Lieferanten, aber ohne strategische Bedeutung. Das Unternehmen beobachtet diese, weist auf Leistungslücken hin, und der Lieferant führt eigenständig Verbesserungen durch. Im Feld links oben befinden sich die strategisch wichtigen Lieferanten mit unzureichender Leistung. Sie können nicht so einfach ersetzt werden. Vielmehr ist ein Programm zur Lieferantenentwicklung zu implementieren und durch Kommunikation und regelmäßige Besuche vor Ort zu kontrollieren. Lieferanten im Feld links unten mit unzureichender Leistung ohne strategische Bedeutung werden eskaliert, d. h. sie werden verwarnt. Tritt keine Leistungssteigerung ein, bekommen sie zunächst keine Neuteile, dann wird das Einkaufsvolumen reduziert, und letztlich werden sie ersetzt.

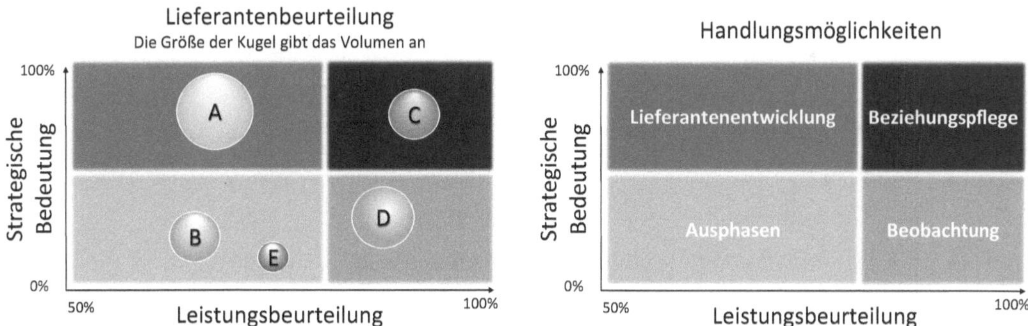

Bild 3.13 Leistungsbeurteilung von Lieferanten und Handlungsmöglichkeiten

Jedes Unternehmen muss individuell festlegen, bei welcher Punktzahl es die Grenze zieht, ab wann einem Lieferanten gekündigt werden muss oder dieser innerhalb des Zielkorridors liegt und entwicklungsfähig ist. Lieferantenentwicklung heißt die Weiterentwicklung durch Vorleistung, aktive Unterstützung und Partnerschaft. Lieferantenentwicklung umfasst ein ganzes Maßnahmenbündel. Operativ kann durch Beratung in Fragen der Qualitätssicherung und durch Produktivitätsmaßnahmen in Fertigung und Logistik unterstützt werden. Es kann technisches Know-how vorzugsweise in der Produkt- und Fertigungstechnologie transferiert werden. Auch Management-Know-how zur Unterstützung in strategischen Fragen und im Projekt- und Qualitätsmanagement gehört zur Lieferantenentwicklung. Eigenes Personal wird temporär beim Lieferanten eingesetzt, und in manchen Fällen ist eine finanzielle Beteiligung an Investitionen oder eine Firmenbeteiligung bis hin zur Übernahme erforderlich. Solche extremen Maßnahmen werden nur bei einer hohen Abhängigkeit des Kunden vom Lieferanten eingesetzt.

Nicht selten zeichnen Kunden ihre besten Lieferanten aus, um diese weiter anzuspornen. Handelt es sich bei den Kunden um namhafte Unternehmen, wird der Lieferant gerne mit diesen Auszeichnungen werben.

3.8 Felddaten analysieren

Felddaten beschreiben das Produktverhalten beim Anwender. Die Daten aus dem Feld zeichnen sich im Gegensatz zu den Versuchsdaten dadurch aus, dass sie die tatsächlichen Gegebenheiten und Beanspruchungen der Nutzung durch den Kunden wiedergeben. Eine detaillierte Erfassung und Analyse der Felddaten dient intern der

- Identifizierung von Ursachen,
- kontinuierlichen Verbesserung des Produkts und der Fertigung,
- Berücksichtigung bei Neuentwicklungen,
- Verbesserung der Tests der Zuverlässigkeitsuntersuchungen

und extern der

- Kundenkommunikation: Schadensregulierung,
- Lieferantenkommunikation: Garantieansprüche, Verbesserung der Zulieferteile,
- Erfüllung von Normen beispielsweise der ISO-9001-Forderungen im Abschnitt „Tätigkeiten nach der Lieferung“.

Quellen für die Felddaten sind der Kunde selbst, beim Service aufgenommene Daten und bei höherwertigen Maschinen auch eine automatische Erfassung mittels Datenfernübertragung (Bild 3.14).

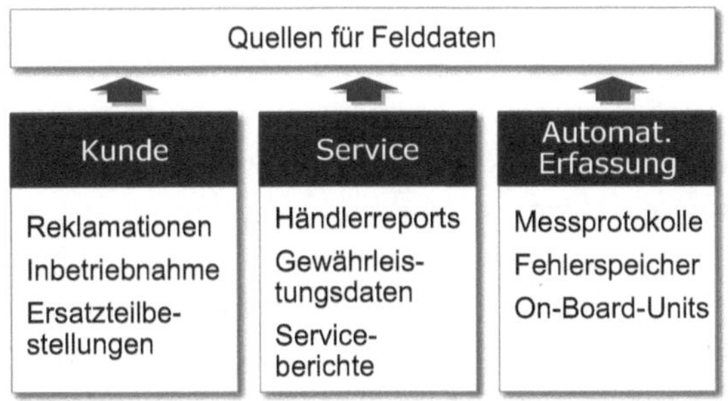

Bild 3.14
Mögliche Datenquellen zur Beschaffung von Daten aus dem Feld (Schmitt/Pfeifer 2015, S. 250)

Bei Themen, die Zulieferteile betreffen, dient die Rückkopplung der Felddaten an den Lieferanten der weiteren Produktverbesserung. Die Fehler werden dokumentiert, indem sämtliche Beanstandungen aufgenommen werden, das Schadensbild beschrieben, die Ursache benannt, klassifiziert und dokumentiert wird und die Kundenreklamationen pro Baureihe gemessen werden.

Es gibt verschiedene Ausfallverteilungen, die beschreiben, wie Bauteile über die Zeit ausfallen. Dies sind in der Mathematik die Dichtefunktionen der Weibull-Verteilung. Weiterführende Informationen finden sich beispielsweise bei Linß 2016. Die Kurve 1 in Bild 3.15 zeigt eine hohe Anzahl an Frühausfällen, die dann exponentiell abnehmen. Meistens handelt es sich um Produktionsfehler, die durch ein unzureichendes Qualitätsmanagement beim Hersteller an den Kunden durchschlüpfen. Die Ausfallrate in Kurve 2 ist zu Beginn der Lebensdauer ebenfalls hoch, fällt dann schlagartig ab und läuft gegen null, was typisch für Computerchips ist. Die Ausfallrate in Kurve 3 hingegen ist konstant. Diese Zufallsausfälle sind unabhängig von der Lebensdauer. Typisch für Verschleißausfälle ist Kurve 4. Sie zeigt geringe Ausfälle am Anfang und steigt dann mit zunehmendem Lebensalter exponentiell an.

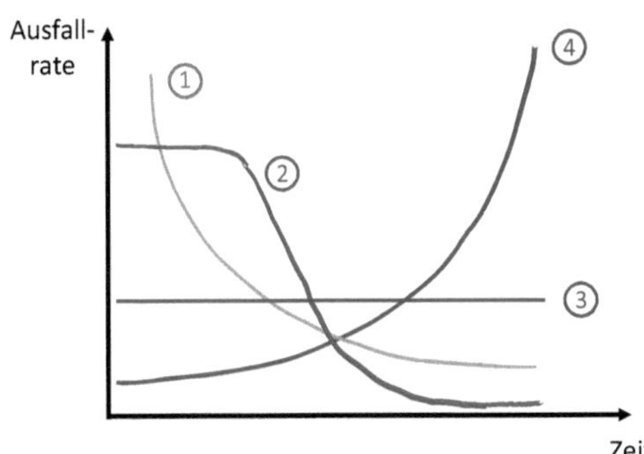

Bild 3.15
Verschiedene Ausfallverteilungen von Bauteilen

Da ein komplexes Produkt aus vielen Bauteilen besteht, überlagern sich die Ausfallverteilungen jedes Bauteils. Es ergibt sich die in Bild 3.16 dargestellte charakteristische Badewannenkurve. Die Phase I ist durch die Frühausfälle geprägt, gefolgt von den Zufallsausfällen in Phase II und den Verschleißausfällen in Phase III. Ziel des Herstellers ist die Verschiebung der Kurve nach unten. Jede Phase hat ihre eigenen Maßnahmen. Frühausfälle, welche beispielsweise durch Montagefehler bedingt sind, lassen sich durch einen Vorbetrieb erkennen. Speicherchips werden in Burn-In-Öfen künstlich gealtert und die Ausfälle aussortiert. Die sogenannten Zufallsausfälle haben spezielle Ursachen. Diese lassen sich durch ein Maßnahmenbündel reduzieren. Dazu gehören die Einhaltung der Wartungspläne und die korrekte Bedienung des Produktes bzw. der Anlage. Eine robuste Konstruktion verschiebt die Verschleißgrenzen.

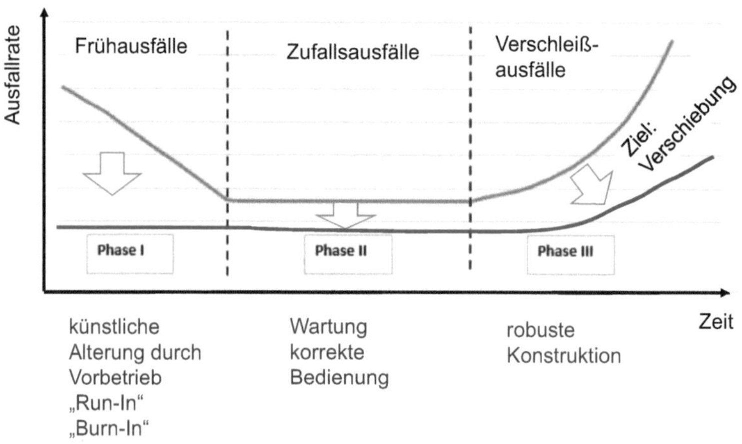

Bild 3.16 Badewannenkurve: Ausfallrate im Zeitverlauf mit Gegenmaßnahmen

Es ist möglich, die Ausfälle der ersten Monate auf längere Zeiträume in der Zukunft hochzurechnen. Dies erfolgt mit geeigneter Statistiksoftware (vgl. Back/Weigel 2014, S. 280 ff.). Für Lebensdauer und Zuverlässigkeit ist die Weibull-Verteilung weltweiter Standard. Das sogenannte Weibull-Netz zeigt, wie viele Einheiten in % nach einer Lebensdauer(zeit) t ausgefallen sind bzw. ausfallen werden. Bei entsprechender Skalierung der x- und y-Achse (mehrfachlogarithmisch) erhält man eine Gerade im Weibull-Netz. Das Beispiel in Bild 3.17 zeigt die Ausfallwahrscheinlichkeit eines langlebigen Bauteils einer Werkzeugmaschine. Die Punkte sind die Einzelwerte der Stichprobe, die Linie ist die Weibull-Gerade mit dem Konfidenzintervall. Der Kugelgewindetrieb in dem Beispiel hat nach 10 Jahren eine kumulierte Ausfallwahrscheinlichkeit von knapp 15 %, d. h. 85 % der Bauteile funktionieren noch.

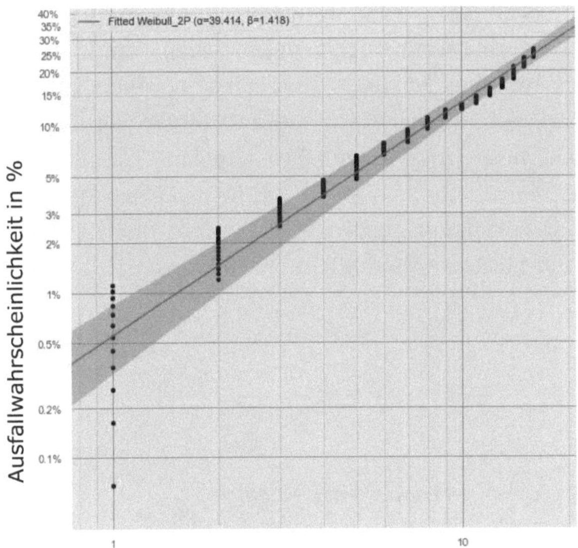

Lebensdauerzeit Kugelgewindetrieb einer Werkzeugmaschine in Jahren

Bild 3.17
Lebensdauernetz - Weibull-verteilte Daten

3.9 Zusammenfassung

Die Aufgaben des Qualitätsmanagements in der Beschaffung beginnen bei der Formulierung der Beschaffungsstrategie. In Abhängigkeit von der Wertigkeit des zu beschaffenden Produkts und des Versorgungsrisikos gibt es unterschiedliche Strategien. Vor der endgültigen Auswahl prüft das Qualitätsmanagement den Lieferanten in einem Audit und führt danach die Verhandlungen über den QM-Vertrag. Das Erstmuster ist das erste vom Lieferanten unter Serienbedingungen produzierte Erzeugnis, welches einer Vollprüfung unterzogen wird.

Während der Serienbestellung muss die Organisation sicherstellen, dass das beschaffte Produkt die Anforderungen erfüllt. Eine 100-%-Prüfung wird in der Regel nur bei kritischen Fehlern vorgenommen, ansonsten werden Stichproben durchgeführt. Es wird zwischen der Einfachstichprobenanweisung und der Doppelstichprobenanweisung unterschieden. In den Anweisungen sind die Stichprobengröße, die Annahmezahl und die Rückweisezahl festgelegt. Die Prüfdynamisierung erlaubt durch ein System von Regeln eine Reduzierung der Prüfung bei Vertrauen in die Qualität bzw. verlangt bei Verdacht auf mangelnde Qualität die Verschärfung der Prüfung bis hin zur 100-%-Prüfung. Dieser klassischen Wareneingangskontrolle durch Prüfung sind Grenzen gesetzt, wenn es darum geht, Fehlerquoten im ppm-Bereich abzusichern.

Das Qualitätsmanagement führt regelmäßige Lieferantenbeurteilungen durch. Die Ergebnisse und insbesondere die Verbesserungspotenziale werden dem Lieferanten mitgeteilt. Lieferanten mit schwacher Leistung, aber hoher strategischer Bedeutung können nicht ersetzt werden, sondern müssen entwickelt werden. Mit dem Ziel der kontinuierlichen Verbesserung werden Produkte und Daten analysiert, die aus dem Feld, d. h. dem Markt kommen. Aus den Erkenntnissen lässt sich über statistische Verfahren die Lebensdauer hochrechnen, ebenso fließen die Erkenntnisse in die Entwicklung der nächsten Produktgeneration ein.

3.10 Literatur

Back, S.; Weigel, H. (2014): *Design for Six Sigma*. Carl Hanser Verlag, München

DIN 55350-31:1985: *Begriffe der Qualitätssicherung und Statistik; Begriffe der Annahmestichprobenprüfung*. Beuth Verlag, Berlin

DIN EN ISO 9001:2015: *Qualitätsmanagementsysteme - Anforderungen*. Beuth Verlag, Berlin

DIN ISO 2859-1:2014: *Annahmestichprobenprüfung anhand der Anzahl fehlerhafter Einheiten oder Fehler (Attributprüfung) - Teil 1: Nach der annehmbaren Qualitätsgrenzlage (AQL) geordnete Stichprobenpläne für die Prüfung einer Serie von Losen*. Beuth Verlag, Berlin

Helmig, E. (2014): „Haftungsfalle Wareneingangsprüfung in der Automobilzulieferindustrie“. In: *PHi Haftpflicht international - Recht & Versicherung* 3/2014, S. 86 - 90

IATF 16949:2016: *Qualitätsmanagement - System-Standard der Automobilindustrie*. Beuth Verlag, Berlin

Linß, G. (2016): *Qualitätssicherung - Technische Zuverlässigkeit*. Carl Hanser Verlag, München

Linß, G. (2018): *Qualitätsmanagement für Ingenieure*. Carl Hanser Verlag, München

Rankl, W.; Effing, W. (2002): *Handbuch der Chipkarte*. Carl Hanser Verlag, München

Schmitt, R.; Pfeifer, T. (2015): *Qualitätsmanagement. Strategien - Methoden - Techniken*. Carl Hanser Verlag, München

4 Statistische Prozessregelung

Die *statistische Prozessregelung* (SPC: Statistical Process Control) ist eine auf mathematisch-statistischen Grundlagen basierende Vorgehensweise, um einen bereits optimierten Prozess durch kontinuierliche Beobachtung und gegebenenfalls Korrekturen auch in diesem Zustand zu halten. Als Einstieg zur Erläuterung dieser Vorgehensweise werden die notwendigen Grundlagen der Statistik gelegt, es werden die Qualitätsregelkarte und deren Analysemöglichkeiten zur Kontrolle von Fertigungsprozessen eingeführt. Die Berechnung von Kennzahlen zur Prozessfähigkeit wird vorgestellt und ihre Aussagekraft thematisiert.

4.1 Statistische Grundlagen

Statistik ist eine Methode zur Gewinnung, Sammlung, Ordnung und Auswertung von Beobachtungsdaten, um auf dieser Grundlage die Vergangenheit vernünftig beurteilen und eventuell notwendige Maßnahmen für die Zukunft einleiten zu können.

Wesentliche Voraussetzung für Entscheidungen im Unternehmen ist korrekt ermitteltes und richtig aufbereitetes Datenmaterial. Die Statistik stellt die notwendigen mathematischen Hilfsmittel für die Auswertungen zur Verfügung. Diese Auswertungen müssen anschließend korrekt interpretiert und daraus die entsprechenden Aktionen eingeleitet werden. Für statistische Betrachtungen gilt immer, dass die Zuverlässigkeit der Aussage mit der Menge der vorhandenen Daten steigt!

Die Statistik kann aus einer Vielzahl von Einzelwerten eine Übersicht zur Grundgesamtheit schaffen, aber sie ersetzt nicht das kritische, technische Urteil des Anwenders.

- Es können *qualitative (attributive) Merkmale* erfasst werden. Das sind entweder Merkmale, die keinen Messwert liefern, sondern nur gezählt werden wie beispielsweise Anzahl Fehler oder Anzahl Reklamationen. Oder es sind Merkmale, die genau zwei mögliche Ergebnisse haben wie Grat vorhanden/nicht vorhanden oder Bauteil fehlerhaft/fehlerfrei oder Kratzer/keine Kratzer.

- *Quantitative (variable) Merkmale* hingegen haben einen Messwert als Ergebnis. So lassen sich ein Durchmesser, ein Längenmaß, eine Bohrungstiefe, eine Stromstärke oder eine Temperatur quantitativ messen.

Das Abweichungsverhalten eines Merkmalwerts vom Soll-Wert wird als Streuung bezeichnet. In statistischen Verfahren wird davon ausgegangen, dass Unterschiede bezüglich des betrachteten Merkmals feststellbar sind. Hierzu werden Stichproben entnommen. Als Stichprobe bezeichnet man eine zur Prüfung entnommene Teilmenge mit dem Umfang n einer Grundgesamtheit N. Wichtige Messgrößen einer Stichprobe sind

- die empirische *Standardabweichung s*,
- die *Spannweite R*,
- die *Stichprobengröße n* und
- der *Mittelwert* $\overline{X}$.

Die Spannweite R (engl. range) ist die Differenz aus dem maximalen und dem minimalen Einzelwert der Stichprobe: $R = x_{max} - x_{min}$.

Der Medianwert $\tilde{X}$ ist derjenige Wert, für den die relative Häufigkeitssumme genau 50% beträgt, d.h. die Hälfte der Messwerte liegt über dem Wert, die andere Hälfte darunter. Der Median berechnet sich nach der Formel 4.1.

$$\tilde{X} = \left\{ \begin{array}{c} x_{\left(\frac{n+1}{2}\right)}, n \text{ ungerade} \\ \frac{1}{2}\left(x_{\left(\frac{n}{2}\right)} + x_{\left(\frac{n}{2}+1\right)} \right), n \text{ gerade} \end{array} \right\} \quad (4.1)$$

Bild 4.1 stellt eine Karte mit Messdaten (Urwerte) von Stichproben der Größe fünf dar. Eingezeichnet sind die Einzelwerte und die Mittelwerte der Stichproben. Das *Histogramm* ist ein Säulendiagramm, das aus den Urwerten resultiert und diese in Klassen zusammenfasst. Es gibt einen visuellen Eindruck über die Häufigkeitsverteilung großer Datenmengen. Die Häufigkeit der Messwerte lässt sich durch eine stetige *Verteilungskurve* beschreiben (weiterführende Informationen zu den statistischen Grundlagen im Qualitätsmanagement finden sich z.B. bei Prorok 2022 oder bei Wälder/Wälder 2013 oder bei Dietrich/Conrad 2009).

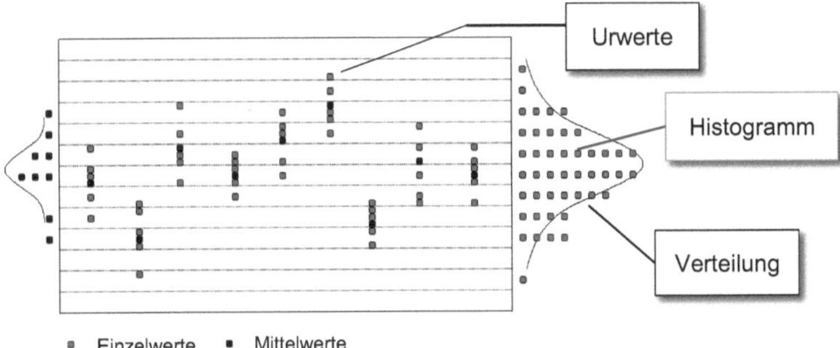

Bild 4.1 Grafische Darstellung der Begriffe Urwerte, Histogramm, Verteilung

Setzt sich eine Verteilung aus vielen kleinen Streuungsursachen zusammen, von denen keine dominiert und die sich nicht gegenseitig beeinflussen, so liegt die Verteilungsform einer *Normalverteilung* vor, die nach dem deutschen Mathematiker Gauß als Gaußsche Verteilung oder Gaußsche Glockenkurve benannt ist (Bild 4.2).

HINWEIS

Johann Carl Friedrich Gauß, *1777 in Braunschweig, †1855 in Göttingen, war ein deutscher Mathematiker, Astronom, Geodät und Physiker. Er ziert die alte 10-DM-Note. Wenn man genau hinschaut, sieht man auf dem Schein die Dichtefunktion (Bild 4.2).

Bild 4.2 Gaußsche Glockenkurve auf dem 10-DM-Schein

Die Normalverteilung spielt in der statistischen Qualitätssicherung eine zentrale Rolle, weil eine Zufallsvariable schon unter recht schwachen Voraussetzungen approximativ dieser Verteilung gehorcht.

Der *Erwartungswert oder Mittelwert* μ (gesprochen *mü*) beschreibt die Mittenlage der Normalverteilungskurve. Da in aller Regel zur Ermittlung der Normalverteilung nie die Grundgesamtheit betrachtet wird, sondern immer nur ein kleiner Teil im Rahmen einer Stichprobe, wird die Mittenlage mit dem empirischen Mittelwert $\overline{X}$ einer Stichprobe nach Formel 4.2 angenähert.

$$\overline{x} = \frac{1}{n}\sum_{i=1}^{n} x_i \tag{4.2}$$

$$s = \sqrt{\frac{1}{n-1}\sum_{i=1}^{n}\left(x_i - \overline{x}\right)^2} \tag{4.3}$$

Die Standardabweichung σ (Sigma) ist ein Maß für die Breite der Kurve (Abstand μ zum Wendepunkt) und spiegelt die Prozessstreuung wider (Bild 4.3). Sie wird mit der *empirischen Standardabweichung s* einer Stichprobe nach Formel 4.3 angenähert.

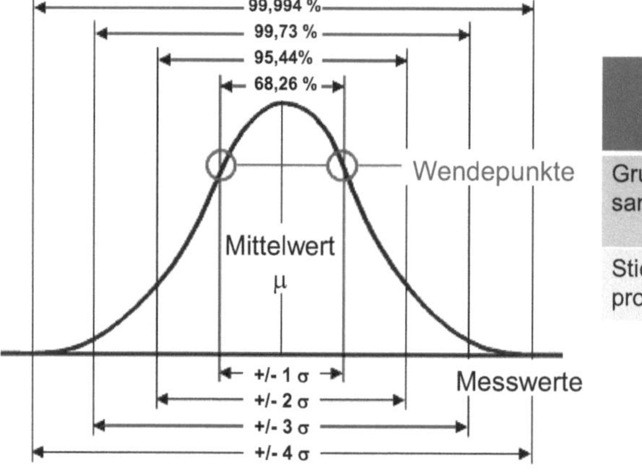

	Mittelwert	Standardabweichung
Grundgesamtheit	μ	σ
Stichprobe	$\overline{X}$	s

Bild 4.3 Die Normalverteilung mit den wesentlichen Kennwerten

4.2 Qualitätsregelkarte

HINWEIS

Walter A. Shewhart (* 1891 in New Canton, Illinois, † 1967 in Troy Hills, New Jersey) war ein US-amerikanischer Physiker, Ingenieur und Statistiker. Er entwickelte die Statistical-Process-Control-Methode und veröffentlichte diese 1931. Shewhart vermutete, dass die Qualität des Endprodukts von der Kombination der Streuung der Einzelteilparameter abhängt. Als Ursache für diese Streuung fand er zwei grundsätzlich verschiedene Mechanismen:

- Streuung aufgrund von allgemeinen Ursachen (zufällige Abweichungen vom Mittelwert, die sich aufgrund eines stochastischen Prozesses ergeben; in der Physik spricht man vom Rauschen) und
- Streuung aufgrund von besonderen Ursachen (Materialfehler, Werkzeugverschleiß, Konstruktionsfehler usw.).

Die Anwendung der statistischen Prozesskontrolle erfolgt in der Praxis über sogenannte Qualitätsregelkarten, mithilfe derer das zeitliche Verhalten von Prozessen in einem Qualitätsregelkreis kontrolliert wird (Bild 4.4). Der Fertigungsprozess stellt die Regelstrecke dar. Die Regelstrecke muss bezüglich eines Produktmerkmals den vorgegebenen Sollwert einhalten. Auf den Prozess wirken aber Störungen ein. Um den Ist-Wert zu ermitteln, werden dem Prozess Produkte bzw. Werkstücke entnommen. Die gemessenen Werte werden dem Qualitätsregler übermittelt, indem sie in die Qualitätsregelkarte eingetragen werden. Durch den Vergleich zwischen Ist- und Soll-Wert wird entschieden, ob über das Stellglied in den Prozess eingegriffen wird.

HINWEIS

Die Qualitätsregelkarte ist die grafische Zweikoordinatendarstellung von Kenngrößen zur Qualitätsregelung von (Fertigungs-)Prozessen.

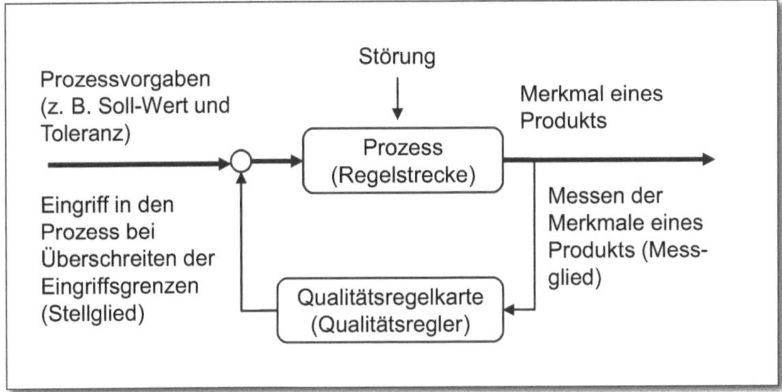

Bild 4.4 Kleiner Qualitätsregelkreis bei Anwendung von Qualitätsregelkarten zur statistischen Prozessregelung – SPC (Linß 2018, S. 402)

Die Regelkartentechnik basiert auf Mittelwerten, deren Stichprobenumfang größer oder gleich fünf ist. Zum Führen von Regelkarten sind mindestens 20 Stichproben mit je fünf Teilen notwendig, also ein Mindestumfang von 100 Teilen, wobei die Stichproben zufällig entnommen sein müssen.

Es werden üblicherweise zwei Karten verwendet, man spricht auch von zweispuriger QRK (Qualitätsregelkarte). Für variable Merkmale zeichnet die obere Spur

Mittelwerte oder den Median auf. Die untere Spur zeichnet die Spannweite R oder Standardabweichung s auf und misst somit die Streuung innerhalb der Einzelstichproben:

- $\overline{X}$-R-Karte: Mittelwert – Spannweite (bevorzugt für $n \leq 8$)
- $\overline{X}$-s-Karte: Mittelwert – Standardabweichung (bevorzugt für $n > 8$)

Im Beispiel aus Bild 4.5 zeigt die Einzelwertkarte fünf Stichproben mit jeweils fünf Einzelwerten. Zu jeder Stichprobe werden die Mittelwerte berechnet und in die Mittelwertkarte eingetragen. Aus dieser Karte ist zu erkennen, dass der vierte Wert bereits kritisch ist und der fünfte außerhalb der Eingriffsgrenze liegt. Nicht zu sehen ist aber, dass bereits die dritte Stichprobe Anlass zur Sorge bereitet, obwohl der Mittelwert keine Auffälligkeiten zeigt. Dafür muss man zurück in die Einzelwertkarte blicken. Es fällt die starke Streuung der Einzelwerte innerhalb der dritten Stichprobe auf. Die Mittelwertkarte alleine würde also nicht aussagekräftig genug sein. Es muss ein zweiter Indikator definiert und in einer zweiten Regelkarte aufgezeichnet werden. Hierzu wird entweder die Streuung s oder die Spannweite R genommen. Erst jetzt lässt sich die Situation vollständig erfassen, und es ist zu erkennen, dass auch die dritte Stichprobe einen Eingriff erfordert.

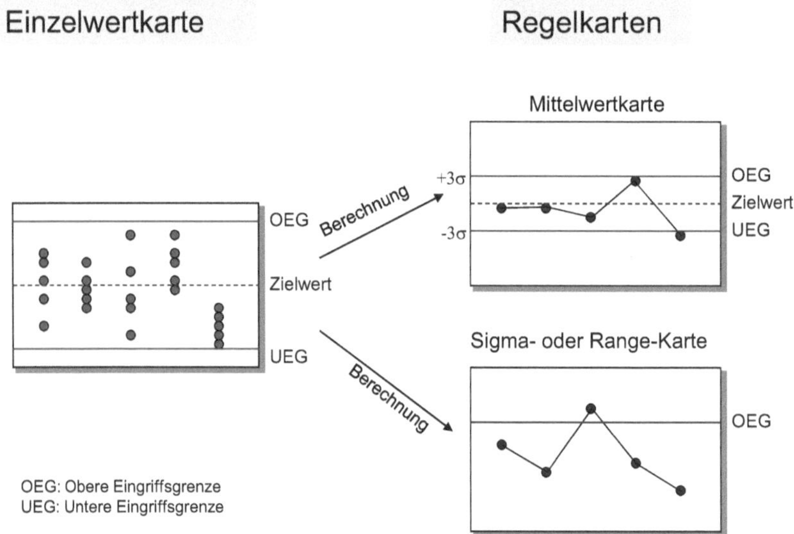

Bild 4.5 Schematische Darstellung der verschiedenen Karten

Die obere und die untere Eingriffsgrenze (OEG, UEG) von Mittelwert und Spannweite sind zu berechnen. Dazu werden Konstanten benutzt, die von der Größe der Stichprobe abhängig sind (Bild 4.6). Die Grenzen werden zusammen mit der Mittellinie M, der oberen und unteren Toleranzgrenze (OTG, UTG) und eventuell noch Warngrenzen in der Regelkarte eingezeichnet.

$$OEG_{\bar{x}} = \bar{\bar{x}} + A_2 \cdot \bar{R}$$
$$UEG_{\bar{x}} = \bar{\bar{x}} - A_2 \cdot \bar{R}$$
$$R = x_{max} - x_{min}$$
$$OEG_R = D_4 \cdot \bar{R}$$
$$UEG_R = 0$$

mit
$\bar{\bar{x}}$: Mittelwert der Mittelwerte
$\bar{R}$: Mittelwert der Spannweiten

n	A_2	D_4
2	1,88	3,27
3	1,02	2,57
4	0,73	2,28
5	0,58	2,11
6	0,48	2,00
7	0,42	1,92
...	...	...

Bild 4.6 Berechnungsgrundlagen der Mittelwert-/Spannweitenkarte

Warum braucht das Qualitätsmanagement so viele Karten?

- Die Einzelwertkarte eignet sich zur Überprüfung von Toleranz-/Spezifikationsverletzungen.
- Bei Mittelwertkarten kann man gut die Reproduzierbarkeit erkennen.
- Die Sigma-Karte zeigt die Größe und Schwankung der Stichprobenstreuung (innere Streuung).

Jede Karte hat also ihre Berechtigung.

Regelkarten zur Überwachung von Prozessen werden entweder manuell geführt (Bild 4.7) oder über das Betriebsdatenerfassungssystem automatisch erfasst und elektronisch ausgewertet (Bild 4.8).

Prozessregelkarte

Name des Bauteils	Merkmal	Nennmaß mit Toleranz OGW UGW	Datum Name
			Berechnungen:
$\bar{x}$			Mittelwert der Mittelwerte
			Mittelwert der Spannweiten
			OEG Mittelwert
			UEG Mittelwert
R			OEG Spannweite
			s
x_1 x_2 x_3 x_4 x_4			c_p
$\bar{x}$ R			c_{pk}
Zeit			

Bild 4.7 Beispiel für eine manuell auszufüllende Prozessregelkarte

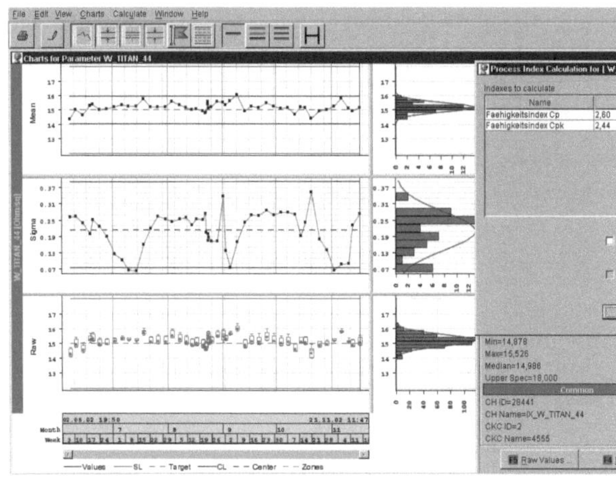

Bild 4.8 Beispiel für eine elektronische Prozessregelkarte

Die Qualitätsregelkarte stellt den Prozessverlauf lediglich dar; der Verlauf muss aber noch interpretiert werden, um eine profunde Aussage treffen zu können. Dies geschieht mithilfe standardisierter Entscheidungsmuster. In folgenden Fällen müssen bzw. sollten Eingriffe in den Prozess bzw. in die Anlage vorgenommen werden (Bild 4.9):

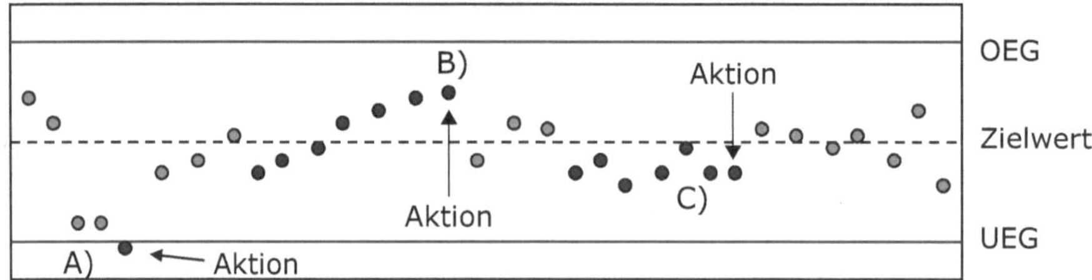

Bild 4.9 Eingriffsregeln

A) Verpflichtend ist der Eingriff bei einem Punkt außerhalb einer Eingriffsgrenze. Die Eingriffsgrenzen sind schärfer gezogen als die Toleranzgrenzen. Bei einer Überschreitung der Eingriffsgrenzen bleibt noch ein Reaktionszeitraum, um eine Verletzung der Toleranzgrenze abzuwenden.

Folgende Überlegung führt zu zwei weiteren Eingriffsregeln. Die Wahrscheinlichkeit, dass ein Wert oberhalb der Mittellinie liegt, beträgt 50 %. Die Wahrscheinlichkeit, dass der zweite Wert in Reihe nochmals oberhalb liegt, beträgt dann 25 % usw. Aufgrund der geringen Wahrscheinlichkeit (0,8 %) einer einseitigen Häufung lässt sich annehmen, dass eine Folge von sieben Werten unterhalb bzw. oberhalb des Mittelwerts einem systematischen Einfluss unterliegt. Gleiches gilt für Werte, die in eine Richtung laufen.

B) Optional ist der Eingriff bei sieben aufeinanderfolgend ansteigenden oder absteigenden Punkten (Trend).

C) Optional ist der Eingriff bei sieben aufeinanderfolgenden Punkten über oder unter dem Zielwert (Run).

Nach einem Eingriff beginnt die Zählung von vorn, es sei denn, der Eingriff war erfolglos.

■ 4.3 Prozessfähigkeit

Die Regelung von Prozessen hat zum Ziel, beherrschte und fähige Prozesse zu erreichen und zu halten. Eine vorhandene und gut funktionierende Regelkartentechnik ist dafür Voraussetzung.

Ein Prozess wird als *beherrscht* bezeichnet, wenn er einen rein stochastischen, also zufallsverteilten Verlauf besitzt und keine speziellen oder systematischen Einflüsse erkennbar sind. Dies wird bei einer Prozessvorlaufuntersuchung anhand einer Stichprobenprüfung festgestellt (zwanzig Stichproben à fünf Teile, Prüfung auf Normalverteilung).

Wenn der beherrschte Prozess darüber hinaus auch noch innerhalb der geforderten Spezifikation liegt, dann ist er *fähig*. Kennzahlen zur Prozessfähigkeit geben an, mit welcher Sicherheit der Prozess Teile produziert, die innerhalb der geforderten Toleranz liegen. Die Prozesssicherheit lässt sich durch eine Reduzierung der Streuung erhöhen. Die weitere Regelung des beherrschten, fähigen und sicheren Prozesses gelingt mittels der Regelkartentechnik.

Bild 4.10 zeigt die zentralen Prozessbegriffe im Überblick.

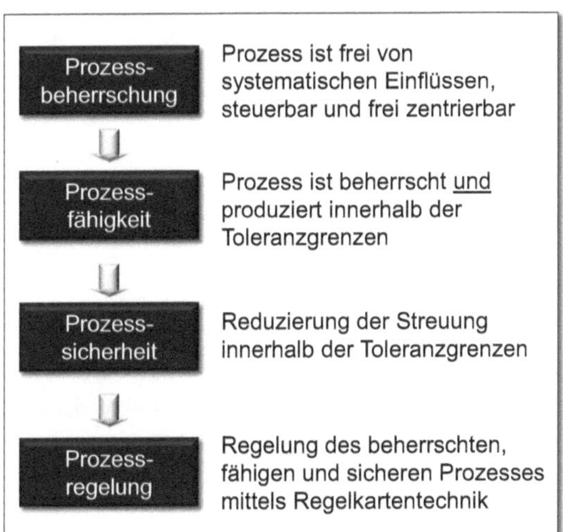

Bild 4.10
Begriffe (in Anlehnung an Brunner/Wagner 2016, S. 222)

Der im linken oberen Quadranten von Bild 4.11 dargestellte Prozess zeigt ein unterschiedliches und nicht vorhersagbares Verhalten über die Zeit - er ist nicht stabil und damit *nicht beherrscht.*

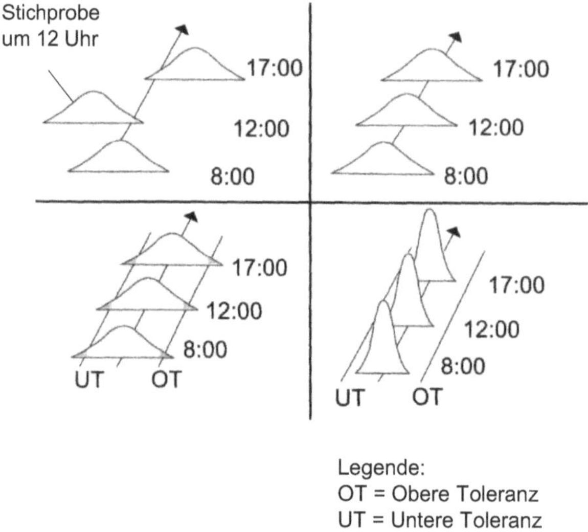

Bild 4.11 Prozessbeherrschung und Prozessfähigkeit (Schmitt/Pfeifer 2010, S. 598)

Der rechts oben dargestellte Prozess zeigt einen gleichmäßigen Verlauf, er weist eine ähnliche Streuung der einzelnen Stichproben und lediglich geringe Änderungen der Mittenlage auf. Das Verhalten dieses Prozesses ist vorhersagbar und damit *beherrscht.*

Für diesen Prozess erfolgt nun ein Vergleich mit den vorgegebenen Fertigungstoleranzen (links unten). Die Streuung des Prozesses ist breiter als die Toleranz - *er ist zwar beherrscht, aber nicht fähig.*

Im Gegensatz dazu weist der rechts unten dargestellte Prozess einen stabilen Verlauf auf und befindet sich innerhalb der Toleranzgrenzen. *Er ist beherrscht und fähig.*

■ 4.4 Kennwerte zur Prozessfähigkeit

Die Fähigkeit von Fertigungsprozessen wird mittels Kennzahlen bewertet. In der Kennzahl c_p werden die Einflüsse von Mensch, Maschine, Prozess und Arbeitsumgebung auf die Prozessstreuung berücksichtigt. Dabei soll der Nachweis erbracht werden, dass der betrachtete Fertigungsprozess auch auf längere Sicht in der Lage ist, die gestellten Qualitätsanforderungen zu erfüllen.

HINWEIS

Der c_p-Wert ist ein Maß für die Breite der Prozessstreuung im Verhältnis zur Toleranzbreite (Bild 4.12). Die Abkürzung c steht für *capability* (Fähigkeit), und p steht für *process* (Prozess).

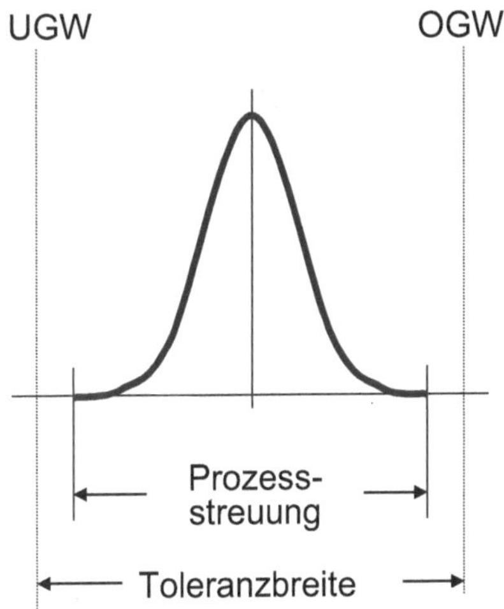

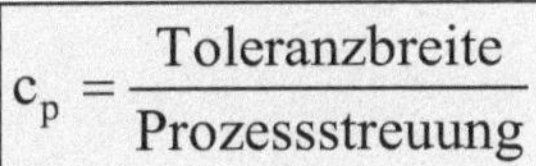

UGW: Unterer Grenzwert

OGW: Oberer Grenzwert

Bild 4.12 Grafische Veranschaulichung der Prozessfähigkeitskennzahl c_p

Als Breite der Prozessstreuung wird üblicherweise die dreifache Standardabweichung nach oben oder unten um den Mittelwert verwendet (Sechs-Sigma-Bereich). Innerhalb dieses Bereichs werden bei einem beherrschten Prozess mehr als 99,7 % aller Werte erwartet.

Ist diese Prozessstreubreite gleich der Toleranzbreite (oberer Grenzwert minus unterer Grenzwert), so ist der c_p-Wert genau 1. Werte kleiner 1 bedeuten, dass die Streuung größer ist als die Toleranzbreite. Je höher der c_p-Wert über 1 liegt, desto größer die Fähigkeit des Prozesses (Bild 4.13). Üblicherweise werden Werte größer 1,33 gefordert.

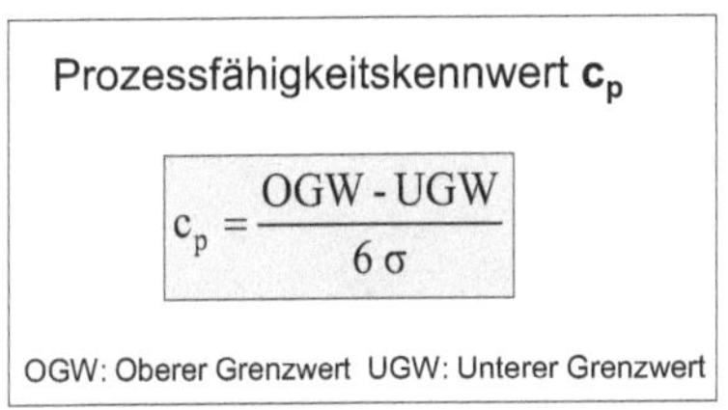

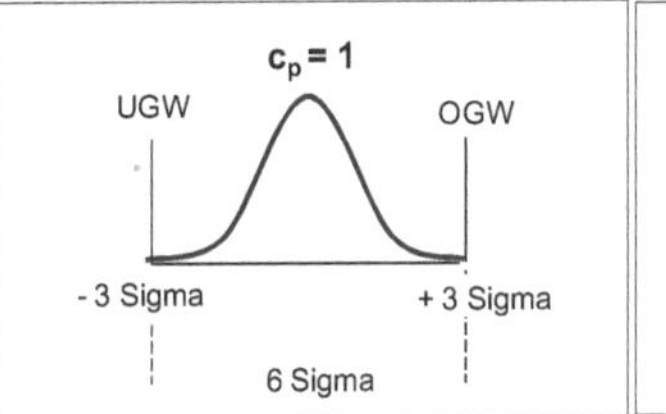

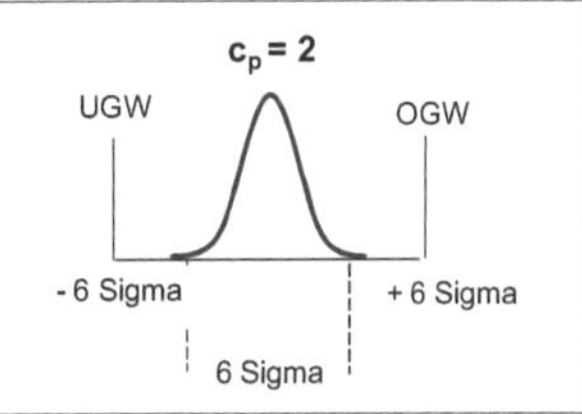

Bild 4.13 Definition der Prozessfähigkeitskennzahl c_p

Für die Ermittlung der Prozessfähigkeit c_p eines Prozesses mit zufälligen Mittelwertschwankungen werden Mittelwerte und Spannwerte aus genügend vielen Einzelstichproben erfasst und der Mittelwert der Mittelwerte $\left(\overline{\overline{X}}\right)$ ebenso wie der Mittelwert der Streuungen $\overline{s}$ ermittelt.

Ist die Toleranzbreite T deutlich größer als der 6σ-Bereich der Verteilung des Prozessmerkmals, dann übersteigt zwar c_p den geforderten Richtwert von 1,33. Trotzdem kann, wie in dem Beispiel in Bild 4.14 am schraffierten Bereich zu sehen ist, ein großer Anteil an Ausschuss produziert werden. Der Grund dafür ist, dass sich der Mittelwert μ der Verteilung zu nah am Grenzwert befindet. Die Streuung der Verteilung ist zwar okay, nicht aber die Lage. Der Prozess ist nicht fähig, könnte aber durch Zentrierung fähig gemacht werden.

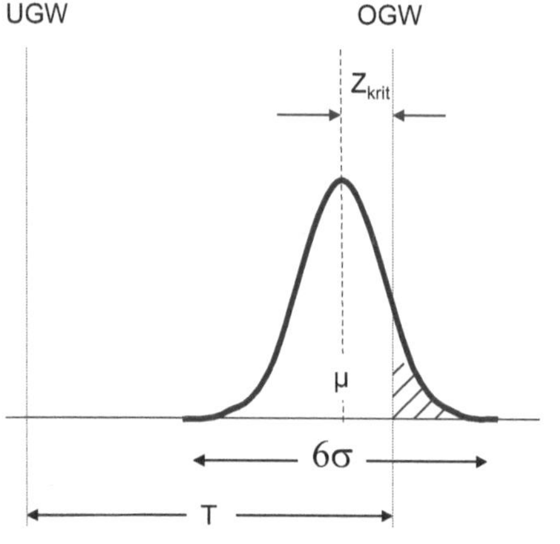

UGW: Unterer Grenzwert
OGW: Oberer Grenzwert
Z_{krit}: Kleinster Abstand zur Toleranzgrenze
μ: Mittelwert der Grundgesamtheit
σ: Standardabweichung der Grundgesamtheit
T: Toleranzbreite

Bild 4.14 Verteilung mit dezentrierter Lage

Es muss also neben der Prozessstreuung auch die Lage einer Verteilung berücksichtigt werden (Bild 4.15).

HINWEIS

Der c_{pk}-Wert berücksichtigt die Lage der Verteilung, indem der kritische Abstand zwischen Prozesslage und Toleranzgrenzen berechnet wird. Die Abkürzung c steht für *capability* (Fähigkeit), p für *process* (Prozess) und k für kritisch.

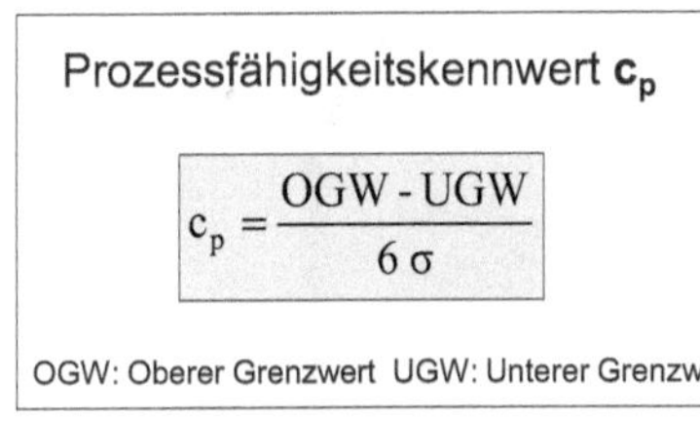

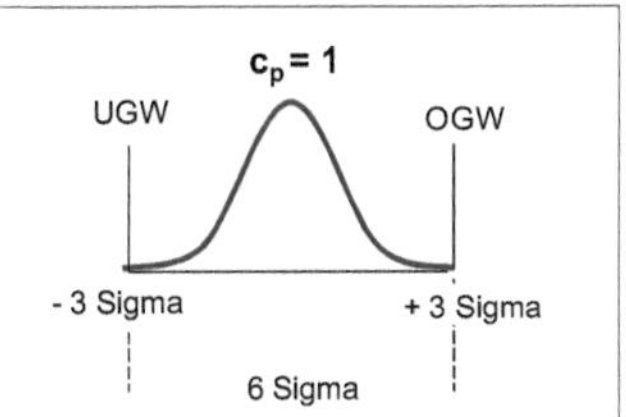

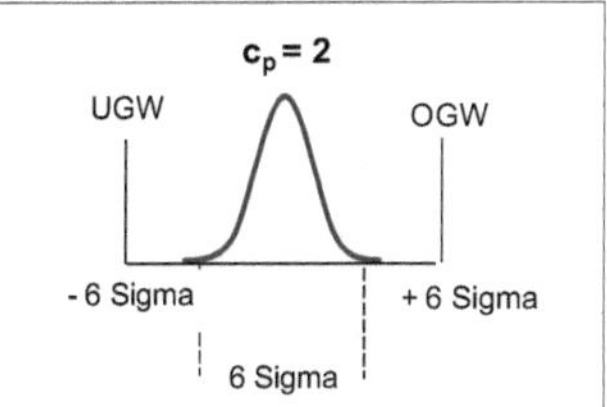

Bild 4.15 Die Prozessfähigkeitszahl c_{pk}

Der c_{pk}-Wert ist so definiert, dass er gleich dem c_p-Wert ist, wenn der Prozess genau in der Toleranzmitte zentriert ist. Jede Abweichung von dieser zentralen Lage führt dazu, dass der c_{pk}-Wert kleiner ist als der c_p-Wert.

Wie kann man nun den c_{pk}-Wert verbessern? Eine Verbesserung erfolgt durch die Reduzierung der Gesamtstreuung. Ist c_p größer als c_{pk}, so kann der Prozess auch durch eine Zentrierung fähig gemacht werden. Als dritte Möglichkeit bietet sich die Aufweitung der Spezifikationsgrenzen an. Dazu ist aber eine Abstimmung mit dem internen oder externen Kunden nötig.

Der Prozessfähigkeitskennwert 1 stellt den Grenzfall einer Produktion dar, die die Toleranz voll ausnutzt. Jede noch so geringe Verschiebung des Prozesses führt zur Erzeugung von Fehlteilen. Aus diesem Grund werden vielfach höhere Kennwerte gefordert, was einem gewissen „Sicherheitsabstand“ entspricht und auch wahrscheinlichkeitstheoretischen Überlegungen Rechnung trägt:

$c_p \geq 1{,}33$ und $c_{pk} \geq 1{,}33$ gelten als gängige Richtwerte.

Davon abweichend verlangen einige Firmen in ihren internen Richtlinien höhere Werte. c_p und c_{pk} werden auch die Langzeit-Prozessfähigkeit genannt und basieren auf Daten von mindestens 20 Fertigungstagen, sodass sichergestellt ist, dass alle Einflussfaktoren wirksam werden können.

Demgegenüber steht die *vorläufige Prozessfähigkeit* (P_p und P_{pk}). Sie dient der Beurteilung vor dem Serienanlauf und wird mittels 20 (besser 25) zeitversetzten Stichproben vom Umfang n = 5 bestimmt. Zur Unterscheidung wird der Kennwert mit P für *preliminary* abgekürzt (vgl. Dietrich/Schulze 2014, S. 358 ff.).

Die *Maschinenfähigkeit* beschreibt die Qualitätsfähigkeit einer Maschine unter Idealbedingungen. Sie wird z.B. bei einer Abnahme einer neuen Maschine erhoben. Aus Kostengründen werden nur 50 Teile gefertigt und nach den bekannten Formeln die Kennwerte c_m und c_{mk} für Maschinenfähigkeit berechnet (vgl. Dietrich/Conrad 2005, S. 286). Diese sollten $\geq 1{,}67$ sein. Bild 4.16 zeigt die verschiedenen Fähigkeitsuntersuchungen im Überblick inklusive der Messmittelfähigkeit, welche in Abschnitt 5.3 näher betrachtet wird.

Vor Serienfertigung		Während Serienfertigung	Messmittel
Maschinenfähigkeit	Vorläufige Prozessfähigkeit	Langzeit-Prozessfähigkeit	Messmittelfähigkeit
c_m und c_{mk}	P_p und P_{pk}	c_p und c_{pk}	c_g und c_{gk}
≥ 1,67	≥ 1,33	≥ 1,33	≥ 1,33
Mind. 50 Teile	Mind. 20 Stichproben mit n = 5	20 Fertigungstage	Mind. 25–50 Wiederholungen

Bild 4.16 Fähigkeitsuntersuchungen im Überblick

Die Untersuchung der Langzeit-Prozessfähigkeit (oft auch nur Prozessfähigkeit genannt) soll zeigen, ob der Fertigungsprozess hinreichend sicher innerhalb seiner Toleranzen arbeitet, trotz der diversen Einflüsse von außen. Die Einflüsse lassen sich nach den fünf M einteilen: Mitwelt (Umwelt), Mensch (Maschinenbediener), Methode (Prozessführung), Material und Maschine. Hinzu kommen die Einflussfaktoren auf die Fähigkeitsuntersuchung durch die Art und Weise der Messung und der Auswertung (Bild 4.17).

Bild 4.17 Einflussfaktoren einer Fähigkeitsuntersuchung

BEISPIEL

Ein Beispiel soll den Einfluss der Temperatur auf das Prozessergebnis verdeutlichen: Die Kolben von hochpräzisen Pumpen für den Pharmabereich bestehen aus Chrom-Nickel-Stahl und haben einen Durchmesser von 12 mm. Durch einen Schleif- und Honprozess werden die Kolben mit einer Toleranz von 4 µm feinbearbeitet. Die Temperaturschwankungen der Umgebung beeinträchtigen die Prozessfähigkeit erheblich, denn eine Veränderung der Umgebungstemperatur von lediglich 5 °C bewirkt bereits eine Ausdehnung von 1 µm.

Was bedeuten nun die c_p- und c_{pk}-Werte in absoluten Fehlerzahlen? Dies soll am Beispiel eines Flugzeugtriebwerks verdeutlicht werden (Bild 4.18): Ein Triebwerk besteht aus rund 1,25 Millionen Merkmalen. Hätten beide Fähigkeitsindizes genau den Wert 1, dann würden 99,73 % der Merkmale innerhalb der Toleranz liegen, was aber gleichzeitig heißt, dass 0,27 % - also 3.375 Merkmale - nicht der Spezifikation entsprechen. Es ist naheliegend, dass bei einem sicherheitskritischen Bauteil wie einem Triebwerk deutlich höhere c_p- und c_{pk}-Werte verlangt werden.

c_p- und c_{pk}-Wert	%-Häufigkeiten innerhalb der Toleranz	Nicht der Zeichnung entsprechende Merkmale (mit Konzession, Nacharbeit freigegeben)
0,5	86,63	167.000
1,0	99,73	3.375
1,1	99,90	1.250
1,5	99,9993	9
1,67	99,99994	< 1

Bild 4.18 Übersetzung von c_p- und c_{pk}-Werten in absolute Fehlerzahlen am Beispiel eines Flugzeugtriebwerks

Tabelle 4.1 zeigt den zu erwartenden Fehleranteil, wenn der Prozess aufgrund einer Dezentrierung kleinere c_{pk}- als c_p-Werte besitzt.

Tabelle 4.1 Zu erwartender Fehleranteil bei verschiedenen c_p- und c_{pk}-Werten in Prozent bzw. in parts per million (ppm)

c_p \ c_{pk}	0	0,5	0,67	1	1,33	1,67	2
0,50	50%	13,4%					
0,67	50%	7,30%	4,55%				
1,00	50%	6,68%	2,28%	**0,27%**			
1,33	50%	6,68%	2,27%	0,14%	66 ppm		
1,67	50%	6,68%	2,27%	0,13%	33 ppm	0,54 ppm	
2,00	50%	6,68%	2,27%	**0,13%**	29 ppm	0,27 ppm	0,002 ppm

BEISPIEL

Wie hoch ist die Ausfallwahrscheinlichkeit eines Produkts, welches aus 300 Bauteilen besteht, wenn jedes einzelne Bauteil mit c_p und c_{pk} von 1,33 gefertigt wurde?

In Tabelle 4.1 ist abzulesen, dass die Fehlerwahrscheinlichkeit pro Bauteil bei 66 ppm liegt. Die Multiplikation mit den 300 Bauteilen ergibt für das Gesamtprodukt eine Ausfallwahrscheinlichkeit von 2 %.

$$300\ \text{Teile} \cdot 66 \frac{\text{ppm}}{\text{Teil}} = 300 \cdot \frac{66}{1\,000\,000} = 0{,}02 \mathrel{\hat{=}} 2\,\%$$

4.5 Vertrauensintervall

Da die Aussagen zur Prozessfähigkeit nicht auf einer 100-%-Prüfung basieren, sondern immer nur auf Stichproben, sind die Ergebnisse „mit Vorsicht zu genießen“. Es könnte sein, dass in der gezogenen Stichprobe zufällig besonders wenige Fehlteile waren. Dann würden das Ergebnis der Stichprobe bzw. die Schlussfolgerung auf die Grundgesamtheit des Loses zu günstig ausfallen. Würde man aus demselben Los wieder eine Stichprobe ziehen, und in dieser befinden sich besonders viele Fehlteile, dann käme man zu einem gegenteiligen Ergebnis, das ebenfalls weit von der Wirklichkeit – also dem tatsächlichen Fehleranteil des Loses – entfernt liegt. Schlussfolgerungen aus Stichproben sind also immer mit dem Vorbehalt der statistischen Ungenauigkeit zu betrachten.

Dafür gibt es in der mathematischen Statistik den Begriff des Vertrauensintervalls (auch Erwartungsbereich oder Konfidenzintervall genannt, engl. confidence interval).

HINWEIS

Das Vertrauensintervall sagt etwas über die Präzision der Lageschätzung eines Parameters aus. Es schließt einen Bereich um den geschätzten Wert des Parameters ein, der mit einer zuvor festgelegten Wahrscheinlichkeit (dem Konfidenzniveau) die wahre Lage des Parameters trifft.

Das Beispiel in Bild 4.19 soll dies veranschaulichen: Es wird eine Stichprobe gezogen, die einen Umfang von 25 Teilen besitzt. Der c_p-Wert berechnet sich in unserem Beispiel zu 1,28, und das Vertrauensintervall wird mit 0,92 bis 1,64 angegeben. Dies sagt aus, dass mit 95 % Wahrscheinlichkeit (Konfidenzniveau) der wahre c_p-Wert zwischen 0,92 und 1,64 liegt. Würde man also 100 Stichproben ziehen, dann wäre es wahrscheinlich, dass der c_p-Wert 95-mal innerhalb dieses Intervalls läge. Ähnliches gilt für den c_{pk}-Wert. Das Vertrauensintervall in unserem Beispiel ist recht weit und somit wenig zufriedenstellend. Zudem könnte es sogar sein, dass die wahren Fähigkeitswerte unter 1 liegen.

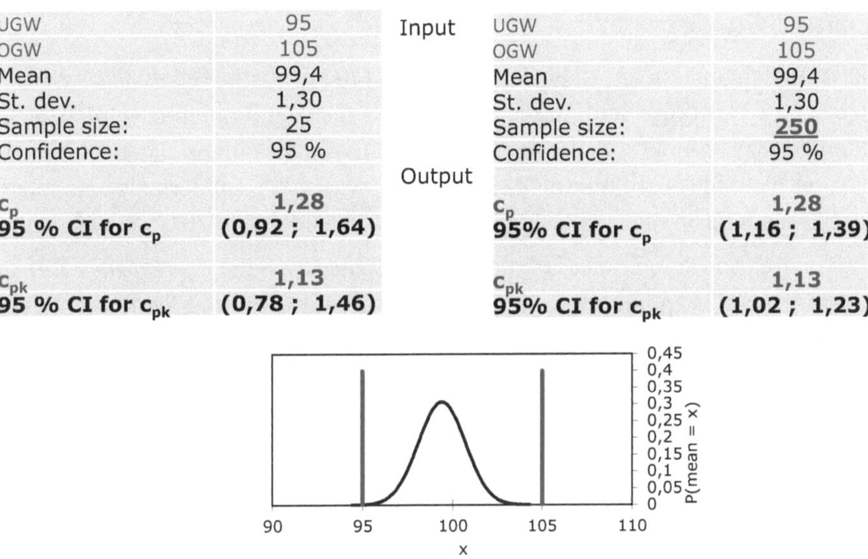

UGW	95	Input	UGW	95
OGW	105		OGW	105
Mean	99,4		Mean	99,4
St. dev.	1,30		St. dev.	1,30
Sample size:	25		Sample size:	**250**
Confidence:	95 %		Confidence:	95 %
		Output		
c_p	**1,28**		**c_p**	**1,28**
95 % CI for c_p	**(0,92 ; 1,64)**		**95% CI for c_p**	**(1,16 ; 1,39)**
c_{pk}	**1,13**		**c_{pk}**	**1,13**
95 % CI for c_{pk}	**(0,78 ; 1,46)**		**95% CI for c_{pk}**	**(1,02 ; 1,23)**

Bild 4.19 Beispiel für die Breite des Vertrauensintervalls in Abhängigkeit von der Stichprobengröße

Warum ist das Vertrauensintervall so breit? Nun, es liegt an dem geringen Umfang der Stichprobe. Hier bildet die Breite des Vertrauensintervalls die Unsicherheit ab, die sich aus der geringen Stichprobengröße ergibt. Wären die gleichen c_p- und c_{pk}-Werte basierend auf einer Stichprobengröße von 250 Teilen errechnet worden, dann wären die Aussagen viel sicherer. Denn bei 250 Teilen ist es deutlich wahrscheinlicher, eine repräsentative Stichprobe gezogen zu haben, als bei 25 Teilen.

Entsprechend verringert sich das Vertrauensintervall. Ein für ein vorgegebenes Konfidenzniveau zu breites Vertrauensintervall weist auf einen zu geringen Stichprobenumfang hin.

ANMERKUNG

Mit steigender Stichprobengröße wird das Vertrauensintervall schmäler.

4.6 Prozessregelung mittels Künstlicher Intelligenz

Kaum ein Thema hat in den vergangenen Jahren so viel Beachtung gefunden wie die Künstliche Intelligenz (KI), die mit verschiedenen Methoden intelligentes, menschliches Problemlösen nachbildet. Maschinelles Lernen (ML) ist ein wichtiger Teilbereich von KI.

Es gibt keine allgemein verbindliche Abgrenzung des Begriffs *Maschinelles Lernen* (engl. machine learning). Statt Maschinen statisch zu programmieren, werden Techniken eingesetzt, mit deren Hilfe der Computer ein Verhalten aus Daten lernt. Lernen ist hier nicht identisch mit Intelligenz oder Bewusstsein, sondern als eine Adaption des Verhaltens an die Umgebung zu verstehen (vgl. Frochte 2019, S. 13 f.).

Es werden drei Ansätze für das Trainieren unterschieden. Beim *überwachten Lernen* (engl. supervised learning) wird der Methode (Klassifikation und Regression) eine große Menge an Daten übergeben, die alle bereits über einen Funktionswert, das Label, verfügen. In unserem Anwendungsfall sind es die aufbereiteten und mit i.O. und n.i.O. gelabelten Datensätze. Beim *unüberwachten Lernen* (engl. unsupervised learning) werden nur Daten vorgegeben. Der Algorithmus selbst untersucht diese auf Ähnlichkeiten und gruppiert die Daten (Clustering), wobei die Merkmale unterschiedlich gewichtet werden. Beim *bestärkenden Lernen* (engl. reinforcement learning) wird das Ziel vorgegeben. Der Algorithmus versucht dabei, den Zielwert selbst zu maximieren bzw. die Zeit zur Zielerreichung zu minimieren. Für dieses Vorgehen sind mehrere Durchläufe nötig, die wiederum in den Lernprozess miteinfließen.

Es wird also eine Methode mit Trainingsdaten in die Lage versetzt, eigenständige Lösungen zu unbekannten Problemen zu finden. Dabei verlässt sie sich nicht auf Regeln, die der Mensch vorgegeben hat, sondern verwendet Abstraktionen, die sie in der Lernphase selbst gemacht hat. Letztlich soll eine mathematische Funktion konstruiert werden, die möglichst viele Datenpunkte richtig wiedergibt. KI und insbesondere die Form des Maschinellen Lernens bieten enormes Potenzial für das Qualitätsmanagement.

Eine moderne Anlage oder komplexe Maschine wie beispielsweise eine Werkzeugmaschine ist mit einer Vielzahl von Sensoren bestückt, die im Betrieb permanent Daten senden. Die Daten werden heute nur zu einem sehr kleinen Teil genutzt. Das liegt daran, dass der Anwender zwar den Einfluss einer einzelnen Variable auf den Fertigungsprozess kennt, verändern sich aber mehrere Variablen in unterschiedlichsten Kombinationen gleichzeitig, dann ist auch der Experte schnell am Ende seiner Fähigkeiten.

Eine KI hingegen kann durch Korrelationsanalysen Zusammenhänge zwischen verschiedenen Einflussfaktoren in der Produktion sichtbar machen und in dem Datenstrom Muster erkennen. Ein Forschungsansatz im QM besteht darin, eine KI so zu trainieren, dass sie selbstständig in die Maschinensteuerung eingreift, sobald sie eine Kombination von Parametern erkennt, die so ungünstig ist, dass die Qualität des Werkstücks gefährdet ist. Eine richtig trainierte KI kann das zuvor notwendige Expertenwissen des Maschinenbedieners nicht nur ersetzen, sondern sogar übertreffen. Damit wird die Regelung des Fertigungsprozesses im Sinne eines Assistenzsystems unterstützt bzw. die KI steuert ohne Zutun des Maschinenbedieners komplett eigenständig und sichert auf diese Weise die Qualität ab.

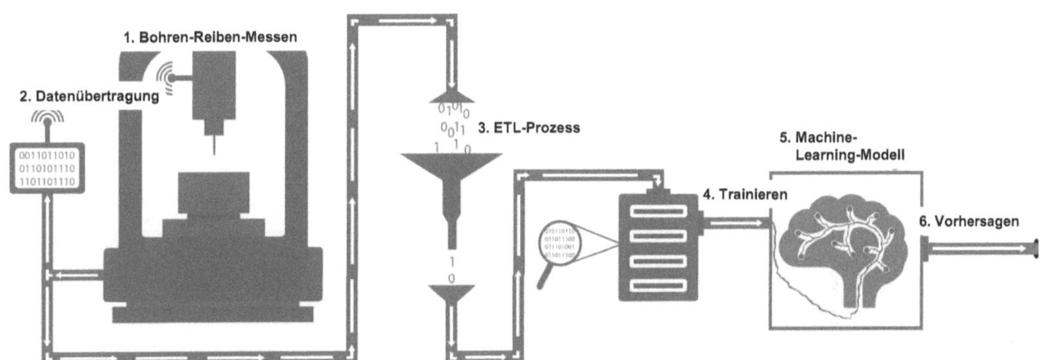

Bild 4.20 Versuchsaufbau

Ein Beispiel soll einen Einblick in die Forschung geben (Bild 4.20): Bei der verwendeten Maschine handelt es sich um eine moderne 5-Achs-Fräsmaschine der Firma DMG MORI. Diese produziert durchschnittlich 20 bis 30 Datensätze pro Sekunde. Je Datensatz werden die Daten von bis zu 50 Sensoren übertragen. Diese messen Drehmomente, Biegemomente, Vibration, Motorspannungen, Temperatur und verschiedene Kräfte wie Vorschubkraft, Axialkraft, Torsionskraft etc.

In dem Versuch (Bild 4.21) werden Bohrungen mit der Passung 12H7 erzeugt. Die Toleranz beträgt 18 Tausendstel Millimeter. Dazu werden zunächst Bohrungen mit dem Durchmesser von 11,8 mm gebohrt. Im nächsten Schritt wird mit einer Reibahle die Passung 12H7 erstellt. Reiben ist wie Bohren ein spanabhebendes Fertigungsverfahren mit geometrisch bestimmten Schneiden. Der Versuch wird 1500 Mal wiederholt. Die unterschiedlichsten Prozessparameter variieren dabei leicht, zudem verschleißt das Werkzeug. Im letzten Schritt Messen wird bei jeder Bohrung geprüft, ob die Passung eingehalten wird. Dies geschieht einerseits automatisiert durch den Messtaster der Fräsmaschine und andererseits manuell mit einer Dreipunkt-Innenmessschraube. Jede Bohrung erhält die Kennzeichnung i. O. oder n. i. O. Man spricht vom Labeln beim überwachten Lernen.

Bild 4.21
Bohren-Reiben-Messen

Während des Bearbeitungsprozesses werden die Daten erfasst und übertragen. Hierzu kommt beispielsweise die Methode Extract, Transform, Load (ETL) aus der Informatik zur Anwendung. Bei der *Extraktion* erfolgt die Auswahl der Daten der Quellsysteme und die Vorbereitung für die Transformationsphase. Da die Daten aus unterschiedlichen Quellen in verschiedenen Datenformaten und Strukturen vorliegen, müssen sie in ein gemeinsames Schema überführt werden. Die Extraktion findet regelmäßig statt, um das Data Warehouse kontinuierlich mit aktualisierten Daten zu versorgen.

Im zweiten Schritt der *Transformation* werden die Datenstruktur und Dateninhalte in das Format der Zieldatenbank transformiert. Der Transformationsvorgang erfolgt in den vier Schritten Filterung, Harmonisierung, Aggregation und Anreicherung. In den ersten beiden Schritten werden die Daten bereinigt und aufbereitet. Die letzten beiden Schritte fassen die Daten themenspezifisch zusammen. Die Transformation ist der entscheidende Schritt, um aussagekräftig Daten zu erzeugen. Unter anderem finden sich in dem Datensatz die Informationen, welcher Sensor den Wert geliefert und welchen spezifischen Wert der Sensor gemessen hat.

Load ist der letzte Schritt der ETL-Methode. Die aufbereiteten Daten werden in das Data Warehouse geladen. Dafür müssen sie physisch in die Datenbank des Data Warehouse verschoben werden. Hierbei ist die Integrität der Daten sicherzustellen. Über eine existierende Protokollierung ist es möglich, bei Bedarf alte Datenstände wiederherzustellen.

Für jede Bohrung steht nun ein Datensatz zur Verfügung. Dieser beinhaltet die von den Sensoren übertragenden Prozesswerte und die Klassifikation in i. O. oder n. i. O. In Summe stehen in unserem Versuch 1500 Datensätze zur Verfügung. Üblicherweise werden diese in zwei Gruppen gespalten: die tatsächlichen Trainingsdaten und die Testdaten. Die Testdaten dienen zur Überprüfung des trainierten

Modells. Damit kann eine ungefähre Genauigkeit des Modells ermittelt werden. In diesem Projekt wird das überwachte Lernen eingesetzt, da sowohl die Eingangsparameter als auch die Labels vorliegen. Zudem sind die Labels ausschließlich binär klassifiziert. Nun werden mit den Trainingsdaten verschiedene Algorithmen angelernt. Ein Überblick der für das ML infrage kommenden Algorithmen findet sich beispielsweise in Frochte 2019. Die Algorithmen erkennen Muster und Gesetzmäßigkeiten in den Trainingsdaten. Als Ergebnis daraus entsteht ein aus mathematischen Funktionen trainiertes Model, dessen Modellparameter abhängig von den Eingabeparametern beeinflusst werden.

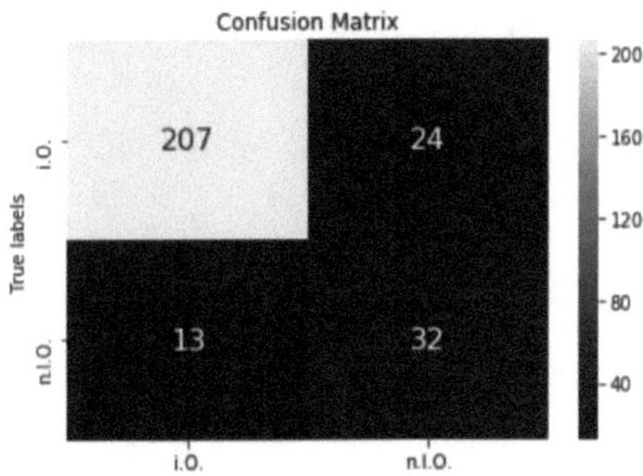

Bild 4.22
Konfusionsmatrix für den Decision Tree

Nun kommen die Testdatensätze zum Einsatz. Zunächst macht der Algorithmus eine Vorhersage der Labels, um dann die Richtigkeit der Vorhersagen zu überprüfen. Die Leistungsfähigkeit des Lernalgorithmus lässt sich grafisch in der sogenannten Fehlermatrix oder auch Konfusionsmatrix genannt (engl. confusion matrix) darstellen (Bild 4.22). Die Matrix besteht aus den vier Feldern i. O. richtig, i. O. falsch, n. i. O. richtig und n. i. O. falsch vorhergesagt. Die Genauigkeit des ML-Algorithmus wird aus der Anzahl der korrekten Vorhersagen dividiert durch die Gesamtanzahl berechnet. In unserem Fall beträgt die Vorhersagegenauigkeit des Algorithmus vom Typ Decision Tree 87 %. Andere Machine-Learning-Algorithmen liefern höhere oder niedrigere Ergebnisse. Für fundierte Entwicklungen sind in Abhängigkeit von der Unterscheidbarkeit der Qualitätsmerkmale mehrere zehntausende Datensätze oder hunderttausende Datensätze empfehlenswert.

Doch woher kommen die umfangreichen Datenmengen für die unterschiedlichsten Anwendungsfälle in der Fertigungstechnik? Es soll ein Ausblick gewagt werden: In einer nahen Zukunft stellen die Anwender ihre Daten zentral in einer Cloud zur Verfügung. In Europa läuft ein Projekt zum Aufbau einer leistungs- und wettbewerbsfähigen, sicheren und vertrauenswürdigen Dateninfrastruktur unter dem Namen Gaia-X (*www.bmwk.de/Redaktion/DE/Dossier/gaia-x.html*). Eine übergeordnete KI wertet diese unendliche Datenmenge aus – immer unter dem Gesichtspunkt, schon während des Bearbeitungsprozesses die Qualität des bearbeiteten Werkstücks vorherzusagen. Der Maschinenbediener bekommt im Gegenzug für die von ihm zur Verfügung gestellten Daten während des Bearbeitungsprozesses in Echtzeit Rückmeldung von der KI, falls die Prozessparameter in seinem individuellen Fall zu verändern sind, um mit hoher Wahrscheinlichkeit nur i. O.-Produkte herzustellen. In einer weiteren Ausbaustufe greift die KI selbstständig in die Steuerung ein und die Werkzeugmaschine arbeitet auch in Einzelteil- und Kleinserienfertigung völlig autonom. Weitere interessierte Parteien wie Maschinenhersteller, Werkzeugproduzenten oder Serviceunternehmen profitieren von dem Datenschatz (Bild 4.23), indem sie ihre Leistungen für den Anwender optimieren.

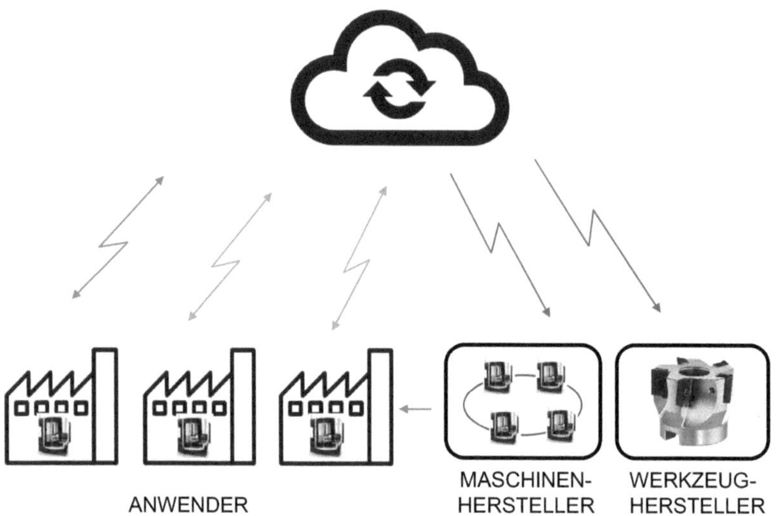

Bild 4.23 Ausblick

■ 4.7 Zusammenfassung

In der statistischen Prozessregelung werden Stichproben aus laufenden Fertigungsprozessen entnommen und daraus statistische Kenngrößen wie Mittelwert, Spannweite und Standardabweichung berechnet. Diese Größen werden zusammen mit Eingriffsgrenzen grafisch in Qualitätsregelkarten abgebildet. Aus dem Verlauf der Werte lässt sich erkennen, ob regelnd in den Fertigungsprozess eingegriffen werden muss. Ziel ist es, fähige Prozesse zu erreichen, also Prozesse, die einen zufallsverteilten Verlauf besitzen und innerhalb der Spezifikation liegen. Dazu werden Prozessfähigkeitskennwerte berechnet. c_p ist ein Maß für die Breite der Prozessstreuung zur Toleranzbreite. c_{pk} berücksichtigt die Lage der Verteilung. Da die Berechnungen zur Prozessfähigkeit in der Regel nicht auf einer 100-%-Prüfung basieren, sondern auf Stichproben, wird das Vertrauensintervall angegeben. Mit steigender Stichprobengröße lassen sich Aussagen zu Kenngrößen sicherer treffen, das Vertrauensintervall wird also schmäler. Die Anwendung von Künstlicher Intelligenz im Qualitätsmanagement allgemein und in der Prozesssteuerung speziell verspricht in der nahen Zukunft große Potenziale.

4.8 Literatur

Brunner, F. J.; Wagner, K. W. (2016): *Taschenbuch Qualitätsmanagement.* Carl Hanser Verlag, München

Dietrich, E.; Conrad, S. (2009): *Anwendung statistischer Qualitätsmethoden.* Carl Hanser Verlag, München

Dietrich, E.; Schulze, A. (2014): *Statistische Verfahren zur Maschinen- und Prozessqualifikation.* Carl Hanser Verlag, München

Frochte, J. (2019): *Maschinelles Lernen. Grundlagen und Algorithmen in Python.* Carl Hanser Verlag, München

Linß, G. (2018): *Training Qualitätsmanagement.* Carl Hanser Verlag, München

Prorok, S. (2022): *Statistische Unsicherheiten in der industriellen Produktion.* Springer Vieweg Verlag, Berlin

Schmitt, R.; Pfeifer, T. (2010): *Qualitätsmanagement. Strategien - Methoden - Techniken.* Carl Hanser Verlag, München

Wälder, K.; Wälder, O. (2013): *Statistische Methoden der Qualitätssicherung.* Carl Hanser Verlag, München

5 Messsysteme und Messsystemanalyse

Auf Basis von Messwerten wird Qualität bestimmt und werden Entscheidungen getroffen. Einmal erhobene Messwerte werden im Nachhinein fast nie angezweifelt, obwohl bei genauerem Hinsehen schnell klar wird, dass viele Faktoren das Messbild schnell verfälschen können. Es ist deshalb essenziell wichtig, dass das Messsystem hinreichend fähig ist.

Die ISO 9001 fordert, dass die Organisation Ressourcen zur Verfügung stellt, mit denen gültige und verlässliche Überwachungs- und Messergebnisse erzielt werden. Ressourcen können Messmittel, Checklisten oder Personen sein. Es muss sichergestellt werden, dass die verfügbaren Ressourcen

- für die Messtätigkeit geeignet sind und
- ihre Eignung aufrechterhalten wird.

Zudem müssen die Messmittel kalibriert sein und vor Beschädigungen geschützt werden.

Auf Basis dieser Forderungen werden im Folgenden die zentralen Grundbegriffe im Messwesen erklärt und die Messmittel in der Fertigung vorgestellt. Jedes Messsystem weist Messunsicherheiten auf, die in der Messsystemanalyse bestimmt werden. Zur Messsystemanalyse gehören Untersuchungen zur Auflösung, zur Wiederhol- und zur Vergleichspräzision, die Schritt für Schritt erläutert werden. Die Ergebnisse werden in der Prüfplanerstellung berücksichtigt.

5.1 Grundbegriffe

Durch *Zählen* wird aus einer Grundgesamtheit die Anzahl von Elementen mit identischen Attributen ermittelt, z. B. alle roten Fahrzeuge auf dem Parkplatz.

Durch *Klassieren* werden Elemente mit identischen Attributen einer definierten Klasse zugeordnet, z. B. alle Eier zwischen 53 g und 63 g werden der Gewichtsklasse M zugeordnet. Die Werte können in einem Histogramm dargestellt werden. Die Prüfung mittels einer Grenzlehre ist ein Beispiel für eine Klassierung.

Messen ist die Ermittlung der quantitativen Aussage über eine physikalische Größe. Die quantitative Aussage heißt Messwert, der durch ein Produkt aus Zahlenwert und Einheit angegeben wird.

Prüfen ist die Feststellung, ob ein Prüfgegenstand (Probe) die geforderten Merkmale aufweist. Das Prüfen erfordert einen Bezug zu einer Referenzgröße. Insbesondere wird beim Prüfen festgestellt, ob Toleranzen oder vorgegebene Grenzwerte eingehalten werden. Der Prüfvorgang kann entweder subjektiv oder objektiv mithilfe von Messgeräten erfolgen.

Mit *Lehren* wird eine besondere Art des Prüfens bezeichnet. Mit ihnen wird festgestellt, ob ein Merkmal (z.B. Bohrungsdurchmesser) innerhalb der Grenzen liegt. Der exakte Betrag der Merkmalsabweichung wird nicht ermittelt. Unter Umständen werden zwei Maßverkörperungen benötigt, die dem oberen und unteren Grenzmaß entsprechen. Es kann weder die Lage noch das Streuverhalten beurteilt werden.

Kalibrieren ist der Vergleich des durch das Messgerät angezeigten Messwerts mit dem wahren Wert. Der wahre Wert wird durch ein Normal (vgl. Bild 5.2) dargestellt. Das Messgerät wird durch die Kalibrierung nicht verändert, Abweichungen werden nur protokolliert (z.B. auf dem Kalibrierschein).

Justieren heißt das möglichst exakte Einstellen des Messgeräts. Die Messabweichungen dürfen bestimmte Fehlertoleranzen nicht überschreiten bzw. die Abweichung sollte beim Messen möglichst gering sein.

Das *Eichen* eines Messgeräts umfasst die von der zuständigen Eichbehörde nach den Eichvorschriften vorzunehmenden Prüfungen und Stempelungen.

Jedes Werkstück, und sei es noch so genau hergestellt, weist Abweichungen von der geometrischen idealen Gestalt auf, die durch Toleranzen eingeschränkt werden. Die *Grobgestalt* umfasst die Parameter Maß, Form und Lage. Zur *Feingestalt* gehören Welligkeit und Rauheit (Bild 5.1).

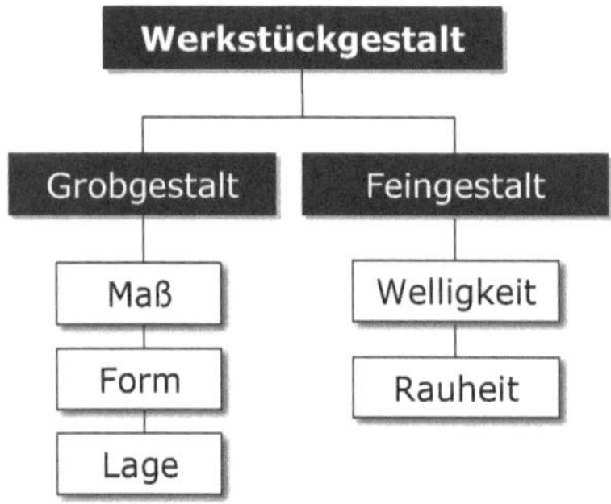

Bild 5.1
Die Werkstückgestalt

5.2 Messmittel in der Fertigung

In der Fertigung wird eine Vielzahl von unterschiedlichen Messmitteln eingesetzt (Bild 5.2). Hierzu gehören Handmessmittel, Lehren, Normale, Messgeräte und Hilfsmittel.

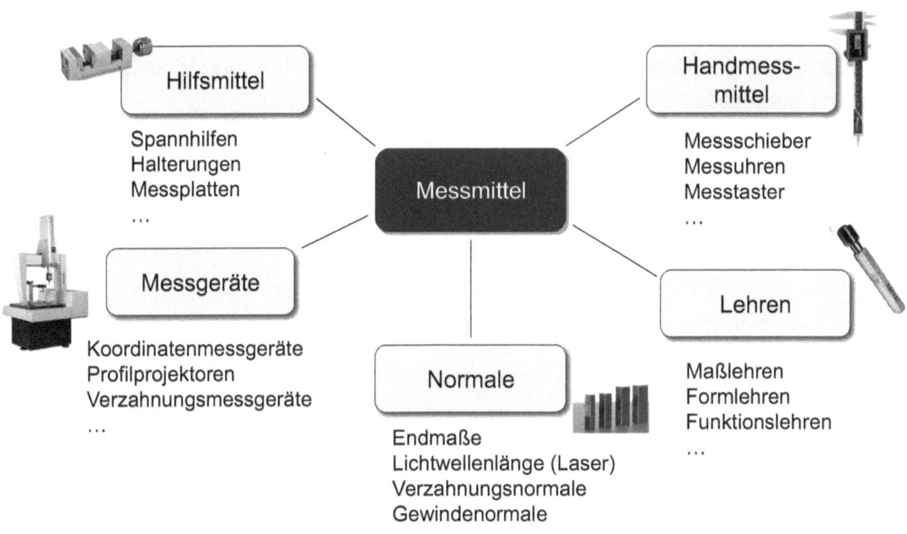

Bild 5.2 Messmittel in der Fertigung

Handmessmittel sind nicht für einen bestimmten Prüfgegenstand hergestellt, sondern vielseitig für unterschiedliche Messaufgaben einsetzbar. Sie gehören zu den anzeigenden Messgeräten, von denen der Messwert auf einer Skala oder Messuhr abgelesen wird. Bedingt durch den manuellen Messvorgang hat die Qualifikation des Prüfers einen wesentlichen Einfluss auf die Messunsicherheit. Typische Handmessmittel sind Messschieber, Bügelschraube und Messuhr (Bild 5.2). Das wohl am häufigsten eingesetzte Messmittel ist der Messschieber. Mit ihm lassen sich vier Arten von Messungen durchführen, und zwar die Außenmessung, die Innenmessung, die Tiefenmessung und die Stufenmessung. Beim digitalen Messschieber wird der Messwert im Display abgelesen. Bei dem in Bild 5.3 gezeigten analogen Messschieber wird der Messwert vor dem Komma auf der Hauptskala und nach dem Komma auf dem Nonius abgelesen. Der hier dargestellte Messwert lautet 15,40 mm. Eine Bügelmessschraube besteht aus einer festen Messfläche, dem Amboss und einer beweglichen Messfläche, der Messspindel. Beide sind durch einen Bügel miteinander verbunden. Der Bügel ist zur Isolierung vor Handwärme mit einem Kunststoffgriff versehen. Das Gewinde der Messspindel wird über eine

Ratsche gedreht, die zur Vermeidung von zu hohen Anpresskräften eine Rutschkupplung beinhaltet. Auf der in Bild 5.3 abgebildeten Bügelmessschraube werden auf der Messhülse die halben Millimeter abgelesen und auf der Messtrommel die hundertstel Millimeter. Der Messwert in dem gezeigten Beispiel beträgt 7,25 mm.

Folgende typischen Fehler müssen beim Messen vermieden werden: Parallaxenfehler beim Ablesen, Verschmutzungen z. B. durch Späne am Werkstück oder am Messschieber, Grat am Werkstück. Weitere Fehler beim Messen mit dem Messschieber sind das Verkanten der Messschenkel, Kippfehler und eine zu hohe Anpresskraft insbesondere bei weichen Werkstoffen. Bei der Bügelmessschraube ist darauf zu achten, dass nicht außerhalb des Kunststoffgriffs angefasst wird, da ansonsten die Handwärme zu einer Ausdehnung der Schraube führen würde. Es gilt immer die Referenztemperatur von 20 °C für Werkstück und Messmittel.

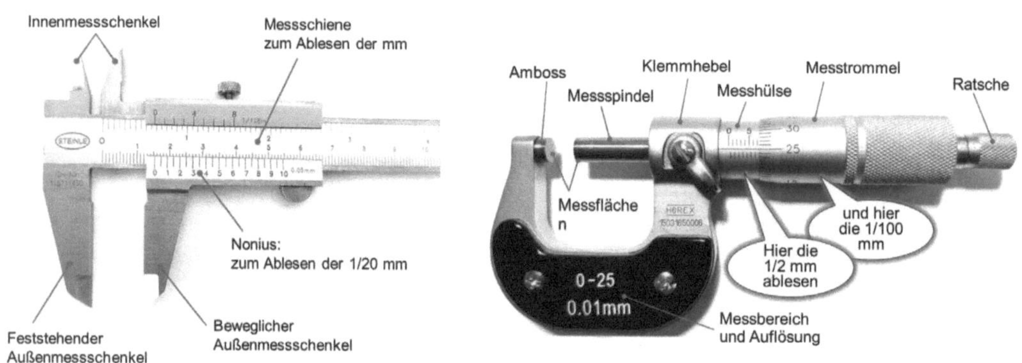

Bild 5.3 Messschieber (links) und Bügelmessschraube (rechts)

Lehren verkörpern das zu prüfende Maß oder die Form eines Merkmals. Sie bestehen aus einer Gutseite und einer Ausschussseite, die die untere und obere Toleranzgrenze verkörpern. Mit einer Lehre wird nicht gemessen, sondern geprüft. Bei der Prüfung muss sich die Gutseite der Lehre ohne Zwang, d. h. durch ihr Eigengewicht, mit dem Maß paaren lassen. Die Ausschussseite ist durch einen roten Ring gekennzeichnet (Bild 5.4). Sie darf sich nicht paaren lassen. Mit Lehren wie Grenzlehrdornen, Rachenlehre, Radienlehre oder Gewindelehren lassen sich schnell und unkompliziert Gut-Schlecht-Entscheidungen treffen. Eine Aussage über das Maß des Merkmals, mit dem z. B. der Verlauf eines Fertigungsprozesses verfolgt werden kann, ist nicht möglich.

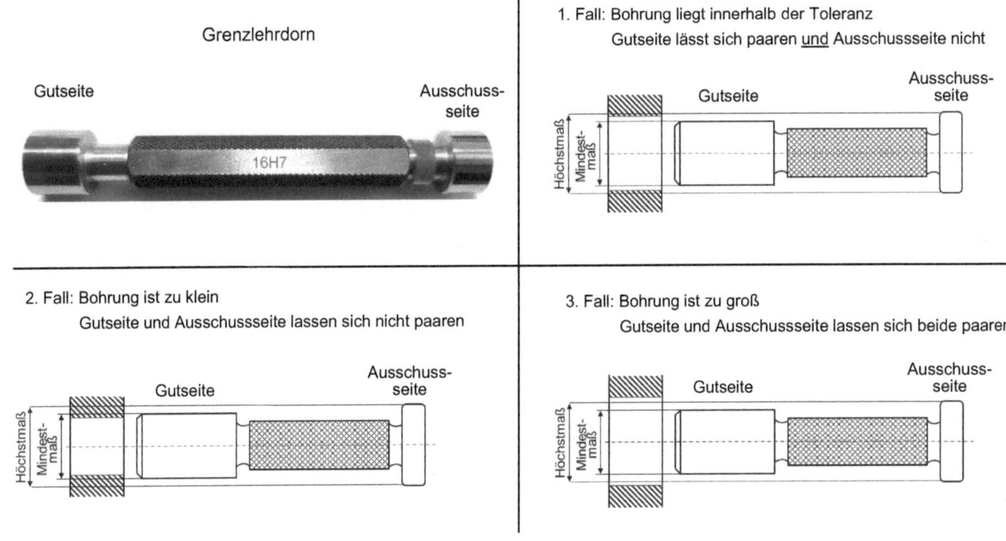

Bild 5.4 Anwendung des Grenzlehrdorns

Normale werden zum Einstellen und Überwachen von Prüfmitteln verwendet. Die Genauigkeit des Normals sollte daher um etwa eine Größenordnung höher sein als die Genauigkeit des Messmittels, das mit dem Normal justiert oder kalibriert wird. Die Kalibrierung des Messmittels anhand des Normals (z.B. Parallelendmaß) geschieht unter definierten Bedingungen (z.B. hohe Sauberkeit, 20 °C) durch ausgebildetes Prüfpersonal.

Endmaße sind kleine Blöcke zum Prüfen und Kalibrieren von Messmitteln oder dienen als sekundäre Normale zum direkten Messen. Sie bestehen aus Stahl, Hartmetall oder Keramik und verkörpern eine bestimmte Länge mit einer hohen Genauigkeit (Maßverkörperung). Endmaße gibt es in verschiedenen Formen, beispielsweise als Parallel-, Winkel-, Kugel- oder Zylinderendmaße.

Messgeräte umfassen den gesamten Bereich von einfachen Höhenmessgeräten bis hin zu komplexen Formprüfgeräten und optischen Prüfautomaten.

Eines der wichtigsten Messgeräte ist das *Koordinatenmessgerät*, kurz KMG (Bild 5.5). Mit ihm kann auch eine komplexe Geometrie vermessen werden. Das Werkstück wird punktweise angetastet, und die einzelnen Oberflächenpunkte werden mit numerischen Verfahren verknüpft. Form und Lage werden mit den Soll-Elementen des Werkstücks verglichen. Das KMG steht in einem staubfreien, auf 20 °C klimatisierten und vor Vibrationen geschützten Messraum. Für einige Anwendungsfälle können roboter- oder handgeführte 3D-Laserscanner eine wirtschaftliche Alternative darstellen.

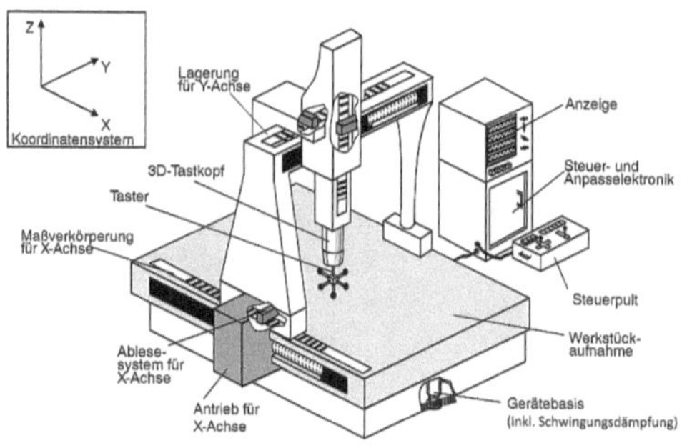

Bild 5.5
Prinzipieller Aufbau eines Koordinaten-messgeräts in Portalbauart (Weckenmann 2012, S. 14)

Kalibrierung ist das Feststellen der Abweichung der Anzeige eines Messgeräts vom wahren Wert der Messgröße. Oftmals erfolgt auch eine Justage des Messmittels. Das *Justieren* ist das Minimieren der systematischen Messabweichung.

Kalibrierung und Justage des Prüfmittels erfolgen durch einen Vergleich mit einem *Gebrauchsnormal.* Die Gebrauchsnormale (auch Werksnormale genannt) wiederum werden von den *Bezugsnormalen* im Kalibrierlabor überwacht, die an das *Nationale Normal* angeschlossen sind. Das Nationale Normal befindet sich in der Physikalisch-Technischen Bundesanstalt und ist im Falle der Längenmessung ein Laser. Damit ist die Rückführungskette geschlossen (Bild 5.6). Die Kalibrierung wird als Serviceleistung von Institutionen oder Firmen, zum Teil auch durch die Hersteller der Prüfmittel selbst angeboten.

Bild 5.6
Die Rückführungskette

Beschädigungen der Oberfläche wie Kratzer, Einschlüsse, Farbton, Reflexion oder Glanz können Schönheitsfehler sein oder die Funktion einer Oberfläche beeinträchtigen. Dazu werden *Sichtprüfungen* durchgeführt. Ein Beispiel aus der Automobilindustrie ist in Bild 5.7 abgebildet. Problematisch ist, dass Sichtprüfungen subjektive Entscheide des Prüfers sind und z. B. durch nachlassende Aufmerksamkeit, unzureichendes Training oder falsche Beleuchtung zu unzuverlässigen Ergebnissen führen können. Ein grenzwertiges Prüfobjekt kann von Prüfer A als gut und von Prüfer B als Ausschuss beurteilt werden. Auch bei variantenreichen Objekten mit montierten Anbauteilen wie beispielsweise einer Landmaschine wird mittels Sichtprüfung erfasst, ob die entsprechenden Anbauteile angebracht und an der richtigen Stelle unbeschädigt montiert wurden.

Bild 5.7 Sichtprüfung in der Automobilindustrie (Bildquelle: licht.de)

Um objektive Prüfergebnisse zu erhalten und die Prüfkosten zu minimieren, werden zunehmend Automaten mit Vision-Systemen und Bildverarbeitung eingesetzt. Im Falle der Landmaschine wären dies Kameras bei der Endprüfung im Lichttunnel zur Unterstützung der manuellen Sichtprüfung. Bei kleinvolumigen Teilen werden zur Durchführung der automatisierten 100-%-Prüfung oftmals Universal-Drehtellerprüfautomaten (Bild 5.8) eingesetzt. Der abgeschlossene Automat wird unterteilt in die Bereiche Teilezufuhr und Prüfraum. Im Zuführbereich befinden sich der Schwingförderer und ein Förderband. Über den Schwingförderer, welcher über einen externen Bunker befüllt wird, werden die Prüflinge vereinzelt und in die erforderliche Position gebracht. Im Prüfraum werden sie mit Auflicht beleuchtet. Eine Kamera nimmt das Bild auf, und über eine Software werden Toleranzen, Maßhaltigkeit und Oberflächenqualität ausgewertet.

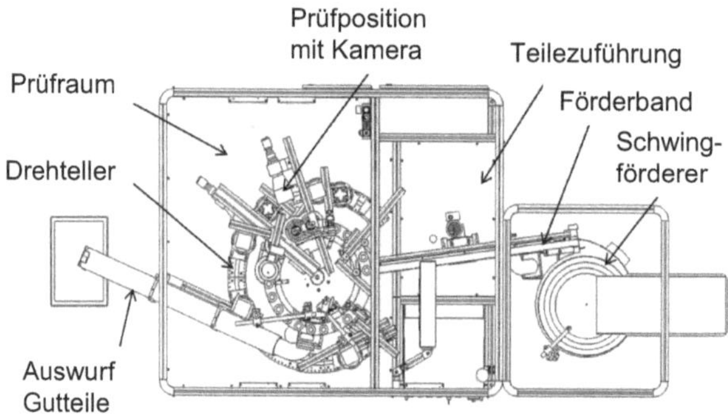

Bild 5.8 Schnittbild eines Prüfautomaten mit Vision-System

Bild 5.9 zeigt die Auswertung einer Bildaufnahme mittels eines Industrie-PCs mit Bildverarbeitungssoftware. Ebenso besteht die Möglichkeit, die gemessenen Werte in einer Datenbank zu speichern und über ein separates Statistikprogramm auszuwerten.

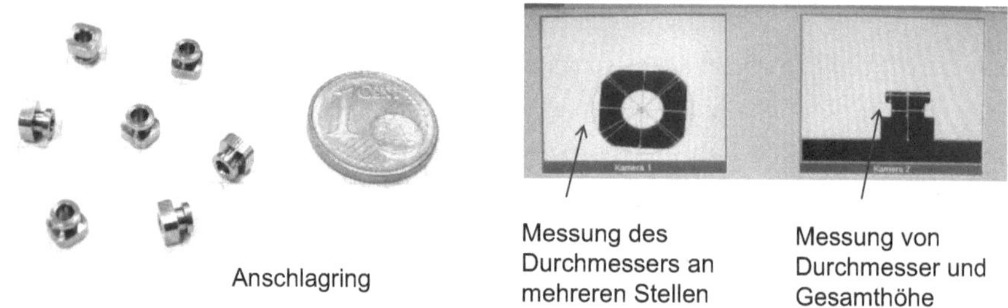

Bild 5.9 Messung eines Anschlagrings für Dieseleinspritzpumpen

Jeder Prüfling wird an jeder Prüfstation einzeln bewertet. Nur wenn er an allen Prüfstationen als in Ordnung (i. O.) bewertet wird, wird er in den Gutteilebehälter (i. O.) einsortiert. In allen anderen Fällen erfolgt eine automatische Übergabe in den Schlechtteilebehälter (n. i. O.). In der Grundkonfiguration können bis zu acht Kameras über vier Prüfstationen verteilt angebracht werden.

Trotz automatisierter 100-Prozent-Prüfung trifft das Messsystem nicht immer die richtige Entscheidung. Zu einem gewissen Prozentsatz werden falsche Entscheidungen getroffen. Ein Ausschussteil wird dann als Gutteil erkannt oder umgekehrt wird ein Gutteil als Ausschussteil detektiert. Auch wenn diese Prozentsätze auf den ersten Blick klein erscheinen, so ergeben sich über die Stückzahlen große absolute Zahlen, wie das Beispiel zeigt. Besonders kritisch ist es, wenn n. i. O. Teile als i. O. geprüft und an den Kunden geliefert werden. Es gilt, diesen Durchschlupf zu minimieren. Aber auch das Aussortieren von Gutteilen ist problematisch, denn es wird Wertschöpfung vernichtet, was die Wirtschaftlichkeit beim Hersteller verringert. Die Industrie versucht, mit Künstlicher Intelligenz bzw. dem Maschinellen Lernen in der Bildverarbeitung entgegenzuwirken, wobei insbesondere bei ungewöhnlichen und sporadisch auftretenden Defekten Fortschritte gemacht werden.

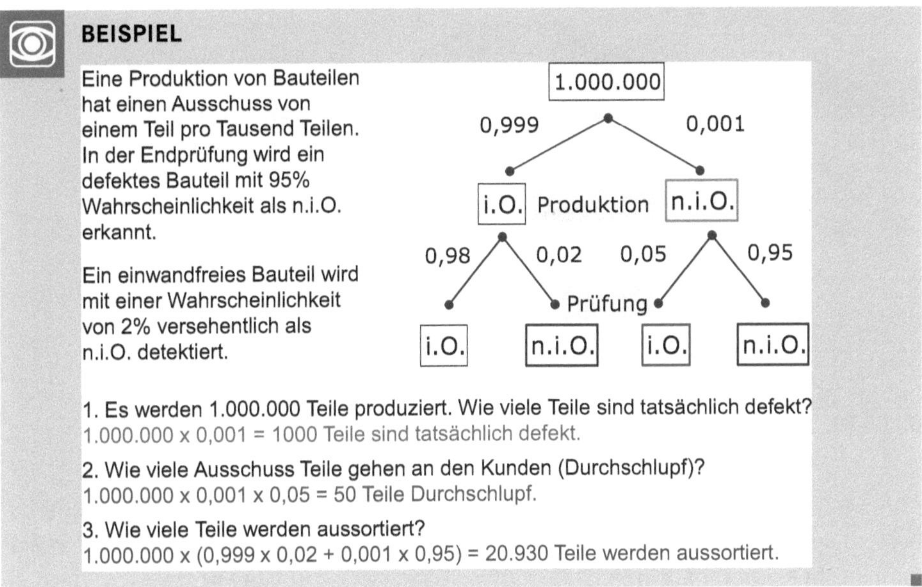

5.3 Messsystemanalyse

Alle Prüf- und Messsysteme weisen Unsicherheiten und Messabweichungen auf, die entweder durch das Messgerät selber bedingt sind oder durch den Bediener, die Methode, das Messobjekt oder durch verschiedenste Umwelteinflüsse (Bild 5.10). In Summe werden diese Einflussfaktoren auf das Messergebnis als *Messunsicherheit* bezeichnet.

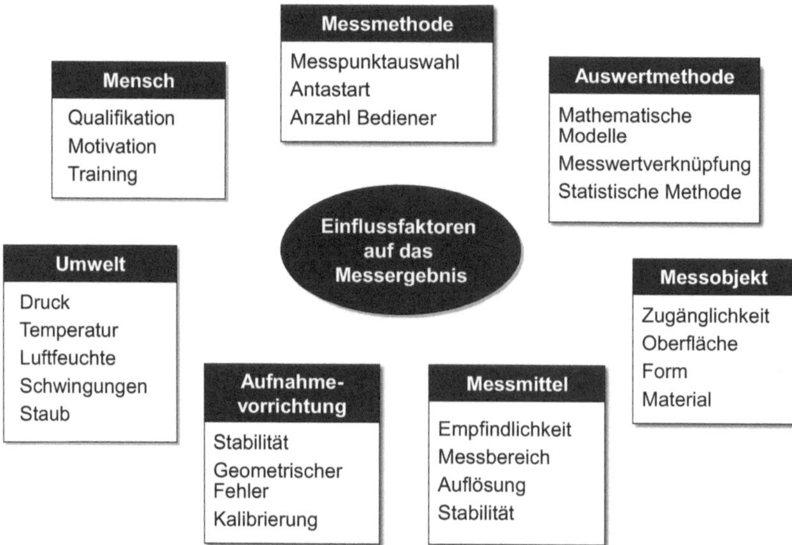

Bild 5.10 Einflussfaktoren auf das Messergebnis

Eine zunehmende Messunsicherheit des Messsystems erhöht den Unsicherheitsbereich der Messung. Es muss aber verhindert werden, dass ein Teil, welches außerhalb des Spezifikationsbereichs liegt, fälschlicherweise angenommen wird. Deshalb wird der Übereinstimmungsbereich definiert. In der Praxis wird der Spezifikationsbereich aus der Konstruktionsphase um die Messunsicherheit verringert und als Werkstücktoleranz der Fertigung vorgegeben (Bild 5.11). Bei der Planung muss der Prüfplaner abwägen, ob eine Verringerung der Messunsicherheit einen erhöhten Prüfaufwand rechtfertigt.

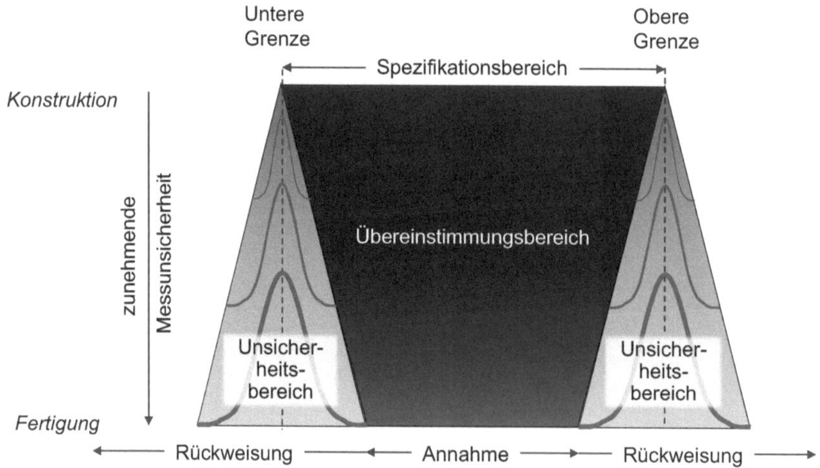

Bild 5.11 Die Messunsicherheit verringert den Übereinstimmungsbereich (in Anlehnung an DIN ISO 14253-1:2018, S. 15)

Um das Ausmaß dieser Unzulänglichkeiten zu bestimmen bzw. abzuschätzen, wird die *Messsystemanalyse* durchgeführt, die folgende Aspekte umfasst:

1. Auflösung,
2. c_g- und c_{gk}-Studie (Messmittelfähigkeitsindizes), Verfahren 1,
3. R&R-Studie (Repeatability & Reproducibility), Verfahren 2,
4. Linearität,
5. zeitliche Stabilität.

Die erste Forderung betrifft die Auflösung. Die *Auflösung* ist der kleinste noch ablesbare Unterschied zwischen zwei Anzeigewerten, z. B. die Skaleneinteilung bei Messuhren oder der kleinste Ziffernschritt bei Digitalanzeigen.

ANMERKUNG

Die relative Auflösung des Messmittels sollte nicht gröber als 5 % der Merkmalstoleranz sein.

BEISPIEL

Frage: Die Kamera an einem Prüfautomaten hat eine Auflösung von 0,0013 mm. Es soll an Bauteilen der Durchmesser mit einer Toleranz von 0,011 mm gemessen werden. Kann der Prüfautomat für diese Aufgabe benutzt werden?

Antwort: Nein, der Automat benötigt eine Auflösung von 0,011 mm × 0,05 = 0,00055 mm.

Zunächst zu zwei zentralen Begriffen, die in den folgenden Analysen eine Rolle spielen:

- Die *Wiederholpräzision* (Repeatability) beschreibt den Einfluss des Prüfers auf das Messergebnis. Dazu wiederholt derselbe Prüfer unter identischen Bedingungen seine Messung mehrmals, um festzustellen, ob die Messergebnisse präzise, also die Differenzen der Werte möglichst klein sind.
- Die *Vergleichspräzision* (Reproducibility) untersucht, ob die Messwerte unter verschiedenen Bedingungen (wechselnde Objekte, wechselnde Geräte, wechselnder Prüfer) reproduzierbar sind.

Der zweite Schritt der Messsystemanalyse ist die Bestimmung der Messmittelfähigkeit. Die *Messmittelfähigkeit* wird durch 25 bis 50 Wiederholungen an einem Normal (oder Werkstück) ermittelt (Linß 2018, S. 530). Um wechselnde Bediener- und Umgebungseinflüsse weitgehend auszuschließen, werden n Wiederholmessungen von einem Prüfer an demselben Ort durchgeführt, und es wird der Mittelwert der Messwerte x_i ermittelt. Daraus ergibt sich die empirische Standardabweichung s der Messergebnisse. Sie ist ein Maß für die Streuung des Messsystems:

$$s = \sqrt{\frac{1}{n-1}\sum_{i=1}^{n}\left(x_i - \bar{x}\right)^2} \tag{5.1}$$

Die Messmittelfähigkeitsindizes werden ähnlich den Prozessfähigkeitsindizes gebildet. Wenn kein Bedienereinfluss vorliegt, dann ist der Messmittelfähigkeitsindex c_g ein Maß für die Wiederholpräzision des Messmittels, da das Verfahren unter Wiederholbedingungen durchgeführt wird (Wälder/Wälder 2013, S. 89). Dabei steht c für capability (Fähigkeit) und g für gauge (Messgerät). Mit dem Messmittelfähigkeitsindex c_{gk} wird die Genauigkeit des Messmittels beschrieben, wobei k für kritisch steht.

Einige große deutsche Automobilhersteller und Zulieferer fordern c_g- und c_{gk}-Werte von ≥ 1,33 (vgl. Prorok 2022, S. 183). Die Berechnungsformeln sind in Bild 5.12 gezeigt. Ohne diesen Nachweis darf ein Messmittel nicht verwendet werden.

Messmittelfähigkeitsindizes

Index für die zufällige Messabweichung

$$c_g = \frac{0{,}2 \cdot T}{6 \cdot s} \geq 1{,}33$$

Index für die systematische Messabweichung

$$c_{gk} = \frac{0{,}1 \cdot T - |x_r - \bar{x}|}{3 \cdot s} \geq 1{,}33$$

mit

c_g: Maß für die Wiederholpräzision des Messmittels

T: Toleranz des Merkmals

s: Standardabweichung der Messwerte

c_{gk}: Maß für die Genauigkeit des Messmittels

x_r: richtiger Wert des Normals (Referenzwert)

$\bar{x}$: Mittelwert der Messreihe

Bild 5.12 Formeln für die Berechnung der Messmittelfähigkeit

Diese c_g-/c_{gk}-Studie weist nach, dass das Messsystem unter idealen Bedingungen (identischer Prüfer und identisches Messobjekt am selben Ort) fähig ist. Da die Praxis aber nicht ideal ist, wird zusätzlich unter realen Bedingungen die sogenannte Vergleichspräzision bestimmt.

Die *R&R-Studie* steht für Repeatability & Reproducibility, also für Wiederholpräzision und Vergleichspräzision. Es wird der Einfluss verschiedener Bediener und verschiedener Messobjekte auf das Messergebnis betrachtet. Dazu werden von drei Prüfern fünf bis zehn Fertigungsteile jeweils zwei- bis dreimal vermessen. Es müssen also mindestens 30 Messwerte vorliegen. Ein Beispiel ist in Bild 5.13 dargestellt. Dann wird in einer Repeatability-&-Reproducibility-Studie der sogenannte R&R-Wert bestimmt. Diese Studie erfolgt unter Zuhilfenahme von Statistiksoftware (für eine detaillierte Beschreibung der R&R-Studie vergleiche die einschlägige Literatur, beispielsweise Dietrich/Conrad 2009, Wälder/Wälder 2013 oder Prorok

2022). R&R wird üblicherweise auf die Toleranz T bezogen und in Prozent angegeben. Es gelten nach Wälder und Wälder (2013, S. 94) die folgenden Grenzwerte:

- Ein neues Messsystem ist fähig für % R&R ≤ 20 % und
- ein bestehendes Messsystem ist fähig für % R&R ≤ 30 %.

	Prüfer A		Prüfer B		Prüfer C	
Messung	1.	2.	1.	2.	1.	2.
Teil 1	3,70	3,80	3,85	3,76	3,76	3,66
Teil 2	4,36	4,31	4,43	4,35	4,39	4,31
Teil 3	4,18	4,07	4,08	4,13	4,15	4,11
Teil 4	4,12	4,18	4,05	4,01	4,13	4,08
Teil 5	3,91	3,95	3,84	3,89	3,97	3,88

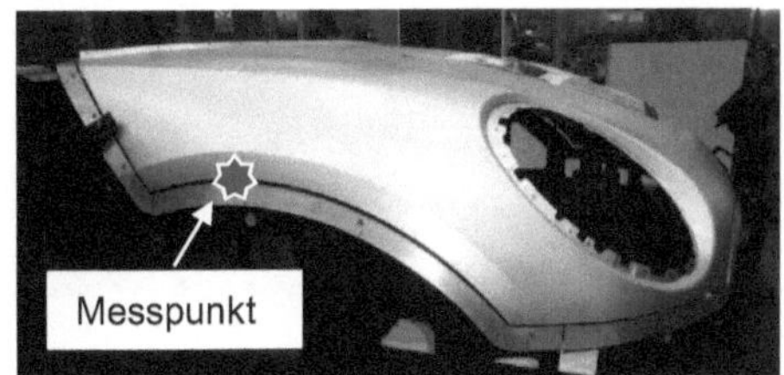

mit einer Toleranzvorgabe von 0,8 mm ergibt die R&R-Studie:

%R&R (gesamt) **43%** -> Das Messsystem ist nicht fähig
- Repeatability 39%
- Reproducibility 19%

Bild 5.13 Beispiel für eine R&R-Studie bei Spaltbreiten im Karosseriebau

Anhand der Auswertegrafiken (Bild 5.14) sind die Wiederholbarkeit und die Reproduzierbarkeit erkennbar. Links oben sind die Unterschiede des einzelnen Prüfers bei derselben Messung von bis zu 0,1 mm erkennbar. Links unten sind die Mittelwerte nach Prüfer und Teilenummer gezeigt. Wären die Kurven identisch, wären sie perfekt. Die Kurven sind rechts unten übereinandergelegt. Es sind deutliche Abweichungen bei Teil 1 und 4 erkennbar. Bei Teil 5 weicht Prüfer 2 ab. Rechts oben sind je Teil alle sechs Messwerte aufgeführt. Auch hier sind Abweichungen erkennbar. Bei einem perfekten Messsystem müssten die Punkte pro Teil übereinander liegen

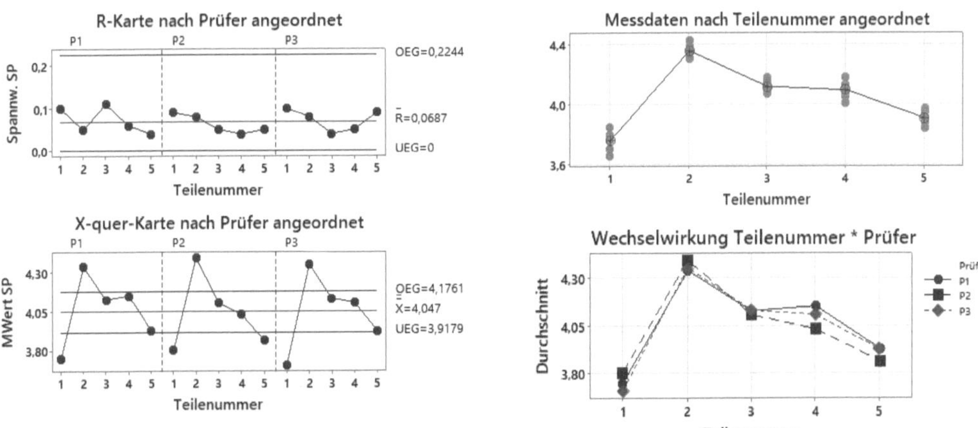

Bild 5.14 Minitab-Auswertegrafiken für die R&R-Studie

Eine weitere Forderung an Messmittel ist die *Linearität*. Die Linearität ist ein Maß für die Konstanz der systematischen Messabweichung über den gesamten Messbereich. Ein Temperaturmesssystem erfüllt diese Bedingung, wenn eine Messabweichung von beispielsweise 0,1 °C über die gesamte Skala, also bei −10 °C, bei 20 °C und bei 50 °C, konstant ist. Insbesondere Messmittel, die einen großen Wertebereich abdecken, müssen auf Linearität überprüft werden. In Bild 5.15 sind verschiedene Möglichkeiten der Abweichung dargestellt.

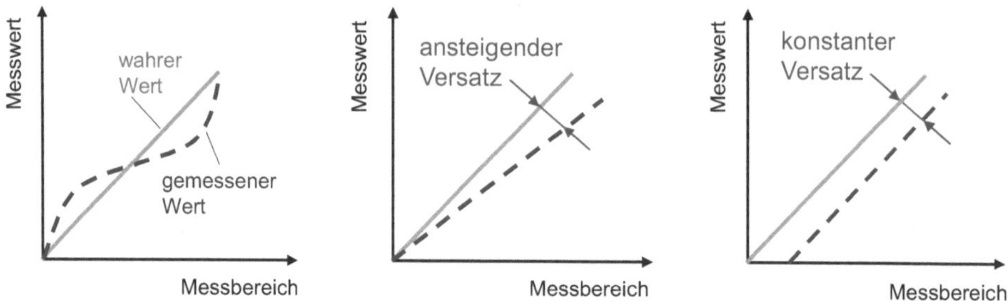

Bild 5.15 Überprüfung der Linearität

Bislang wurden immer Kurzzeitbetrachtungen vorgenommen. Deshalb ist es wichtig, auch die Beständigkeit von Messsystemen über längere Zeiträume zu betrachten. Die *zeitliche Stabilität* zeigt an, wie stabil ein Messsystem über den zeitlichen Verlauf ist, wenn das identische Merkmal am selben Prüfobjekt durch denselben Prüfer ermittelt wird. Dazu wird dasselbe Objekt mindestens fünfmal in festen Zeitabständen gemessen, und die Messwerte werden in einer Regelkarte eingetragen. Die Streuung der Messwerte muss konstant bleiben. Abnutzung und Verschleiß wirken dem entgegen.

Ergibt die Messsystemanalyse, dass die Messmittelfähigkeit nicht ausreicht, dann müssen folgende Schritte geprüft bzw. durchlaufen werden:

- *1. Schritt*: Ein genaueres Messsystem beschaffen mit Auflösung < 5 %.
- *2. Schritt*: Das Messsystem überprüfen bzw. verbessern. Dazu gehören die Messeinrichtung (Mess-, Spann-, Niederhaltekräfte, Definition Messstellen, Messablauf usw.), die Umgebungsbedingungen (Schwingungen, Temperaturschwankungen, Feuchtigkeit usw.), das Messverfahren/die Messstrategie (Messgeschwindigkeit, Messtechnik-, Statistiksoftware, Einstellverfahren usw.), der Prüfling (Sauberkeit, Oberflächenbeschaffenheit, Grate, Formfehler usw.) und der Bediener (Qualifikation, Sorgfalt, Sauberkeit, Wärmeübertragung usw.).
- *3. Schritt*: Den Prozess und die geforderten Toleranzen betrachten, z. B. Merkmal auf Funktionsabhängigkeit überprüfen und gegebenenfalls neues Merkmal definieren (z. B. Dichtheit anstelle von Rundheit).

- *4. Schritt*: Eine befristete Sonderregelung schaffen. Hierzu ist unter Umständen die Zustimmung des Kunden nötig.

5.4 Prüfplanerstellung

Im Qualitätsmanagement bezieht sich die Prüfplanung üblicherweise auf Qualitätsprüfungen (DIN 55350-11:2008, Absatz 3.12.1). Die *Prüfplanung* ist Bestandteil der Normforderungen ISO 9001 und VDA-Band 6.1. Ziel ist die Sicherstellung einer ordnungsgemäßen Qualitätsprüfung und der optimalen Integration in den Fertigungs- und Montageablauf. Die Prüfplanung sollte auch Kostenaspekte berücksichtigen.

Die Prüfplanung erstreckt sich sowohl auf die herzustellenden Erzeugnisse als auch auf die einzusetzenden Prüfmittel. Die VDI/VDE/DGQ-Richtlinie 2619 zur Prüfplanung beschreibt die Voraussetzungen und die Vorgehensweise zur Prüfplanerstellung.

Voraussetzung ist die Kenntnis über

- die Funktion und die Verwendung des Bauteils,
- den Fertigungsablauf und die Fertigungsunterlagen,
- die technischen Unterlagen und
- die Prüfmittel.

Für die wirtschaftliche Gestaltung der Prüfplanung sind Kenntnisse über Qualitätsberichte, Fähigkeitsuntersuchungen, Erfahrungen von ähnlichen Produkten sowie eine Klassifizierung der Merkmale wünschenswert.

Unter Beachtung von wirtschaftlichen Aspekten bestimmt die Prüfplanung die Prüfnotwendigkeit, den Prüfablauf, die Prüfhäufigkeit, die Prüfmethode, die Prüfmittel und die Prüfdatenverarbeitung.

Die VDI/VDE/DGQ-Richtlinie 2619 (1985, S. 7) empfiehlt, die W-Fragen abzuarbeiten, also zu fragen, was, wann, wie oft, wie viel, wie, wo, wer, womit geprüft wird (Bild 5.16).

Im Zuge der Digitalisierung der Fabrik (Industrie 4.0 und QM 4.0) ist für die Zukunft vorstellbar, dass sich der Prüfplan selbstständig an die aktuelle Qualitätslage der Produktion anpasst. Ergebnisse aus Reklamationen, Prozessfähigkeitsanalysen und FMEA als auch Produktions- und Qualitätsdaten wie die Maschinenstörungen, die Ausschussraten und die Prüfergebnisse aus dem Statistical Process Control fließen in Echtzeit in den Prüfplan ein. Die Prüfpläne reagieren dynamisch auf die aktuelle Lage mit verschärften oder reduzierten Prüfungen.

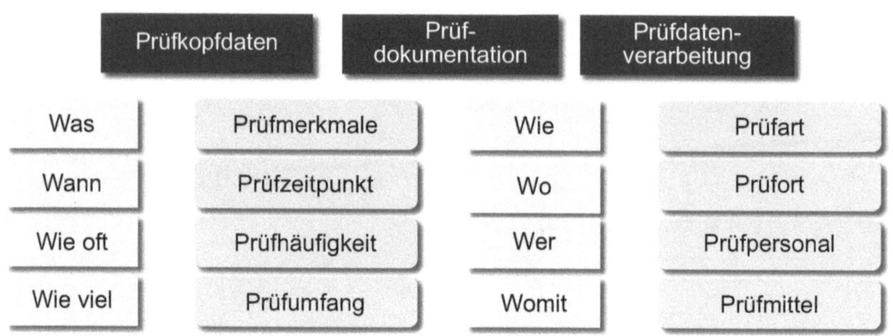

Bild 5.16 Ablauf der Prüfplanerstellung (in Anlehnung an Schmitt/Pfeifer 2015, S. 202)

5.5 Zusammenfassung

Jedes Werkstück weist Abweichungen in seiner Grobgestalt und seiner Feingestalt auf. Messmittel erfassen diese Abweichungen. Dazu werden Handmessmittel, Lehren, Normale, Messgeräte und Hilfsmittel benötigt. Das Messergebnis wird durch Faktoren wie Messmethode, Messmittel, Umwelt oder Bediener beeinflusst. Die dadurch entstehende Messunsicherheit wird in der Messsystemanalyse untersucht. Dazu gehören die Bestimmung der Auflösung, die Berechnung der Messmittelfähigkeitsindizes c_g und c_{gk}, die R&R-Studie zur Wiederhol- und Vergleichspräzision, weiterhin Untersuchungen zur Linearität und zur zeitlichen Stabilität eines Messsystems. Ausgehend von diesen Ergebnissen werden das geeignete Messmittel und die Messverfahren ausgewählt und im Prüfplan festgelegt. Weiterhin sind im Prüfplan aus den W-Fragen abgeleitet die weiteren Bedingungen aufgelistet.

5.6 Literatur

Dietrich, E.; Conrad, S. (2009): *Anwendung statistischer Qualitätsmethoden.* Carl Hanser Verlag, München

Dietrich, E.; Schulze, A. (2014): *Statistische Verfahren zur Maschinen- und Prozessqualifikation.* Carl Hanser Verlag, München

DIN ISO 14253-1:2018: *Geometrische Produktspezifikationen (GPS) – Prüfung von Werkstücken und Messgeräten durch Messen – Teil 1: Entscheidungsregeln für den Nachweis von Konformität oder Nichtkonformität mit Spezifikationen.* Beuth Verlag, Berlin

Linß, G. (2018): *Qualitätsmanagement für Ingenieure.* Carl Hanser Verlag, München

Prorok, S. (2022): *Statistische Unsicherheiten in der industriellen Produktion.* Springer Vieweg Verlag, Berlin

Schmitt, R.; Pfeifer, T. (2015): *Qualitätsmanagement. Strategien – Methoden – Techniken.* Carl Hanser Verlag, München

VDI/VDE/DGQ 2619:1985: *Richtlinie zur Prüfplanung.* Beuth Verlag, Berlin

Wälder, K.; Wälder, O. (2013): *Statistische Methoden der Qualitätssicherung.* Carl Hanser Verlag, München

Weckenmann, A. (2012): *Koordinatenmesstechnik. Flexible Strategien für funktions- und fertigungsgerechtes Prüfen.* Carl Hanser Verlag, München

6 Qualitätswerkzeuge

Wenn Nichtkonformitäten auftreten, verlangt die ISO 9001 das Überprüfen und Analysieren der Gründe. Die Ursachen der Nichtkonformität sind zu bestimmen und zu beseitigen, damit diese nicht erneut oder an anderer Stelle auftreten. Ein Fokus liegt auf der Durchführung von Maßnahmen zur Verhinderung menschlicher Fehler. Deshalb gehören Qualitätswerkzeuge in jeden Handwerkskoffer des proaktiven Qualitätsmanagers. Sie erleichtern die Fehlererfassung und -analyse. Gleichzeitig werden die Mitarbeiter in den kontinuierlichen Verbesserungsprozess eingebunden. Das Kapitel beschreibt die Anwendung und Kommunikation der sieben Qualitätswerkzeuge, des Prinzips des visuellen Managements, des 8D-Reports und des japanischen Poka-Yoke-Prinzips.

■ 6.1 Sieben Qualitätswerkzeuge

Die sieben Qualitätswerkzeuge (Bild 6.1) von Ishikawa werden auch als „Elementare Werkzeuge der Qualitätssicherung" bezeichnet. Jede Technik kann für sich alleine eingesetzt werden. Aber erst durch das Zusammenwirken erreichen die sieben Qualitätswerkzeuge - auch Q7 genannt - ihren vollen Nutzen und bieten, da sie aufeinander aufbauen, einen beachtlichen Mehrwert. Die Vorgehensweise erfolgt in mehreren Schritten.

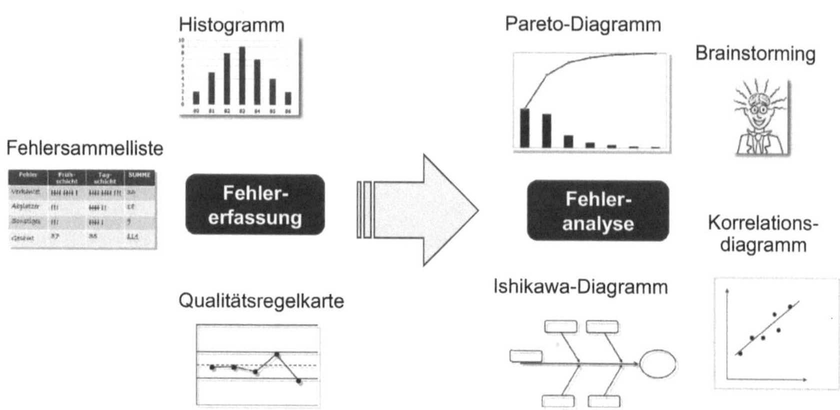

Bild 6.1 Die sieben Qualitätswerkzeuge

Die *Fehlersammelliste*, das *Histogramm* und die *Qualitätsregelkarte* werden hierbei für die Fehlererfassung und die grafische Darstellung eingesetzt. Alle Informationen mit Bezug zu den Fehlerarten, Fehlerhäufigkeiten und Fehlerorten werden gezählt und deren Vorkommen notiert.

Das *Korrelationsdiagramm*, das *Pareto-Diagramm*, das *Brainstorming* sowie das *Ishikawa-Diagramm* dienen der Fehleranalyse und der Lösungsfindung. Im Vordergrund stehen hierbei die Fehleridentifikation und deren Zerlegung in die Bestandteile, um Wechselwirkungen zu erkennen. Bei der Anwendung aller Q7-Werkzeuge erschließen sich die notwendigen Schritte für die Optimierung und Sicherstellung von hohen Qualitätsstandards.

6.1.1 Fehlersammelliste

Die Fehlersammelliste – auch Strichliste genannt – ist eine einfache und preiswerte Methode, um Daten zu zählen und zusammenzutragen. Die zu erwartenden Fehler bzw. Fehlerarten werden wie in Bild 6.2 gezeigt in einer Tabelle aufgelistet, und jedes eintretende Fehlerereignis wird durch einen Strich protokolliert.

Fehler	Früh-schicht	Tag-schicht	Nacht-schicht	Summe
Verkantet	卌 卌 I	卌 卌 III	卌 卌 II	36
Abplatzer	III	卌 II	卌 III	18
Kratzer	卌 卌 卌	卌 III	卌 II	30
Teil lose	卌	卌 I	卌 卌	21
Sonstiges	III	I	卌	9
Gesamt	37	35	42	114

Bild 6.2 Beispiel für eine Fehlersammelliste

Die Fehlersammelliste ist nur für eine begrenzte Anzahl von Ereignisarten geeignet, da der Anwender auf sehr umfangreichen Listen leicht den Überblick verliert und somit nicht mehr alle Ereignisse erfassen kann.

Zu beachten ist weiterhin, dass die Fehlerkategorien so festgelegt sind, dass sie klar voneinander abgegrenzt sind, um Ungenauigkeiten bei der Zuordnung auszuschließen. Der ausführende Mitarbeiter sollte die verschiedenen Fehler erkennen und auseinanderhalten können. Um zu verhindern, dass bei neuen Fehlerbildern der Benutzer eine gewaltsame und damit falsche Zuordnung macht, ist es sinnvoll, eine zusätzliche Zeile für unvorhergesehene, neue Fehler („Sonstiges") einzufügen. Hier sollten sich am Ende aber wenige Striche befinden. Würden sich unter Sonstiges 50 % aller Fehler befinden, wäre die Aussagekraft der Sammelliste begrenzt und ein Zeichen dafür, dass die Fehlerkategorien unvollständig sind.

Es ist ratsam, die Fehlersammelliste mit diesen Personen, die später die Liste benutzen, gemeinsam zu erstellen. Eventuell ist ein Probelauf notwendig, um zu erkennen, ob die vorgegebenen Fehlerkategorien eindeutig waren. Die gesammelten Daten werden im Anschluss mit einem Pareto-Diagramm ausgewertet.

6.1.2 Histogramm

Das Histogramm ist ein Säulendiagramm, das aus Messdaten resultiert und diese in Klassen zusammenfasst. Es gibt einen visuellen Eindruck über die Häufigkeitsverteilung großer Datenmengen (Bild 6.3).

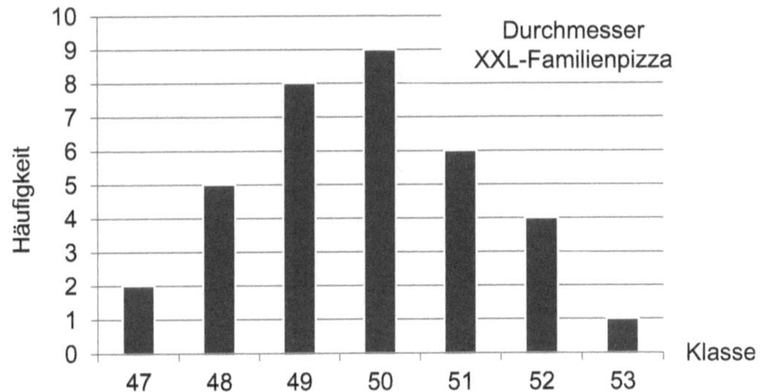

Bild 6.3 Beispiel für ein Histogramm

Für große Stichprobenwerte ist eine Häufigkeitstabelle mit Klassenteilung zu erstellen. Dazu wird die Spannweite R berechnet. Nun folgt die Festlegung der Anzahl der Klassen k. Als Faustregel nimmt man die gerundete Wurzel aus dem Stichprobenumfang n. Schließlich wird die Breite der Klasse H aus der Division von R durch k berechnet. Jetzt werden die Einzelwerte den Klassen zugeordnet und die Häufigkeiten ermittelt.

Jede Klasse erhält eine Säule, dessen Höhe der Häufigkeits- oder Prozentzahl entspricht. Ergibt sich eine normale glockenförmige Verteilung? Wenn der Prozess fähig ist, so ist das Histogramm im Zielwert zentriert und liegt innerhalb der Spezifikation.

6.1.3 Regelkarte

Die Qualitätsregelkarte ist eine Grafik, mit der die Qualität von Fertigungsprozessen über die Zeitachse beobachtet wird. Hierzu werden Stichproben aus dem laufenden Prozess gezogen, einzelne Qualitätsmerkmale gemessen und Mittelwerte und Streuung als Punkte im Diagramm aufgetragen.

Unregelmäßigkeiten im Prozess, die auf systematische Einflüsse zurückzuführen sind, zeigen sich durch unterschiedliche Verlaufsmuster.

Der Einsatz der Qualitätsregelkarte findet vor allem im Statistical Process Control (SPC) statt (siehe ausführliche Darstellung in Abschnitt 4.2).

6.1.4 Pareto-Diagramm

Das Pareto-Diagramm beruht auf dem Pareto-Prinzip, nach dem die meisten Auswirkungen eines Problems (80 %) häufig nur auf eine kleine Anzahl von Ursachen (20 %) zurückzuführen sind.

Es ist ein Säulendiagramm, in dem die einzelnen Werte der Größe nach geordnet wiedergegeben werden (Bild 6.4). Dabei befindet sich der größte Wert ganz links, der kleinste Wert ganz rechts im Diagramm. Hiermit werden die Problemursachen nach ihrer Bedeutung geordnet. Das Pareto-Diagramm hilft, sich auf die *Hauptprobleme* zu konzentrieren und sich nicht mit Details zu verzetteln. Damit können die Themen mit der größten Wirkung zuerst angegangen werden.

Eine Unterform des Pareto-Diagramms ist die *ABC-Analyse*. Sie unterstellt die 80-15-5-Verteilung und wird häufig bei der Produktumsatzanalyse eingesetzt. Mit 5 % der Produkte werden 80 % des Umsatzes erzielt, mit den nächsten 15 % der Produkte werden 15 % des Umsatzes erzielt, und die übrigen 80 % der Produkte repräsentieren lediglich 5 % des Umsatzes.

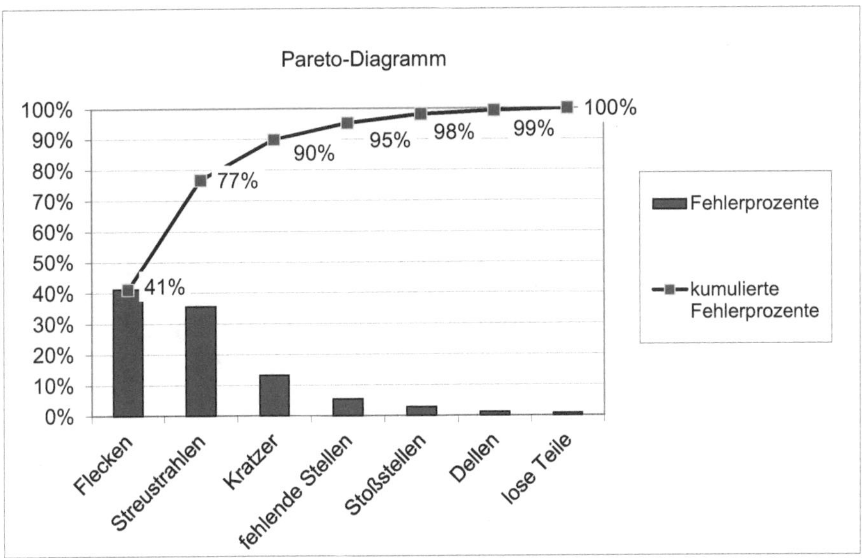

Bild 6.4 Beispiel für ein Pareto-Diagramm

6.1.5 Ishikawa-Diagramm

Das vom Japaner Ishikawa entwickelte gleichnamige Diagramm ist eines der sieben Qualitätswerkzeuge und wird auch als Ursache-Wirkungs-Diagramm oder Fischgrätendiagramm bezeichnet (engl. fishbone diagram). Es visualisiert Ursache-Wirkungs-Zusammenhänge und eignet sich deshalb zur Arbeit in Problemlösungsteams.

HINWEIS

Kaoru Ishikawa, *1915 in Tokio, †1989, war ein japanischer Chemiker, der zahlreiche Qualitätswerkzeuge entwickelte. 1943 erstellte er das erste Ursache-Wirkungs-Diagramm.

Alle Ursachen, die zu einem Problem führen, werden grafisch strukturiert dargestellt. Man hofft, durch die Zerlegung der Ursachen noch unerkannte Einflüsse zu finden und so zu einer möglichst umfassenden Sammlung der Ursachen zu kommen. Die Weiterbearbeitung kann z. B. in einer FMEA (siehe Kapitel 7) erfolgen. Ausgangspunkt ist das Problem, von dem man nach links eine Hauptgräte zieht (Bild 6.5). In diese Hauptgräte zielen die fünf M als Nebengräten. Die *fünf M* sind: *Mensch, Methode, Material, Maschine, Mitwelt.* Eine beliebige weitere Detaillierung der Nebengräten in noch feinere Gräten ist möglich.

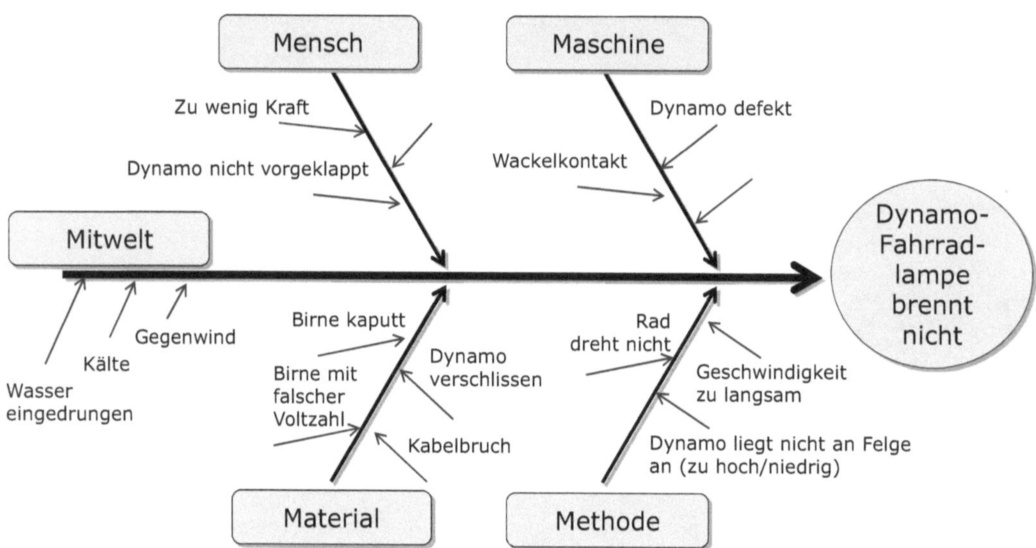

Bild 6.5 Beispiel für ein Ishikawa-Diagramm

6.1.6 Korrelationsdiagramm

Es gilt, die Hypothesen aus dem Ursache-Wirkungs-Diagramm zu belegen. Hierzu dient die Korrelationsanalyse.

Das Korrelationsdiagramm (Streudiagramm) stellt die Beziehung zwischen zwei veränderlichen Merkmalen grafisch dar, die paarweise an einem Untersuchungsobjekt vorgenommen werden. Die Wertepaare werden in einem Diagramm als Punkte dargestellt, aus deren Form man Rückschlüsse auf die Beziehung der Merkmale ziehen kann. Die vier Korrelationsmuster sind in Bild 6.6 dargestellt.

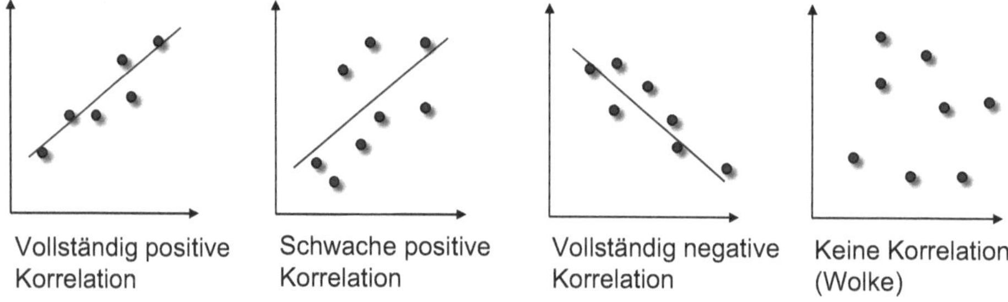

Bild 6.6 Beispiele für Korrelationsdiagramme

Je größer die *Dichte*, d. h. viele Punkte nähern sich der Geraden, desto eindeutiger ist die Beziehung zwischen den Variablen. Bei einem schwachen Zusammenhang gibt es noch weitere Merkmale, die auf den Zusammenhang Einfluss nehmen. Zur näheren Betrachtung und Überprüfung der Korrelationsvermutung kann rechnerisch dazu eine Regressionsgerade erstellt werden. Die Steigung dieser Gerade ist der Korrelationskoeffizient r.

6.1.7 Brainstorming

Kreativität ist eine wichtige Voraussetzung für die Weiterentwicklung und Erneuerung von Systemen, so auch vom Qualitätsmanagementsystem. Kreativität ist nicht direkt, sondern immer nur indirekt beeinflussbar. In der Praxis bedeutet dies, dass Menschen nicht „auf Befehl" kreativ sein können, sondern Kreativität kann durch die Schaffung geeigneter Randbedingungen gefördert werden.

Die einfachste Kreativitätstechnik ist das Brainstorming. Ziel der Technik ist es, möglichst viele spontane Ideen zu sammeln. Es ist eine Gruppenaktivität, die Barrieren abbauen und kreatives Arbeiten fördern soll. Das Gehirn soll intensiv nach Ideen durchforscht werden.

Zu Beginn der Brainstorming-Sitzung wird das Problem deutlich lesbar aufgeschrieben (Tafel, Flipchart). Alle Gruppenmitglieder rufen nun ihre Ideen dem Protokollführer zu, der diese ohne Kommentar notiert. Dies ist wichtig! Eine Kommentierung würde sofort den Ideenfluss bremsen, denn jeder Teilnehmer überlegt sich jetzt dreimal, ob und was er sagt. Die Bewertung erfolgt deshalb erst später.

MERKE

Regeln für das Brainstorming:

- Kritisieren ist in der Phase der Ideenfindung verboten.
- Die Menge der Ideen ist wichtiger als die Qualität.
- Ungezügelte Fantasie ist erwünscht („Spinnen ist erlaubt").
- Alle Ideen werden notiert, auch jene, die voraussichtlich nicht verwertbar sind.
- Aus den genannten Ideen sollen neue entstehen – daher sind Anregungen und Weiterentwicklungen erwünscht.

Die Vorteile des Brainstormings sind: einfach zu handhaben, geringe Kosten und Nutzung von Synergieeffekten. Die Nachteile sind: sehr abhängig von Teilnehmern, Gefahr der Abschweifung, aufwendige nachträgliche Selektion geeigneter Ideen. Die Methode des Brainstormings empfiehlt sich als Einstieg in ein Thema, um das Feld der Lösungsansätze abzustecken. Es gibt eine Vielzahl von weiteren Kreativitätsmethoden. Das Mindmapping gehört wie das Brainstorming zu den Techniken der freien Assoziation. Eine Technik der strukturierten Assoziation ist die Methode der sechs Denkhüte nach de Bono. Nähere Ausführungen zu der insbesondere in den USA populären Methode finden sich in Abschnitt 12.5. Häufig anzutreffen ist die morphologische Matrix als Vertreter der Kombinationstechnik. Eine andere Gruppe sind die Imaginationstechniken, bei denen versucht wird, sich gedanklich in die Problemsituation hineinzuversetzen. „Try to become the problem" heißt eine Methode, die mit imaginären Bildern arbeitet. Oftmals führt je nach Gruppenzusammensetzung und nach Projektfortschritt eine Kombination von Kreativitätsmethoden zum Ziel.

6.2 Visuelles Management

6.2.1 Visualisierung

„Ein Bild sagt mehr als tausend Worte." Untersuchungen haben gezeigt, dass gehörte Informationen nur zu 20 % behalten werden. Wird die gleiche Information aber gehört und gesehen, dann steigt die Behaltensquote schon auf 50 % (Bild 6.7). Der Mensch ist ein visueller Typ. Visualisierung heißt, etwas bildhaft darstellen, etwa durch Grafiken, Bilder, Symbole oder das geschriebene Wort. Zusätzlich kann durch Farben etwas hervorgehoben oder unterlegt werden. Bilder können aber auch neugierig machen. Eine gute Methode im Qualitätsmanagement zeichnet sich immer durch einen hohen Anteil an Visualisierung aus.

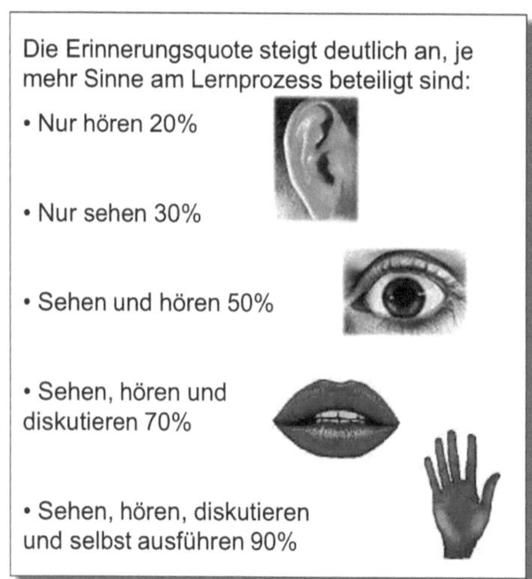

Bild 6.7
Visualisierung steigert die Erinnerungsquote

Das Ziel der Visualisierung ist:

- die Aufmerksamkeit des Empfängers zu konzentrieren und ihn einzubeziehen,
- Orientierungshilfen zu geben,
- Wesentliches zu verdeutlichen,
- Informationen erfassbar zu machen,
- das Behalten zu fördern,
- zur Stellungnahme zu ermuntern.

Visuelles Management ist eine Methode zur übersichtlichen und verständlichen Darstellung von Informationen. Es ist eines der Basiswerkzeuge, um Qualität und Produktivität zu sichern und zu verbessern. Das Besondere des visuellen Managements ist die direkte Darstellung der Informationen im Arbeitsbereich z. B. durch eine Gruppenarbeitsecke, eine Informationsecke oder durch Stellwände. Die Ziele sind:

- Übersicht über aktuelle Geschehnisse,
- Übersicht über Ziele und Erfüllungsgrad,
- Probleme oder Qualitätsabweichungen aufzeigen,
- Projekte und ihre Umsetzung darstellen,
- auf Produktionsveränderungen hinweisen.

Mehrere Bereiche können unterschieden werden:

- *Die Informationsvermittlung für Mitarbeiter*: Mitarbeitern sollen allgemeine betriebliche Informationen vermittelt werden, womit das „Mitdenken" der Mitarbeiter gefördert wird, z. B. über Neuigkeiten auf Schwarzen Brettern, Werbung für die Qualitätsvision des Unternehmens, Ergebnisse einer Mitarbeiterbefragung, Darstellung von Abteilungen, Gruppen, Schichten oder die Visualisierung des betrieblichen Vorschlagswesens.
- *Die Kommunikation von Kennzahlen*: Hier bieten sich Soll-Ist-Vergleiche an, beispielsweise von den Produktionszahlen, der Ausschussrate oder der Anzahl der Verbesserungsvorschläge.
- *Die Kommunikation von Vorgehensweisen*: explizite Wissensdokumentation der arbeitsrelevanten Informationen. Zum Beispiel lassen sich ein bebilderter Montageablauf oder Verbesserungsprojekte wie ein Schnellrüst-Workshop darstellen.
- *Die visuelle Gestaltung von Arbeitsstandards und das Erkennen von Unregelmäßigkeiten (*Bild 6.8*)*: Schaffung einer Übersichtlichkeit, die jede Form der Abweichung vom Soll-Zustand erkennen lässt. Dies setzt voraus, dass Soll-Zustände festgelegt werden. Dies kann mittels Fotos geschehen, durch die Beschriftung von Arbeitsplätzen und Bodenmarkierungen, Quelle und Senke von Behältern,

Schaumstoffeinlagen bei Werkzeugwägen oder das Warnsignal einer Andon-Lampe.

Bild 6.8 Visualisierungen durch Anbringen von Skalen

6.2.2 Visualisierungstafel

Visualisierung muss gelebt werden. Je umfangreicher die Visualisierungstechniken in die Fertigungs- und Montagebereiche hineingebracht werden, desto größer der Effekt. Die Visualisierung auf Tafeln im direkten Umfeld des Mitarbeiters hat in den letzten Jahren eine weite Verbreitung erfahren.

Die Visualisierungstafel (Bild 6.9) sollte sich im direkten Umfeld der Arbeitsgruppe befinden und von der Gruppe selbst gepflegt werden. Dies erhöht den Identifizierungsgrad. Die Informationen auf der Tafel sollten sich immer auf dem neuesten Stand befinden. Für Produktionskennzahlen sollte ein Update einmal pro Schicht oder alle zwei Stunden erfolgen. Aktuelle Daten werden laufend mit einem Stift an die Wand geschrieben.

Visualisiert werden sowohl Ergebnis- als auch Befähigerkriterien, die Organisation der Gruppe bzw. die Beschreibung des gemeinsamen Arbeitsbereichs. Visualisierungsinhalte können sowohl quantitative Soll-Ist-Größen (Durchsatz, Auslastung, Ausbeute, Nacharbeit, Bestand, Durchlaufzeit, Termintreue) als auch qualitative Größen (Qualifikation, KVP-Aktivitäten, Kundenzufriedenheit) sein.

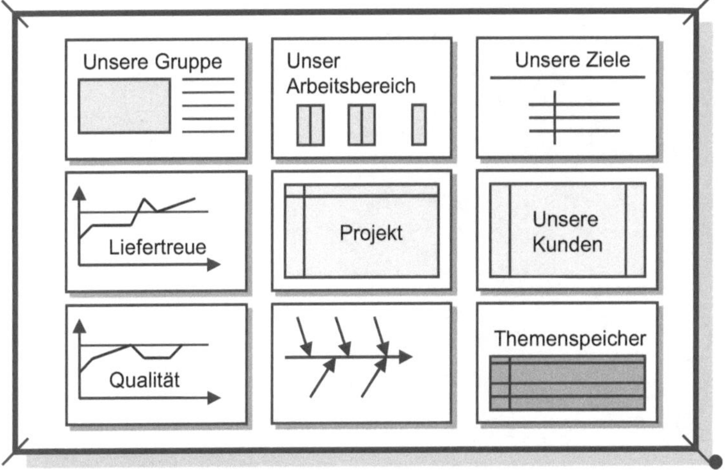

Bild 6.9 Die Visualisierungstafel

Go and see (Gemba): Schichtübergaben, Meister- und Teambesprechungen finden vor den Tafeln statt. Je häufiger die Informationen genutzt werden, umso intensiver wird die Visualisierungstafel gelebt. Deshalb sollten Workshops, die den direkten Arbeitsplatz betreffen, nicht in abgeschlossenen Besprechungsräumen im Bürotrakt stattfinden, sondern direkt am Ort des Geschehens, also in der Linie (Bild 6.10). Diese Vorgehensweise hat eine Reihe von Vorteilen. Die Führungskraft bekommt Informationen aus erster Hand. Entscheidungen sind verbindlicher und auf die Situation und den Ort bezogen. Die Visualisierung lenkt den Gesprächs- und Lösungsprozess. Die Mitarbeiter sind am kontinuierlichen Verbesserungsprozess beteiligt bzw. treiben diesen. Aktuelle Qualitätsthemen können direkt an Bauteilen aus der Produktion verdeutlicht werden. Hierzu lässt sich ein Qualitätstisch einführen, an dem die Teile ausgestellt sind und mit den Verantwortlichen aus verschiedenen Abteilungen besprochen werden.

Im Zuge der papierlosen Fertigung und den Möglichkeiten der Digitalisierung kommen elektronische Visualisierungstafeln (auch digitales Shopfloor Board genannt) zum Einsatz. Dies sind überdimensionale Monitore, die über Touch oder Tablett bedient werden und um die sich die Gesprächsrunde versammelt. Grafiken, Statistiken und Auswertungen werden nacheinander aufgerufen. Bei Bedarf können detaillierte und aktuelle Informationen aus Datenbanken abgerufen werden. Je nach Erfassungssystem ist auch eine Live-Datenanzeige möglich. Als nachteilig hat sich eine gewisse Gläubigkeit an elektronischen Daten gezeigt. Praktiker warnen, dass die Beschäftigung und Plausibilisierung der Informationen bei der eigenhändigen Erstellung der Auswertungen für die klassische Visualisierungstafel verloren geht.

Bild 6.10
Go and see

6.2.3 Andon

Andon ist der Name für Warnsignale, die wichtige Informationen anzeigen und damit die Notwendigkeit für sofortige Aktionen signalisieren. So kann z. B. angezeigt werden, dass ein Prozess bereits gestoppt hat, bald stoppen wird oder Hilfe benötigt. Dieses kann mithilfe einer Sirene, eines Lichtsignals oder einer Warnflagge geschehen.

Das Signal visualisiert den aktuellen Status einer Fertigungsmaschine oder Fertigungslinie. Der Status wird durch verschiedene Farben dargestellt. Die Signale werden vom Prozess selbst oder von den Mitarbeitern ausgelöst. Durch Andon können Problemstellen schnell entdeckt und Gegenmaßnahmen eingeleitet werden.

An den Montagebändern der Automobilhersteller hat jeder Arbeitsplatz (Takt) eine Nummer und eine Reißleine, die der Werker bei Hilfe oder Klärungsbedarf zieht. Bei schwerwiegenden Problemen kann er sogar einen Bandstopp auslösen. Die elektronische Andon-Tafel zeigt Grün an für okay, Gelb für Hilfe bei laufendem Band und Rot für Bandstopp. Akustische Signale unterstützen mittels verschiedener Melodien, unterschiedliche Fehler bzw. Probleme zu unterscheiden. Zusätzlich zeigt die Tafel die Ist- und Soll-Anzahl der montierten Produkte ab Schichtbeginn an (Bild 6.11).

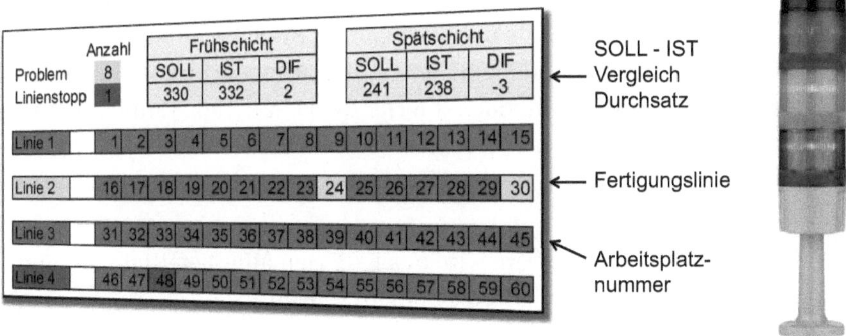

Bild 6.11 Die Andon-Tafel

■ 6.3 8D-Methode

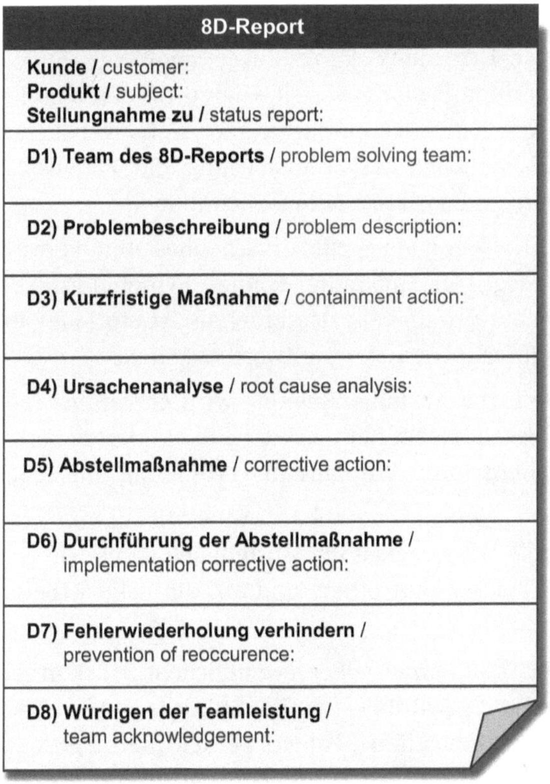

8D-Report

Kunde / customer:
Produkt / subject:
Stellungnahme zu / status report:

D1) Team des 8D-Reports / problem solving team:

D2) Problembeschreibung / problem description:

D3) Kurzfristige Maßnahme / containment action:

D4) Ursachenanalyse / root cause analysis:

D5) Abstellmaßnahme / corrective action:

D6) Durchführung der Abstellmaßnahme /
implementation corrective action:

D7) Fehlerwiederholung verhindern /
prevention of reoccurence:

D8) Würdigen der Teamleistung /
team acknowledgement:

Bild 6.12
Formular für den 8D-Report

Die 8D-Methode (achtmal Do oder acht Disziplinen) wurde in der Automobilindustrie entwickelt und wird mittlerweile auch in anderen Branchen eingesetzt, insbesondere bei der Bearbeitung von Reklamationen. Dies können Kundenreklamationen, Lieferantenreklamationen und auch interne Reklamationen sein. Es wird im Team gearbeitet, um komplexe Fehler systematisch zu analysieren und deren Ursachen zu finden und abzustellen. Wie der Name schon sagt, besteht das Vorgehen aus acht Schritten (Bild 6.12):

- Team zusammenstellen: Das Team wird aus Experten aller beteiligten Funktionen gebildet und ist somit ein interdisziplinäres Team.
- Problem beschreiben: Das Problem wird erfasst und abgegrenzt. Dazu dienen die Fehlerbeschreibung des Kunden und die Produktionsdaten, für die sich die Visualisierung in Form von Regelkarten, Fehlersammelliste und Histogramm anbietet.
- Kurzfristige Maßnahme: Sofortmaßnahmen zur Schadensbegrenzung und zur Sicherstellung der Lieferfähigkeit werden festgelegt, beispielsweise wird die betroffene Ware gesperrt, zusätzliche Kontrollen werden eingeführt sowie interne und externe Kunden informiert.
- Ergebnisse der Ursachenanalyse: Ursache-Wirkungs-Zusammenhänge werden aufgestellt und die Ursachen für den Fehler ermittelt. Hierzu werden Maschinendaten, Rohmaterial und Konstruktionsunterlagen analysiert. Neben der FMEA bieten sich aus den Q7-Methoden das Brainstorming, das Pareto-Diagramm, das Ishikawa-Diagramm und das Korrelationsdiagramm an.
- Abstellmaßnahme festlegen: Die Maßnahme zur Ursachenbeseitigung wird entwickelt, erprobt und festgelegt. Als Hilfsmittel können Erprobungspläne und Prozessfähigkeitsuntersuchungen dienen. Das Ergebnis ist ein Maßnahmenplan mit Zieltermin, Ressourcenplan und Verantwortlichkeiten.
- Abstellmaßnahme durchführen: Die Abstellmaßnahme wird eingeführt und ersetzt damit die Kurzfristmaßnahme. Hierzu wird der Projektplan benötigt und womöglich geänderte Arbeits- und Prüfpläne in Verbindung mit Schulungen.
- Wiederauftreten verhindern: Die Wirksamkeit der Abstellmaßnahme wird im Sinne des Plan-Do-Check-Act-Zyklus kontrolliert und auf ähnliche Arbeitsbereiche und Produkte ausgeweitet.
- Teamleistung würdigen: Da das Team unter außergewöhnlichem Druck arbeiten musste, wird die Teamleistung gewürdigt. Die Erkenntnisse werden dem firmenweiten Wissensmanagement zugeführt. Hierzu werden Konstruktionsrichtlinien, Audit-Checklisten und die FMEA-Datenbank angepasst. Der 8D-Report ist abgeschlossen.

Im Ergebnis steht die systematische Reklamationsbearbeitung, die häufig Schritt für Schritt sofort an den Reklamierenden kommuniziert wird. Einige Kunden erwarten bzw. lassen sich vertraglich zusichern, dass auf Anforderung ein 8D-Report erstellt wird und innerhalb von 24 Stunden die Schritte eins bis drei ausgefüllt werden. Der Kunde kann dann erkennen, ob der Lieferant das Thema ernst nimmt und tatsächlich ein Team eingesetzt wurde, aus welchen Abteilungen die Mitglieder kommen, ob das Problem auch richtig verstanden wurde und insbesondere, ob eine Sofortmaßnahme, eine sogenannte Containment Action, ergriffen wurde, beispielsweise eine 100-%-Kontrolle, um die Lieferkette aufrechtzuerhalten. In den darauffolgenden Tagen wird die Ursache ermittelt und die endgültige Abstellmaßnahme eingeführt, die die Sofortmaßnahme ablöst. Weiterhin wird geprüft, ob ein Wiederauftreten in gleicher oder ähnlicher Form möglich ist.

In einem sorgfältig durchgeführten 8D-Report steckt sehr viel Wissen. Fortschrittliche Firmen nutzen deshalb die Informationen daraus, um intensiv zu lernen und sich zu verbessern, indem sie die Erkenntnisse dem Wissensmanagement zuführen und sogenannte Lessons-Learned-Veranstaltungen durchführen. Die Wiederholung des Fehlers soll auch an anderen Produktionsstandorten vermieden werden. Weiterführende Informationen zur 8D-Methode finden sich beispielsweise bei Jung, Schweißer und Wappis (2020).

6.4 Poka Yoke

Der japanische Ausdruck Poka Yoke, deutsch „unglückliche Fehler vermeiden", bezeichnet ein aus mehreren Elementen bestehendes Prinzip, welches technische Vorkehrungen bzw. Einrichtungen zur sofortigen Aufdeckung und -verhinderung von menschlichen Fehlern umfasst (Schlüssel-Schloss-Prinzip).

HINWEIS

Als Erfinder von Poka Yoke gilt Shingō Shigeo (* 1909 in Saga, † 1990 in Tokio). Er war Ingenieur und wird als einer der japanischen „Qualitätspäpste" bezeichnet. Die Ausgangsbasis für Poka Yoke ist die Erkenntnis: „Die zufällige Fehlhandlung des Menschen ist eine menschliche Eigenschaft, die sich auch nicht durch größere Sorgfalt vermeiden lässt." Die japanische Fehlerkultur ist von der Angst des Gesichtsverlusts bestimmt. Durch Poka-Yoke-Maßnahmen wird die Fehlerfolge verhindert, was die Bloßstellung des Personals vermeidet.

Die Ursachen für unbeabsichtigte Fehlhandlungen des Mitarbeiters können sein: Unkonzentriertheit, Ermüdung, Unterzuckerung vor der Mittagspause, Zeitdruck, Ablenkung (durch Lärm, Klima, Ereignis), fehlende Standards, unbekannte Regeln, nicht ausreichender Übungsgrad, eingeschränkte Erkennung, mangelhafte Visualisierung oder besondere visuelle Anforderungen, Missverständnisse (fehlendes Hintergrundwissen, Sprachkenntnisse, Verständlichkeit), Vergesslichkeit.

Es gibt also viele Gründe, warum ein Mitarbeiter, der schon 100-mal etwas fehlerfrei ausgeführt hat, beim 101. Mal einen Fehler begeht. Es kann auch sein, dass ein Springer, Kollege, Leiharbeiter oder eine Urlaubsvertretung trotz Unterweisung aufgrund mangelnder Erfahrung einen Fehler macht. In vielen 8D-Reports findet man als Abstellmaßnahme genannt: zusätzliches Training. Aus Sicht der Poka-Yoke-Erkenntnis ist dies keine nachhaltige Lösung. Denn solange Menschen beteiligt sind, wird früher oder später der Fehler wieder passieren.

Die häufigsten menschlichen Fehler in der Fertigung sind: Arbeitsgänge auslassen, Bearbeitungs- und Montagefehler, Fehler beim Einlegen von Werkstücken, Montageteile auslassen, falsche Teile verbauen, Fehlbedienungen aller Art und Einstell- und Einrichtefehler. Durch Poka Yoke gilt es, diesen menschlichen Fehlern vorzubeugen. Es wird dafür gesorgt, dass Fehlhandlungen im Fertigungsprozess nicht zu Fehlern am Endprodukt führen. Dabei zielt Poka Yoke auf den Einsatz von meist technischen Hilfsmitteln zur Verhinderung von menschlichen Fehlern.

Im Alltag bewahren den Anwender bereits an vielen Stellen Poka-Yoke-Lösungen vor Fehlhandlungen und erleichtern uns das Leben, wie die Beispiele in Bild 6.13 zeigen. Die SIM-Karte lässt sich nur in einer bestimmten Position in das Smartphone einlegen. Der Überlauf am Waschbecken schützt das Badezimmer vor Überschwemmung. Die Getriebeautomatik lässt sich nur bei geschlossenen Autotüren in die Drive-Position bewegen, und ein Piepton fordert den Fahrer zum Anlegen des Sicherheitsgurts auf. Diese Poka-Yoke-Lösungen basieren auf unterschiedlichen Mechanismen.

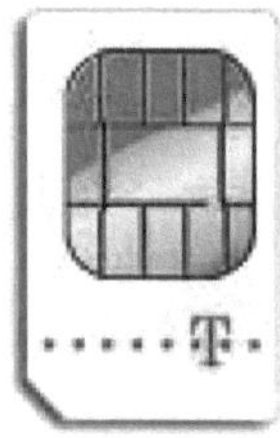

Bild 6.13 Beispiele für Poka-Yoke-Lösungen im Alltag

Bei der *Kontaktmethode* verhindern Abweichungen in der Geometrie eine Ausführung der Fehlhandlung. Beispielsweise ist die seitenverkehrte Montage einer Platte möglich, da die Befestigungslöcher symmetrisch sind. Als Poka-Yoke-Lösung werden die Befestigungslöcher asymmetrisch positioniert.

BEISPIEL

In einer Fabrik werden zur Produktionsversorgung Tabletts (sogenannte Blister) als Ladehilfsmittel eingesetzt, in denen die Bauteile stecken. Ein Paket von zwei mal zehn gestapelten Tabletts wird einem Roboter zugeführt (Bild 6.14). Der Deckel des ersten Stapels mit zehn Tabletts muss manuell abgenommen werden, was oftmals übersehen wird. Der Entnahmevorgang der Bauteile geschieht über einen Roboter. Anstelle der erwarteten Teile stößt der Greifer bei Tablett Nummer 11 auf den Deckel und wird beschädigt. Poka-Yoke-Lösung: Anbringung einer quer verlaufenden Schiene als Höhenbegrenzung am Durchziehspeicher, sodass nur Wagen mit der korrekten Höhe durchpassen. Wenn der Wagen beim Einschieben an die Höhenbegrenzung stößt, fällt auf, dass der zweite Deckel nicht entfernt wurde.

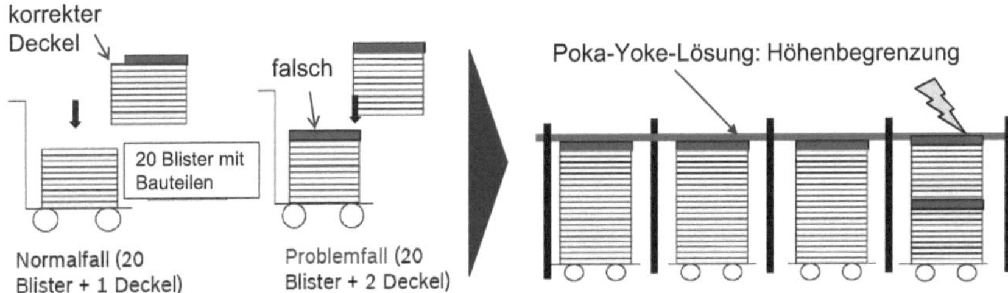

Bild 6.14 Beispiel für eine Poka-Yoke-Lösung nach der Kontaktmethode

Bei der *Fixwertmethode* werden Abweichungen im Verlauf des Fertigungsprozesses erkannt, indem das Erreichen einer bestimmten Anzahl automatisch überprüft wird.

Zum Beispiel wissen die Elektroschrauber über ihre internetfähigen, drahtlos mit dem übergeordneten Produktionsleitsystem vernetzten Steuerungen nicht nur, wie viele Verschraubungen mit welchen Schraubparametern beim jeweiligen Fahrzeug an jedem Montageplatz anstehen. Sie führen die Werker auch durch jede einzelne Montagefolge und überwachen, ob sie alle Verschraubungen richtig und vollständig abgearbeitet haben (Zykluskontrolle). Nur dann wird das Fahrzeug für den nächsten Montageschritt freigegeben. Bild 6.15 zeigt einen Werker in der Fahrzeugendmontage. Er wird durch Ergebnisrückmeldung mittels LEDs und akustischer Signale geführt. Alle Schraubergebnisse werden für eine umfassende Dokumentation gespeichert. Durch Position-Recognition-Systeme kann auch die exakte Position des Werkzeugs verfolgt werden, indem die Verfahrwege des Werkzeugs gemessen werden.

Bild 6.15
Prozesskontrolle durch vernetzten Elektroschrauber (Bildquelle: Atlas Copco Tools)

In den nächsten Jahren wird eine neue Generation von Fehlervermeidungsmechanismen in die Industrie Einzug halten, welche auf der Augmented Reality (erweiterte Realität) Technik basieren. Dabei werden in die Bilder der realen Welt computergenerierte Zusatzinformationen eingespielt. Beispielsweise trägt der Werker eine Datenbrille, durch die er auf seinen Arbeitsplatz schaut. Die Abfolge der Arbeitsschritte und die genaue Positionierung der Bauteile oder Messmittel werden über die Datenbrille in das Sichtfeld projiziert. Gleichzeitig prüft das System visuell die Ausführung auf richtige Positionierung und Vollständigkeit. „Augmented Reality ermöglicht somit die Ausdehnung des Poka-Yoke-Prinzips von Serienprozessen auf die Fertigung von Kleinserien und Prototypen“ (Sondermann 2019, S. 98). Anwendungsgebiete sind komplexe Tätigkeiten in Logistik, Montage, Wartung und Qualitätsprüfung. In Bild 6.16 trägt der Maschinenbediener die Microsoft HoloLens. Er sieht durch die Brille die Werkzeugmaschine. Zugleich werden ihm in sein Sichtfeld an der richtigen Stelle Schrauben und Drehmomentschlüssel als Hologramme eingeblendet, die ihm helfen, seine Tätigkeiten korrekt auszuführen. Ein Hologramm ist eine dreidimensionale Aufnahme eines Gegenstands. Genauso wie beim realen Gegenstand verändert sich bei einem Hologramm das wahrgenommene Bild, wenn man den Blickwinkel ändert.

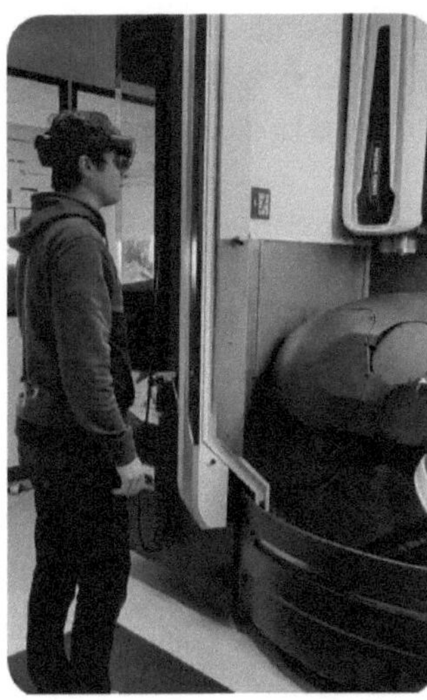
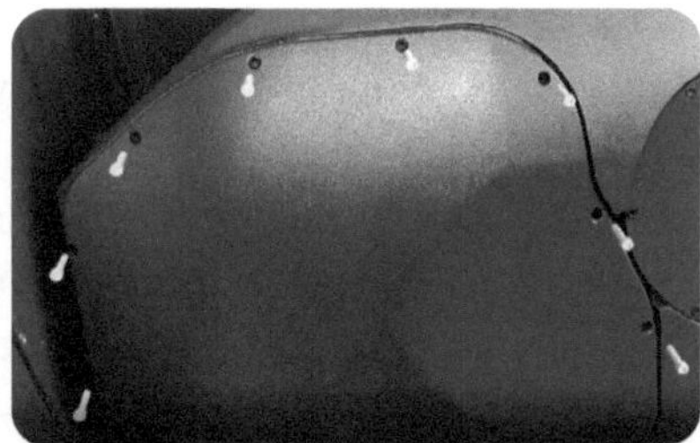

Bild 6.16 In der Augmented Reality überlagern Hologramme die Realität

Ein weiteres Prinzip ist die *Schrittfolgemethode.* Mit einfachen Mittel wird überprüft, ob ein Arbeitsschritt zu Ende ausgeführt wurde, bevor der nächste beginnen kann.

BEISPIEL

Ausgangssituation: Beim Bohren von Löchern kommt es vor, dass das Loch nicht vollständig durchgebohrt wurde. Dadurch sind die Weitergabe und Weiterbearbeitung von fehlerhaften Teilen möglich. Die Poka-Yoke-Lösung ist in Bild 6.17 gezeigt: Es wurde ein Federzug mit Sensor eingebaut, welcher überprüft, ob das Loch durchgebohrt ist. Wenn nicht, dann gibt der Sensor kein Signal an die nachfolgende Bearbeitungsmaschine, die nicht startet. Somit können nur korrekt bearbeitete Teile weitergegeben werden.

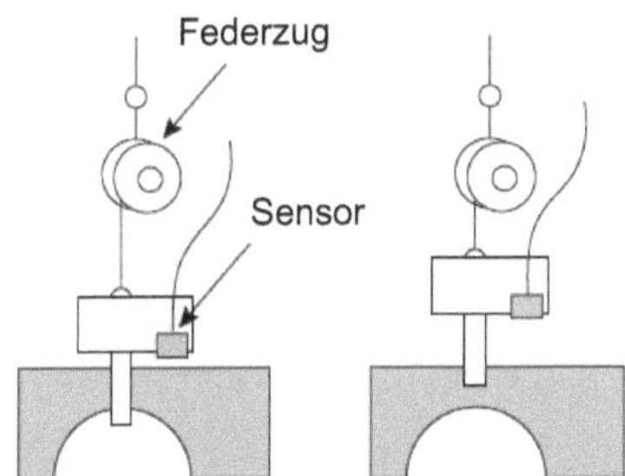

Bild 6.17
Beispiel Schrittfolgemethode

Die *Eingriffsmethode* erlaubt es dem Werker, bei Produktions- und Qualitätsstörungen mittels Andon-Reißleine Hilfe anzufordern bzw. die laufende Produktion zu unterbrechen und darüber umgehend optisch zu informieren. Ergänzend können auch noch akustische Signale eingesetzt werden, um die Aufmerksamkeit der Belegschaft zu erhöhen. Sinn und Zweck dieses Systems ist es, eine schnelle und einfache Kommunikation der Mitarbeiter in der Fertigung zu gewährleisten, mit dem Ziel, bei auftretenden Problemen die Unterstützung zur Beseitigung des Problems schnell und zielgerichtet an den Ort des Problems zu führen. Der Ablauf sieht dann wie folgt aus: Der Werker an der Linie bemerkt ein Montageproblem; er zieht die Reißleine; auf der Andon-Tafel (vgl. Bild 6.11) erscheint an dem entsprechenden Arbeitsplatz ein gelbes Signal, welches zusätzlich durch ein akustisches Signal unterstützt wird; der Vorarbeiter eilt herbei und unterstützt die Problemlösung; gelingt dies, wird Entwarnung gegeben, ansonsten stoppt das Band beim Taktende, und das Signal wechselt auf Rot.

Die *Alarm- oder Warnmethode* gibt dem Werker bei einer Fehlhandlung ein optisches und/oder akustisches Warnsignal. Zum Beispiel leuchtet eine rote Warnlampe, wenn bei laufendem Betrieb eine Maschinentür geöffnet wird oder ein Filter nach einer Zeitüberschreitung nicht gewechselt wurde. Bei der Kommissionierung besteht die Gefahr, dass aus Unachtsamkeit ein falsches Teil entnommen wird. Über ein Pick-to-Light-System wird dem Kommissionierer das richtige Fach angezeigt. Greift er in ein falsches Fach, wird eine Lichtschranke ausgelöst, und ein Signalton ertönt.

Ein weiteres wichtiges Element ist die *Gruppenarbeit* in Form des *Qualitätszirkels*. Im Qualitätszirkel treffen sich im festen Abstand erfahrene Mitarbeiter, um Arbeitsabläufe zu analysieren und Poka-Yoke-Systeme zu verbessern.

Der Verband der Automobilindustrie (VDA 4.3, S. 82 f.) unterscheidet zwischen harten und weichen Poka-Yoke-Maßnahmen. Harte Maßnahmen lassen die Arbeitsausführung nur in einer bestimmten Weise zu, wie die Kontaktmethode oder die Fixwertmethode. Eine Fehlhandlung ist also ausgeschlossen. Beim weichen Poka-Yoke gibt es eine Warnmeldung wie einen Alarmton oder eine Warnlampe, die der Mitarbeiter versehentlich übersehen könnte, die er aber auch aus Gründen der Flexibilität ignorieren möchte.

6.5 Six Sigma

Mitte der 1980er-Jahre wurde Six Sigma entwickelt. Die Methode erlangte größte Popularität durch die Erfolge des US-amerikanischen Konzerns General Electric unter der Managerlegende Jack Welch. Six Sigma ist eine systematische und strukturierte Methode zur Verbesserung von Produktionsprozessen, Geschäftsabläufen und Produkten. Ziel ist es, die Qualität zu verbessern, um die Kundenzufriedenheit und den Unternehmenserfolg zu steigern. Dies gelingt durch den Einsatz von statistischen Tools zur Prozessverbesserung, durch zahlen- und faktenbasierte Entscheidungen und durch die konsequente Unterstützung der Unternehmensführung. Die Leitprinzipien von Six Sigma sind:

- *Orientierung am Kunden*: Die Kundensicht ist Basis aller Qualitätsbetrachtungen. Dies setzt voraus, dass die Kundenanforderungen bekannt sind. Die internen und externen Prozesse werden dann am Kundennutzen ausgerichtet.
- *Betrachtung des gesamten Prozesses*: Die vollständige Prozesskette mit allen Material- und Informationsflüssen, mit allen Schnittstellen und inklusive der Serviceprozesse wird betrachtet.
- *Wandel der Unternehmenskultur*: Six Sigma muss in der Unternehmensstrategie verankert sein und von den Führungskräften aktiv und konsequent unterstützt werden.
- *Messbarkeit*: Nur was gemessen werden kann, kann verbessert werden. Es werden Messgrößen ermittelt, an denen später der Erfolg nachgewiesen wird. Verwendete Daten und Zahlen müssen reproduzierbar sein. Alle Entscheidungen basieren auf Zahlen und Fakten.
- *Methodisches Vorgehen*: Einsatz von erprobten Qualitätswerkzeugen insbesondere von statistischen Tools zur Prozessverbesserung in allen Phasen.

Der Name Six Sigma ist aus der Statistik abgeleitet. Der griechische Buchstabe Sigma σ ist das Maß für die Streuung um den Mittelwert. Six Sigma bedeutet, dass die Streuung der normalverteilten IST-Werte jeweils $6 \times \sigma$ links als auch rechts vom Mittelwert innerhalb der Spezifikationsgrenzen eines Prozesses passen (vgl. VDA 4 2020, S. 13). Aus Erfahrung ist bekannt, dass sich der Mittelwert von technischen Prozessen über die Zeit um 1,5 σ verschiebt. Daraus ergibt sich, dass bei 1 000 000 Teilen 3,4 Teile außerhalb der Spezifikationsgrenze liegen. Der Überschreitungsanteil beträgt also 3,4 ppm (parts per million). In diesem Sinne steht Six Sigma für Null-Fehler-Qualität.

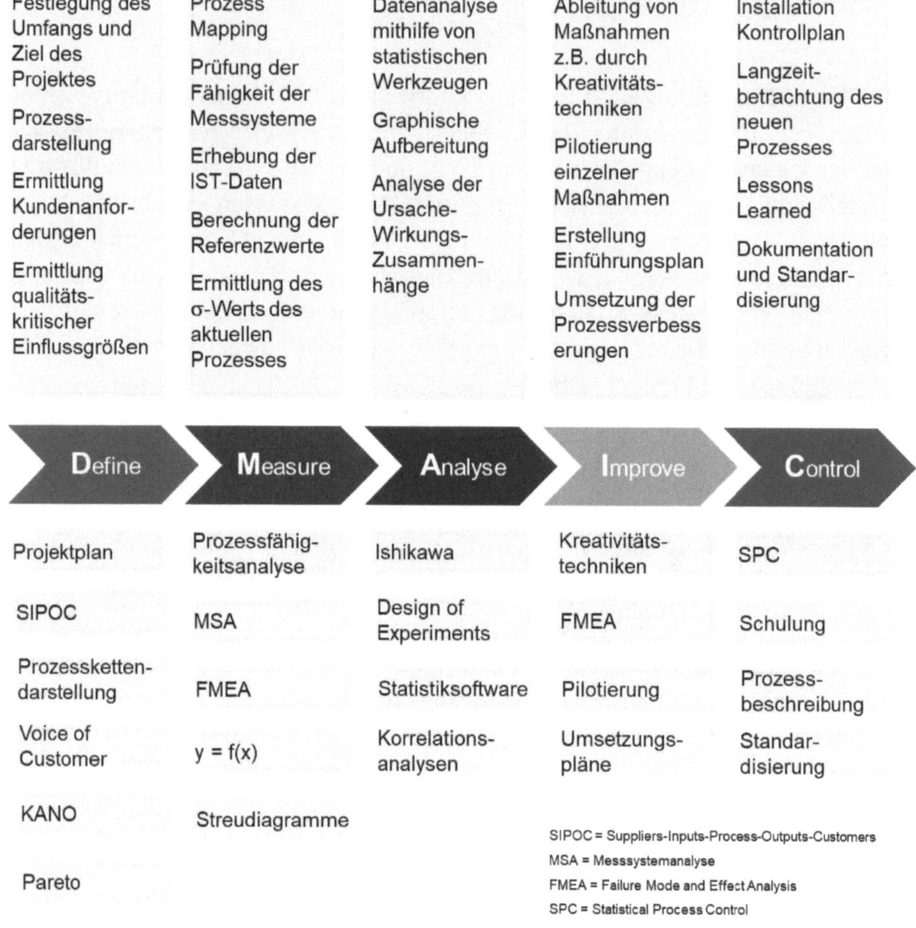

Bild 6.18 Die Six-Sigma-Vorgehensweise DMAIC mit ausgewählten Werkzeugen

Six Sigma wendet eine systematische Vorgehensweise an, die mit dem Namen DMAIC abgekürzt ist. In Bild 6.18 sind die fünf Phasen Define, Measure, Act, Implement und Control mit dem jeweiligen Inhalt dargestellt und eine Auswahl an empfohlenen Werkzeugen. Weitere statistische Werkzeuge finden sich bei Melzer 2019.

Die Vorgehensweisen des PDCA-Zyklus (Bild 2.14) und des 8D Reports (Bild 6.12) stehen in keinem Widerspruch zu den DMAIC-Phasen, sondern stellen lediglich eine andere Unterteilung des Verbesserungsprozesses dar. Die Gegenüberstellung in Bild 6.18 zeigt, dass alle Vorgehenseisen mit der Definition der Aufgabe beginnen und mit der Kontrolle der Wirksamkeit der eingeführten Verbesserungsmaßnahme enden.

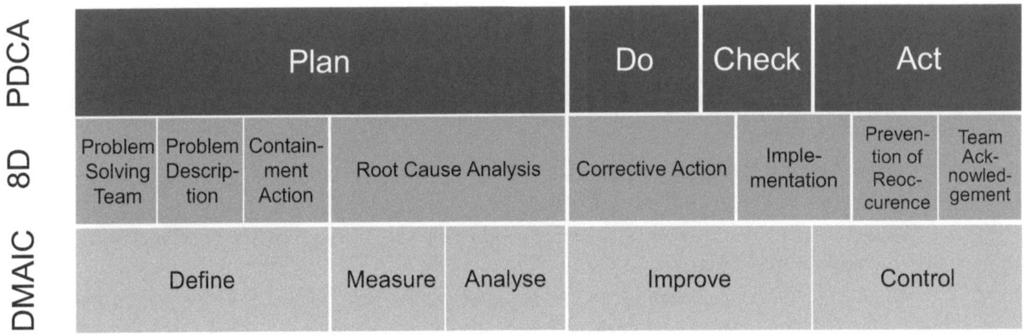

PDCA	Plan				Do	Check	Act	
8D	Problem Solving Team	Problem Description	Containment Action	Root Cause Analysis	Corrective Action	Implementation	Prevention of Reoccurence	Team Acknowledgement
DMAIC	Define		Measure	Analyse	Improve		Control	

Bild 6.19 Zusammenhang zwischen den Vorgehensweisen

■ 6.6 Zusammenfassung

Von den sieben Qualitätswerkzeugen dienen die Fehlersammelliste, das Histogramm und die Qualitätsregelkarte zur Fehlererfassung. Mit dem Brainstorming, dem Pareto-Diagramm, dem Ishikawa-Diagramm und dem Korrelationsdiagramm werden Fehler analysiert. Es ist auf die korrekte Anwendung der Werkzeuge zu achten, welche insbesondere in der Verknüpfung ihre volle Stärke entwickeln. Diesen und auch weiteren Qualitätswerkzeugen liegt ein hohes Maß an Visualisierung zugrunde. So auch bei der Visualisierungstafel, die im direkten Umfeld der Fertigungs- und Montagebereiche steht und die Mitarbeiter so in das Qualitätsgeschehen einbezieht. Über die Andon-Tafel werden Informationen und Warnsignale aus der Fertigungslinie angezeigt. Die 8D-Methode wird zur Klärung von Qualitätsabweichungen insbesondere zwischen Kunde und Lieferant eingesetzt. Das Poka-Yoke-Prinzip verhindert durch technische Vorrichtungen die Ausführung bzw. Weitergabe von menschlichen Fehlhandlungen. Six Sigma ist eine stark auf statischen Messgrößen basierende systematische Vorgehensweise. Durch die Verknüpfung der verschiedenen Werkzeuge in Verbindung mit Kommunikation und Training entwickeln diese ihre volle Stärke im Qualitätsmanagement.

6.7 Literatur

Jung, B.; Schweißer, S.; Wappis, J. (2020): *8D – Systematisch Probleme lösen*. Pocket Power, Carl Hanser Verlag, München

Melzer, A. (2019): *Six Sigma – kompakt und praxisnah: Prozessverbesserung effizient und erfolgreich implementieren*. Springer Gabler, Wiesbaden

Sondermann, J. P. (2019): *Poka Yoke. Prinzip und Techniken für Null-Fehler-Prozesse*. Pocket Power, Carl Hanser Verlag, München

VDA 4.3 (2020): *Qualitätsmanagement in der Automobilindustrie. Sicherung der Qualität in der Prozesslandschaft. Abschnitt 3: Methoden*. Verband der Automobilindustrie, Berlin

7 Fehlermöglichkeits- und Einflussanalyse (FMEA)

Eine weitere zentrale Methode im Qualitätsmanagement ist die Fehlermöglichkeits- und Einflussanalyse. Ziel ist es, den Zusammenhang zwischen Ursache, Fehler und Folge zu erkennen und die Ursache im Sinne des präventiven Qualitätsmanagements abzustellen. Dazu werden die sieben Schritte der Methode erläutert und wird das entsprechende Formblatt eingeführt.

7.1 Einführung in die FMEA

Die wohl mit am weitesten verbreitete Methode im Qualitätsmanagement ist die *Failure Mode and Effects Analysis*, abgekürzt als FMEA. Die deutsche Übersetzung Fehlermöglichkeits- und -Einflussanalyse passt zwar zur Abkürzung FMEA, gibt aber den Inhalt der Methode nicht korrekt wieder.

Es geht in der FMEA weniger darum, den Fehler darzustellen, sondern vielmehr darum, den Zusammenhang von *Ursache - Fehler - Folge* zu erkennen. Entweder wird die Methode als vorbeugende Fehlervermeidung in der Entwicklungsphase eingesetzt oder zur kontinuierlichen Verbesserung der untersuchten Prozesse und Produkte. Die FMEA hat eine lange Historie:

- 1963 wurde die FMEA von der NASA für das Apollo-Projekt eingesetzt.
- 1977 schrieb Ford die FMEA seinen Lieferanten mit Entwicklungsverantwortung vor.
- 1980 wurde die Methode in der DIN 25448 als Ausfalleffektanalyse festgeschrieben und verbreitete sich in den USA, Japan und Europa.
- 1994 wurde die FMEA mit den Zertifizierungsforderungen der Automobilindustrie zum automobilen Standard erhoben.
- 2020 kam es zu einer Weiterentwicklung durch die deutsche Automobilindustrie zur „Design-FMEA“ bzw. „Prozess-FMEA“ mit dem VDA 4.2 (2020).

Die *Design-FMEA* – ehemals System-FMEA Produkt oder Konstruktions-FMEA genannt – analysiert die möglichen Fehlfunktionen von Produktsystemen, welche aus mehreren Bauteilen bestehen. Der Einsatz erfolgt schwerpunktmäßig in der Entwicklungsphase. Die Methode untersucht die funktionalen Wechselbeziehungen der Komponenten untereinander (Systembetrachtung), analysiert systematisch die Konstruktionsauslegung und stellt die Auswirkungen auf das Gesamtsystem (Produkt) dar. Die Einflussfaktoren des Fertigungs- und Montageprozesses werden prinzipiell nicht berücksichtigt!

Die *Prozess-FMEA* – ehemals auch System-FMEA Prozess genannt – analysiert die Fehlfunktionen eines Produktionssystems. Sie untersucht die Beherrschbarkeit von Fertigungs- und Montageprozessen und deren Prozesseinflussfaktoren und stellt die Auswirkungen auf das Produkt oder auf die nachgelagerten Verfahren/Abläufe dar. Es wird grundsätzlich davon ausgegangen, dass die konstruktive Auslegung anforderungsgerecht ist! Im Sinne des präventiven Qualitätsmanagements erfolgt der Einsatz der Methode nicht nur in der laufenden Produktion, sondern auch in der Produktionsplanung und Arbeitsvorbereitung.

■ 7.2 Schritte der FMEA

Die Systematik der FMEA besteht nach VDA aus den sieben Schritten Vorbereitung, Strukturanalyse, Funktionsanalyse, Fehleranalyse, Bewertung, Maßnahmen und Erfolgskontrolle (Bild 7.1).

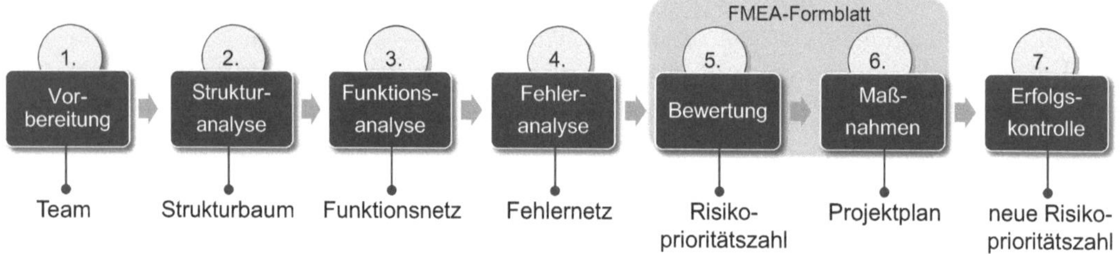

Bild 7.1 Die Schritte der FMEA-Erstellung

Die Voraussetzungen für die Durchführung der FMEA werden im ersten Schritt der Vorbereitungsphase getroffen. Zunächst muss das Team zusammengestellt werden. Es besteht mindestens aus dem Projektleiter, der die FMEA-Durchführung initiiert, dann dem FMEA-Moderator als dem Methodenspezialist und weiterhin aus dem Core Team, welches aus dem Konstrukteur, dem Prozessplaner, dem Versuchsingenieur, dem QM-Prüfer und weiteren Wasserträgern besteht (vgl. Pfeufer,

S. 18). In dieser ersten Phase werden der Projektplan zur Durchführung erstellt, der Analyseumfang festgelegt und die notwendigen Unterlagen im aktuellen Stand zusammengetragen. Dazu gehören mindestens die Spezifikationen wie das Lastenheft, die Zeichnungen und die Systembeschreibung, weiterhin die Stücklisten und Fertigungs-, Montage- und Prüfpläne, dann die vorhergehende FMEAs vom Vorgängerprodukt, die Ergebnisse aus vorausgegangenen Analysen und eventuelle gesetzliche bzw. behördliche Vorgaben.

Um bei komplexen Produkten auch alle bzw. viele Ursache-Fehler-Folge-Ketten zu erkennen, muss das Gesamtsystem verstanden sein. Deshalb erfolgt im zweiten Schritt eine *Strukturanalyse* des Systems. Dabei werden die Strukturen immer feiner aufgegliedert. Die Elemente jeder Strukturebene werden Ebene für Ebene weiter detailliert, bis man auf die Strukturebene der Baugruppen, der darunterliegenden Strukturebene der Bauteile und die letzte Strukturebene der Merkmale kommt. Der Bezug zur nächsthöheren Strukturebene bleibt erhalten wie in Bild 7.2 gezeigt.

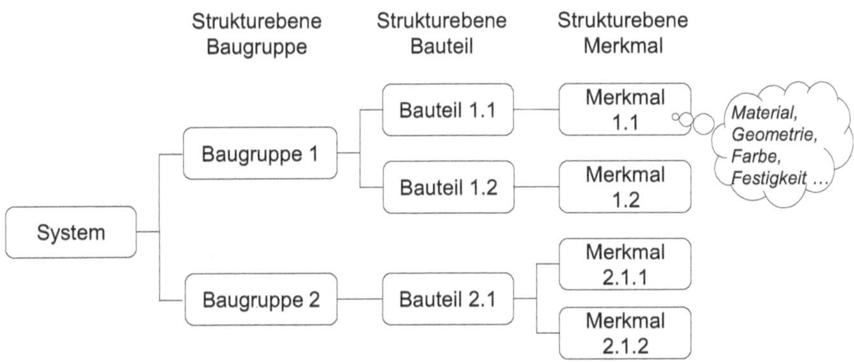

Bild 7.2 Strukturanalyse Produkt

Im dritten Schritt werden in der *Funktionsanalyse* in jeder Strukturebene jedem Element die Funktionen bzw. Aufgaben zugeordnet. Man fragt, wie das Bauelement etwas macht. Die Deutsche Gesellschaft für Qualität fordert, dass die korrekte Beschreibung einer Funktion aus Objekt, Verb und einer eindeutigen Spezifikation besteht (DGQ 2012, S. 58). Die Funktion beispielsweise einer Pumpendichtung lautet dann wie folgt: „Dichtigkeit gewährleisten bis maximal 60 bar.“ Da die Funktionen über die Strukturebenen miteinander verbunden sind, entsteht ein Funktionsnetz.

Daran schließt sich die *Fehleranalyse* an. Sie wird im Team durchgeführt. Jede Funktion kann eine oder mehrere Fehlfunktionen haben, z. B. wie die Funktion falsch, unvollständig oder gar nicht ausgeführt wird. Auf der Ebene der Merkmale sind dies in der Regel Verletzungen der Spezifikation. Über die Verknüpfung der

Funktionen im Funktionsnetz sind die Fehlfunktionen in einem Fehlernetz verbunden bzw. lassen sich darin überführen.

Durch diese Analyse werden jetzt die Ursache-Fehler-Folge-Ketten ersichtlich (Bild 7.3). Jeder Fehler (Fehlfunktion) hat eine Folge. Diese ist auf der nächsthöheren Strukturebene zu finden. Gleichzeitig hat jeder Fehler eine Ursache. Die Ursache ist auf der darunterliegenden Ebene zu finden. In dieser Kette kann nun die Fehlerursache detaillierter untersucht werden, indem man sie als Fehler auf der untergeordneten Strukturebene betrachtet. Bei der Produkt-FMEA wird die Struktur bis auf die Ebene der Bauteilmerkmale heruntergebrochen. Dies ist wichtig, denn die Abstellmaßnahme soll an der Wurzel des Übels angreifen. Bei der Prozess-FMEA erfolgt die Analyse bis auf die Ebene der fünf M (Mensch, Maschine, Methode, Material, Mitwelt).

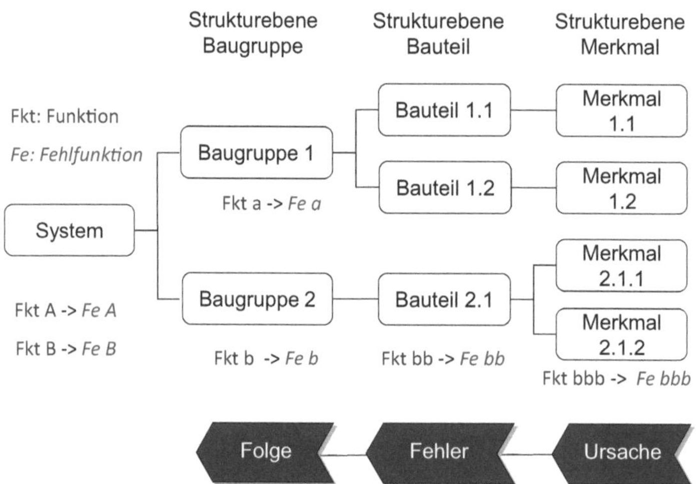

Bild 7.3 Die Detaillierung der Ursache-Fehler-Folge-Ketten in der Systemanalyse Produkt

■ 7.3 Formblatt der FMEA

Die nächsten Schritte sind die Maßnahmenanalyse, die Risikobewertung und die Erfolgskontrolle. Sie finden im FMEA-Formblatt statt (Bild 7.4).

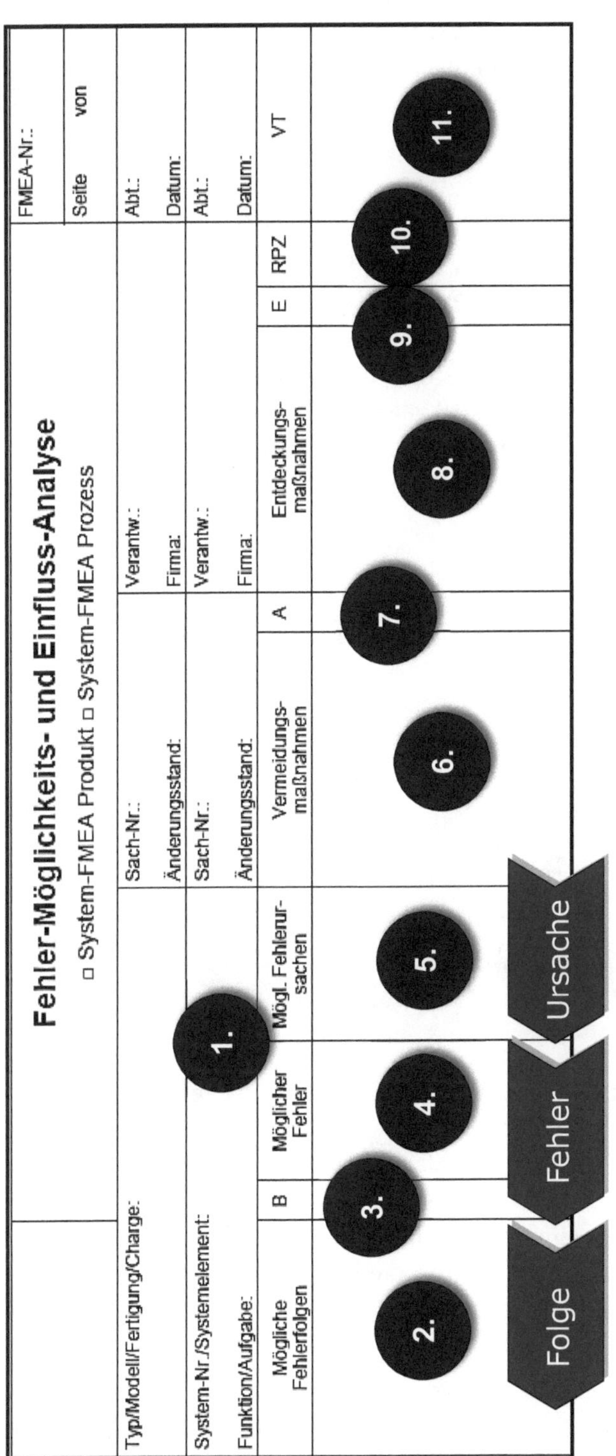

Bild 7.4 Das Formblatt der FMEA

1. *Nennung des Bauteils/Elements und des Systems* ist eine knappe, aber genaue Funktionsbeschreibung/Aufgabe unter Berücksichtigung der Einsatzbedingungen, z.B. Temperatur, Druck usw. Hat das Bauteil mehrere Funktionen, sind alle aufzulisten
2. *Mögliche Fehlerfolgen* sind Symptome, typischerweise: Geräusch, unberechenbare oder unterbrochene Funktion, Totalausfall, unschöne Optik, Geruch, Vibrationen usw. Die Fehlerfolgen wurden in der vorausgegangenen Struktur-, Funktions- und Fehleranalyse bereits ausführlich aufgelistet und werden in das Formblatt kopiert.
3. Die *Bedeutung der Fehlerfolge* für den externen oder internen Kunden wird nach einer Kriterientabelle von 1 bis 10 gewertet. Es gibt verschiedene Bewertungsschemas, teilweise nach Branchen differenziert. Die Tabelle 7.1 sowie die weiteren Tabellen sind für die Design-FMEA Produkt geeignet.

Tabelle 7.1 Schema für die Bewertung der Bedeutung des Fehlers

Bedeutung **B**	Bewertungszahl
Keine: Die Auswirkung ist nicht wahrnehmbar.	**1**
Niedrig: Die Qualitätsbeeinträchtigung von Erscheinungsbild, Klang, Vibrationen, Rauheit oder Haptik ist kaum bzw. mäßig wahrnehmbar.	**2-3**
Mittel: Die Qualitätsbeeinträchtigung ist wahrnehmbar bzw. eine Komfortfunktion ist eingeschränkt bzw. eine Komfortfunktion ist ausgefallen.	**4-6**
Hoch: Eine Hauptfunktion ist einschränkt bzw. ausgefallen.	**7-8**
Sehr hoch: Gesetzliche oder behördliche Vorgaben werden nicht eingehalten bzw. der sichere Betrieb oder die Gesundheit sind nicht gewährleistet.	**9-10**

4. *Auflisten aller möglichen Fehler*, also aller Fälle, die für die Fehlerfolge verantwortlich sein könnten. Fragen sind: Was könnte auftreten? Was trat in ähnlichen Fällen auf? Zum Beispiel: Die Fehlerfolge sind Geräusche und Vibrationen, daraus lässt sich der Fehler schließen, nämlich dass das Bauteil gebrochen ist. Typische Fehlerbeschreibungen sind: zerbrochen, verbogen, abgerissen, verloren, Kurzschluss, oxidiert usw. Auch die Fehler wurden in der vorausgegangenen Struktur-, Funktions- und Fehleranalyse bereits ausführlich aufgelistet und können nun in das Formblatt kopiert werden.
5. Die *möglichen Fehlerursachen* für das Versagen können technischer oder organisatorischer Natur sein, z.B.: falsche Vorgaben zur Materialspezifikation, falsche Toleranzen oder Maße, mangelhafter Schutz vor Umwelteinflüssen, fehlerhafte Berechnungen, falsche Einstellungen und Wartung, ungenaue Prüfungen usw.

Die Fehlerursachen werden ebenfalls aus der vorausgegangenen Struktur-, Funktions- und Fehleranalyse entnommen.

6. *Auflistung der derzeitigen Vorbeuge- bzw. Vermeidungsmaßnahmen*, bei denen die Fehlfunktion entdeckt würde, z. B. Reviews, Toleranzrechnungen, FEM-Analyse, Labortest, Zuverlässigkeitsprüfungen, Experimente, Anweisungen, Wartung usw.
7. Die *Wahrscheinlichkeit, dass die Fehlfunktion trotzdem auftritt*, wird nach einer Kriterientabelle von 1 bis 10 gewertet (Tabelle 7.2).

Tabelle 7.2 Schema für die Bewertung der Auftrittswahrscheinlichkeit des Fehlers

Wahrscheinlichkeit des Auftretens **A**	Bewertungszahl
Ausgeschlossen: Das Auftreten der Fehlerursache ist ausgeschlossen.	**1**
Niedrig: Ausgereifte Konstruktion bzw. geringfügige Änderungen an bekannter Konstruktion.	**2-3**
Mittel: Fast identische Konstruktion mit kurzer Einsatzerfahrung bzw. geringfügige Änderungen an vorheriger Konstruktion.	**4-5**
Hoch: Ähnliche Konstruktion wie vorherige bzw. neue Konstruktion basierend auf ähnlicher Technologie und Materialien.	**6-7**
Sehr hoch: Die Konstruktion wird mit technischen Neuerungen oder neuen Materialien erstmalig angewendet. Die Vermeidungsmaßnahmen sind nicht verlässlich bzw. nicht gezielt.	**8-9**
Extrem hoch: Eine neue Technologie ohne Einsatzerfahrung wird erstmalig angewendet. Vermeidungsmaßnahmen sind nicht effektiv oder liegen nicht vor.	**10**

8. *Auflisten von derzeitigen Maßnahmen*, bei denen die Fehlfunktion noch vor Auslieferung an den Kunden entdeckt würde, z. B. SPC, Prüfungen, Fahrversuche, Sichtkontrollen usw.
9. Die *Wahrscheinlichkeit, dass die Fehlfunktion noch vor Auslieferung an den Kunden entdeckt wird*, wird nach einer Kriterientabelle von 1 bis 10 gewertet (Tabelle 7.3).

Tabelle 7.3 Schema für die Bewertung der Entdeckungswahrscheinlichkeit des Fehlers

Wahrscheinlichkeit der Entdeckung **E**	Bewertungszahl
Sehr hoch: Der Fehler wird immer entdeckt.	**1**
Hoch: Die Testmethode für die Verifizierung der Funktionalität oder Validierung der Qualität ist bewährt.	**2-4**
Mittel: Die Entdeckung ist wahrscheinlich, da das Nachweisverfahren recht sicher ist.	**4-6**
Niedrig: Die Testmethode ist neu und nicht bewährt.	**7-8**
Sehr niedrig: Die Testverfahren ist nicht speziell für die Entdeckung der Fehlerart entwickelt bzw. das Testverfahren ist nicht vorhanden.	**9-10**

10. Die *Risikoprioritätszahl (RPZ)* wird nun aus der Multiplikation der Bewertungszahlen B × A × E ermittelt. Sie ist eine ordinal skalierte Maßzahl, die das Risiko des Fehlerauftretens widerspiegelt. Die Risikoprioritätszahl steigt kubisch an und kann einen Wert zwischen 1 und 1000 annehmen. Sie dient dazu, die Verbesserungsmaßnahmen zu priorisieren. Es gibt allerdings keine Norm, die verlangt, dass ab einem bestimmten Wert immer eine Maßnahme definiert werden muss. In einigen Branchen hat es sich jedoch durchgesetzt, dass Maßnahmen ab einem RPZ-Wert von 120 verlangt werden.
11. Es wird eine *Verbesserungsmaßnahme mit Termin und Verantwortlichkeit* hinterlegt. Bei der Ableitung der Verbesserungsmaßnahmen kommen klassische QM-Methoden zum Einsatz wie Q7, Poka Yoke oder Six Sigma. Dazu wird ein Projektplan entwickelt und je nach Umfang ein professionelles Projektmanagement durchgeführt.

Im siebten und letzten Schritt gilt es, die Wirksamkeit zu verifizieren. Dazu wird die FMEA nach der Umsetzung der Maßnahme nochmals durchgeführt. Die Faktoren Auftrittswahrscheinlichkeit und Entdeckungswahrscheinlichkeit werden aktualisiert, die Bewertungszahl für die Bedeutung bleibt hingegen unverändert. Die neue RPZ wird errechnet. Die durchgeführte Maßnahme wird dokumentiert. Praxisbeispiele finden sich bei DGQ (2012) und Pfeufer (2020).

Die FMEA ist nur so gut, wie sich das Team Mühe gibt. Eine schlechte FMEA-Durchführung erkennt man an einer dürftigen Struktur- und Funktionsanalyse und daran, dass es zu einer Fehlerfolge immer nur einen Fehler und nur eine Ursache gibt. Hier besteht die Vermutung, dass sich das Team wenig Zeit genommen hat. Die Methode kann manuell durchgeführt werden. Bei komplexen Systemen empfiehlt sich eine Softwareunterstützung. Zum einen gibt es einfache Programme, in denen das FMEA-Formblatt elektronisch ausgefüllt wird. Komplexere Programme wurden speziell für die FMEA-Methodik entwickelt. Sie decken Funktionen für die fünf Schritte der FMEA sowie meist auch für eine Datenverwaltung innerhalb einer Datenbank ab. Schließlich gibt es Module, welche innerhalb eines CAQ-Systems die FMEA-Bearbeitung unterstützen.

In den Produktentwicklungsprozessen vieler Industriebetriebe ist die FMEA als präventive QM-Methode hinterlegt. An ihre Durchführung ist die Freigabe von Quality Gates geknüpft. Weiterhin ist die FMEA bei relevanten Vorfällen zu bearbeiten. Auf diese Weise begleitet sie das Produkt über den gesamten Lebenszyklus und ist als lebendes Dokument anzusehen. Sie beinhaltet jederzeit den aktuellen Stand der Konstruktion und des Herstellungsprozesses und stellt dadurch einen enormen Wissensspeicher dar. Die FMEA eignet sich deshalb als

- Grundlage für die Versuchs- und Prüfplanung,
- Grundlage für die Erstellung der QM-Pläne,
- Grundlage für Arbeitsanweisungen,
- Wissensspeicher für künftige Projekte,
- Informationsspeicher bei Reklamationen oder Ausfällen und für die Ursachenanalyse,
- Erfüllung der Kundenforderung speziell in der Automobilindustrie,
- Erfüllung von Versicherungsforderungen von risikoreichen Anwendungen.

7.4 Zusammenfassung

Die Fehlermöglichkeits- und -Einflussanalyse, oder wie sie im Englischen heißt, die Failure Mode and Effects Analysis, hat ihre Anfänge in der NASA und wird heute weitverbreitet in der Industrie, insbesondere der Automobilbranche eingesetzt. Es wird in Design-FMEA und Prozess-FMEA unterschieden. Das Ziel ist immer, von der Fehlerfolge auf den Fehler und weiter auf die Ursache zu schließen. Zunächst muss das Produktsystem bzw. das System des Fertigungsprozesses verstanden werden, dann wird das entsprechende Formblatt ausgefüllt, und anschließend werden die Abstellmaßnahmen in das Projektmanagement überführt. Der vollständige Ablauf der FMEA gestaltet sich in den sechs Schritten: Strukturanalyse, Funktionsanalyse, Fehleranalyse, Bewertung, Maßnahmenerstellung und Erfolgskontrolle. Die Stärke der Methode ist der präventive Einsatz. Der Erfolg hängt von der gewissenhaften Anwendung der Methode und der Qualität des Anwenderteams ab.

■ 7.5 Literatur

DGQ (Hrsg.) (2012): *FMEA - Fehlermöglichkeits- und Einflussanalyse.* Deutsche Gesellschaft für Qualität, Frankfurt am Main

Pfeufer, H.-J. (2021): *FMEA - Fehler-Möglichkeits- und Einfluss-Analyse nach AIAG und VDA.* Carl Hanser Verlag, München

VDA 4.2 (2020): *Sicherung der Qualität in der Prozesslandschaft. Abschnitt 2: Risikoanalysen.* Verband der Automobilindustrie e. V., Frankfurt am Main

8 Prozessketten-management

Im Total Quality Management wird Qualität als unternehmensweite Aufgabe verstanden, die sämtliche Geschäftsprozesse in die kontinuierliche Verbesserung einbezieht. Die ISO 9001 basiert auf dem prozessorientierten Ansatz, der die systematische Festlegung und Steuerung von Prozessen und deren Wechselwirkung festlegt. Die Prozessorientierung ist ein wesentliches Merkmal des modernen Qualitätsverständnisses. In diesem Kapitel wird erklärt, wie die Prozessketten im Material- und Informationsfluss auf ihren Beitrag zum Kundennutzen untersucht werden. Weiterhin wird eine auf die Prozesskettenmethodik angepasste FMEA vorgestellt, mit der sich die vorgelagerten Ursachen für Blind- und Fehlprozesse entdecken lassen.

8.1 Prozessorientierung

In vielen Unternehmen werden in erster Linie Kostenstellen, betriebliche Funktionen, Bereiche und Abteilungen organisiert. Die einzelnen Organisationseinheiten wie Vertrieb, Konstruktion, Fertigung und Materialwirtschaft werden getrennt optimiert.

Einer solchen Unternehmensführung liegt eine funktionsorientierte, also abteilungsbezogene Sicht der Unternehmensabläufe zugrunde. Sie führt zu einer entsprechenden Organisationsgestaltung, die sich als funktionsorientierte Organisation bezeichnen lässt. Hierbei wird zuerst die Aufbaustruktur festgelegt, also das System der Hierarchieebenen, Abteilungen, Verantwortungsbereiche usw. Erst dann werden die Abläufe strukturiert. Ziel der funktionsorientierten Organisationsgestaltung ist es, durch starke Spezialisierung der Aufgabenbereiche eine rationelle Durchführung der Einzelaufgaben zu gewährleisten. Das Ergebnis sind Suboptima bezüglich der Kapazitätsauslastung oder der Erfüllung von spezifischen Abteilungszielen anstatt der Erfüllung bereichsübergreifender und auftragsorientierter Ziele. Die Erfüllung des externen Kundenwunsches (richtige Menge zur richtigen Zeit am richtigen Ort) tritt in den Hintergrund.

BEISPIEL

Die Logistikabteilung will Kundentermine einhalten und drängt auf Lieferung. Hierzu werden spezielle KPIs (Key Performance Indicators) genutzt, die die Leistung der Logistik messen. Auch das Qualitätsmanagement hat eigene KPIs installiert, die die Anzahl der Kundenreklamationen bezüglich Produktqualität messen. Das Qualitätsmanagement will im Zweifel sichergehen und macht zusätzliche Analysen. Durch diese lokale Optimierung der Abteilungen besteht die Gefahr, dass der Kunde nie zufriedengestellt wird. Entweder er erhält die Lieferung zu spät oder er bekommt risikobehaftete Ware geliefert. Das Gesamtoptimum, nämlich die pünktliche Lieferung in der richtigen Produktqualität, wird verfehlt. ■

In einer funktionsorientierten Organisation muss eine Vielzahl von Schnittstellen überwunden werden, beispielsweise zwischen den Abteilungen Vertrieb und Produktion. Dies bringt erhebliche Verluste mit sich, die sich sowohl in Wartezeit als auch im Verlust von Informationen niederschlagen. Verstärkt wird dieser Effekt durch das weitverbreitete Hierarchiedenken sowie durch den häufig anzutreffenden Ressortegoismus, der die ganzheitliche Sichtweise und die bereichsübergreifende Zielerreichung verhindert.

Die Notwendigkeit eines prozessorientierten Planungs- und Verbesserungsansatzes leitet sich aus dem modernen prozessorientierten Qualitätsverständnis ab. Der Auftragsfluss kann nur durch die konsequente Ausrichtung der Aufbau- und Ablauforganisation auf die Abwicklung der Kundenaufträge und die Durchführung der Geschäftsprozesse verbessert werden. Genau das ist das Ziel der prozessorientierten Organisationsgestaltung. Hier steht das Management der Prozesse im Mittelpunkt. Die betrieblichen Abläufe passen sich nicht einer festgeschriebenen Aufbaustruktur an, sondern der strukturelle Aufbau eines Unternehmens orientiert sich an den betrieblichen Prozessen (Bild 8.1).

Ein ganzheitlicher Ansatz, der alle Funktionsbereiche einbezieht, ist notwendig, um Abläufe zu optimieren und zu reorganisieren. Es wird immer der vollständige Auftragsdurchlauf betrachtet. Mit einer detaillierten Betrachtung lässt sich erkennen, wo unnötige Blindprozesse den Auftragsdurchlauf in die Länge ziehen und wo Abstimmungsaufwände und Informationsdefizite durch ein effizienteres Schnittstellenmanagement reduziert werden müssen. Wesentliches Gestaltungsprinzip ist das Schaffen und Verbessern interner Kunden-Lieferanten-Beziehungen. Hierdurch wird die Qualitätsverantwortung ihrer Anonymität entkleidet. Nur derjenige kann die Verantwortung für einen Prozess übernehmen, der weiß, wie sich mangelnde Arbeitsqualität auf die nachfolgenden Prozesse auswirkt. Dies ist ein weiteres gewichtiges Argument dafür, dass der Auftragsdurchlauf durch eine ganzheitliche, prozess- und kundenorientierte Betrachtung, Gestaltung und Dokumentation transparent wird.

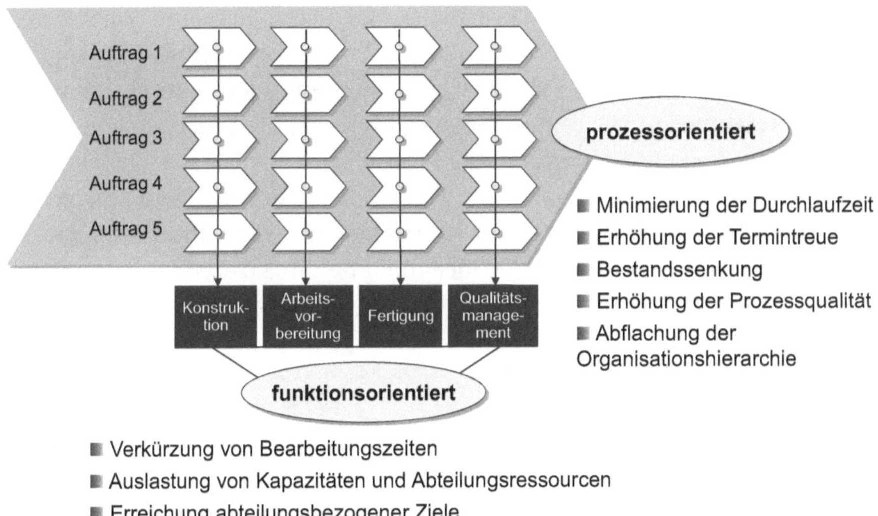

Bild 8.1 Vergleich der Organisationsformen

Zusammenfassend lässt sich feststellen, dass nur die prozessorientierte Sichtweise dem ganzheitlichen und umfassenden Anspruch des Qualitätsmanagements und anderer Unternehmensfunktionen gerecht wird und die Voraussetzung für den Einsatz von bereichsübergreifenden Methoden darstellt.

Das Ziel ist es, alle Aktivitäten (Prozesse), die zur Erfüllung eines (internen/externen) Auftrags durchgeführt werden müssen, zu erkennen und gemeinsam mit den Abhängigkeiten abzubilden. Als Visualisierungsinstrument dient die Prozesskette. Sie besteht aus den einzelnen Prozesskettenelementen, die entlang der Zeitachse miteinander verknüpft sind. Unter einem Prozesselement wird eine geordnete Abfolge von Aktivitäten verstanden, die einen definierten Input (Material oder Information) in einen definierten Output überführen. Bei der Betrachtung des Auftragsdurchlaufs mittels des Prozessketteninstrumentariums setzt sich der Betrachter, „bildlich" gesprochen, auf den Auftrag und durchläuft mit ihm entlang der Auftragsabwicklung das Unternehmen.

Das Prozesselement kann bei detaillierter Betrachtung in feinere Prozesse zerlegt werden, die gemeinsam mit Quellen und Senken die Prozessstrukturen bilden. Jedes dieser neuen Prozesselemente kann beliebig weiter in noch feinere Prozesse zerlegt werden. Sie sind wie die übergeordneten und untergeordneten Prozesselemente immer gleich aufgebaut. Dieses Gestaltungsprinzip wird als Selbstähnlichkeit bezeichnet. Die Prozesskette ist ein selbstähnliches Instrument, da jedes Prozesselement die Strukturen aller anderen widerspiegelt und damit die Struktur des Ganzen. Deshalb haben sie auch grundsätzlich die gleichen Beeinflussungsmöglichkeiten.

Die Visualisierung der Abläufe im Informations- und Materialfluss in Form von Prozesskettenelementen und deren Verknüpfung zu Prozessketten (Bild 8.2) schaffen die notwendige *Transparenz* in Abläufen, in den externen und internen Kunden-Lieferanten-Beziehungen, bei Verantwortungsbereichen, bei Unternehmenszielen und in der Verteilung der Ressourcen. Die Prozesskette erweist sich ebenfalls bei der Mitarbeiterbeteiligung als besonders wertvoll, weil sie ein Kommunikationsmittel darstellt, das unabhängig von der Hierarchieebene eine für alle verständliche Sprache ist. Dadurch wird bei der Ideenfindung die Kreativität vieler eingebunden und die Akzeptanz der Änderungen in hohem Maße abgesichert.

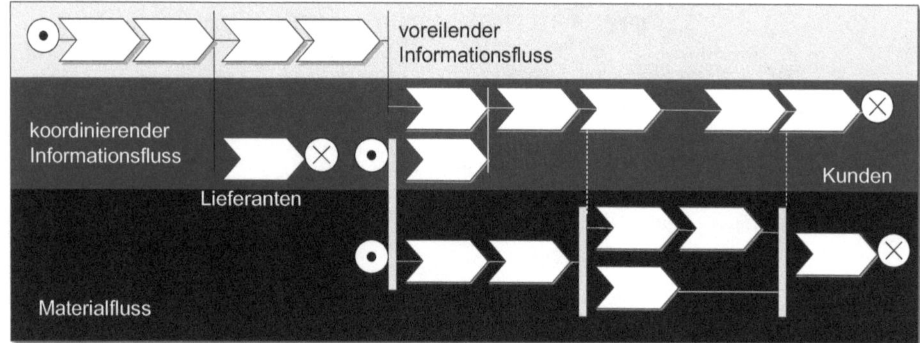

Bild 8.2 Die Visualisierung der Material- und Informationsflüsse im Prozesskettenplan

■ 8.2 Klassifizierung der Prozesse

Neben der quantitativen Prozessanalyse (z. B. nach Kosten, Durchlaufzeit, Auslastung) wird im Folgenden ein qualitatives Analyseverfahren vorgestellt. Die Beurteilung der Prozesse geschieht unter der Frage, welchen Beitrag der einzelne Prozess zur Erzielung des Kundennutzens leistet (Bild 8.3). Es lassen sich vier Prozesstypen mit drei unterschiedlichen Optimierungspfaden unterscheiden (vgl. Winz 1996, S. 61 ff.).

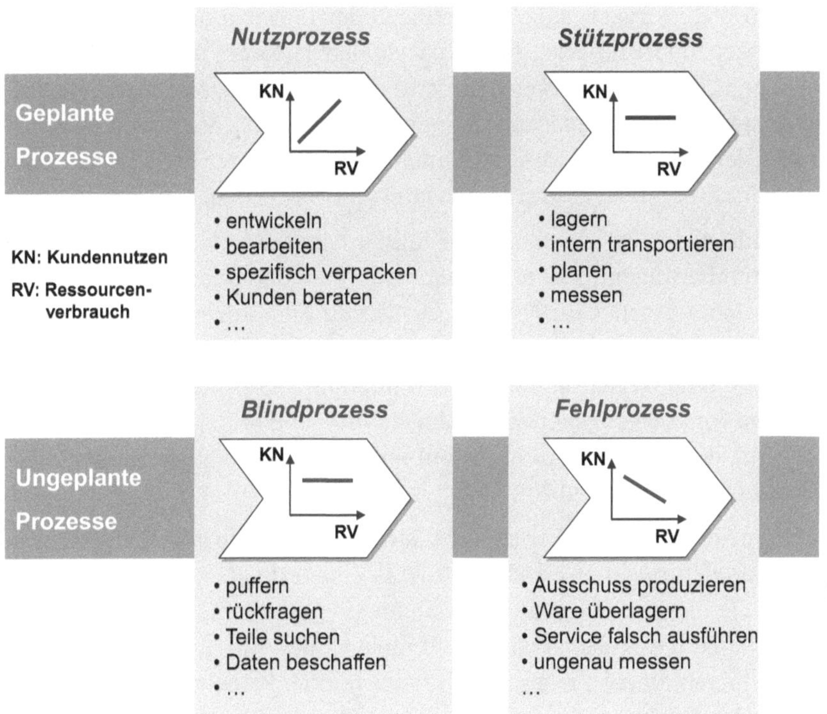

Bild 8.3 Der Kundennutzen als Kriterium zur Klassifizierung von Prozessen

Bei *Nutzprozessen* handelt es sich um geplante Prozesse, die in ihrer Summe das fertige Produkt oder die vollständige Dienstleistung zum Ergebnis haben. Den durch die Nutzprozesse in Anspruch genommenen Ressourcen steht eine Steigerung des Kundennutzens gegenüber. Der externe Kunde wird die Wertschöpfung ausschließlich dieser Prozesse erkennen und honorieren. Trotzdem kann auch die Effizienz der Nutzprozesse verbessert werden, indem bei gleichem Kundennutzen der Ressourcenverbrauch verringert oder bei gleichem Ressourcenverbrauch der Kundennutzen erhöht wird.

Stützprozesse wie beispielsweise der Transport zwischen zwei Bearbeitungsstationen oder Planungsprozesse sind ebenfalls geplante Prozesse. Sie haben die Aufgabe, die Nutzprozesse zu unterstützen. Stützprozesse müssen im Rahmen der internen Kunden-Lieferanten-Beziehungen erbracht werden und erbringen nur dem internen Kunden, der für die Weiterverarbeitung des Auftrags zuständig ist, einen Nutzen. Da der externe Kunde den Nutzen dieser Stützprozesse nicht wahrnehmen kann, steigern Stützprozesse nicht dessen Nutzen, sie schaffen keinen Wert für ihn. Stützprozesse sind deshalb auf das notwendige Minimum zu reduzieren.

Blindprozesse wie Rückfragen aufgrund mangelnder Information oder Suchtätigkeiten sind ungeplante Prozesse, die durch vorangegangene, nicht ausreichend fähige Nutz- und Stützprozesse verursacht werden. Blindprozesse nehmen Ressourcen in Anspruch, erbringen jedoch keinen Kundennutzen. Sie führen daher zu einem Anstieg der Kosten, ohne dass sich am Markt ein höherer Preis für die Leistung erzielen lässt. Blindprozesse sind unbedingt zu vermeiden.

Fehlprozesse sind ebenfalls ungeplant und führen dazu, dass zugesagte Mengen- und Terminvereinbarungen nicht eingehalten werden können oder Nutzprozesse wiederholt werden müssen. Untrügliches Zeichen für Fehlprozesse in einer Fertigung sind Ausbeuteverluste, was zur Folge hat, dass 100 + x Teile gestartet werden müssen, um 100 Teile zu liefern. Ebenso wie Blindprozesse entstehen auch Fehlprozesse infolge vorangegangener nicht fähiger Nutz- und Stützprozesse. Fehlprozesse reduzieren den Kundennutzen, obwohl Ressourcen verbraucht werden. Deshalb sind auch Fehlprozesse unbedingt zu vermeiden.

Eine qualitative Schätzung des Verlaufs des Kundennutzens in Abhängigkeit vom Ressourcenverbrauch reicht aus. Dabei wird das Ziel verfolgt, solche Prozesse zu identifizieren, die nicht in der Lage sind, die an sie gestellten Anforderungen zu erfüllen. Ein eindeutiges Zeichen dafür sind ungeplante Blind- und Fehlprozesse, die von nicht fähigen, in der Prozesskette immer zeitlich vorgelagerten Prozessen verursacht werden. Sie müssen erkannt und Abstellmaßnahmen definiert werden. Dazu dient die im Weiteren beschriebene Prozessketten-FMEA.

■ 8.3 Prozessketten-FMEA

Prozessketten werden unter dem Gesichtspunkt analysiert und verbessert, den Nutzen für den Kunden zu steigern. Dies muss in systematischer Weise geschehen. Hierzu kann auf die in der technischen Qualitätssicherung bekannte Methode der Fehlermöglichkeits- und -Einflussanalyse (vgl. Kapitel 7) zurückgegriffen werden. Ziel der FMEA ist es, potenzielle Fehler aufzudecken, mögliche Ursachen dafür zu nennen und geeignete Abstellmaßnahmen vorzuschlagen. Die konsequente Erfassung der Fehler-Ursache-Wirkungs-Zusammenhänge gelingt, indem die Benutzer bei der Aufstellung durch ein Formblatt zur systematischen Vorgehensweise angeleitet werden. Das im Unternehmen vorliegende Erfahrungswissen wird gesammelt und verfügbar gemacht. Der FMEA liegt ein teamorientierter Ansatz zugrunde. Er fördert die abteilungsübergreifende und teamorientierte Zusammenarbeit der Beschäftigten im Unternehmen. Die FMEA zählt zu den präventiven Verfahren.

Beide Methoden - die Prozesskettenanalyse und die FMEA - ergänzen sich bei der Suche nach Fehlern und dem Bemühen nach Verbesserung. Die FMEA geht bei der Erarbeitung der Fehler-Ursache-Wirkungs-Zusammenhänge nach einem festen Raster vor. Diese Systematik der Fehleranalyse ist für die Prozesskettenmethodik vorteilhaft nutzbar. Umgekehrt bildet die von der Prozesskette geschaffene Transparenz in Abläufe, Verantwortungsspannen, Ressourcenverteilung, Zeitverbrauch und Kundennutzen die ideale Ausgangsbasis für die FMEA. Die Ursachenanalyse wird in vielerlei Hinsicht vereinfacht.

In der Prozessketten-FMEA werden nicht Produkte oder Produktionsprozesse untersucht, sondern Unternehmensabläufe in ganzheitlicher Weise. Bei der Erarbeitung gelten wie in der Prozesskettenmethodik und der FMEA die Grundsätze Prävention und Teamorientierung. Die Prozessketten-FMEA lässt sich deshalb als prozessorientierte Optimierungsmethode mit präventivem Charakter bezeichnen (Bild 8.4).

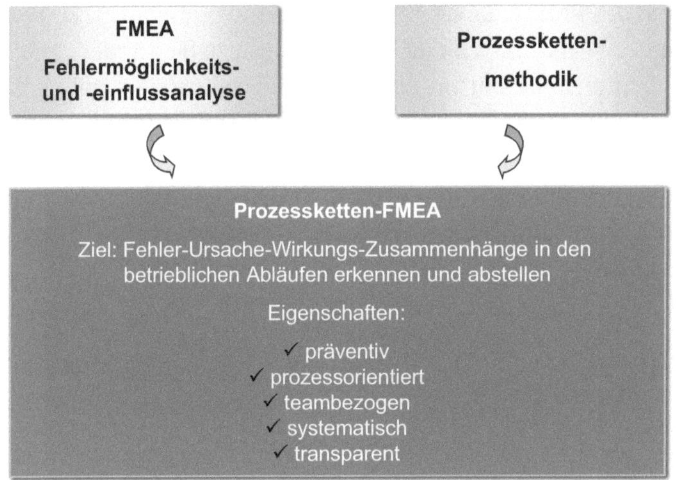

Bild 8.4 Ziel und Eigenschaften der Prozessketten-FMEA (Winz/Quint 1997, S. 101)

Die Anlässe zur Durchführung der Prozessketten-FMEA sind vielfältig. Sie kann sowohl präventiv bei der Neuplanung von Prozessketten als auch bei bestehenden Prozessketten zur kontinuierlichen Verbesserung eingesetzt werden. Anlässe zur Neuplanung von Prozessen sind beispielsweise die Erweiterung der Geschäftsfelder, die Einführung neuer Produktgruppen, In- und Outsourcing-Maßnahmen oder die Einführung eines 24-Stunden-Service. Solche Anlässe sind strategischer Natur. Anlässe eher struktureller Natur sind die Einführung neuer Steuerungsprinzipien im Informations- und Materialfluss, der Auf- und Abbau von Ressourcen oder Änderungen in den Unternehmensstrukturen wie die Neuordnung von Verantwortungsspannen. Die genannten Maßnahmen dienen der Steigerung der strategischen und strukturellen Serviceflexibilität.

Ein weiteres Einsatzgebiet ist die Analyse und Verbesserung von bestehenden Prozessen. Dies kann entweder im Rahmen von kontinuierlichen Verbesserungsmaßnahmen geschehen oder aus aktuellem Anlass. Wenn festgestellt wird, dass einzelne Prozesse oder Prozessketten den gestiegenen Anforderungen nicht mehr gerecht werden, also die Prozessfähigkeit nicht mehr ausreicht, kann ebenfalls die Prozessketten-FMEA eingeführt werden. Sie dient dann dazu, die Fähigkeit von Prozessen herzustellen, indem Fehler aufgespürt und beseitigt werden, deren Auswirkungen unter den vorherigen geringeren Ansprüchen noch akzeptiert werden konnten. Auf diese Weise wird die operative Serviceflexibilität erweitert. Gleichzeitig wird mit der Verminderung von Fehlern die Prozesseffizienz und Prozessqualität gesteigert.

Kern der Prozessketten-FMEA ist das in Bild 8.5 gezeigte spezielle Formblatt, dessen Spalten der Reihe nach ausgefüllt werden. Die Benutzer werden auf diese Weise systematisch durch das Programm der Prozessketten-FMEA geführt. Dieses Vorgehen hilft, Gedanken zu strukturieren und intuitive Ideen zu begründen. Mögliche Verbesserungsmaßnahmen werden in eine sinnvolle Reihenfolge gebracht und Verantwortlichkeiten benannt. Gleichzeitig dient das Formblatt Dokumentationszwecken. Es ist auf die Belange der Prozesskettenanalyse zugeschnitten und weicht daher von den Formblättern der klassischen System-FMEA Produkt und System-FMEA Prozess ab. Abweichungen und Vorgehensweise werden im Folgenden beschrieben.

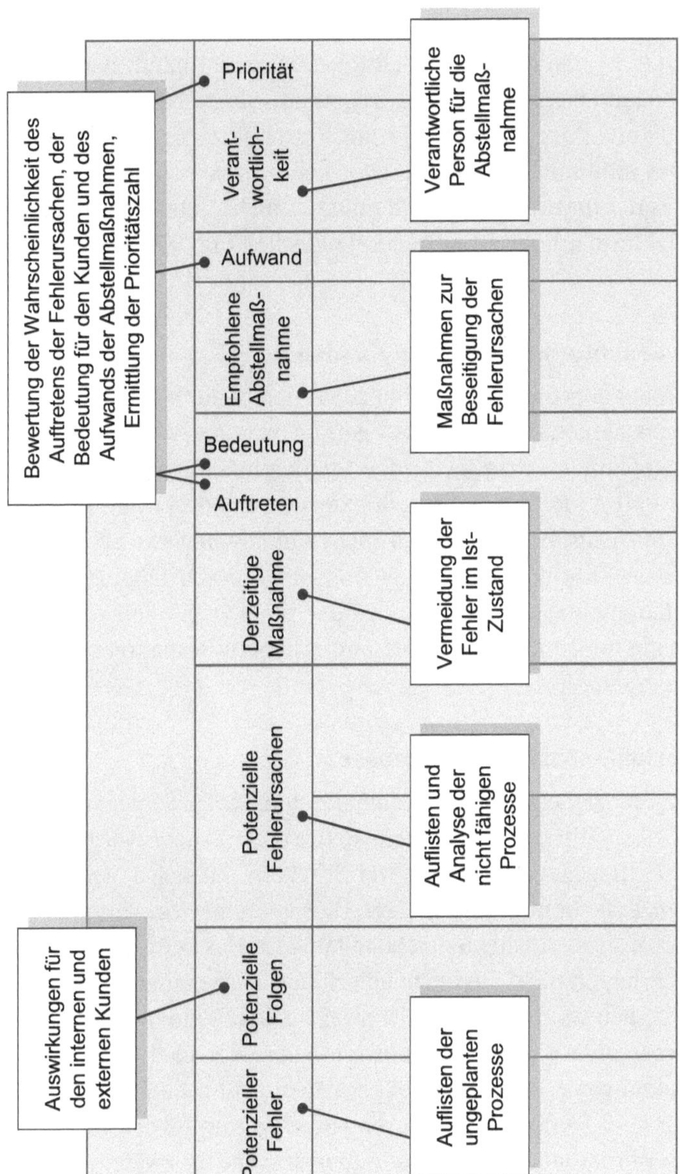

Bild 8.5 Das Formblatt der Prozessketten-FMEA

Kopf des Formblatts

Im Kopf des Formblatts wird die Prozesskette eingezeichnet, für die die FMEA erstellt wird. Es kann auch auf eine beiliegende Prozesskette verwiesen werden.

Potenzielle Fehler/ungeplante Prozesse

Die Analyse beginnt mit der vollständigen Auflistung aller Fehler bzw. aller potenziellen Fehler. Fehler bedeuten Mängel im Auftragsfluss. Sie stellen sich in der Prozesskette als ungeplante Prozesse dar, die zur Durchführung des Auftrags durchlaufen werden. Das sind entweder Blind- oder Fehlprozesse. Beide erhöhen trotz Ressourcen- und Zeitverbrauch den Kundennutzen nicht. Jetzt kommt es in den nächsten Schritten darauf an, die Ursachen aufzudecken und Abstellmaßnahmen vorzuschlagen.

Potenzielle Folgen für den internen/externen Kunden

Um die Schwere des Fehlers einschätzen zu können, werden in der nächsten Spalte seine potenziellen Folgen eingetragen. Es muss gefragt werden, welche Auswirkungen der bzw. die ungeplanten Prozesse für den Kunden haben. Im Unterschied zu der konventionellen FMEA, die nur nach dem externen Kunden fragt, müssen für die Prozessketten-FMEA die Auswirkungen nicht nur für den externen, sondern auch für den internen Kunden hinterfragt und niedergeschrieben werden. Viele Fehler und Unzulänglichkeiten im Auftragsfluss bleiben für den externen Kunden unbemerkt, da sie intern durch Bestand und erhöhten Ressourceneinsatz ausgeglichen werden können.

Potenzielle Fehlerursachen/nicht fähige Prozesse

Zu jedem aufgezeigten potenziellen Fehler werden alle denkbaren Fehlerursachen benannt. Die Fehlerursache ist in der Prozesskette dem Fehler zeitlich vorgelagert. Die Ermittlung der Fehlerursachen erfolgt in zwei Schritten. Zunächst wird nach dem verursachenden Prozesskettenelement gefragt. Dies ist immer ein vorangegangener Nutz- oder Stützprozess, der nicht ausreichend fähig ist. Das heißt, er kann die an ihn gestellten Anforderungen nicht ausreichend erfüllen, sodass ungeplante Prozesse in Anspruch genommen werden müssen. Hinweise können die in der Statistical Process Control gemessenen Fähigkeitskennwerte sein oder in der Operating Curve ein Variabilitätsfaktor von größer 1 sein (nähere Ausführungen in Winz 2012). Es wird vorkommen, dass ein Fehler von mehreren vorgelagerten Prozessen verursacht werden kann. Sie werden alle in der Spalte eingetragen. Im zweiten Schritt wird jede denkbare Ursache detailliert beschrieben und werden Störgrößen aufgelistet. Hier ist der Erfahrungsaustausch im Team unerlässlich. Zur Ursachenfindung ist es hilfreich, systematisch jedes Strukturelement der Prozesskette einzeln zu hinterfragen. Ressourcen, Strukturen, Prozesse und Lenkungsebenen können in Form des Ishikawa-Diagramms – auch Fischgrätendiagramm genannt (vgl. Abschnitt 6.1.4) – abgefragt werden. Unterstützung bietet das Leitbild der Potenzialklassen. (Das Leitbild der Potenzialklassen im Prozesskettenmanagement wurde am Fraunhofer-Institut Dortmund entwickelt. Nähere Ausführungen beispielsweise in Kuhn/Winz 1999, S. 21 ff., oder Beckmann 2012, S. 204 ff.)

Derzeitige Maßnahme

Zu jeder Ursache werden alle vorhandenen Maßnahmen aufgelistet, die bisher zur Vermeidung getroffen wurden. Diese Auflistung dient der Dokumentation des Ist-Zustands und soll dazu führen, dass die zu definierenden Abstellmaßnahmen über das Bisherige hinausgehen. Gerade bei mehreren FMEA-Durchläufen kann so die Wirksamkeit von Maßnahmen überprüft werden.

Wahrscheinlichkeit des Auftretens

Die Wahrscheinlichkeit, dass eine potenzielle Fehlerursache oder Störgröße eintritt und dann zu einem ungeplanten Prozess führt, wird mit einer Zahl zwischen 1 und 10 bewertet. Je höher die Eintrittswahrscheinlichkeit, desto höher die Zahl. Die Wahrscheinlichkeit wird unter Berücksichtigung der derzeitigen Vermeidungsmaßnahme getroffen.

Bedeutung für den Kunden

Die Bedeutung der Folgen eines Fehlers sowohl für den externen als auch für den internen Kunden wird ebenfalls anhand einer Skala von 1 bis 10 bewertet. Wenn die Bedeutung der Fehlerfolge sehr gering ist bzw. der Kunde die Auswirkungen kaum wahrnehmen wird, dann wird die 1 als minimale Punktzahl vergeben. Führt der Fehler zu Blindprozessen, dann wird eine Punktzahl im mittleren Bereich vergeben. Sind die Konsequenz Fehlprozesse, also der Vernichtung von bereits geschaffenem Kundennutzen, dann wird mit der maximalen Punktzahl von 10 gewertet.

Empfohlene Abstellmaßnahmen

Nachdem die Fehler-Ursache-Wirkungs-Ketten bestimmt und bewertet wurden, werden Abstellmaßnahmen definiert, die geeignet sind, die Fehlerursachen abzustellen. Die Abstellmaßnahmen müssen über die derzeitig bestehenden Maßnahmen hinausgehen. Die Fähigkeit der Nutz- und Stützprozesse soll sich erhöhen, sodass künftig die Serviceanforderungen erfüllt und ungeplante Prozesse vermieden werden.

Aufwand

In der Praxis hat sich herausgestellt, dass die vorgeschlagenen Abstellmaßnahmen in ihrem Realisierungsaufwand stark schwanken. Um schnell messbare Erfolge zu erzielen und den Ressourcenaufwand zu bündeln, wird der Realisierungsaufwand bewertet. Er erhält die Zahl 10, wenn der Aufwand sowohl in finanzieller, organisatorischer als auch in zeitlicher Hinsicht sehr gering ist. Trifft das Gegenteil zu, so wird er mit der 1 bewertet. In der konventionellen FMEA wird an dieser Stelle bewertet, mit welcher Wahrscheinlichkeit der Fehler vor Auslieferung an den Kunden entdeckt wird.

Prioritätszahl

Die Prioritätszahl wird aus der Multiplikation der drei zuvor vergebenen Bewertungspunkte für

- die Auftrittswahrscheinlichkeit der Fehlerursache,
- die Bedeutung der Fehlerfolgen für den internen und externen Kunden und
- den Realisierungsaufwand der Abstellmaßnahme

gebildet (Bild 8.6). Die Prioritätszahl gibt an, in welcher Reihenfolge die Abstellmaßnahmen abgearbeitet werden sollen. Sie soll nicht zur Selektion, sondern im Sinne einer Priorisierung verwendet werden. Die höchste Zahl hat Priorität. Somit werden erste Erfolge bei der Verbesserung schon nach kurzer Zeit erzielt.

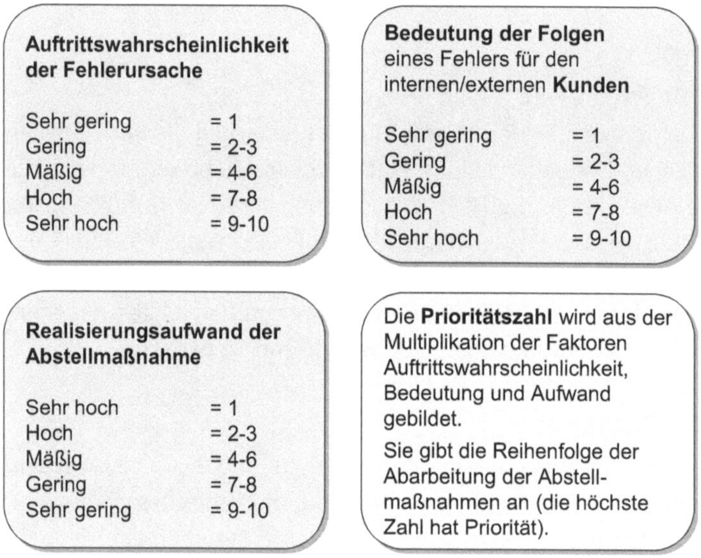

Auftrittswahrscheinlichkeit der Fehlerursache

Sehr gering = 1
Gering = 2-3
Mäßig = 4-6
Hoch = 7-8
Sehr hoch = 9-10

Bedeutung der Folgen eines Fehlers für den internen/externen **Kunden**

Sehr gering = 1
Gering = 2-3
Mäßig = 4-6
Hoch = 7-8
Sehr hoch = 9-10

Realisierungsaufwand der Abstellmaßnahme

Sehr hoch = 1
Hoch = 2-3
Mäßig = 4-6
Gering = 7-8
Sehr gering = 9-10

Die **Prioritätszahl** wird aus der Multiplikation der Faktoren Auftrittswahrscheinlichkeit, Bedeutung und Aufwand gebildet.
Sie gibt die Reihenfolge der Abarbeitung der Abstellmaßnahmen an (die höchste Zahl hat Priorität).

Bild 8.6 Die Ermittlung der Prioritätszahl

Verantwortlichkeit

Für jede vorgeschlagene Abstellmaßnahme werden eine verantwortliche Person und ein Terminplan zur Umsetzung benannt. Damit soll sichergestellt werden, dass bis zur Wiederholung der FMEA auch tatsächlich Ergebnisse erzielt werden. Dies ist der Einstieg in das Projektmanagement mit dem benannten Verantwortlichen als Projektleiter.

Ein Beispiel ist in Bild 8.7 gezeigt. Es ist ratsam, die Prozessketten-FMEA in regelmäßigen Abständen zu wiederholen, um die Wirksamkeit der Abstellmaßnahmen zu überprüfen. Das Ergebnis der FMEA hängt auch von der Qualität des durchführenden Teams ab. Hier kommt es auf die Teamzusammensetzung an.

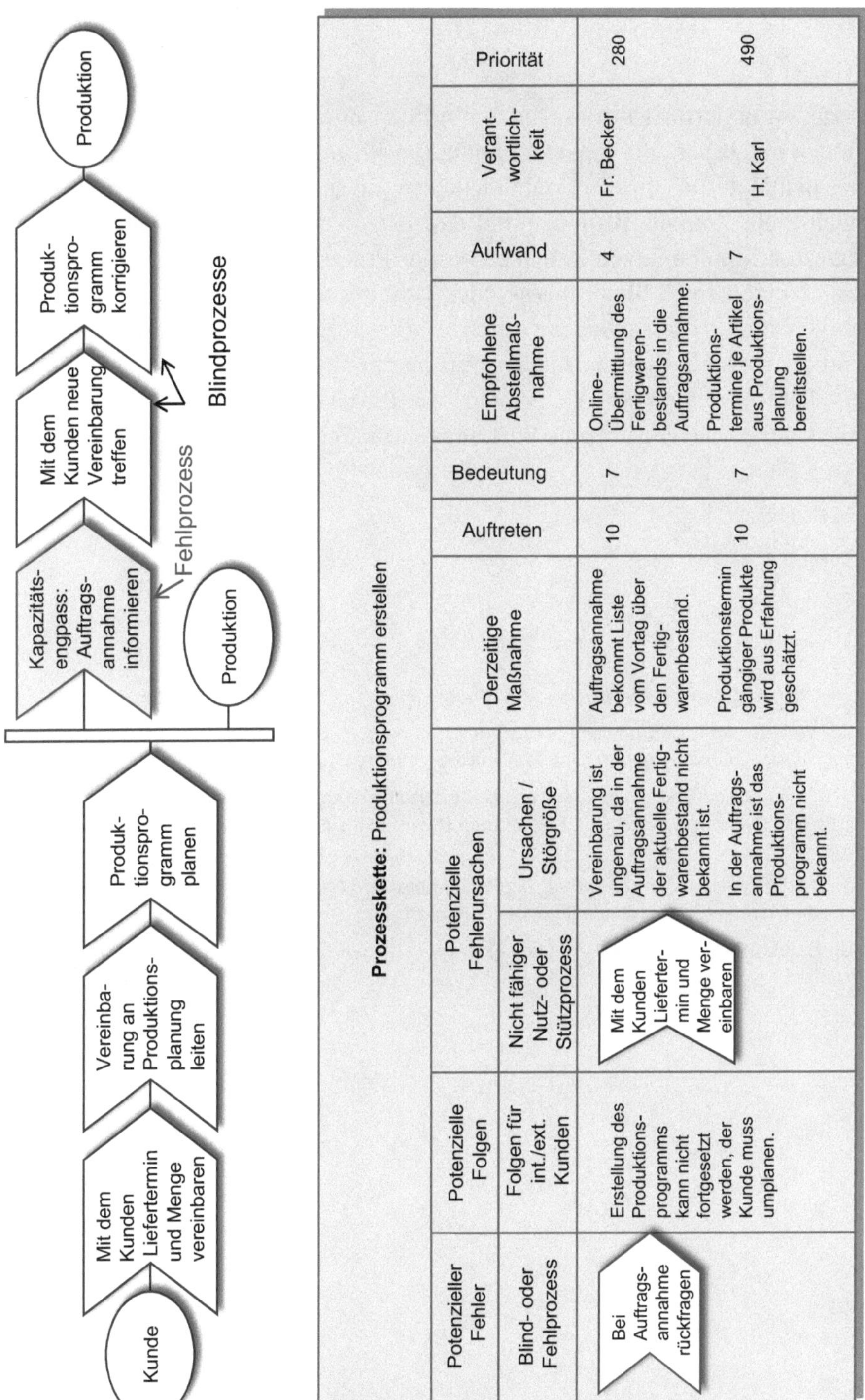

Prozesskette: Produktionsprogramm erstellen

Potenzieller Fehler	Potenzielle Folgen	Potenzielle Fehlerursachen		Derzeitige Maßnahme	Auftreten	Bedeutung	Empfohlene Abstellmaßnahme	Aufwand	Verantwortlichkeit	Priorität
Blind- oder Fehlprozess	Folgen für int./ext. Kunden	Nicht fähiger Nutz- oder Stützprozess	Ursachen / Störgröße							
Bei Auftragsannahme rückfragen	Erstellung des Produktionsprogramms kann nicht fortgesetzt werden, der Kunde muss umplanen.	Mit dem Kunden Liefertermin und Menge vereinbaren	Vereinbarung ist ungenau, da in der Auftragsannahme der aktuelle Fertigwarenbestand nicht bekannt ist.	Auftragsannahme bekommt Liste vom Vortag über den Fertigwarenbestand.	10	7	Online-Übermittlung des Fertigwarenbestands in die Auftragsannahme.	4	Fr. Becker	280
			In der Auftragsannahme ist das Produktionsprogramm nicht bekannt.	Produktionstermin gängiger Produkte wird aus Erfahrung geschätzt.	10	7	Produktionstermine je Artikel aus Produktionsplanung bereitstellen.	7	H. Karl	490

Bild 8.7 Beispiel für eine Prozessketten-FMEA

■ 8.4 Zusammenfassung

Die prozessorientierte Sichtweise auf den Auftragsdurchlauf verhindert lokale Optimierungen und erhöht die Prozessqualität. Der Prozesskettenplan ist eine Visualisierung der Material- und Informationsflüsse. Er schafft Transparenz und stellt gleichzeitig ein Kommunikationsmittel dar. Jeder Prozess wird bezüglich seines Beitrags zum Kundennutzen in einen der vier Prozesstypen unterschieden: Nutzprozess, Stützprozess, Blindprozess oder Fehlprozess. Blind- und Fehlprozesse sind ungeplante Prozesse, welche durch zeitlich vorgelagerte Prozesse, die nicht fähig sind, ausgelöst wurden. Aus der Zusammenführung der klassischen FMEA mit der Prozesskettenmethodik entsteht die Prozessketten-FMEA, mittels derer die Erfassung der Fehler-Ursache-Wirkungs-Zusammenhänge in Prozessketten gelingt.

■ 8.5 Literatur

Beckmann, H. (2012): *Prozessorientiertes Supply Chain Engineering.* Springer Gabler Verlag, Wiesbaden

Kuhn, A.; Winz, G. (1999): „Einführung in das Prozesskettenmanagement". In: Kuhn, A.: *Prozesskettenmanagement. Erfolgsbeispiele aus der Praxis.* Verlag Praxiswissen, Dortmund, S. 9 - 24

Winz, G. (1996): *Methodik zur kontinuierlichen Verbesserung der logistischen Qualität - Ein Beitrag zum logistischen Qualitätsmanagement.* Dissertation Universität Dortmund; Verlag Praxiswissen, Dortmund

Winz, G. (2012): *Die dynamische Gestaltung der Produktions- und Logistikketten. Logistische Gesetzmäßigkeiten im schlanken Materialfluss.* Logos Verlag, Berlin

Winz, G.; Quint, M. (1997): *Prozesskettenmanagement.* Leitfaden für die Praxis. Verlag Praxiswissen, Dortmund

9 Qualitätsbezogene Kosten

Bringt es finanzielle Vorteile, ein Qualitätsmanagement zu betreiben? Kann eine Firma dadurch Geld sparen oder werden lediglich Kosten verursacht? Wenn dem so wäre, gibt es dann ein Optimum zwischen zu viel und zu wenig Qualitätsmanagement? Ausgehend von Methoden des internen Rechnungswesens erklärt das Kapitel die Stärken und die Schwächen der klassischen Qualitätskostenaufteilung. Die Methoden der prozesskostenorientierten Betrachtung und des Kennzahlensystems der Quality Scorecard werden als alternative moderne Formen dargestellt.

9.1 Internes Rechnungswesen

An der Schnittstelle zwischen dem Qualitätsmanagement und dem Rechnungswesen befindet sich das Qualitätscontrolling. Das Qualitätscontrolling bereitet Daten auf, bewertet diese und trifft entsprechende Entscheidungen. Wichtige Basis sind die Qualitätskosten. Diese werden mithilfe des Rechnungswesens ermittelt.

Bestandteil des Rechnungswesens ist die Kosten- und Leistungsrechnung. Hier werden alle in einer Abrechnungsperiode anfallenden Kosten und Leistungen erfasst und zugeordnet. Die Aufgaben der Kostenartenrechnung sind die

- Erfassung aller Kosten,
- Gliederung in Einzel- und Gemeinkosten,
- Aufteilung in fixe und variable Kosten.

Die Einzelkosten werden den Kostenträgern (Produkt, Dienstleistung) direkt zugerechnet. Bei den Gemeinkosten erfolgt die Zuordnung über die Kostenstellen. Kostenstellen sind klar abgegrenzte Organisationseinheiten wie z. B. die Qualitätsabteilung. Im weiteren Schritt findet die Aufteilung auf die Kostenträger statt (Bild 9.1). Die Erfassung der Kosten muss geordnet, vollständig und periodengerecht erfolgen.

Bild 9.1
Die drei Stufen der Kostenrechnung

Ein weiterer Bestandteil des Rechnungswesens ist die Investitions- und Finanzrechnung. Hier werden neben der Finanz- und Liquiditätsplanung auch qualitätsbezogene Investitionen geprüft und entschieden. Wie in der Fertigung gibt es auch im Qualitätswesen Investitionen: Dies können eine Erweiterungsinvestition sein zur Erhöhung der bisherigen betrieblichen Leistungsfähigkeit, eine Rationalisierungsinvestition zum Zweck der Verbesserung bzw. Modernisierung der betrieblichen Anlagen oder eine Ersatzinvestition, bei der eine vorhandene Anlage durch eine neue ersetzt wird. Wann ist eine Investition vorteilhaft? Dazu gibt es statische und dynamische Investitionsrechnungsverfahren:

- *Statische Verfahren* beurteilen die Vorteilhaftigkeit von Investitionsprojekten aufgrund der Zahlungs- bzw. Erfolgsgrößen einer einzigen Periode, die man als repräsentativ für sämtliche Perioden erachtet. Als Periodenwerte werden Durchschnittswerte herangezogen. Unterschiede im zeitlichen Anfall von Einzahlungen und Auszahlungen werden jedoch nicht berücksichtigt. Statische Verfahren sind der Kostenvergleich, der Gewinnvergleich, die Rentabilitätsrechnung und die Amortisationsrechnung.
- *Dynamische Verfahren* berücksichtigen sämtliche Ein- und Auszahlungen über alle Nutzungsperioden hinweg. Zu den dynamischen Verfahren gehören die Kapitalwertmethode, die Interne Zinsfußmethode und die Annuitätenmethode. Die Kapitalwertmethode (engl. net present value) ist ein Verfahren zur Beurteilung der Vorteilhaftigkeit von Investitionen durch Abzinsung (Diskontierung) der jährlichen Nettoeinzahlungen auf den Entscheidungszeitpunkt. Der Kapitalwert (Barwert) ist die Summe aller über ihre Nutzungsdauer anfallenden, auf einen Zeitpunkt abgezinsten Ein- und Auszahlungen. Gewählt wird jenes Investitionsprojekt, welches den größten Kapitalwert erzielt.

BEISPIEL

Die Erweiterungsinvestition eines automatischen Testers um einen zusätzlichen Prüfkopf beträgt 85 000 Euro. Die Aufrüstung soll die Ausbeute um 2 % steigern, was 35 000 Euro pro Jahr entspricht. Die Vorteilhaftigkeit der Investition wird mittels der Kapitalwertmethode (Bild 9.2) bewertet. Im ersten Schritt erfolgt die Abzinsung des Überschusses auf den Gegenwartszeitpunkt, denn 35 000 Euro nach einem, zwei oder drei Jahren sind weniger wert als heute. Grund dafür sind die Inflation und das Investitionsrisiko. Beide Faktoren sind im Kalkulationszinssatz hinterlegt. Dieser Zinssatz variiert von Unternehmen zu Unternehmen und soll in unserem Beispiel 10 % betragen. Dann haben 35 000 Euro, welche man in drei Jahren erhält, auf den heutigen Zeitpunkt bezogen einen abgezinsten Barwert von 26 300 Euro. Im zweiten Schritt wird der Kapitalwert durch Addition der abgezinsten Barwerte bestimmt. Er ist in unserem Beispiel mit 2000 Euro knapp positiv, die Investition wäre damit vorteilhaft.

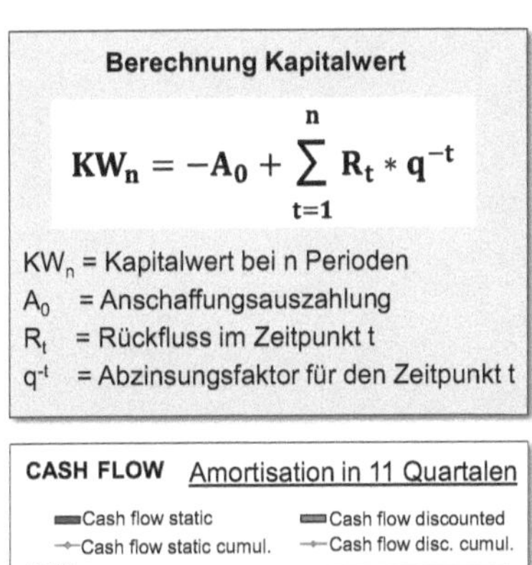

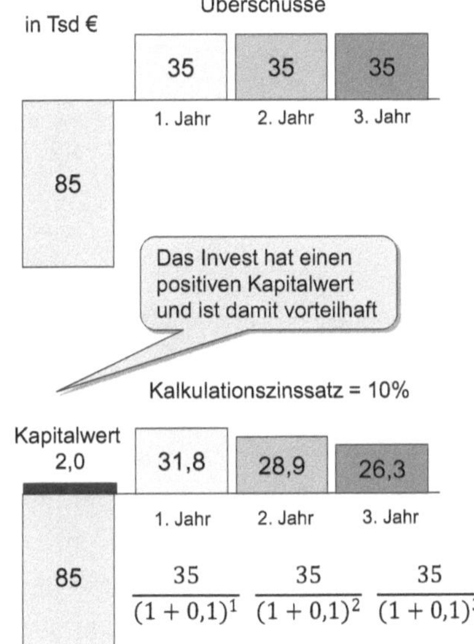

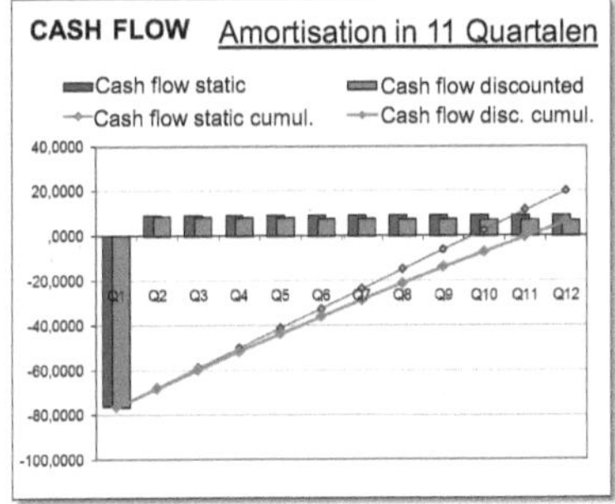

Bild 9.2 Beispiel zur Kapitalwertmethode

9.2 Klassische Einteilung der qualitätsbezogenen Kosten

In der klassischen Sichtweise teilt die DIN 55350:2021 die qualitätsbezogenen Kosten in die Fehlerverhütungs-, Prüf- und Fehlerkosten auf (Bild 9.3). Die Organisation legt fest, nach welchen Kriterien die qualitätsbezogenen Kosten abgegrenzt und erfasst werden. Zu den qualitätsbezogenen Kosten gehören auch die Kosten für Qualitätsaudits durch Kunden und Zertifizierungsstellen. Die Benennung „Qualitätskosten“ wird nicht empfohlen.

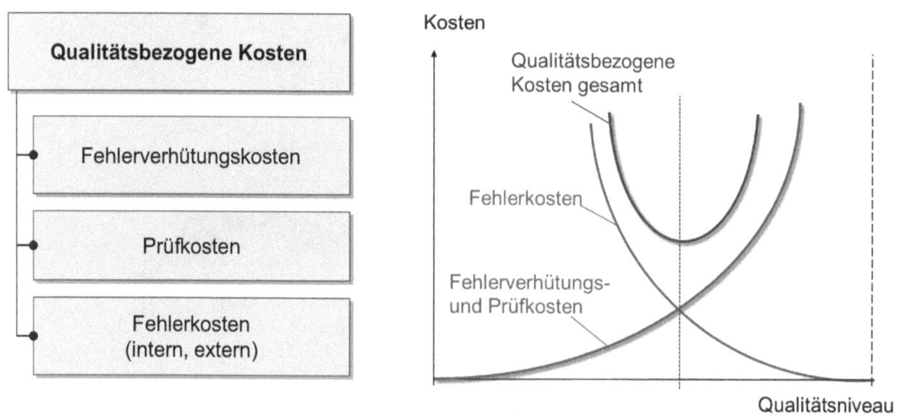

Bild 9.3 Klassische Aufteilung der qualitätsbezogenen Kosten

Die DIN-Norm definiert weiter, dass die *Fehlerverhütungskosten* durch die Analyse und Beseitigung von Fehlerursachen zustande kommen. Dazu gehören insbesondere die Vorbeuge- und Korrekturmaßnahmen. Das sind die Qualitätsplanung, die Durchführung der verschiedenen präventiven QM-Methoden, die Prüfplanung, sämtliche Prozess- und Maschinenfähigkeitsuntersuchungen, Schulungen und in der Regel auch die Leitung der Qualitätsabteilung.

Die *Prüfkosten* werden durch die planmäßigen Prüfungen verursacht, die keinen konkreten Fehler zum Anlass haben. Die DIN merkt an, dass die Prüfkosten durch das für die Prüfungen eingesetzte Personal, die zugehörigen Prüfmittel und die Prüfmittelüberwachung in allen Bereichen der Organisation entstehen. Prüfungen fallen im Wareneingang an, während der Fertigung, in der Endkontrolle und im Warenausgang. Es können 100-%-Prüfungen sein, Stichprobenprüfungen beispielsweise zum Führen von Qualitätsregelkarten oder die Erstmusterprüfung. Zu den Kosten zählen die Kapitalkosten der Prüfmittel und der Prüfmaschinen, die verbrauchten Hilfsmittel, die Flächen- und Personalkosten und ebenso die geschlüsselten Gemeinkosten.

Die DIN definiert die *Fehlerkosten* als die Kosten, die durch die Fehler verursacht werden. Sie können nach dem Ort der Fehlerfeststellung in die internen und die externen Fehlerkosten eingeteilt werden, wobei die Organisation festlegen muss, was unter intern und extern zu verstehen ist. Beispiele für Fehlerkosten sind die Kosten für Nacharbeit, Reparatur, Verschrottung, Entsorgung, außerplanmäßige Sortierprüfungen, Ausfallzeit, Gewährleistung und Produkthaftung. Einige Fehlerkosten wie z.B. die Kosten durch Imageverlust mögen schwer zu quantifizieren sein, sind aber sehr bedeutsam.

Zu den internen Fehlerkosten zählen alle betriebsintern durchgeführten Nacharbeiten an Produkten und die damit verbundenen Wiederholprüfungen; Sortierprüfungen, um aus einem beanstandeten Los die fehlerhaften Teile auszusortieren; die Kosten für Ausschuss und die Kosten für die Entsorgung; die Wertminderung von Produkten zweiter Wahl; alle Maßnahmen und Projektkosten zur Fehlerbeseitigung; auch Folgekosten wie beispielsweise Expresslieferungen oder Stillstandszeiten der Produktion.

Extern durchgeführte Sortierprüfungen, Nacharbeit, Ausschuss, Gewährleistung, Produkthaftung und die Kosten der mit der Abwicklung beauftragten Organisationseinheiten gehören zu den externen Fehlerkosten.

In dieser traditionellen Betrachtungsweise ergeben sich die gesamten qualitätsbezogenen Kosten aus der Summe der Fehlerverhütungskosten, der Prüfkosten und der Fehlerkosten. Diese Summenkurve hat ein Minimum, welche das optimale Qualitätsniveau darstellt. Durch zu geringe Fehlerverhütungs- und Prüfkosten liegen die Fehlerkosten überproportional hoch. Umgekehrt sinken diese ab einem bestimmten Qualitätsniveau nur noch unterproportional zu dem Aufwand, den man hineinsteckt (vgl. Bild 9.3). Diese Sichtweise wird heute aber vielfach kritisiert, denn nicht Qualität verursacht Kosten, sondern die Nichteinhaltung von Qualität.

Es kam im Zuge der Null-Fehler-Philosophie zu einem Umdenken und der in Bild 9.4 gezeigten neuen Aufteilung der Qualitätskosten in:

- Kosten der Übereinstimmung (Konformitätskosten): vorwiegend planbar, nicht vermeidbar, Gemeinkostencharakter.
- Kosten der Abweichung (Nicht-Konformitätskosten): vorwiegend nicht planbar, vermeidbar und Einzelkostencharakter.

Bild 9.4
Neugliederung der Qualitätskosten

In den monatlichen Unternehmensberichten der Qualitätskosten werden die Kosten der Abweichung aber nur ungenügend erfasst, wodurch sich ein beschönigtes Bild der Realität ergibt. Tatsächlich gibt es eine Reihe von Gründen, die die Erfassung über das bestehende Rechnungssystem erschweren bzw. sogar unmöglich machen.

HINWEIS

Gründe aus der betrieblichen Praxis, warum Abweichungskosten oftmals nicht erfasst werden:

- Kein System, keine EDV, keine Arbeitsanweisungen zur Erfassung installiert: Maschinenstillstände, Problemlösungsbesprechungen, Kundenunzufriedenheit.
- Nur schwer bzw. nicht abgrenzbar: hohe Lagerbestände, Änderungen in der Nullserie, späte Zahlungen.
- Nicht möglich zu ermitteln: Wartezeiten, entgangene Aufträge (sogenannte Opportunitätskosten).
- Vermeintlich zu hoher Erfassungsaufwand: Expresslieferungen.

9.3 Prozesskostenorientierte Betrachtung

Die Qualitätskostenerfassung entlang der gesamten Wertschöpfungskette lässt sich auch nach diesem Modell nicht abdecken. Das liegt an den Schwächen des Rechnungssystems, welches nicht in der Lage ist, alle Kosten zu erfassen. Legt man das TQM-Verständnis zugrunde, dann ist die Beseitigung jeglicher Art von

Verschwendung Aufgabe des Qualitätsmanagements. Ziel ist die Schaffung von Kundennutzen mit Produkten und Service. Alle Abläufe im Unternehmen müssen auf den Kundennutzen ausgerichtet sein.

Hilfreich ist hier die Philosophie des Prozesskettenmanagements (vgl. Abschnitt 8.2), in dem die Prozesse in die Nutz- und Stützprozesse und in die ungeplanten Blind- und Fehlprozesse klassifiziert werden. Die ersten beiden Prozesstypen sind geplante Prozesse, die letzten beiden ungeplante. Blind- und Fehlprozesse verbrauchen Zeit und verursachen Kosten, genauso wie nicht effizient organisierte Stützprozesse.

Die über die Prozesskette kumulierten Prozesskosten können wie in Bild 9.5 gezeigt in einem Diagramm aufgetragen werden. Die Einstandskosten (z. B. für Zukaufteile) sind in den Quellen hinterlegt. So wird zum einen deutlich, welche Prozesse die Kostentreiber in der Prozesskette sind. Genau diese kostentreibenden, potenzialträchtigen Prozesse bilden den vorrangigen Gegenstand von Optimierungsmaßnahmen und weiteren Detaillierungsebenen.

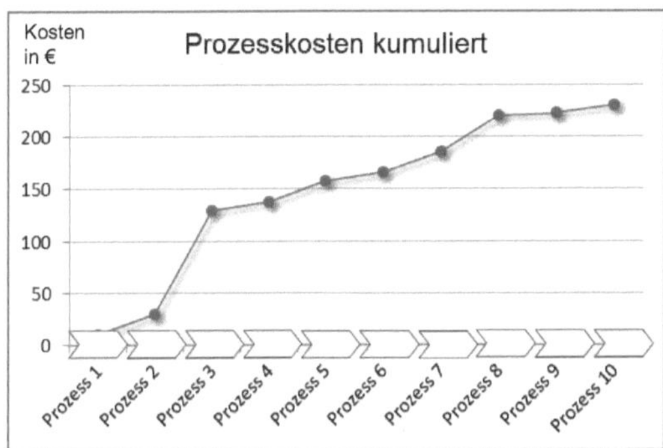

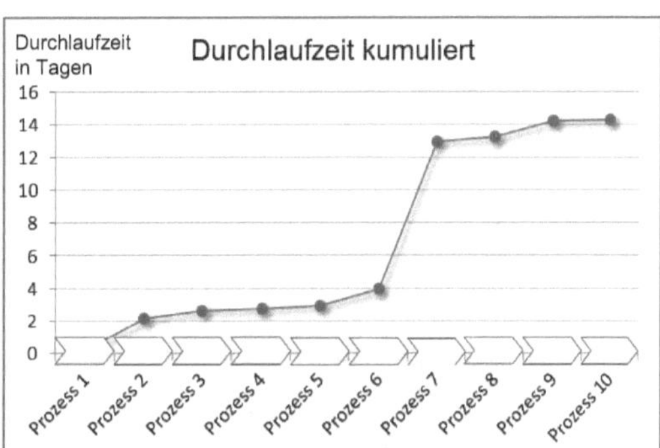

Bild 9.5 Das Prozesskosten- und das Durchlaufzeitendiagramm

Vergleichbar mit der Darstellung der Prozesskosten erfolgt im Durchlaufzeitendiagramm eine Kumulation der Durchlaufzeiten je Teilprozess. Es werden die Durchlaufzeiten für Bearbeitungs-, Prüf-, Lager-, Transport-, Puffer- und Informationsprozesse addiert, sodass die gesamte Durchlaufzeit für einen Auftrag abgelesen werden kann. Das Diagramm zeigt, in welchen Prozessen die Zeittreiber liegen.

Im Prozesskosten-Durchlaufzeiten-Diagramm (Bild 9.6) wird der Prozesskostenzuwachs über die Durchlaufzeit aufgetragen und verdeutlicht die „Zeitproduktivität" eines Prozesses (vgl. Winz/Quint 1997, S. 89 f.). Im Qualitätsmanagement stellt jeder ungeplante Prozess eine Verschwendung dar, die es zu eliminieren gilt, genauso wie aufgeblähte Stützprozesse, die auf das notwendige Minimum zu reduzieren sind. Das Ziel ist es, für die Fläche unter der Prozesskosten-Durchlaufzeiten-Kurve ein Minimum zu erreichen.

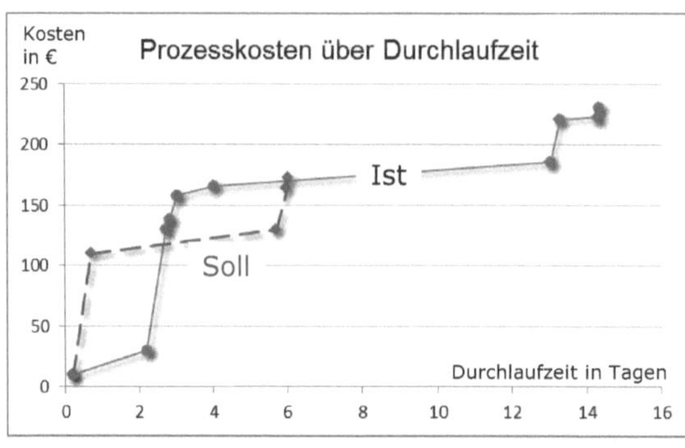

Bild 9.6
Das Prozesskosten-Durchlaufzeiten-Diagramm

9.4 Quality Scorecard

Eine reine Kostenbetrachtung wird den Nutzen eines Qualitätsmanagementsystems niemals vollständig darstellen können. Auch die präventive Wirkung von QM-Maßnahmen wird sich mit finanziellen Kennzahlen alleine nicht bzw. nur zum Teil erfassen lassen, da viele Effekte stark zeitverzögert in der Zukunft auftreten und im Zusammenhang mit weiteren Ursache-Wirkungs-Beziehungen stehen. Wie sollen beispielsweise QM-Schulungen bewertet werden, die Einhaltung von Quality Gates in Entwicklungsplänen oder die Verbesserung von Prozess- und Messmittelfähigkeitsindizes?

Die Kombination von monetären als auch nicht monetären Kennzahlen kann ein viel umfassenderes und realistischeres Abbild schaffen und damit als Lösungsweg dienen. Ausgangsbasis ist das in Abschnitt 2.4 vorgestellte EFQM Excellence Modell der European Foundation for Quality Management, welches in Ausrichtung, Realisierung und Ergebnisse unterscheidet. Ein weiteres relevantes Modell ist die Balanced Scorecard (BSC) mit den vier Perspektiven Finanzen, Prozesse, Kunden und Innovation (vgl. Kaplan/Norton 1997). Die BSC kann als Qualitätsmanagementinstrument angewendet werden, um strategische Qualitätsziele umzusetzen, diese organisatorisch zu verankern und deren Umsetzung zu überwachen (vgl. Jochem/Giebel/Geers 2010, S. 15). Der Unterschied beider Modelle besteht darin, dass die Balanced Scorecard das Tagesgeschäft mit individuell auf das Unternehmen angepassten Kennzahlen steuert, wohingegen das EFQM-Modell mit für alle Unternehmen einheitlich strukturierten Kriterien das Qualitätsmanagementsystem langfristig in großen Zeitabständen verbessert.

Die Kombination beider Modelle führt zur sogenannten Quality Scorecard, welche die Qualitätskosten mit weiteren Perspektiven vereint, die für das Qualitätsmanagement relevant sind (Bild 9.7). Mit diesem neuen Kennzahlensystem lässt sich die Wirksamkeit des Qualitätsmanagementsystems nachweisen und steuern.

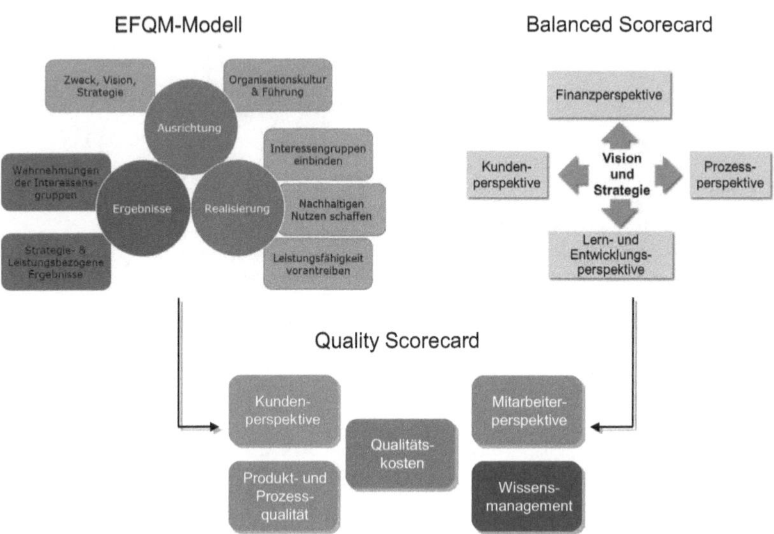

Bild 9.7 Zusammenführung von EFQM-Modell und Balanced Scorecard

In der Quality Scorecard sind für die verschiedenen Perspektiven die entsprechenden Kennzahlen unternehmensspezifisch formuliert (Bild 9.8). In der Kundenperspektive sind die Anzahl der Reklamationen oder Feldrückläufer, die Ergebnisse zur Kundenbegeisterungsmessung und weitere Kennzahlen im Bereich der Servicequalität hinterlegt. Zu der Perspektive der Produkt- und Prozessqualität werden die Ergebnisse von Erstbemusterungen und die Kennzahlen zu den Fähigkeitsindizes abgebildet. Die aus dem EFQM-Modell stammende Mitarbeiterperspektive bildet Kennzahlen zur Mitarbeiterzufriedenheit, zur Fluktuation, zum Qualifikationsprofil, zur Anzahl der Potenzialträger oder zur Anzahl der QM-Schulungen ab. Insbesondere bei großen verteilten Organisationen muss das lokale Erfahrungswissen der gesamten Organisation verfügbar gemacht werden. In der Perspektive des Wissensmanagements bilden deshalb Kennzahlen die Lernende Organisation ab. Dies können beispielsweise die Anzahl von Verbesserungsvorschlägen oder die Anzahl von KVP-Events sein oder auch der Fortschritt und die Nutzung von IT-Projekten im Wissensmanagement und weitere Indikatoren wie die Anzahl der Good Practices, die in einem Wissensmanagementsystem eingegeben werden.

Kundenperspektive
- Anzahl Reklamationen
- Kundenbegeisterung
- Servicequalität
- ...

Produkt- & Prozessqualität
- Erstmusterprüfung
- Messmittel- & Prozessfähigkeitsindizes
- Lieferantenbewertung
- ...

Qualitätskosten
- Kosten der Übereinstimmung
- Kosten der Abweichung

Mitarbeiterperspektive
- Mitarbeiterbegeisterung
- Qualifikation
- QM - Methodenschulungen
- ...

Wissensmanagement
- Anzahl Verbesserungsvorschläge
- Anzahl Good Practices
- Einhaltung von Quality Gates
- ...

Bild 9.8 Beispiel für Perspektiven der Quality Scorecard

Zu jeder Kennzahl gibt es eine genaue Definition in Form eines Kennzahlensteckbriefs, der Zielwert, den Ist-Wert und den Zielerreichungsgrad beinhaltet.

Weiterhin wird für jede Kennzahl ein eigenes Berichtsblatt angefertigt und der aktuelle Wert in einen Ampelstatus überführt. Diese werden dann in einem sogenannten Cockpit für jede Perspektive zusammengeführt, wie in Bild 9.9 schematisch dargestellt. Mit einem Blick ist sowohl der Status der Wirksamkeit zu erkennen als auch die Entwicklungsrichtung des gesamten Qualitätsmanagementsystems.

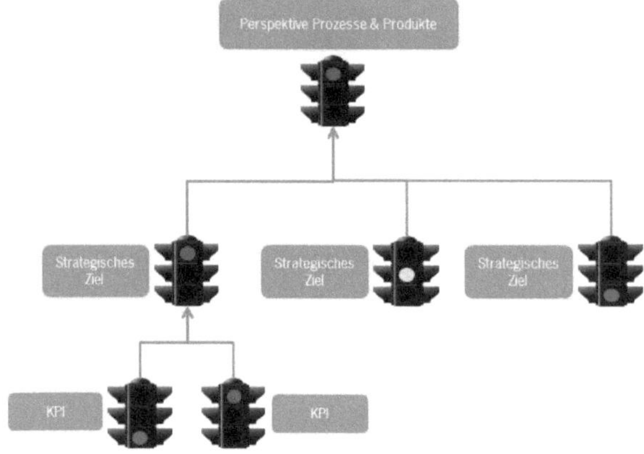

Bild 9.9 Schematische Darstellung der Ampelsystematik

9.5 Zusammenfassung

Sowohl die klassische Einteilung der Qualitätskosten in Fehlerverhütungskosten, Prüfkosten und Fehlerkosten als auch die Neugliederung in Kosten der Übereinstimmung und Kosten der Abweichung vermögen kein vollständiges Abbild der Qualitätskosten zu geben. Die auf dem Prozesskettenmanagement basierende Prozesskostenrechnung erfasst die Qualitätskosten entlang der gesamten Wertschöpfungskette. Eine reine Kostenbetrachtung wird den Nutzen eines Qualitätsmanagementsystems aber niemals vollständig darstellen können. Die Kombination von monetären und nicht monetären Kennzahlen kann ein viel umfassenderes Abbild schaffen und als Lösungsweg dienen. Ausgehend von dem EFQM-Modell und der Balanced Scorecard wird eine Quality Scorecard entwickelt, die weitere qualitätsrelevante Perspektiven einbezieht und ein Gesamtbild über die Effektivität und die Effizienz des Qualitätsmanagementsystems gibt.

9.6 Literatur

DIN 55350:2021 *Begriffe zum Qualitätsmanagement.* Beuth Verlag, Berlin

Jochem, R.; Giebel, M.; Geers, D. (2010): „Sind hoher Qualitätsanspruch und Wirtschaftlichkeit miteinander vergleichbar?" In: Jochem, J. (Hrsg.): *Was kostet Qualität?* Carl Hanser Verlag, München, S. 1-26

Kaplan, R. S.; Norton, D. P. (1997): *Balanced Scorecard. Strategien erfolgreich umsetzen.* Schäffer-Poeschel Verlag, Stuttgart

Winz, G.; Quint, M. (1997): *Prozesskettenmanagement. Leitfaden für die Praxis.* Verlag Praxiswissen, Dortmund

10 Servicequalität

Neben der Produktqualität bestimmt die Servicequalität die Kundenwahrnehmung entscheidend. Exzellentem Service für technisch anspruchsvolle Produkte wird ein enormes Potenzial vorausgesagt. Der Blick auf den Markt zeigt, dass führende Unternehmen (z.B. BMW, Siemens, DMG Mori) oder internationale Dienstleistungsunternehmen (z.B. Mandarin Oriental, Google) ihren Service kontinuierlich anpassen und weiterentwickeln. In der Normung findet das Thema Servicequalität ebenfalls Berücksichtigung. Die Begriffe Service und Dienstleistung sind synonym anzusehen, wobei der Service im engeren Sinne die Dienstleistung eines Industrieunternehmens ist.

Das Kapitel hat zum Ziel, das abstrakte Thema Servicequalität zu operationalisieren, indem es Modelle zur Verfügung stellt, wie der Kunde Servicequalität wahrnimmt, und Methoden aufzeigt, wie sich die Servicequalität messen und systematisch steigern lässt. An Best-Practice-Beispielen aus zwei gänzlich unterschiedlichen Branchen wird gezeigt, wie sich durch die organisatorische Verankerung von Service Excellence systematisch Kundenbegeisterung erzeugen lässt.

10.1 Grundlagen

Was sind die Gründe für die steigende Bedeutung von Service allgemein und industriellem Service im Speziellen? Auf der Angebotsseite versuchen Unternehmen, dem Wettbewerbsdruck im Sachgutgeschäft zu begegnen, indem sie sich durch den Aufbau eines professionellen Service differenzieren und damit das Sachgutgeschäft stützen. Zudem können Sachguthersteller ihren Umsatz steigern, indem sie in der Wertschöpfungskette vor- oder nachgelagerte Services in ihr Angebot integrieren und oftmals damit auch die Kundenbindung erhöhen. Auf der Nachfrageseite wollen sich die industriellen Kunden auf ihr Kerngeschäft konzentrieren und verlangen deshalb zu einem komplexen Produkt den dazugehörigen Service.

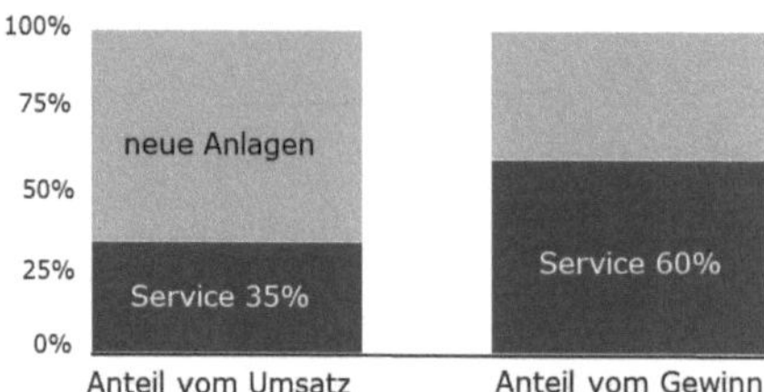

Bild 10.1
Bain Service Benchmarking-Studie 2020 (n = 51)

Heute bieten viele Industriefirmen ihre produzierten Güter nur mit einem minimalen Service an, den sie für die Kunden absolut notwendig halten, wie beispielsweise Ersatzteillieferungen. Aber das Potenzial ist riesig. In der 2020 veröffentlichten Studie „Industrial Services" analysierte Bain & Company (Bild 10.1), dass die produzierende Industrie nur 35 % ihres Umsatzes mit dem Service erwirtschaftet, aber bereits 60 % ihres Gewinns (vgl. Strempel et al. 2021). Der Trend geht also eindeutig in Richtung Service. Neben der Steigerung des Umsatzes und den hohen Margen ist ein individueller Service nur schwer nachzuahmen und deshalb im Gegensatz zu technischen Produkten besser kopiergeschützt. Teile der Industrie, insbesondere die Premiumhersteller, werden sich deshalb schrittweise zu Unternehmen entwickeln, in denen der Service neben dem produzierten Gut eine gleichrangige Stellung einnimmt (Bild 10.2).

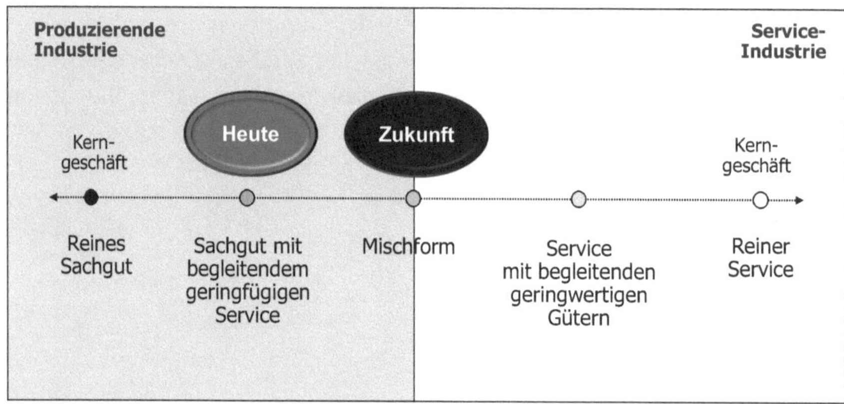

Bild 10.2 Trend in der Industrie zu mehr Serviceanteil

Die Entwicklung von neuen Services orientiert sich am Produktlebenszyklus. Bei einem Werkzeugmaschinenhersteller (Bild 10.3) sind dies die Beratung des Kunden, die Montage der Maschine und das Training des Personals, die klassische Instandhaltung und die Ersatzteilversorgung, weiterhin die technische Hotline, die auch am Wochenende Auskunft geben kann, Hardwarenachrüstungen, Software-Updates, die Automatisierung, die Generalüberholung und der Gebrauchtmaschinenhandel am Ende des Lebenszyklus. Durch die fortschreitende Digitalisierung eröffnen sich neue Servicemöglichkeiten, insbesondere in den Bereichen Software und Datenverarbeitung. In einer vielleicht nicht allzu fernen Zukunft übertragen die Maschinenbetreiber die Prozessdaten der Maschine in Echtzeit in die Cloud. Dort wertet eine selbstlernende Künstliche Intelligenz die Daten aus und ändert bei Bedarf selbstständig die Prozessparameter, um die Qualität des Werkstücks abzusichern.

Bild 10.3 Die Serviceblume am Beispiel eines Werkzeugmaschinenherstellers

Dienstleistungen sind selbständige, marktfähige Leistungen. Insbesondere unter dem Aspekt des Qualitätsmanagements von Dienstleistungen ist es bedeutend, die wesentlichen Merkmale einer Dienstleistung und die Unterschiede zu Sachgütern darzustellen (vgl. Schmitt/Pfeifer 2015, S. 255; Bruhn 2020, S. 24 ff.):

- *Uno-actu-Prinzip*: Dienstleistungen sind im Gegensatz zu Gütern nicht lagerfähig. Die Erstellung findet gleichzeitig zur Inanspruchnahme der Leistung statt.
- *Kundenintegration*: Der Kunde oder ein von ihm eingebrachtes Objekt nimmt im Moment der Leistungserbringung teil.
- *Individualität*: Die meisten Leistungen haben umfangreiche Anpassungsmöglichkeiten an die Bedürfnisse und Wünsche des Kunden.
- *Prozesscharakter*: Die Dienstleistung ist ein Prozess.
- *Immaterialität*: Die Dienstleistung lässt sich nicht anfassen, sie hat daher einen höheren Erklärungsbedarf im Vergleich zu Sachgütern und erfordert ein spezielles Qualitätsmanagement.

10.2 Service-Excellence-Definition

Ein Service ist in hohem Maße kundenindividuell und damit nur schwer kopierbar. Mit dem Service soll der Umsatz gesteigert und die Kundenbindung erhöht werden. Untersuchungen zeigen aber, dass auch zufriedene Kunden aus verschiedensten Gründen den Anbieter wechseln und nicht unbedingt loyal sind. Wie kann der Kunde davon abgehalten werden, trotz eines guten Service zur Konkurrenz zu gehen? Was macht hier den Unterschied? Die Antwort ist einfach: die Qualität des Service.

HINWEIS

Die DIN SPEC 77224: 2011 definiert Service als alle Arten von Dienstleistungen. Nach der europäischen Norm CEN/TS 16880:2016 ist Service Excellence die Fähigkeit einer Organisation, durchgehend herausragende Kundenerlebnisse zu bieten. Ziel ist es, den Kunden zu begeistern. Kundenbegeisterung sind Emotionen der Freude und Überraschung, die der Kunde erlebt, und die sich entweder aus einem intensiven Gefühl erfahrener Wertschätzung oder aus übertroffenen Erwartungen ergeben.

Service Excellence lässt sich, wie in Bild 10.4 dargestellt, als Pyramide aufbauender Elemente verstehen. Die Basis ist das Kernleistungsversprechen. Es gilt, das zu halten, was man verspricht, und die Erwartungen des Kunden zu kennen und einzuhalten. Die DIN ISO 10002 beschäftigt sich mit dem Reklamationsmanagement. Ein gutes Management von Kundenfeedback beinhaltet das individuelle Eingehen auf Rückmeldungen, den klaren Umgang mit Rückmeldungen und kulante, kundenorientierte Lösungen. Darüber hinaus helfen diese Informationen Leistungsschwächen beim Serviceanbieter zu erkennen.

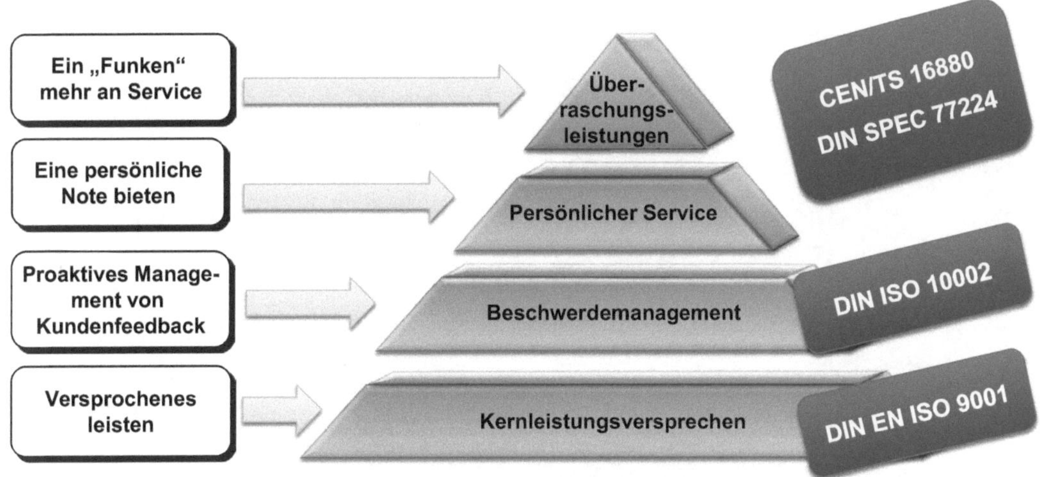

Bild 10.4 Die Service-Excellence-Pyramide (in Anlehnung an DIN SPEC 77224:2011 und CEN/TS 16880:2016)

Darauf baut Service Excellence auf. Voraussetzung ist immer das emotionale Gefühl der Freude. Beim maßgeschneiderten individuellen Service fühlt sich der Kunde herzlich und persönlich bedient und wertgeschätzt. Der Kunde kennt seine Ansprechpartner, die schnell erreichbar sind, sich Zeit nehmen, Geduld haben und die persönlichen Wünsche und Vorlieben kennen. Zudem ist der Service erst dann exzellent, wenn er eine Überraschungsleistung beinhaltet, sodass der Kunde in seinen Erwartungen übertroffen wird. Erst das emotionale Gefühl der Freude macht aus einem zufriedenen Kunden einen begeisterten Kunden. Der begeisterte Kunde ist derjenige, der wiederkommt und von seinem Erlebnis positiv berichtet.

BEISPIEL

Ein Hotel hat die Teilnehmer eines Seminars mit einer vom Hotelteam unterschriebenen Dankeskarte und Süßigkeiten verabschiedet. Diese kosten fast nichts, sind aber eine individuelle persönliche Geste und eine schöne Überraschungsleistung (Bild 10.5). Solche Kleinigkeiten können den Unterschied ausmachen. Insbesondere von der gehobenen Hotelbranche können sich die nüchternen Ingenieure der High-Tech-Firmen vielleicht etwas abschauen oder sich inspirieren lassen.

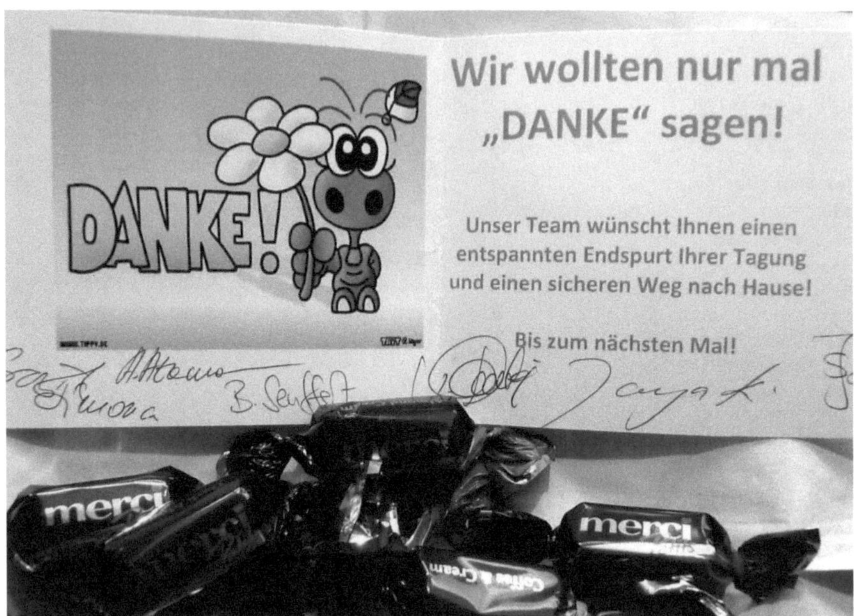

Bild 10.5 Beispiel für eine Überraschungsleistung

Exzellente Services sind nicht nur in der Dienstleistungsbranche, sondern auch in der Industrie hervorragend geeignet, um sich am Markt zu differenzieren, den Kundennutzen zu erhöhen und gleichzeitig höhere Margen durchzusetzen (vgl. Winz/Brysch 2013, S. 22). Service Excellence soll keine Wohltat und auch kein Selbstzweck sein, sondern das Ziel ist der ökonomische Erfolg (Bild 10.6).

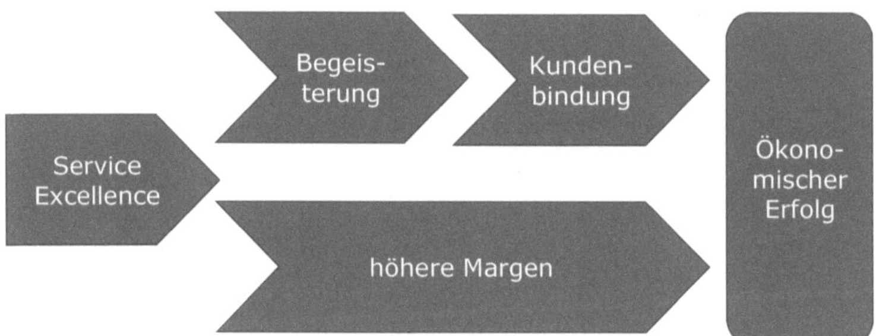

Bild 10.6 Erfolgskette von Service Excellence

Mit Service Excellence werden ausgewählte Kundengruppen begeistert. Tritt dieses emotionale Erlebnis wiederholt auf, führt es zur Bindung des Kunden an das Unternehmen. Gleichzeitig werden die höheren Margen des Servicegeschäfts genutzt. Loyale Kunden und gesunde Margen führen dann zum ökonomischen Erfolg. Diese

Zusammenhänge sind empirisch untersucht. Bei Langmann (2018, S. 75 ff.) findet sich eine Übersicht der Studien.

Ziel ist es also, einen Kunden dauerhaft zu halten. Der Zusammenhang zwischen der Wiederkaufswahrscheinlichkeit mit der Produktzufriedenheit und der Servicezufriedenheit wurde im Automobilhandel untersucht (Bild 10.7): Es ist wenig überraschend, dass ein Kunde, der mit der Produktqualität unzufrieden ist, eine geringe Wiederkaufrate hat. Überraschend ist aber, dass sich durch einen hervorragenden Service diese Effekte signifikant abmildern und sogar komplett ausgleichen lassen.

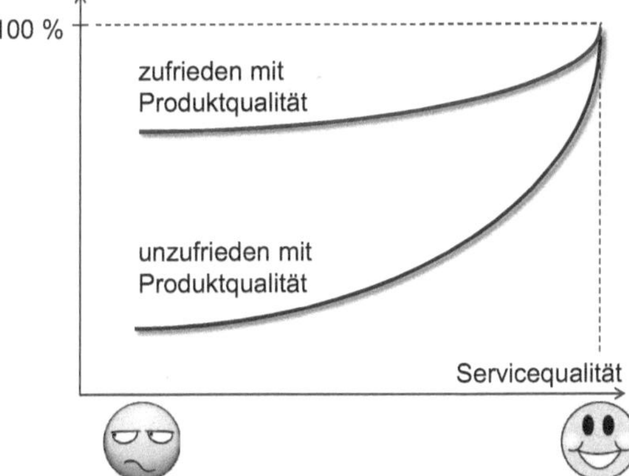

Bild 10.7 Qualitativer Zusammenhang zwischen der Wiederkaufrate und der Produkt- und Servicequalität

Beispielsweise sind Rückrufaktionen für einen Automobilhersteller immer unangenehm, denn der betroffene Kunde nimmt solche Ereignisse in der Regel als schlechte Produktqualität wahr. Tatsächlich gibt es Beispiele dafür, dass es der Hersteller trotzdem schaffen kann, genau den gegenteiligen Eindruck zu erzielen. Mit einer entsprechenden Kommunikation und einem persönlichen Service - beispielsweise die individuell ausgesuchte Großraumlimousine als Ersatzfahrzeug für den Familienvater - zeigt der Händler, dass er sich in besonderer Weise um den Kunden bemüht.

Ist der Kunde mit der Produktqualität hingegen zufrieden, ist die Wiederkaufrate per se schon hoch. Aber auch hier lässt sich die Kundenloyalität mit einem exzellenten Service nochmals steigern und gleichzeitig damit Geld verdienen.

10.3 Wahrnehmung von Servicequalität

Wie nimmt der Kunde einen Service wahr? Wie entscheidet er, ob der Service schlecht, gut oder exzellent ist? Die Antwort lautet: Der Kunde gleicht – bewusst oder unbewusst – seine Erwartungen an den Service mit dem erbrachten und subjektiv wahrgenommenen Service ab (Bild 10.8).

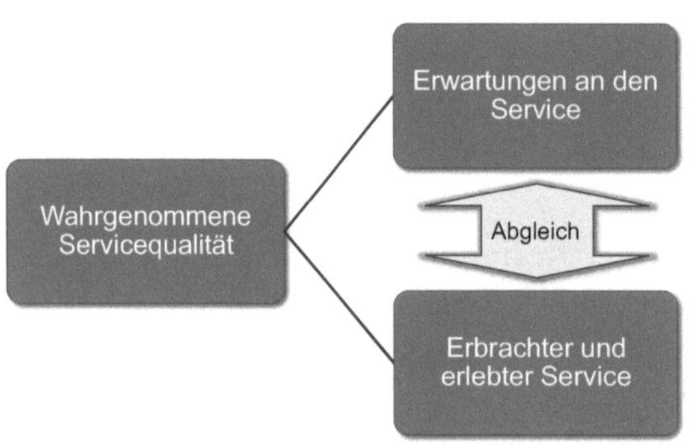

Bild 10.8
Wahrnehmung der Servicequalität

Die *Erwartungen* setzen sich aus verschiedenen Faktoren zusammen (Bild 10.9). Zunächst hat der Kunde vielleicht schon Erfahrungen aus der Vergangenheit mit dem Anbieter im Allgemeinen oder mit dem Service im Speziellen.

Bild 10.9
Faktoren, die die Kundenerwartungen an den Service prägen

Zudem kennt er den Markt und weiß, was andere Firmen anbieten. Dies gilt insbesondere, wenn der Service vergleichbar ist. Dabei kann es zu einer Übertragung von Leistungsfaktoren kommen. Der Kunde nimmt an, wenn er ein Buch im Online-Handel innerhalb von 48 Stunden geliefert bekommt, dann gilt dies auch für die Lieferung eines elektronischen Geräts.

Wichtig sind dem Kunden auch immer seine eigenen Bedürfnisse. Ein Beispiel aus dem B2B-Bereich: Ein Bauunternehmer ist vertraglich verpflichtet, eine Zugbaustelle bis Montag früh fünf Uhr erledigen. Am späten Freitagnachmittag versagt plötzlich ein Hydraulikventil an seiner Spezialmaschine. Der Bauunternehmer kann nicht warten, bis die Serviceabteilung des Maschinenherstellers am Montag wieder öffnet. Ihm drohen schließlich Konventionalstrafen. Also ist es das elementare Bedürfnis des Kunden, auch am Wochenende innerhalb von wenigen Stunden das Ersatzteil geliefert und eingebaut zu bekommen.

Nicht zuletzt wird die Erwartung des Kunden davon beeinflusst, was der Anbieter in seiner Werbung kommuniziert oder in den Verträgen festschreibt. Der Anbieter hat so die Möglichkeit, die Erwartungshaltung des Kunden zu steuern bzw. zu managen. Es ist eine Gratwanderung, denn verspricht der Anbieter zu viel, ist die Gefahr groß, dass der Kunde enttäuscht ist, verspricht er zu wenig, besteht die Gefahr, dass der Wettbewerb mehr verspricht.

Die CEN/TS 16880 fordert, dass die Organisation ausführliche Nachforschungen und Analysen unternimmt, um die gegenwärtigen und künftigen Bedürfnisse und Erwartungen der Kunden vollständig zu verstehen.

Auf der anderen Seite steht die Wahrnehmung des Kunden. Die Kunden differenzieren bei der Wahrnehmung der Dienstleistung einzelne Qualitätsmerkmale (z.B. Freundlichkeit, Schnelligkeit). Diese lassen sich zu den sogenannten *Dimensionen der Servicequalität* zusammenfassen die in Bild 10.10 gezeigt sind. In der Literatur wird von den drei Dimensionen der Dienstleistungsqualität gesprochen (vgl. etwa Bruhn 2020, S. 45):

Bild 10.10 Dimensionen der Servicequalität

- *Potenzialqualität*: Strukturen und Potenzial des Serviceanbieters. Hierzu gehören die Größe und der Internetauftritt des Anbieters, das Erscheinungsbild der Räumlichkeiten und des Personals, die technische Ausstattung von Büro und Werkstatt, die Verfügbarkeit des Service oder einzelner Komponenten wie beispielsweise die Bestätigung des Wunschtermins, die Verfügbarkeit der Dokumente und der Experten oder die Länge der Anfahrtswege.

- *Prozessqualität*: Einschätzung während der Serviceerbringung. Wird der Service fachlich und methodisch korrekt erbracht, wird auf den Kunden individuell eingegangen, ist das Personal emphatisch, wird erklärt oder eventuell dokumentiert, was gemacht wird, werden die Kundenfragen beantwortet und geschieht dies freundlich und zuvorkommend, greifen die einzelnen Serviceelemente reibungslos ineinander?
- *Ergebnisqualität*: Beurteilung des Ergebnisses des Service. Ist die Leistung inhaltlich vollständig erbracht worden oder müssen Punkte nachgereicht bzw. nachgearbeitet werden, wurden die zugesagten Termine eingehalten, ist der Preis angemessen, gibt es weitere Angebote zur Betreuung, wird der Kunde um ein Feedback gebeten?

Dabei fasst die Potenzialqualität alles das zusammen, was der Kunde vor dem Beginn des eigentlichen Service über den Anbieter wahrnimmt, also beispielsweise die Kontaktaufnahme, die technische Ausstattung oder die Kleidung des Servicepersonals. Die Prozessqualität beschreibt die Wahrnehmungen während des Service, welche in erster Linie von den Kompetenzen des Personals bestimmt ist. Die Ergebnisqualität betrachtet die Eindrücke nach dem Abschluss des eigentlichen Service. Dies umfasst zum einen die messbaren Größen wie Vollständigkeit der Leistung als auch weitere Aspekte der Betreuung bzw. des Betreuungsangebots.

10.4 Servicebegeisterung messen

Aus dem klassischen Qualitätsmanagement lassen sich nur wenige Methoden auf die Servicequalität übertragen. Statistical Process Control (SPC) kann genutzt werden, wenn Daten objektiv messbar sind, beispielsweise die Pünktlichkeit eines Lieferdienstes oder die Zeit in der Warteschleife eines Callcenters oder die Anzahl defekter Sendungen. Auch mit Audits lassen sich relevante Serviceprozesse überprüfen, wenn die Treiber für Service Excellence bekannt sind.

Da die Treiber von Unternehmen zu Unternehmen differieren (siehe Kano-Modell in Kapitel 1), müssen diese unternehmensspezifisch in verschiedenen Schritten bestimmt werden: Markt-/Umweltanalyse durchführen insbesondere die Basisanforderungen im Markt; Haupteinflussfaktoren von Service Excellence ermitteln, gegebenenfalls für einzelne Zielgruppen; Auswertung von Basis-, Leistungs- und Begeisterungsanforderungen erstellen; Begeisterungstreiber identifizieren, mit denen die Kunden sich überraschen lassen; objektive Kennzahlen zur Überprüfung hinzuziehen und dabei auch interne Prozesskennzahlen nutzen, um indirekte Effekte zu verstehen.

Um die Service-Excellence-Aktivitäten gezielt steuern zu können, werden die Kundenbegeisterung und deren Resultate regelmäßig gemessen. Die Messung wird geplant durchgeführt. Die Ergebnisse sind zu analysieren und entsprechende Maßnahmen hieraus abzuleiten.

Die DIN SPEC 77224 (2011, S. 28 ff.) nennt folgende Methoden zur Erfassung und Auswertung von Kundenerlebnissen:

- *Kundenbefragung zur Erfassung der Kundenerlebnisse*:
  - Critical Incident Technique - Kunden werden nach kritischen Erlebnissen befragt.
  - Sequenzielle Ereignismethoden - Kunden werden gezielt nach Erlebnissen in einzelnen Servicephasen befragt.
  - Gruppendiskussionen/Fokusgruppen - Stärken und Schwächen werden gleichermaßen durch eine moderierte Diskussion erfasst.
- *Kundenbeobachtung zur Erfassung der Kundenerlebnisse*:
  - Mystery Shopping - anhand eines Testdesigns führen Testkunden Leistungen aus und schreiben ihre Erfahrungen auf.
  - Beobachtungen - reine Sicht auf eine Leistung ohne direkte Interaktion.
  - Inhaltsanalyse - Experten bewerten Teile der Servicequalität (z.B. Anleitungen, Homepage).
- *Sekundäranalyse zur Auswertung von Kundenerlebnissen*:
  - Auswertung von Kundenfeedback aller Art.
  - Kontaktpunktanalyse - Art, Dauer und Qualität der Kontakte werden analysiert.
  - Beschwerdeanalyse.
  - Analyse der Kündigungen.

Bei der Gestaltung der Messung sind folgende Punkte relevant: die Zielgruppe, die Art und der Umfang der Befragung, die Form und der Stil, das Befragungsintervall, die Inhalte, die Skalierung der Bewertungsskala, die Verdichtung zu Kennzahlen und die Rückmeldung an die Kunden. Oftmals müssen bestimmte Themen und Aspekte, welche von zentraler Bedeutung sind, mit mehreren Methoden abgefragt werden. Hiermit wird dann sichergestellt, dass aus dem Kunden auch tatsächlich alle Informationen gezogen wurden.

Das Ziel der Befragung ist es also, dem Kunden so viele Informationen wie möglich zu entlocken, um damit Verbesserungspotenziale zu erkennen. Zusätzlich sollten die Erwartungshaltung des Kunden, der Grad der Begeisterung und Informationen zum Wettbewerb abgefragt werden. Die Erfahrung zeigt, dass insbesondere die Kommentare während der Befragung wertvoll sind. Bei einem persönlichen Interview kann alles leicht mitgeschrieben werden, bei einem Online-Fragebogen sind daher entsprechende Bemerkungszeilen vorzusehen. Viele anonyme Befragungen haben einen geringen Rücklauf, denn das Feedback kostet den Kunden Zeit. Zudem wird die ausliegende Feedbackkarte meistens nur bei negativen Erlebnissen ausgefüllt. Als Alternative bietet es sich an, eine repräsentative Anzahl an Kunden persönlich zu befragen. Wird die Befragung als Teil der Serviceleistung dargestellt, fühlt sich der Kunde wertgeschätzt und nimmt sich gerne die Zeit.

Es muss vermieden werden, dass die Befragung als ein notwendiges Übel wahrgenommen wird oder dass sich der Kunde zu etwas genötigt fühlt. Genauso ist es nicht das firmeninterne Ziel, möglichst gute Werte durch eine irgendwie geartete Manipulation zu erreichen oder die Ergebnisse für eine interne Incentivierung zu missbrauchen.

Was folgt daraus für die Erstellung des Fragebogens oder Interviewleitfadens? Es ist der komplette Serviceprozess abzufragen anstelle von Teilbereichen. Es sind nicht nur technische Themen, sondern auch kommunikative und soziale Themen von Interesse. Die Fragen sollten zudem zur Kommentierung ermuntern und dem Kunden die Möglichkeit geben, Schwerpunkte zu setzen. Bei internationalen Kunden besteht als weitere Herausforderung, dass die Befragung möglichst kulturunabhängig verläuft. Sowohl die Fragen und die Bewertungsmöglichkeiten als auch die Interpretationen der Antworten müssen die jeweiligen Kulturstandards berücksichtigen. Antwortet beispielsweise der US-Amerikaner „it was alright“, dann war der Service in Wirklichkeit grausam. Der höfliche Brite meint mit „interesting service“ einen schlechten Service. Asiaten tendieren zu sozial erwünschten Antworten.

Nicht immer ist es klar, ob der abgefragte Aspekt für einen Kunden oder ein Kundensegment auch tatsächlich eine große Bedeutung hat. Deshalb lässt sich die Bedeutungsabfrage vorschalten, also beispielsweise folgendermaßen:

- Welche Bedeutung hat das Kriterium für Sie gemessen in 0 (keine Bedeutung) bis 3 (hohe Bedeutung)?
- Wie beurteilen Sie die Firma hinsichtlich des Kriteriums (beispielsweise der Erreichbarkeit) gemessen in Schulnoten von 1 (sehr gut/begeistert) bis 5 (mangelhaft)?

Ein Fragebogen könnte dann wie in Bild 10.11 gestaltet werden.

Welche **Bedeutung B** hat das Kriterium für Sie gemessen in 1 (keine Bedeutung) – 5 (hohe Bedeutung)?

Wie **beurteilen** Sie die Firma gemessen in Schulnoten von 1 (sehr gut / begeistert) bis 5 (mangelhaft) hinsichtlich …?

Bedeutung		*Beurteilung*
	Potenzialqualität:	
B:_____	… das Erscheinungsbild des Monteurs	1 ☐ 2 ☐ 3 ☐ 4 ☐ 5 ☐
B:_____	… Verfügbarkeit von Spezialwerkzeug	1 ☐ 2 ☐ 3 ☐ 4 ☐ 5 ☐
	Prozessqualität:	
B:_____	… der fachlichen Kompetenz des Ansprechpartners:	1 ☐ 2 ☐ 3 ☐ 4 ☐ 5 ☐
B:_____	… der Kommunikation der erbrachten Leistung	1 ☐ 2 ☐ 3 ☐ 4 ☐ 5 ☐
	Ergebnisqualität	
B:_____	… der Schnelligkeit der Serviceleistung	1 ☐ 2 ☐ 3 ☐ 4 ☐ 5 ☐
B:_____	… der Termineinhaltung	1 ☐ 2 ☐ 3 ☐ 4 ☐ 5 ☐
B:_____	… der Individualisierungsmöglichkeit des Services:	1 ☐ 2 ☐ 3 ☐ 4 ☐ 5 ☐

Bild 10.11 Beispiel I – Fragebogenauszug

Werden diese Werte in einem Schaubild gegenübergestellt wie in Bild 10.12, so lässt sich auf einen Blick erkennen, welche Faktoren die Firma in den Hintergrund stellen kann, wo es dringenden Handlungsbedarf gibt und wo die Leistung schon top ist. Es macht wenig Sinn, die Anstrengungen in für die Kunden nicht bedeutsame Bereiche zu legen. Es müssen stattdessen gezielt die Begeisterungswerte in denjenigen Kriterien verbessert werden, die der Kunden als wichtig benennt, denn nur hier wird die Leistung honoriert.

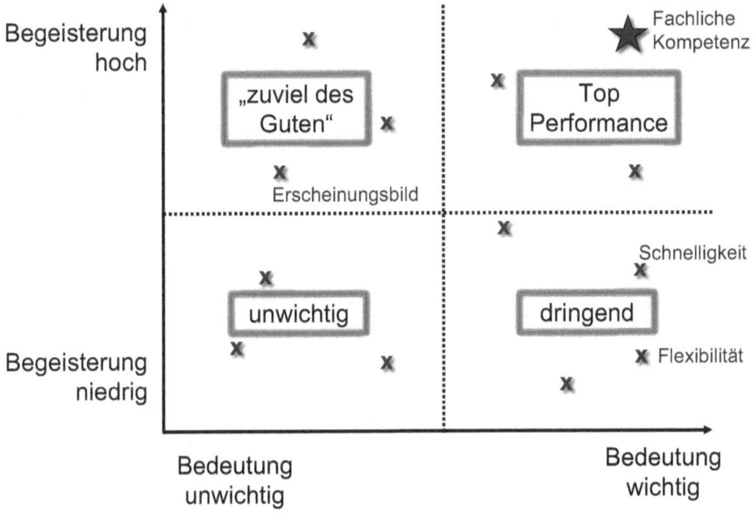

Bild 10.12 Einordnung der Messwerte in einem Begeisterungs-Bedeutsamkeits-Schaubild

Bei der Critical-Incident-Analyse wird gefragt: „Können Sie bitte ein positives Erlebnis bei der Serviceerbringung beschreiben und die Ergebnisse nennen“ Dann folgt die Frage: „Können Sie bitte ein problematisches Erlebnis bei der Serviceerbringung beschreiben, die Ergebnisse nennen und Ihre Anforderungen und Wünsche an den Service aufzählen?“

Eine Befragung bietet auch die Möglichkeit, Informationen über den Wettbewerb zu erhalten und eine Einschätzung der Kunden zu erhalten, wie der eigene Service im Vergleich zum Wettbewerb wahrgenommen wird. Zum Abschluss einer Befragung wird der Kunde zu Anregungen und einer Priorisierung seiner Wünsche aufgefordert: „Können Sie bitte drei Punkte nennen, die nach Ihrer Meinung die Firma im Service sofort verbessern sollte, und diese bitte priorisieren?“ (Bild 10.13)

Anregungen

1. Was macht unsere Firma im Service besser als andere?

____

____

____

2. Was machen andere im Service besser als unsere Firma?

____

____

____

3. Was würden Sie sich konkret von unserer Firma wünschen? Bitte priorisieren Sie.

① ________________________

② ________________________

③ ________________________

Abschlussfrage

Bewerten Sie in Schulnoten: Wie zufrieden sind Sie über alles gesehen...

... mit den technischen Produkten?	1☐ 2☐ 3☐ 4☐ 5☐
... mit dem Service?	1☐ 2☐ 3☐ 4☐ 5☐

Bild 10.13 Beispiel II – Fragebogenauszug

In einer Abschlussfrage bietet sich die Gegenüberstellung der Begeisterung mit dem technischen Produkt und der Begeisterung mit dem Service an. Es wäre nicht untypisch, wenn sich als Ergebnis herausstellt, dass es eine signifikante Lücke zwischen der Beurteilung der Servicequalität zugunsten der Qualität des technischen Produkts gibt (Bild 10.14). Dies sollte für die Service-Excellence-Anstrengungen Ansporn genug sein. Es gibt zunächst keine Gründe, warum nicht auch beim Service die gleichen hohen Werte in der Messung der Kundenbegeisterung erzielt werden können, wie es schon beim technischen Produkt gelingt. Ein Messwert von 1 = Begeisterung muss das Ziel sein. Ein exzellenter Service ist das beste

Argument für den Kunden, wiederzukommen. Der After-Sales-Service sollte deshalb auch Pre-Sales-Service heißen.

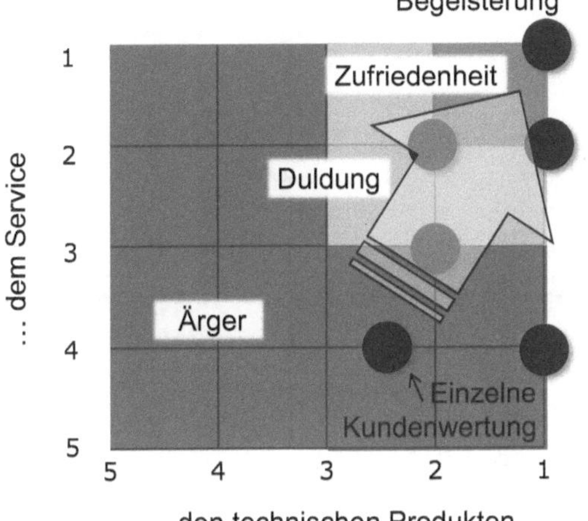

Bild 10.14
Gegenüberstellung der Messwerte beim technischen Produkt und beim Service

■ 10.5 Prozesse und Methoden

Eine Dienstleistung kann nur exzellent sein, wenn umfassende Vorkehrungen zur Vermeidung von Fehlern getroffen werden. Wenn trotzdem ein Fehler passiert, kann hierin eine Chance liegen. Die überzeugende Behandlung von Fehlern kann beim Kunden zu einer Erfahrung von Service Excellence führen.

Ferner muss die Wiederholung von Fehlern vermieden werden. Unternehmen müssen sich bewusst sein, dass aufgetretene Fehler als Symptome angesehen werden sollten. Um deren Ursache(n) zu bestimmen, sind der klare Wille sowie die Verteilung von Verantwortlichkeiten, Kompetenzen und Aufgaben notwendig. Weiterhin werden Methoden und Tools benötigt. Nur so kann der Service in einem Service-Excellence-Prozess verbessert und weiterentwickelt werden.

Die Fehlermöglichkeiten innerhalb des Serviceerstellungsprozesses sind vielfältig. Das sogenannte Gap-Modell in Bild 10.15 zeigt, an welchen Stellen es zu Abweichungen kommen kann, die im Modell als Gap (deutsch „Lücke“) bezeichnet werden.

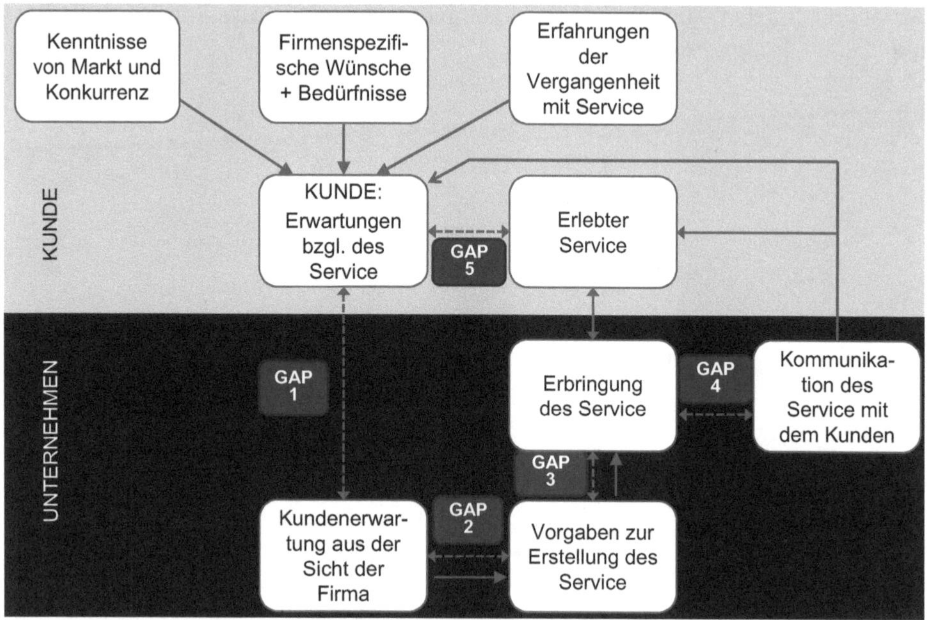

Bild 10.15 Das Gap-Modell

HINWEIS

Das Gap-Modell wurde von den Amerikanern Zeithaml, Parasuraman und Berry entwickelt. Es basiert auf einer Vielzahl von explorativen Studien in verschiedenen Dienstleistungsbereichen. 1990 veröffentlichten die drei Wissenschaftler ihr Buch *Delivering Quality Service*, welches zwei Jahre später im Deutschen unter dem Namen *Qualitätsservice* erschien.

Das erste Gap ist die *Wahrnehmungslücke*. Es entsteht, wenn die Firma die Erwartungen der Kunden falsch versteht. Dies kann durch eine fehlende oder ungenügende Kundenerwartungsabfrage oder eine ungenaue Kundensegmentierung verursacht sein.

Die *Entwicklungslücke* ist das zweite Gap. Es entsteht, wenn die interne Vorgabe zur Erbringung des Service nicht der Kundenerwartung entspricht, was durch eine ungenaue oder fehlerhafte Prozessbeschreibung verursacht wird.

Wird bei der Serviceerbringung diese Vorgabe nicht eingehalten, dann kommt es zum dritten Gap, der sogenannten *Leistungslücke*. Gründe hierfür können ungenügende Schulung, falsche Qualifizierung, mangelhafte Technik, falsches Selbstverständnis, Rollenkonflikte oder mangelhafte Teamarbeit sein. Klassische Qualitätsmethoden wie FMEA oder das Ishikawa-Diagramm finden die Ursachen.

Das vierte Gap entsteht durch die häufig vorkommende Fehlerquelle der mangelhaften Kommunikation zum Kunden über den erbrachten Service. Es wird deshalb auch als *Kommunikationslücke* bezeichnet. In der Regel schätzen Kunden die Servicequalität höher ein, wenn die Firma und insbesondere das Servicepersonal ihnen mitteilen, was genau durchgeführt wurde und welche Maßnahmen im Hintergrund zur Qualitätssicherung unternommen werden. Mit einer entsprechenden Ausbildung und Training-on-the-job wird das Personal befähigt.

Diese Gaps von eins bis vier stellen in Summe das fünfte Gap dar, nämlich die *Kundenlücke*. Beim Abgleich des Kunden zwischen seinen Erwartungen an den Service und seiner tatsächlichen Servicewahrnehmung kommt es zu einer negativen Abweichung. Ziel muss es aber sein, dass die Servicewahrnehmung die Serviceerwartung zumindest trifft oder im Sinne von Service Excellence sogar übertrifft. Mit einem guten Beschwerdemanagement und kontinuierlichem Kundenfeedback wird das Gap erfasst.

Eine gute Prävention ist nur vor dem Hintergrund einer im Serviceunternehmen fest etablierten Fehlerkultur möglich. Das Unternehmen muss deshalb Mitarbeiter aller Hierarchieebenen ermuntern, individuelle, organisatorische und systemische Fehler zu melden. Innerhalb der Unternehmenskultur muss das Aufzeigen von Fehlern und Verbesserungspotenzialen als gewünscht dargestellt und diese Offenheit auch vorgelebt werden.

Geeignete Methoden hierzu sind etwa die Einführung oder Intensivierung eines betrieblichen Vorschlagswesens und die aktive Anwendung von KVP (Kontinuierlicher Verbesserungsprozess). Auch die Fehler in der Kommunikation zum Kunden sind aufzudecken und abzustellen. Hierzu können neben Kundenrückmeldungen oder Qualitätsmanagementzirkeln auch Schulungen zum besseren Verständnis der Kundensituation hilfreich sein.

Eine weitere empfehlenswerte Maßnahme ist der Aufbau von internen Kunden-Lieferanten-Beziehungen (Bild 10.16) und die damit einhergehende Entwicklung eines internen Service-Excellence-Gedankens. Ausgangspunkt ist die zwischen dem externen Kunden und dem externen Lieferanten getroffene Servicevereinbarung, die zur Vorgabe für die unternehmensinterne Prozessabwicklung wird (vgl. Winz 2012, S. 66f.). Die CEN/TS fordert, dass die Organisation von außen nach innen aus der Perspektive des Kunden interne Dienstleistungsstandards festlegen und übertreffen sollte, um die angestrebten Kundenerlebnisse zu bieten.

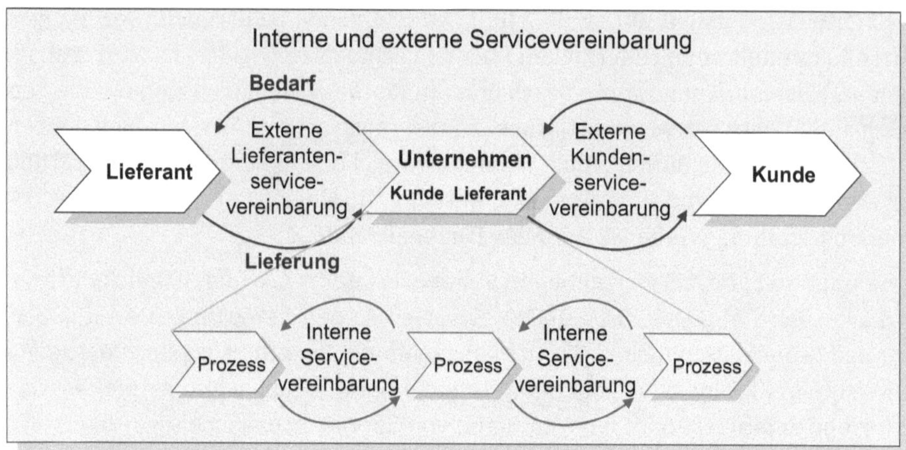

Bild 10.16 Prinzip der internen Kunden-Lieferanten-Beziehung

In diesen internen Kunden-Lieferanten-Ketten ist es notwendig, dass nur sogenannte „Gut-Teile" bzw. „Gut-Leistungen", d. h. fehlerfreie Leistungen, an den nachgelagerten Bereich weitergegeben werden. Dazu müssen alle Mitarbeiter von Vertrieb, Service, Produktion und Logistik entsprechend geschult und sensibilisiert sein, keine fehlerhaften Leistungen anzunehmen, selbst keine Fehler zu machen und/oder fehlerhafte Leistungen weiterzugeben (vgl. DIN SPEC 77224:2011, S. 24). Interne Service Excellence ist die Voraussetzung für externe Service Excellence.

Wird ein Fehler oder eine Verschwendung erkannt,

- muss eine Klassifizierung des Fehlers oder der Verschwendung auf Basis definierter Kriterien erfolgen,
- muss eine Ursachenanalyse durchgeführt werden,
- müssen zur Behebung der Fehler und der Verschwendung geeignete Korrekturmaßnahmen ergriffen werden und
- muss deren Wirksamkeit nachgewiesen werden.

Die Ergebnisse der Ursachenanalyse, der Klassifizierung und der eingeleiteten Korrekturmaßnahmen sind zu dokumentieren. Es bietet sich die in Abschnitt 8.3 beschriebene Methode der Prozessketten-FMEA an.

Eine weitere Methode ist die in Bild 10.17 gezeigte Darstellung der Prozesse in Swim Lanes. Sie zeigt, in welcher Verantwortung die Prozesse ablaufen und wo die Schnittstelle zum Kunden ist. Es werden die Lane der kundeninternen Prozesse und die Lane der firmeninternen Prozesse unterschieden. Dann gibt es noch Prozesse, an denen beide Partner – der Kunde und die Firma – mitwirken. Dies ist die Lane der Kontaktprozesse, auch als „Line of Visibility" bezeichnet. Sie ist von zentraler Bedeutung, weil hier der Kunde die Firma direkt wahrnimmt (moments of truth). An dieser Stelle entscheidet sich Service Excellence.

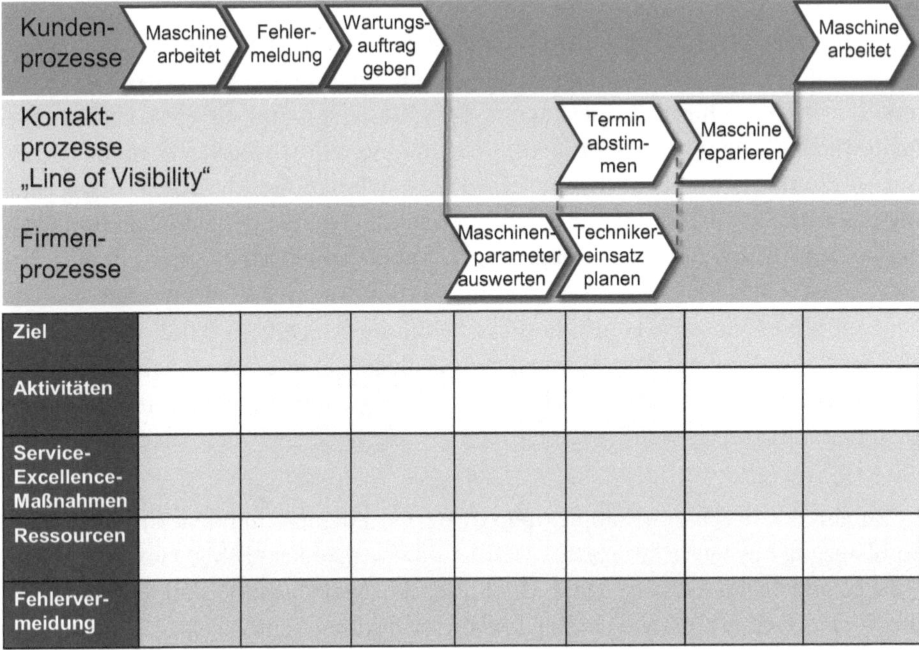

Bild 10.17 Prozessdarstellung in Swim Lanes am Beispiel eines Monteureinsatzes

Um dies nicht dem Zufall zu überlassen, sondern methodisch abzusichern, werden die Elemente der Kontaktprozesse sowie der Firmenprozesse weiter detailliert in die Parameter Ziel, Aktivitäten, Service-Excellence-Maßnahme, Ressourcen und Fehlervermeidung. Zunächst wird gefragt: Was ist das *Ziel* des Prozesselements oder was ist der Beitrag zum Gesamtprozess? Davon ausgehend werden die dahinterliegenden *Aktivitäten* benannt. Damit wird eine weitere Detaillierung in die Prozesselemente der darunterliegenden Ebene vorgenommen. Auf dieser Basis wird nun gefragt, mit welcher *Service-Excellence-Maßnahme* der Prozess zu verbessern ist. Im nächsten Schritt werden die benötigten Mitarbeiter mit der passenden Qualifikation, die Infrastruktur, das IT-System und weitere *Ressourcen* benannt, um diese Excellence-Maßnahme zu gewährleisten. Zum Schluss wird im Sinne eines präventiven Qualitätsmanagements analysiert, wo Fehler entstehen könnten und was zur *Fehlervermeidung* getan werden muss, beispielsweise mit der FMEA-Methode.

10.6 Excellence-Orientierung der Mitarbeiter

Um Begeisterung beim Kunden hervorrufen zu können, richten sich sämtliche internen und externen Produktionsfaktoren am Anspruch der Service Excellence aus. Zu diesen gehören insbesondere die Mitarbeiter und die Personalmanagementsysteme, aber auch Lieferanten, Instrumente, Infrastruktur, Partnerschaften, Netzwerke und finanzielle Ressourcen. Dabei nehmen die Mitarbeiter eine zentrale Rolle ein, um die Kunden in Interaktionen durch einen persönlichen und überdurchschnittlichen Service zu überzeugen. Kundenbegeisterung wird geschaffen, indem bleibende Eindrücke hinterlassen werden. Damit die Mitarbeiter dazu in der Lage sind, muss eine kontinuierliche Schulung erfolgen. Geschult werden müssen zusätzlich zu den Fachtrainings, die für die Ausübung der alltäglichen Aufgaben unerlässlich sind, auch Fähigkeiten und Fertigkeiten, um Kundenbegeisterung zu schaffen (vgl. DIN SPEC 77224:2011, S. 17 f.; CEN/TS 16880:2016, Normkapitel 7.4).

In Abhängigkeit von der Komplexität der Serviceaufgabe und dem Grad der Standardisierung des Serviceprozesses werden unterschiedliche Fähigkeiten von einem Servicemitarbeiter verlangt (Bild 10.18). Ist der Service stark standardisiert und die Komplexität gering wie bei der Telefonvermittlung, dann lässt sich ein solcher Service durch eine Prozessbeschreibung exakt vorgeben und die Qualität leicht absichern. Zudem sind die Anlernzeiten gering, was bei einer starken Fluktuation von Vorteil ist. Ein ähnliches Beispiel ist die Bestellannahme bei McDonald's. Sie ist absolut standardisiert und läuft nach genauen Vorgaben ab. In Arbeitsanweisungen ist definiert, wie der Kunde zu begrüßen ist, welche Fragen in welcher Reihenfolge gestellt werden, wie der Kassiervorgang abzulaufen hat und wie die Verabschiedungsformel lautet. Diese Standardisierung in der Kommunikation ist Teil eines großen Konzepts, welches sich in der Standardisierung von Gebäuden, Möbeln, Spielgeräten und Fast Food fortsetzt.

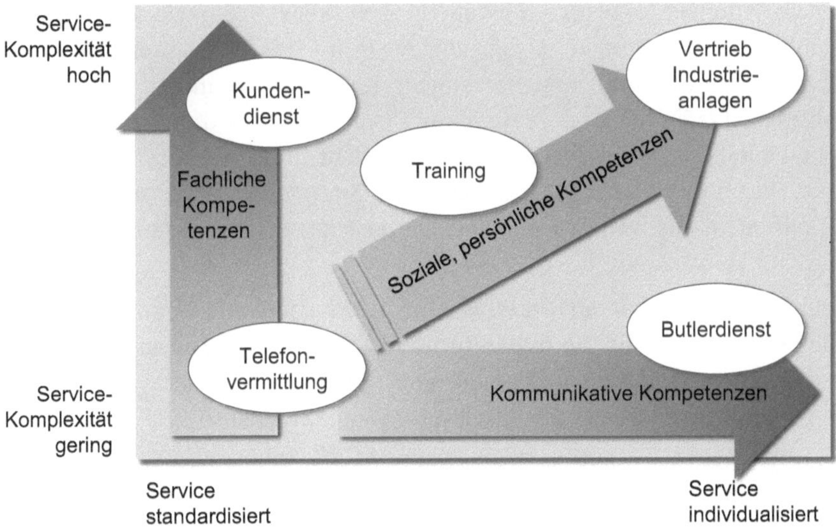

Bild 10.18 Segmentierung von Service und nötige Kompetenzen

Ist die Komplexität der Aufgabe hoch, aber der Service standardisiert wie beim Kundendienstservice, dann werden in erster Linie fachliche Kompetenzen benötigt. Anstelle einer Prozessbeschreibung kommt ein Leitfaden mit Checklisten infrage. Ist der Service stark individualisiert, aber von geringer Komplexität, dann sind kommunikative Kompetenzen wie Freundlichkeit und rhetorische Fähigkeiten gefordert, die sich auch in der Simulation von unterschiedlichen Servicesituationen trainieren lassen (Bild 10.19).

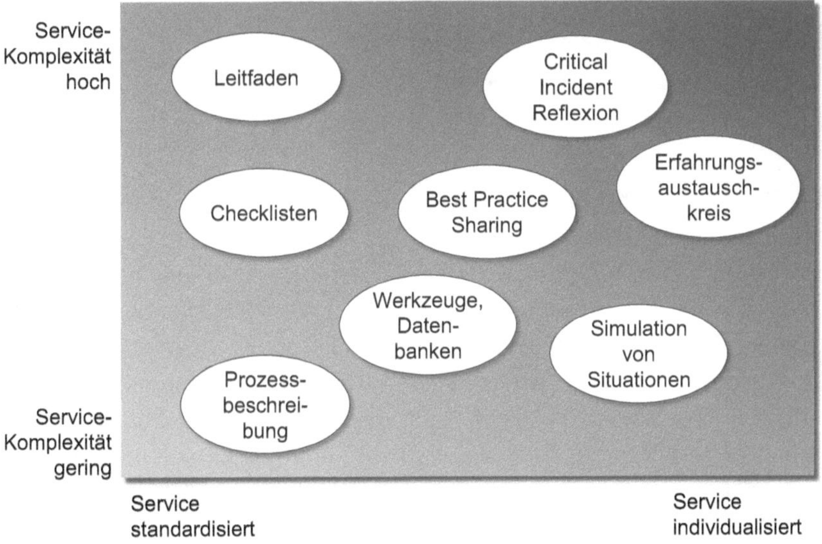

Bild 10.19 Portfolio für Qualifizierungsmaßnahmen

Handelt es sich um komplexe und individuelle Serviceleistungen wie die Beratung im Anlagenbau, dann kommen zu den nötigen fachlichen und kommunikativen Kompetenzen weitere soziale und persönliche Kompetenzen hinzu wie Einfühlungsvermögen, Flexibilität und Verständnis für den Kunden und dessen Aufgaben. Solche vielfältigen Situationen lassen sich nicht im Detail beschreiben und nachstellen. Hier hilft die kritische Reflexion und Analyse von positiven wie negativen Interaktionen, das Best Practice Sharing oder der Erfahrungsaustausch mit Kollegen.

Neben Audits und dem Personaltraining kommt der Motivation der Mitarbeiter eine große Bedeutung zu. Es gilt das Leitprinzip, dass nur begeisterte Mitarbeiter auch Kunden begeistern können. Mit Geld alleine ist es nicht getan. Was ist überhaupt Motivation und an welchen Stellschrauben kann man ansetzen?

Die inneren Bedingungen sind die Motive, die in jedem Menschen angelegt sind. Es sind spezifische Persönlichkeitsmerkmale, die sich im Verlaufe der Sozialisation entwickeln, über lange Zeiträume stabil bleiben, aber im Prinzip veränderbar sind. Die äußeren Bedingungen sind die Situationen, in denen sich der Mensch befindet. Werden bestimmte Bestandteile der Situation als Anreize wahrgenommen, dann führen sie zur Aktivierung der Motive. Das Geschehen wird als Motivation bezeichnet. Übertragen auf die Arbeitsmotivation ist es die Aufgabe des Unternehmens, Arbeitsbedingungen zu schaffen, die für die Mitarbeiter Anreize darstellen und zu Motivation führen. Hierfür ist es die Voraussetzung, die allgemeinen Motive des Menschen und daraus abgeleitet seine speziellen Arbeitsmotive zu kennen.

HINWEIS

Motiv + Anreiz = Motivation

Motive sind spezifische Persönlichkeitsmerkmale.

Anreize sind Reize, die das Verhalten beeinflussen.

Motivation tritt ein durch die Aktivierung von Motiven durch Anreize.

Erfolgt die Motivation nicht durch den Arbeitsinhalt, sondern erst durch Folge- und Begleitumstände der Arbeit, nämlich aus Geld-, Sicherheits- und Prestigegründen, so wird dies als *extrinsische Motivation* bezeichnet. Die Bedeutung dieser extrinsischen Motivation ist nicht zu unterschätzen, da sie in der betrieblichen Praxis weitverbreitet ist. Die Wirkung ist aber begrenzt, da besonders finanzielle Anreize schnell als selbstverständlich angesehen werden und ihre motivierende Wirkung verlieren. Die Zahlung einer Serviceprämie führt als Anreiz beim Mitarbeiter zu einem falschen Verständnis von Service. Die Erbringung eines qualitativ hochwertigen Service wird dann als Zusatzleistung und nicht als selbstverständliche Grundforderung begriffen! Die CEN/TS 16880 fordert stattdessen, dass die Organisation eine positive Kultur schaffen muss, in der Service Excellence der Standard ist.

Es hat sich ein Wertewandel vollzogen, der insbesondere die Einstellung zur Arbeit betrifft. Nicht mehr materielle Versorgungs- und Sicherheitsmotive stehen im Vordergrund, sondern darüber hinausgehende Motive der Sinngebung und der Selbstverwirklichung. Hierdurch rückt die inhaltliche Gestaltung der Arbeitsaufgabe in den Vordergrund. Erfolgt die Motivation durch den Arbeitsinhalt selbst, weil die Arbeit als interessant empfunden wird, spricht man von *intrinsischer Motivation.*

Zu einem der wichtigsten intrinsischen Instrumente zur Erzielung von Servicequalität gehört das Empowerment der Mitarbeiter. Empowerment bedeutet Ermächtigung durch Übertragung von Verantwortung. Dem Personal werden große Freiheitsgrade eingeräumt, den Kunden zu begeistern. Je maßgeschneiderter die Kundenbeziehungen sind, desto bedeutender ist Empowerment. Bei einem wissensintensiven Service ist Empowerment unabdingbar (vgl. Haller/Wissing 2020, S. 448 f.).

Vermutlich ist die Kombination von extrinsischen und intrinsischen Anreizen der Königsweg. Beispiele dazu finden sich in Tabelle 10.1.

Tabelle 10.1 Anreizformen in Serviceunternehmen

Extrinsische Anreize	Intrinsische Anreize
› Prämien, Leistungszulagen, Gehaltserhöhung	› Interessante Aufgaben, fordernde Projekte, Einbezug in KVP-Arbeitsgruppen
› Incentive-Reisen	› Seminarbesuch
› Statussymbole	› Positives Feedback, Lob, Empowerment
› Auszeichnungen	› Präsentation vor Fachpublikum
› Titel	› Weiterbildung, Auslandsaufenthalt

10.7 Serviceinnovationen

Das Kano-Modell macht deutlich, dass Leistungen, die den Kunden heute begeistern, ihn morgen zufriedenstellen und übermorgen als Basisleistung erwartet werden. Leistungen können also über die Zeit „abrutschen“, da der Kunde sich daran gewöhnt oder der Wettbewerb nachzieht. Bei technischen Produkten ist es eine Selbstverständlichkeit, dass dann neue Produkte entwickelt werden. Dazu gibt es in Firmen große Entwicklungs- und manchmal sogar Forschungsabteilungen. Man spricht auch vom Produktlebenszyklus. Nach einer bestimmten Zeit wird das Produkt vom Markt genommen und durch ein neues innovatives ersetzt. Was bei technischen Produkten selbstverständlich ist, benötigt beim Service viel Überzeugungskraft. Um das hohe Serviceniveau abzusichern, ist ein systematischer Serviceinnovationsprozess notwendig. Dieser ist in Bild 10.20 dargestellt.

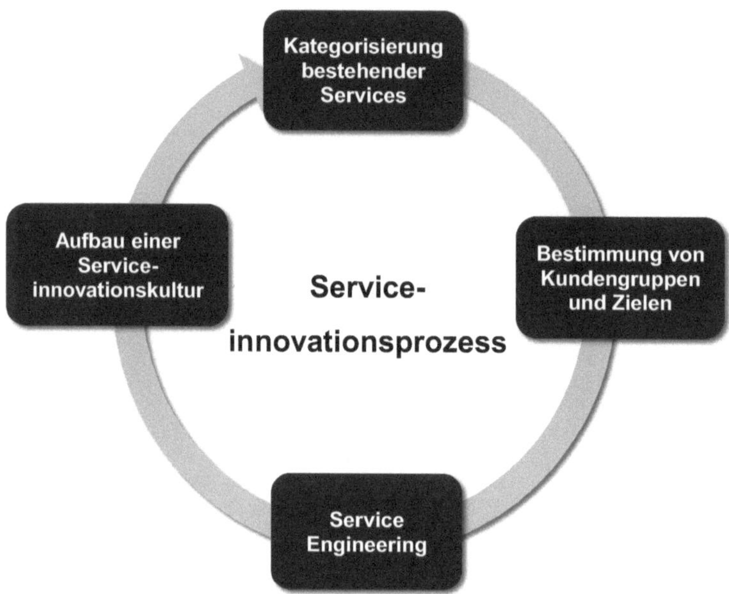

Bild 10.20 Der Serviceinnovationsprozess

Kategorisierung bestehender Leistungen: Zuerst muss sich das Unternehmen einen Überblick über die bestehenden Leistungen bezüglich ihres Beitrags zur Förderung von Kundenbegeisterung verschaffen. Dabei ist die Außensicht, also die Sicht des Kunden, entscheidend (vgl. DIN SPEC 77224:2011, S. 31). Sie wird über Kundenbefragungen ermittelt. Oftmals werden Services mit einem hohen Marketingbudget beworben, die aus Sicht des Kunden lediglich Basisleistungen darstellen.

Bestimmung von Kundengruppen und Zielen: Da nicht alle Kunden die gleichen Erwartungen haben, macht es Sinn, solche Kunden, die ähnliche Bedürfnisse haben, in Gruppen zu kategorisieren. Services lassen sich dann passgenauer zuschneiden und unter Umständen auch entsprechend der Attraktivität der Zielgruppen abstufen. Die Attraktivität wird bestimmt durch Markteintrittsbarrieren für den Wettbewerber und das eigene Unternehmen, die Zukunftsperspektive und die Wirtschaftlichkeit der Zielgruppe wie auch die eigene Fähigkeit, dieser Kundengruppe einen dauerhaften Vorteil zu gewährleisten. Im nächsten Schritt wird je Kundengruppe festgelegt, welche Services dem Kunden einen Nutzen bringen. Für die Einteilung bietet sich wieder das Kano-Modell an. B2B-Kunden werden einen Service nur dann als exzellent wahrnehmen, wenn er sie in ihrem Geschäft erfolgreich macht. Zuletzt werden die Kundenziele mit den Unternehmenszielen abgeglichen.

Service Engineering: Eine Serviceinnovation muss nicht immer ein gänzlich neuer Service sein, sondern auch die kontinuierliche Verbesserung eines bestehenden Ablaufs kann dem Kunden einen Nutzen bringen. Auch muss dies nicht zwangsläufig mit einem hohen Investitionsaufwand verbunden sein. Das Reengineering eines bestehenden Service kann entlang des Gap-Modells (Bild 10.15) durchgeführt werden. Einfache Maßnahmen wie eine Kommunikationsschulung des Servicepersonals können zu Service Excellence führen. Informationsquellen für Innovationen können der Kunde selbst sein, der Erwartungen äußert, das Beschwerdemanagement, die Wettbewerbsanalysen, das Best Practice Sharing mit anderen Branchen oder Ideen aus den sozialen Medien und Internetforen. Auch neue Technologien und Anwendungen, insbesondere in der Informationsverarbeitung, sind regelmäßig Treiber für neue Services. Wurde beispielsweise die Kücheneinrichtung vom Fachgeschäft in 2D oder 3D visualisiert, so wird sie durch die Virtual-Reality-Technik erlebbar gemacht. Als weitere wichtige Quelle müssen die eigenen Mitarbeiter genutzt werden, deren Ideen sich durch Vorschlagswesen, Kreativzirkel und Mitarbeiter-Workshops abgreifen lassen. Ein Kunde hat sehr viele Schnittstellen zum Unternehmen: technische Hotline, Produktmanagement, Contract Management, Marketing, Communications, Qualitätsmanagement, Vertrieb und noch viele mehr.

Bei der Verknüpfung von Produkt- und Serviceentwicklungsprozessen lassen sich drei Strategien unterscheiden. Erstens der sequenzielle Ansatz: Das Kernelement ist das Produkt, welches zuerst entwickelt wird. Erst dann erfolgt das begleitende Serviceangebot. Zweitens der parallele Ansatz: Produkt und Service werden parallel entwickelt. Dabei werden die Anforderungen aufeinander abgeglichen und Serviceüberlegungen in die Produktkonzeption einbezogen (Design for Serviceability). Service und Produkt sind somit kombinierbar und können unabhängig voneinander gekauft werden. Drittens der integrative Ansatz: Produkt und Service werden in einem gemeinsamen Prozess als Einheit entwickelt und später ausschließlich gemeinsam angeboten.

Aufbau einer Serviceinnovationskultur: Ein einmaliger Workshop oder die Beschränkung auf die Mitarbeiter mit direktem Kundenkontakt werden nicht ausreichen, das Serviceinnovationssystem am Leben zu erhalten. Ein Selbstläufer wird es erst, wenn es gelingt, das Innovationsmanagement in eine entsprechende Innovationskultur einzubetten. Schlüssel dazu ist die Philosophie der internen Kunden-Lieferanten-Beziehung (Bild 10.16). Folgende Gründe sprechen dafür:

- Die Serviceanforderung des externen Kunden wird auf die interne Prozesskette heruntergebrochen, dadurch kennt jeder Mitarbeiter seinen Beitrag zum Kundennutzen.
- Je besser die internen Prozesse ablaufen, desto besser und stabiler ist der erbrachte Service.
- Alle Mitarbeiter sind einbezogen, und damit gibt es viele Ideengeber im Serviceinnovationsprozess, der sich in einer entsprechenden Serviceinnovationskultur niederschlägt.

10.8 Service-Excellence-Kultur

Ausgangspunkt aller Bemühungen ist die klare Entscheidung der Geschäftsleitung zur Etablierung und aktiven Unterstützung einer Service-Excellence-Strategie. Dazu wird der Gedanke der Service Excellence durch das Management vorgelebt, und es wird eine entsprechende Kultur der Service Excellence verankert. Des Weiteren werden die Ziele und Strategien der Service Excellence definiert, der Gedanke der Service Excellence kommuniziert, die entsprechenden Ressourcen bereitgestellt und die Umsetzung von Service Excellence kontrolliert.

Jedes Unternehmen und jede Organisation bildet seine spezifische Kultur. Bild 10.21 zeigt im Eisbergmodell, dass die Unternehmenskultur nur zum Teil sichtbar ist, nämlich in den formalisierten Strategien, Prozessen und Strukturen. Der größere Teil ist unsichtbar im informellen System abgelegt, welches die Werte, Unternehmensethik, Normen und Denkhaltungen beinhaltet. Die Kultur zeigt sich im Zusammenleben der darin eingebundenen Mitarbeiter und im Auftreten nach außen. Daraus ergibt sich die Corporate Identity. Zunehmend wird versucht, durch Change Management bzw. Veränderungsmanagement die Unternehmenskultur mithilfe einer gemeinsamen Vision und eines Leitbilds weiterzuentwickeln.

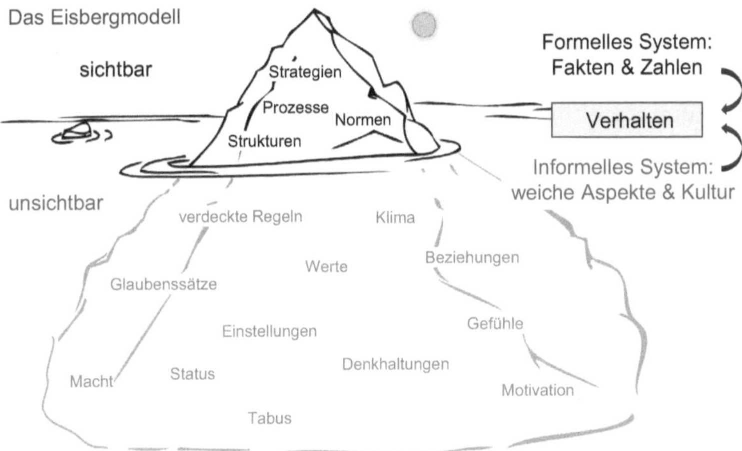

Bild 10.21 Die Unternehmenskultur besteht aus sichtbaren und unsichtbaren Elementen

Auch für die Mitarbeitergewinnung und -bindung spielt die Unternehmenskultur eine wichtige Rolle. Je besser die Identifikation mit der Unternehmenskultur gelingt, umso mehr trägt dies zur Motivation der Mitarbeiter bei und führt zu einem guten Betriebsklima.

Ausdruck für die Unternehmenskultur sind auch die Fehlerkultur sowie der Umgang mit Verbesserungsvorschlägen, personalsensiblen Themen und Reaktionen auf Widerspruch und Kritik. Firmen, die in großer Masse austauschbare Produkte herstellen, werden eine andere Unternehmenskultur haben als Firmen, die von Innovationen leben und internationale Projekte leiten oder Firmen mit dem Service-Excellence-Anspruch.

Die *Service-Excellence-Kultur* beschreibt in Abhängigkeit von der allgemeinen Unternehmenskultur, den Services und den Märkten das Verhalten und die Einstellung der Mitarbeiter, welche notwendig sind, um Kundenbegeisterung zu erzielen. Diese Service-Excellence-Gedanken werden in die Vision des Unternehmens sowie in seine Leitlinien und Wertevorstellungen eingearbeitet und drücken sich beispielsweise in den Serviceprinzipien und dem Verhaltenskodex aus.

Soll eine Service-Excellence-Kultur in einem Unternehmen erreicht werden, kann die Unternehmensleitung in folgenden drei Schritten vorgehen:

- Definition der unternehmensinternen Service-Excellence-Kultur,
- Kommunikation der Service-Excellence-Kultur und
- Implementierung der Service-Excellence-Kultur.

Die Unternehmensleitung muss Service Excellence und die damit verbundenen Prinzipien kommunizieren. Die *Kommunikation* muss nach innen, gegenüber den Mitarbeitern, und kann nach außen, gegenüber den Kunden des Unternehmens, erfolgen. Die interne Kommunikation demonstriert die Selbstverpflichtung der Unternehmensleitung zur Erbringung von Service Excellence und bringt die Mitarbeiter auf einen einheitlichen Wissensstand, motiviert sie zur Umsetzung von Service Excellence und nimmt die Mitarbeiter diesbezüglich auch in die Pflicht. Dies kann in Diskussionen, Vorträgen und Reden geschehen. Insbesondere die Darstellung von Geschichten positiver Einzelbeispiele (Storytelling) erweist sich oftmals als einprägsam und verhaltensändernd bei den Mitarbeitern. Weiterhin sind die Beurteilungskriterien der Personalabteilung anzupassen, und der Verhaltenskodex ist zu kommunizieren.

Die Kommunikation des Service-Excellence-Gedankens nach außen verfolgt hingegen das Ziel, das Image, die Erwartungen und die Qualitätswahrnehmung der Kunden zu beeinflussen. Die Serviceaussage kann in einer Marketingkampagne, in den sozialen Medien oder in Kundeneinzelgesprächen dargestellt werden.

Im dritten Schritt wird die neue Servicekultur nachhaltig implementiert. Zunächst muss die Führung den Service-Excellence-Gedanken und die damit verbundenen Werte vorleben. Die Führungsebene ist offen für Diskussionen und schafft eine Atmosphäre, die Fragen, Kritik, Veränderungen und das Lernen aus Fehlern zulässt und die Erkenntnis vermittelt, dass Serviceinnovation ein ständiger, nicht endender Weiterentwicklungsprozess sein muss. Es werden entsprechende Maßnahmen zur Überwachung der Kunden- und Mitarbeiterbegeisterung wie Umfragen und Feedbackrunden installiert. Bild 10.22 zeigt zusammenfassend die wichtigsten Elemente der Service-Excellence-Kultur.

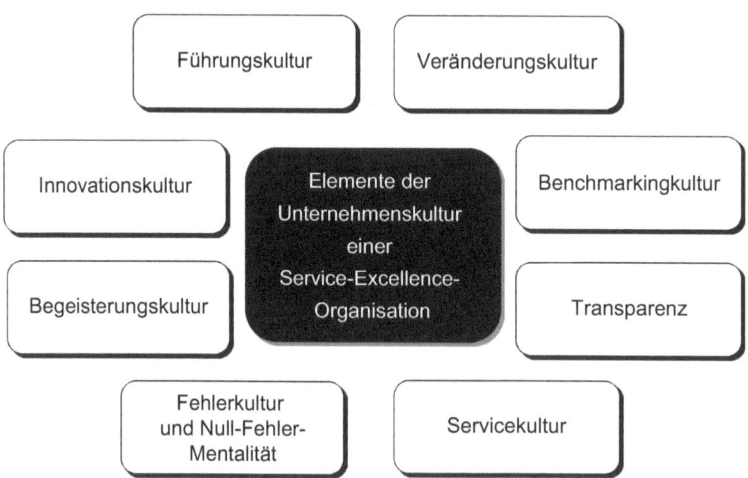

Bild 10.22 Elemente einer Service-Excellence-Kultur nach DIN SPEC 77224

■ 10.9 Best-Practice-Beispiele

An zwei Best-Practice-Beispielen wird gezeigt, wie sich durch die organisatorische Verankerung von Service Excellence systematisch Kundenbegeisterung erzeugen lässt. Vielleicht lässt sich das eine oder andere Element auf die eigene Firma oder die eigenen Abläufe angepasst übernehmen. Auf jeden Fall sollen die Beispiele zeigen, dass Service Excellence ein Teil des Qualitätsmanagementsystems ist, und dazu ermuntern, nach weiteren Best- oder Good-Practice-Beispielen zu suchen.

Mandarin Oriental München

Die gehobene Hotellerie ist anderen Dienstleistungsbranchen und der produzierenden Industrie im Service-Excellence-Bereich weit voraus und kann deshalb als Best-Practice-Beispiel dienen. Das Mandarin Oriental München ist nach eigenen Angaben das teuerste Hotel in Deutschland. Es ist Teil der Mandarin Oriental Hotel Group, die ihren Sitz in Hongkong hat und insgesamt 36 Hotels weltweit betreibt. Der Service-Excellence-Gedanke ist schon in der Firmenphilosophie verankert:

„Our mission is to delight and inspire our fans at every opportunity."

Auch in den Leitprinzipien steht die Kundenbegeisterung an erster Stelle (Bild 10.23).

Bild 10.23 Leitprinzipien der Mandarin Oriental Hotel Group

Dazu sind außergewöhnliche Qualitätsstandards definiert, die zu legendären Qualitätserfahrungen beim Kunden führen sollen. Durch einen individuellen Service soll der Kunde jeden Besuch als einzigartig erfahren. Dazu ist ein System namens „Legendary Quality Experiences" implementiert. Es beruht auf der Erkenntnis, dass 98 % des Service Standard ist, also ein guter Schlaf, ein sauberes Badezimmer und warme Brötchen zum Frühstück. Dies erwartet der verwöhnte Kunde, deshalb lässt sich hiermit keine Begeisterung erzeugen. Es liegt in der Natur der Sache, dass der verbleibende Anteil von 2 % bei jedem Gast etwas anderes sein kann. Man muss also herausfinden, was dem Gast wichtig ist, was ihn emotional berührt, und ihn dann durch individuelle Leistungen begeistern. Mandarin nennt es das MoWow-System. Alle Beschäftigten beteiligen sich. Es steht ein kleines Budget zur Verfügung, welches die Beschäftigten sofort und ohne zu fragen für den Gast jederzeit ausgeben können. Beispielsweise sieht das Zimmermädchen, dass die kleinen Töchter des ausländischen Gasts mit Barbiepuppen spielen. Auf ihrem Nachhauseweg kauft sie in einem Spielwarengeschäft zwei Dirndl, verpackt diese und legt die Schachtel am nächsten Tag mit einer Karte ins Zimmer. Die Töchter sind begeistert, der Papa ist glücklich. Ein anderer Gast sagt beim Einchecken, dass seine nächste Station Prag sei und er dort noch nie gewesen sei. Beim Auschecken übergibt ihm der Empfang einen Reiseführer von Prag. Die Mitarbeiter berichten in der morgendlichen Besprechungsrunde darüber und versuchen mittlerweile, sich mit kreativen Ideen zu übertrumpfen. Diese Freiräume führen zur Mitarbeiterbegeisterung, welche Teil der Service-Excellence-Kultur ist. Oft sind es Kleinigkeiten, z. B. das Duschshampoo. Das Infosystem ist vernetzt mit einer weltweiten Kundendatei (Beispiele: Allergien, Essenswünsche, Lieblingswein oder ein spezieller Kunde will beim Einchecken einen Espresso). Zudem wird jeder Gast mit seinem Namen angesprochen und nach dem Besuch um ein Feedback gebeten. In Bild 10.24 ist das Service-Excellence-System entsprechend den drei Dimensionen der Servicequalität aufgeschlüsselt.

Bild 10.24 Das Service-Excellence-System im Mandarin Oriental Hotel München

Fahrzeugübergabe in der „BMW Welt"

Als zweites Beispiel dient die Fahrzeugübergabe des Premiumherstellers BMW, der laut eigener Werbung eine hochemotionale Marke ist. Das Gebäude der im Jahre 2007 eröffneten BMW Welt soll dies unterstreichen. Es liegt in zentraler Lage Münchens und bietet neben einer umfangreichen kostenlosen Ausstellung auch die Möglichkeit für BMW-Kunden, ihr Neufahrzeug in München abzuholen. Dieser Service ist kostenpflichtig. Der Autohersteller verfolgt das Ziel, dass die Besucher der BMW Welt beim nächsten Autokauf BMW in Betracht ziehen und die Abholer ihr Leben lang loyal zur Marke bleiben. Dazu ist der Prozess der Fahrzeugabholung klar geregelt. Er folgt einem Spannungsbogen mit der Fahrzeugübergabe als Höhepunkt. Der gesamte Prozess dauert sechs bis sieben Stunden und verläuft wie in Bild 10.25 dargestellt.

Bild 10.25 Der Ablauf der Fahrzeugübergabe als Prozesskette dargestellt

Am Infocounter der BMW Welt ist das Personal darauf geschult, Abholkunden zu erkennen. Das Gepäck wird entgegengenommen, und sie werden persönlich zum Check-in gebracht. Der Gast erhält eine Beratung zur weiteren Gestaltung des individuellen Tagesprogramms, danach wird er in die Premium Lounge geleitet. Hier stehen Snacks, Getränke und Internetarbeitsplätze bereit. Auch für Kinder gibt es Angebote. Die Lounge ist nur für die Abholer reserviert und kann während des gesamten Aufenthalts genutzt werden. Ein Designer-Gästebuch liegt aus. Das persönliche Briefing vor der eigentlichen Übergabe findet im Product Info Center am

Infotisch statt. Auf Bildschirmen mit Touch Screens wird der neue BMW mit der bestellten Ausstattung in einer dreidimensionalen Darstellung gezeigt. Der Kundenbetreuer weist auf Besonderheiten hin. Im Infomodul lernt der Kunde das Fahrzeug in einem multimedialen Fahrsimulator mit allen wichtigen Funktionen und Ausstattungsmerkmalen kennen. Als Höhepunkt holt der Kundenbetreuer den Gast in der Lounge ab und führt ihn über die frei schwebende Galerietreppe zu seinem BMW. Das Automobil befindet sich auf dem Drehteller und wird illuminiert. Der stolze Besitzer kann nun auf der Treppe verharren und sein Fahrzeug von oben bewundern. Am Fahrzeug angekommen gibt der Kundenbetreuer eine persönliche Einweisung, nimmt individuelle Einstellungen vor und führt durch die Bedienelemente und Sonderausstattungen. Ein Foto zur Erinnerung an die Übergabe wird mit einem Passepartout und auf Memorystick überreicht. Noch individueller und persönlicher ist die Automobilabholung mit dem Exclusive-Paket. Die Fahrzeugübergabe wird exklusiv mit einer Multimediashow in einem separaten Raum inszeniert.

Messungen zeigen, dass der Abholprozess zu 40% an der Gesamtbegeisterung des Kunden an seinem BMW beiträgt. Die Wiederkaufrate bei Selbstabholern liegt höher, und jeder fünfte ist ein Mehrfachabholer. In Bild 10.26 ist das Service-Excellence-System der BMW-Fahrzeugübergabe entsprechend den drei Dimensionen der Servicequalität aufgeschlüsselt.

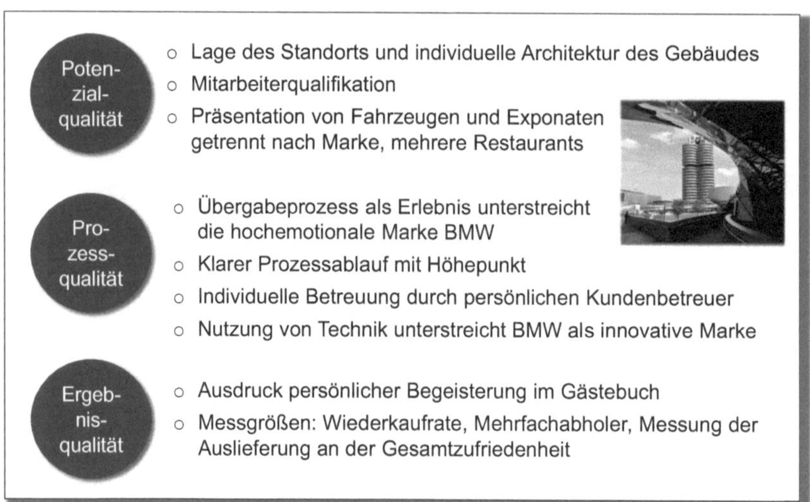

Bild 10.26 Das Service-Excellence-System bei der Fahrzeugübergabe in der BMW Welt

Beide Beispiele aus verschiedenen Branchen zeigen, was Service Excellence ausmacht:

- Begeisterung durch eine persönliche Überraschungsleistung, die den Kunden emotional berührt.
- Verankerung des Excellence-Gedankens in den Strukturen und Prozessen.
- Mit Service Excellence wird Geld verdient.

10.10 Zusammenfassung

Heute bieten viele Industriefirmen ihre produzierten Güter nur mit einem minimalen Service an. Dabei ist das Potenzial für produktbegleitende Services riesig. Die CEN/TS 16880 definiert Service Excellence als die Fähigkeit einer Organisation, durchgehend herausragende Kundenerlebnisse zu bieten. Die Erfolgskette von Service Excellence zeigt, dass begeisterte Kunden ein hohes Maß an Kundenbindung zeigen. Gleichzeitig lassen sich höhere Margen durchsetzen. Beides führt zum gewünschten ökonomischen Erfolg. Der Kunde nimmt Servicequalität wahr, indem er seine Erwartungen mit dem subjektiv erlebten Service abgleicht. Dabei unterscheidet er die drei Dimensionen Potenzialqualität, Prozessqualität und Ergebnisqualität. Im optimalen Fall übersteigt die wahrgenommene Qualität die Erwartung, und der Kunde ist begeistert. Diese Kundenbegeisterung lässt sich durch eine Kombination von Befragung, Beobachtung und Sekundäranalyse exakt messen. Das Gap-Modell zeigt, an welchen Stellen es im Serviceprozess zu Abweichungen kommen kann. Die detaillierte Analyse der Kundenkontaktprozesse und der internen Kunden-Lieferanten-Beziehungen hilft, diese Gaps zu schließen.

Exzellente und motivierte Mitarbeiter sind die Voraussetzung für Kundenbegeisterung. Die nötigen Mitarbeiterkompetenzen sowie die Qualifizierungsmaßnahmen leiten sich aus der Segmentierung des Service ab. Zusätzlich führen verschiedene Anreize zu extrinsischer und intrinsischer Motivation. Im Kano-Modell wird deutlich, dass begeisternde Serviceleistungen über die Zeit als Basisleistungen wahrgenommen werden. Es muss also ein Serviceinnovationsprozess geschaffen werden, der in eine entsprechende Service-Excellence-Kultur eingebettet ist. Die Best-Practice-Beispiele aus dem Luxushotel Mandarin Oriental und der BMW Welt zeigen, wie Service Excellence organisatorisch verankert ist.

■ 10.11 Literatur

Bruhn, M. (2020): *Qualitätsmanagement für Dienstleistungen*. Springer-Verlag, Berlin

CEN/TS 16880:2016: *Service Excellence - Schaffung von herausragenden Kundenerlebnissen durch Service Excellence*. Beuth Verlag, Berlin

DIN ISO 10002:2019: *Qualitätsmanagement - Kundenzufriedenheit - Leitfaden für die Reklamationsbearbeitung in Organisationen*. Beuth Verlag, Berlin

DIN SPEC 77224:2011: *Erzielung von Kundenbegeisterung durch Service Excellence*. Beuth Verlag, Berlin

Haller, S.; Wissing c. (2020): *Dienstleistungsmanagement. Grundlagen - Konzepte - Instrumente*. Springer Gabler Verlag, Wiesbaden

Langmann, K. (2018): *Servicequalität in internen und externen Kunden-Lieferanten-Beziehungen. Antezedenzien und Effekte in einer modifizierten Service-Profit Chain*. Nomos Verlagsgesellschaft, Baden-Baden

Schmitt, R.; Pfeifer, T. (2015): *Qualitätsmanagement. Strategien - Methoden - Techniken*. Carl Hanser Verlag, München

Strempel, K. et al. (2021): *Industrial Services*. Bain & Company. Abrufbar unter: *www.bain.com/insights/industrial-services-how-to-sharpen-the-go-to-market-strategy/*. Zugriff am 01. 01. 2023

Winz, G. (2012): *Die dynamische Gestaltung der Produktions- und Logistikketten. Logistische Gesetzmäßigkeiten im schlanken Materialfluss*. Logos Verlag, Berlin

Winz, G.; Brysch, A. (2013): „Wenn Kundenbegeisterung entscheiden soll - Neuer Leitfaden zur Einführung von Service Excellence". In: *QZ Qualität und Zuverlässigkeit* 58-4, S. 22 - 25

Zeithaml, V. A.; Parasuraman, A.; Berry, L. B. (1992): *Qualitätsservice. Was Ihre Kunden erwarten - was Sie leisten müssen*. Campus Verlag, Frankfurt am Main

11 Projektplanung

Die ISO 9001 führt das risikobasierte Denken ein und bindet es in die Anforderungen zur Planung, Verwirklichung und Verbesserung von Qualitätsmanagementsystemen ein. Die Weiterentwicklung des Qualitätsmanagementsystems findet immer in Form von Projekten statt, welche eine entsprechende Projektplanung und ein Projektmanagement benötigen. Hierzu wird in dem Kapitel der übergeordnete Projektprozess umrissen, um dann die Terminplanung als einen der zentralen Bestandteile der Projektplanung zu erläutern. Es wird die Methodik der Vorgangsknotentechnik zum Erstellen von Netzplänen dargestellt. Da in der Praxis das Risikomanagement regelmäßig unterschätzt wird, werden die Identifizierung, die Bewertung, die Steuerung und die Überwachung von Projektrisiken ausführlich behandelt. Weitere ergänzende Planungen werden benannt. Die Vorgehensweise des Simultaneous Engineering und des agilen Projektmanagements werden erläutert und die Unterschiede zum klassischen Projektmanagement aufgezeigt.

11.1 Projektprozess

Ein Projekt ist ein einmaliges Vorhaben, das im Wesentlichen durch Einmaligkeit der Bedingungen in ihrer Gesamtheit gekennzeichnet ist, z. B. bezüglich der Zielvorgabe, zeitlichen, finanziellen, personellen oder anderen Begrenzungen oder einer projektspezifischen Organisation (vgl. DIN 69901-5:2009, 3.44). Beispiele für QM-Projekte sind Investitionsprojekte, Forschungs- und Entwicklungsprojekte, Projekte zur Organisationsentwicklung, IT-Projekte, Beratungsprojekte, Rationalisierungsprojekte, Schulungsprojekte oder Projekte zur Lieferantenentwicklung.

HINWEIS

Die Norm definiert: Projektmanagement ist die „Gesamtheit von Führungsaufgaben, -organisation, -techniken und -mitteln für die Initiierung, Definition, Planung, Steuerung und den Abschluss von Projekten" (DIN 69901-5:2009, 3.64).

Der Projektprozess (Bild 11.1) beschreibt die Vorgehensweise zur Durchführung eines Projekts. Die Projektplanung ist darin eingebettet und soll der Schwerpunkt dieses Kapitels sein.

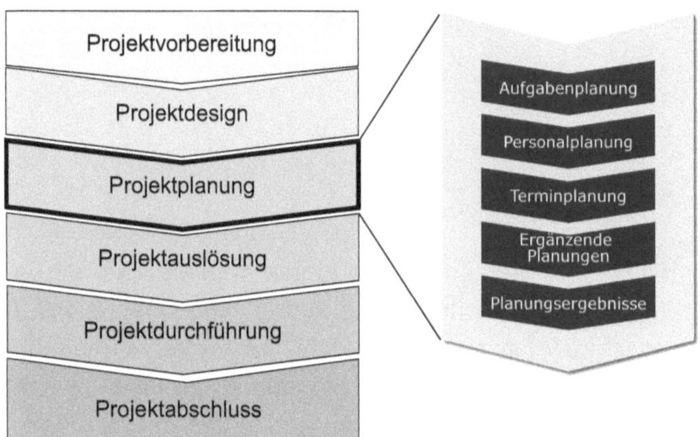

Bild 11.1 Der Projektprozess (in Anlehnung an Olfert 2019, S. 29 ff.)

Der Projektprozess beginnt mit der *Projektvorbereitung*. Hier erfolgt die Problemerkennung, z. B. überhöhte Kosten in einem Bereich, Fehlen eines Nachfolgeprodukts oder Mangel an Fertigungskapazitäten. In der Problemanalyse wird das erkannte Problem beurteilt und über Lösungen entschieden. Sie bezieht sich auf Problemursache, Problembeurteilung und Alternativen der Problemlösung. Daraufhin wird entschieden, ob es zur Projektdurchführung, zur Improvisationslösung, zum Lösungsverzicht oder zur Problemignorierung kommt. Mit der Machbarkeitsanalyse wird geprüft, inwieweit die Lösungsalternativen praktisch durchführbar sind, und die damit verbundenen Risiken werden ermittelt und quantifiziert. In der letzten Phase der Projektentscheidung geht es darum, ob ein Projekt organisiert werden soll.

Als *Projektdesign* wird die Festlegung der strukturellen Merkmale eines Projekts bezeichnet, und es bezieht sich auf die zu bestimmende Projektart (Ein- oder Mehrpersonenprojekte, Vollzeit oder Teilzeit, Eigen-, Fremd- oder Mischprojekte). In der Projekteinbindung wird die Aufbauorganisation definiert. Weiterhin wird die Projektbetreuung festgelegt und entschieden, ob eine Einzelperson oder ein Gremium (Lenkungsausschuss, Steering Committee) das Projekt betreut. Der Projektmanager wird ernannt, und seine Aufgaben und Befugnisse werden zusammengefasst. Die Projektgruppe wird benannt. Ihre Zusammensetzung hängt von der Problemstellung ab. Der Lösungsprozess wird ausgewählt bzw. beschrieben.

In der *Projektplanung* wird die Durchführung des Projekts festgelegt. Die Herausforderung dabei ist die mangelnde Vorhersehbarkeit der Projektgegebenheiten.

Die Aufgabenplanung steht am Anfang und dient dazu, alle Aufgaben des Projekts zu ermitteln (Projektstrukturplan) und den Ablauf der Aufgabenausführung festzulegen (Projektvorgangsplan). Die Personalplanung ist mit der Terminplanung verknüpft und wird üblicherweise zuerst durchgeführt. Die Aspekte der Personalplanung sind die Planung der Anzahl und die Qualifikation der Mitarbeiter und eventuell die Stellenbeschreibung. Die Terminplanung ist die zeitliche Planung eines Projekts auf Grundlage der Aufgaben und des Personals. Die ergänzende Planung umfasst die Planung der Sachmittel, der Kosten, der Dokumente, die Qualitäts- und die Berichtsplanung. Am Ende der Projektplanung stehen die Planungsergebnisse. Hierzu gehören der Projektplan, der Projektantrag, der Projektauftrag und die Projektvergabe.

Die *Projektauslösung* kann erfolgen, wenn die Projektplanung abgeschlossen ist. Die Projektentscheidung umfasst die Willensbildung und die Durchsetzung für ein geplantes Projekt. Da die Ressourcen zur Projektdurchführung üblicherweise begrenzt sind, können nicht alle wünschenswerten Projekte zur gleichen Zeit abgewickelt werden. Die Erteilung des Projektauftrags umfasst den Inhalt des Auftrags, den Anlass, die Auftragsmittel und die Auftragsbedingungen. Bei der Begründung eines Projekts sollten drei Aspekte berücksichtigt werden: Notwendigkeit des Projekts, die Unternehmensvision und die Auswirkungen des Projekts. Der Projektstart erfolgt in der Regel mittels Kick-off-Meeting.

Die *Projektdurchführung* vollzieht sich auf den zwei Ebenen der Projektleitung und der Projektarbeit. Die Projektleitung umfasst die Teambildung, die Mitarbeiterführung (Motivation, Coaching, Information, Moderation, Entscheidung, Konfliktlösung, Überwachung), die Projektsteuerung und die Projektkontrolle (Datenermittlung, Soll-Ist-Vergleich, Abweichungsanalyse). Ein wesentliches Kennzeichen der Projektarbeit ist die Teamarbeit. Die Projektarbeit umfasst eine Vielzahl weiterer Aufgaben, dazu gehören Recherchieren, Lösen, Kommunizieren, Verhandeln, Präsentieren, Visualisieren, Protokollieren, Berichten und Dokumentieren.

Als *Projektabschluss* soll die plangerechte Beendigung des Projekts angesehen werden. Oft stellt die Einführung der Lösung bzw. die Einführung der im Projekt erarbeiteten Maßnahmen ein weiteres Projekt dar mit einer eigenen Einführungsentscheidung, mit Methoden, Maßnahmen, Startvorbereitungen, Change Management, Mitarbeiterschulungen und Einführungskontrolle. Zu den Abschlussarbeiten zählen die Abschlusskontrolle (Vergleich von Plandaten mit Ist-Daten bezüglich Kosten, Mitarbeitereinsatz, Zielerreichungsgrad), die Projektnachweise (Abnahmeprotokoll, Abschlussbericht), Lessons-Learned-Aufzeichnung (systematisches Sammeln und Bewerten von Erfahrungen, Fehlern, Risiken und Hinweisen, die für künftige Projekte nützlich sein können) und die Projektauflösung (Anerkennung der Mitarbeiter, Archivierung der Unterlagen, Rückgabe der Sachmittel, Abschlussveranstaltung).

Die Planung sollte immer transparent sein. Es ist zu prüfen, mit wem die Planung abzustimmen ist und wer zu informieren ist: der Vorgesetzte, der Lenkungsausschuss, tangierte Abteilungen, das QM usw. Über den Planungsstand sollten regelmäßig die Stakeholder informiert werden. Änderungen in der Planung sind frühzeitig aufzuzeigen. Gebräuchliche Mittel zur Informationsverteilung sind:

- Der Planungsbericht: Darin sind alle Planungsunterlagen zusammengefasst.
- Das Dokumentenmanagementsystem auf einem gemeinsamen Laufwerk oder in der Cloud: Hier wird über den neuesten Projektstand informiert, und Daten lassen sich online austauschen.
- Die Sitzungen des Lenkungsausschusses, auf denen der Projektleiter persönlich präsentiert.
- Das regelmäßige Update in Form einer Kurzfassung per E-Mail.

11.2 Terminplanung

Wesentliche Aufgabe der Projektplanung ist die Terminplanung. Bei der Terminplanung sind folgende Aufgaben auszuführen:

- Festlegung der Projekttermine als Anfangstermin und Endtermin,
- Festlegung der Pufferzeiten,
- Festlegung des kritischen Pfads,
- Planung der Quality Gates.

HINWEIS

Folgende wichtige Begriffe sind in der DIN 69900:2009 definiert:

- Die *Pufferzeit* ist die Zeitspanne, um welche die Lage oder die Dauer eines Ereignisses bzw. Vorgangs verändert werden kann, ohne dass sich dies auf die Projektdauer auswirkt.
- Der *kritische Pfad* stellt die Verbindung aller Vorgänge dar, die keine Pufferzeit besitzen. Sie können nicht verschoben werden, ohne dass sich der Endtermin des Projekts verschiebt. Er ist für die Gesamtdauer des Projekts maßgebend ist.

Es gibt verschiedene Verfahren zur Terminplanung. Ihre Anwendung hängt vor allem von der Größe des Projekts, d. h. von der Anzahl der Vorgänge ab und ob die Pläne mittels EDV-Unterstützung erstellt werden.

Bei der *Listungstechnik* wird die Terminplanung mittels Listen durchgeführt. Sie wird vor allem bei Projekten mit wenigen Vorgängen bzw. linearen Vorgängen eingesetzt. Die *Balkendiagrammtechnik* ist eine Visualisierungstechnik, bei der die Vorgänge über eine Zeitachse in Form von Balken entsprechend ihrer zeitlichen Dauer dargestellt werden. Sie ist bei einer begrenzten Anzahl von Vorgängen sehr übersichtlich und leicht zu lesen. Die *Gantt-Technik* (Bild 11.2) ist die einfachste Balkendiagrammtechnik, bei der die einzelnen Vorgänge durch waagerechte Striche oder Balken abgetragen werden. Die Länge des Balkens visualisiert die Dauer des Vorgangs.

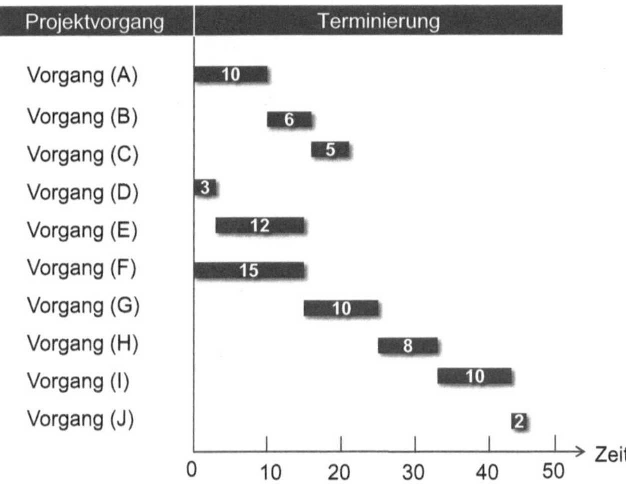

Bild 11.2 Gantt-Technik

Die in Bild 11.3 dargestellte *Plannet-Technik* ist eine Weiterentwicklung, bei der zusätzlich noch die Abhängigkeiten der Vorgänge ausgewiesen werden.

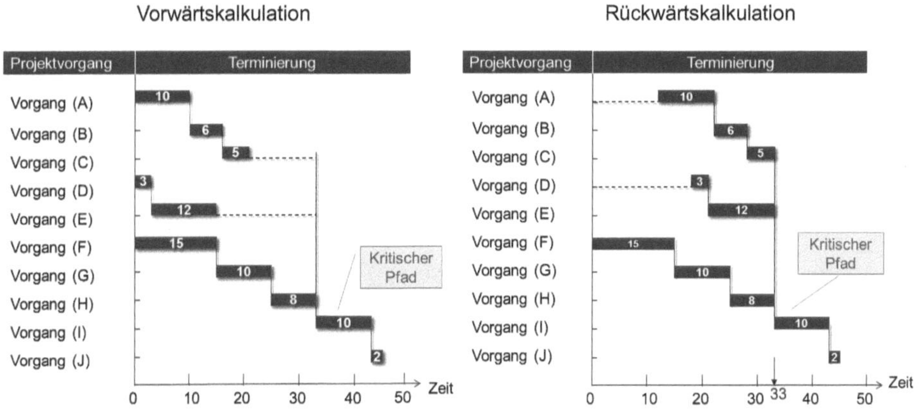

Bild 11.3 Plannet-Technik

Bei der *Vorwärtsterminierung* wird vom Projektanfang in die Zukunft geplant und der Projektendtermin ermittelt.

Bei der *Rückwärtsterminierung* geht man vom Projektendtermin aus, der in der Vorwärtsterminierung ermittelt wurde, und rechnet zurück. Bei einer fehlerfreien Planung führt sie zu dem bei der Vorwärtsterminierung angesetzten Projektanfangstermin.

Die *Netzplantechnik* wurde zur Terminierung von Großprojekten entwickelt und basiert auf der Grundlage der Graphentheorie. Das Basiselement ist der Vorgang, der durch jeweils zwei Ereignisse begrenzt ist. Die Darstellung der Vorgänge erfolgt in Knoten, die als Rechteck gezeichnet sind. Die Pfeile zwischen den Knoten bezeichnen die Ablaufbeziehungen. Es gibt verschiedene Darstellungsformen, in Bild 11.4 ist das Symbol nach Norm dargestellt.

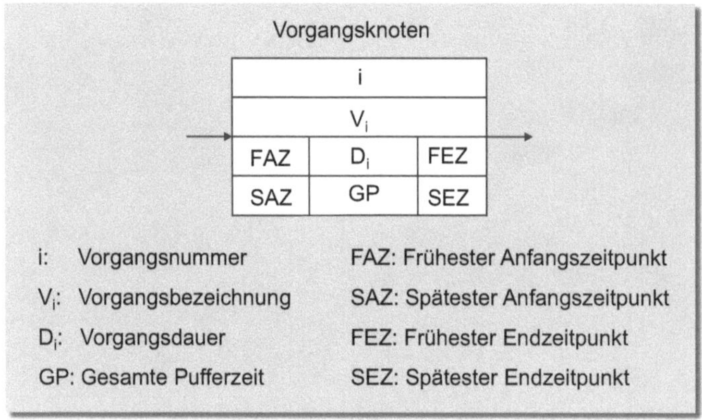

Bild 11.4 Symbole der Vorgangsknotentechnik nach DIN 69900:2009

Die Berechnung der Termine erfolgt nach:

- Vorwärtsterminierung: FEZ(i) = FAZ(i) + D(i)
- Rückwärtsterminierung: SEZ(i) = SAZ(i) + D(i)

Ergeben sich Terminkonflikte, dann ist bei der Vorwärtsterminierung mit dem höchsten und bei der Rückwärtsterminierung mit dem niedrigsten der ermittelten Werte weiterzurechnen.

Die *gesamte Pufferzeit GP* errechnet sich nach

- GP = SAZ(i) – FAZ(i)
- GP = SEZ(i) – FEZ(i)

In Bild 11.5 ist ein Beispiel für einen Netzplan in der Vorgangsknotentechnik dargestellt.

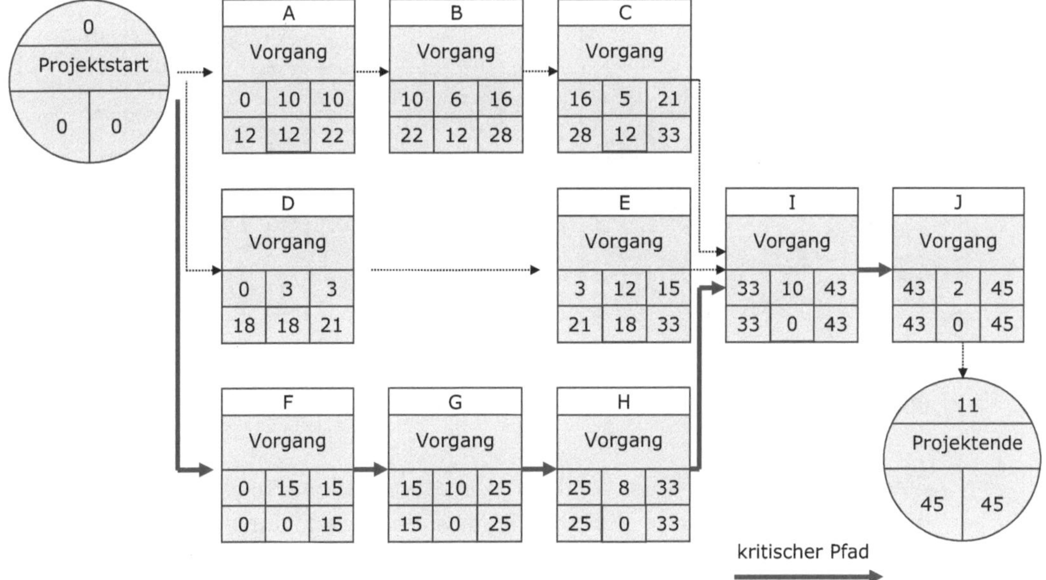

Bild 11.5 Beispiel für einen Netzplan in der Vorgangsknotentechnik

11.3 Risikomanagement

Da die Planung naturgemäß in die Zukunft gerichtet ist, muss mit Annahmen gearbeitet werden. Diese Annahmen können eintreten oder nicht. Welche *Risiken* und welche Auswirkungen auf den Projektplan sind damit verbunden? In Abhängigkeit davon, ob und welches Risiko eintritt, kommt es zu einer unterschiedlich langen Projektlaufzeit und zu unterschiedlichen Projektkosten.

Wird jedes einzelne Risiko analysiert und sowohl mit einer Eintrittswahrscheinlichkeit als auch der Projektlaufzeitverlängerung versehen, dann werden sich die Fakten kumulieren. Es wird also eine Verteilung der Projektlaufzeiten geben. In dem in Bild 11.6 gezeigten Beispiel wird das Projekt mit einer Wahrscheinlichkeit 30 % (probability P30) in der Projektwoche 18 oder früher abgeschlossen sein, wenn die wichtigsten Risiken nicht eintreten. Treten die wesentlichen Risiken ein, wird das Projekt mit P90 spätestens in der Woche 26 abschließen.

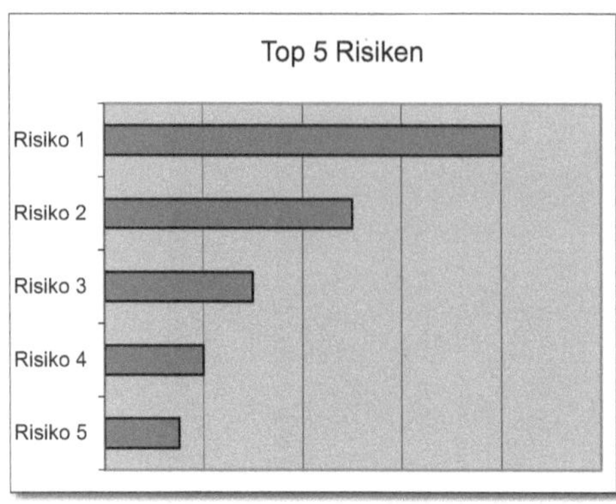

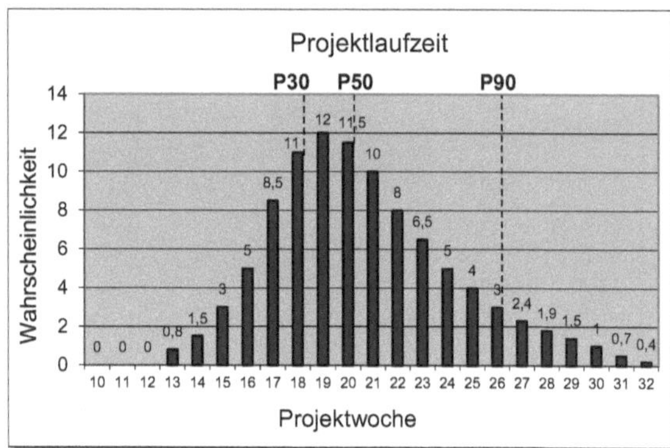

Bild 11.6 Risikomanagement in der Projektplanung

Eine grobe *Risikoanalyse* ist bereits bei der strategischen Projektauswahl erforderlich. Schließlich kann die Höhe des Risikos die Entscheidung für oder gegen ein Projekt stark beeinflussen. Viele Unternehmen betreiben nur ein halbherziges oder gar kein Risikomanagement für ihre Projekte. Dabei zeigen Unternehmen mit Risikomanagement, dass sich ihr Projekterfolg signifikant verbessert. Die zusätzlichen Kosten für das Risikomanagement fallen viel geringer aus als die Kosten, die durch ein Ignorieren von Risiken entstehen können. Ziel ist es, Risiken zu erkennen und zu minimieren.

Dazu findet eine Risikoanalyse in vier Schritten statt:

1. Risiken identifizieren,
2. Risiken bewerten,
3. Risiken steuern,
4. Risiken laufend überwachen.

1. Risiken identifizieren

Vor Projektbeginn ist eine möglichst detaillierte Risikobetrachtung durchzuführen, die während des gesamten Projektablaufs im Rahmen eines Risikomonitorings aktualisiert werden sollte. Zunächst müssen die Projektziele klar definiert sein. Um Risiken zu erkennen, ist es außerdem sehr hilfreich, auf Erkenntnisse aus früheren Projekten zurückzugreifen. Dies erfordert eine systematische Sicherung der Projekterfahrungen.

TIPP

Am besten werden Checklisten angelegt, in denen die wichtigsten Risikofaktoren übersichtlich und nach Risikogruppen gegliedert aufgeführt sind (Bild 11.7).

1. Risiken der Projektabwicklung
- Wirtschaftliche Risiken
- Terminrisiken
- Technische Risiken
- Personelle Risiken
- Zulieferungsrisiken

2. Risiken in den Projektphasen
- Planungsrisiken
- Risiken der Analyse und Konzeption
- Realisierungsrisiken
- Betreuungs- und Wartungsrisiken

3. Risiken in der Projektunterstützung und im Projektumfeld
- Risiken im Bereich der Stakeholder
- Risiken im Bereich der Unternehmenskultur
- Risiken aufgrund strategischer Vorgaben
- Vertragliche Risiken
- Soziokulturelle Risiken
- Politische und gesetzliche Risiken
- Marktrisiko
- Branchenrisiko
- Konkurrenzrisiko

Bild 11.7 Risiken identifizieren mittels Checkliste

2. Risiken bewerten

Grundlage der Risikobewertung ist ein Katalog der identifizierten und hinreichend beschriebenen Risiken. Der Katalog wird um die Ursachen, die Eintrittswahrscheinlichkeit und eine Einschätzung der Auswirkungen auf das Projekt ergänzt. Bei größeren Projekten wird dazu eine Sensitivitätsanalyse durchgeführt.

Der Risikokatalog sollte in einem weiteren Schritt um die bereits vorhandenen bzw. die zu definierenden Maßnahmen zur Risikominimierung ergänzt werden. Dieser Schritt erinnert an die FMEA-Methode, bei der die Vorbeugemaßnahmen aufgelistet werden.

Die Visualisierung erfolgt üblicherweise im Risikoportfolio (Bild 11.8). Hierin lassen sich vier Felder unterscheiden, die jeweils unterschiedliche Steuerungsmaßnahmen nach sich ziehen.

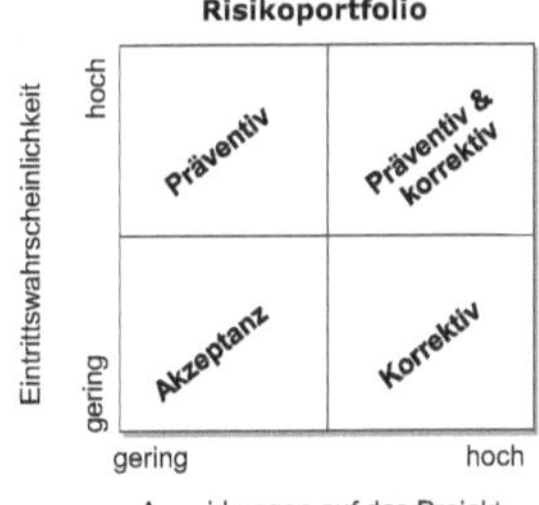

Bild 11.8 Risikoportfolio

3. Risiken steuern

Risiken mit geringen Auswirkungen und gleichzeitig geringer Eintrittswahrscheinlichkeit werden im Regelfall akzeptiert, da sich der Aufwand für Maßnahmen nicht lohnt. Für die Risiken mit geringen Auswirkungen, aber hoher Eintrittswahrscheinlichkeit sind präventive Maßnahmen vorzubereiten, damit sie vermindert oder sogar vermieden werden. Im besten Fall treten keine Beeinträchtigungen auf die Durchführung des Projektplans auf. Zu prüfen sind die verschiedenen Möglichkeiten der Risikoübertragung. Risiken können durch vertragliche Vereinbarungen an den Auftraggeber zurückgegeben werden oder man gibt die Risiken an Dritte (Lieferanten, Unterauftragnehmer, Versicherung) weiter.

Risiken mit geringer Auftrittswahrscheinlichkeit, aber hohen Auswirkungen dürfen ebenfalls nicht ignoriert werden. Hier sind Korrektivmaßnahmen zu planen. Falls das unwahrscheinliche Risiko doch eintritt, werden die Maßnahmen ohne Zeitverzug umgesetzt und dämmen die negativen Folgen ein. Am kritischsten sind die Risiken mit hoher Wahrscheinlichkeit und hoher Auswirkung, denn sie haben das Potenzial, komplette Projekte zu gefährden. Hier darf nichts dem Zufall überlassen werden. Es werden sowohl präventive als auch korrektive Maßnahmen ergriffen. Tabelle 11.1 zeigt ein Beispiel einer Risikoanalyse.

Tabelle 11.1 Beispiel für eine Risikoanalyse

Ursache	Risiko	Auswirkung	Eintrittswahrscheinlichkeit	Maßnahme präventiv	Maßnahme korrektiv
Grippewelle	Personalmangel	Verzug von wenigen Tagen	gering	/	/
Probleme bei der Verzollung	Lieferverzug	Verzug von 1–2 Wochen	gering	/	Zeitarbeiter beim Aufbau einsetzen
Engpass beim Lieferanten	Lieferverzug	Verzug von wenigen Tagen	hoch	Konventionalstrafen vereinbaren	/
Technischer Defekt	Abnahme misslingt	Verzug von mehreren Wochen	hoch	Testlauf beim Lieferanten	Ersatzteile & Techniker vor Ort

4. Risiken laufend überwachen

Die Maßnahmen zur Vermeidung oder Verminderung der wichtigsten Risiken sollten Teil des Projektplans sein. Da sich Risiken während des Projektverlaufs oft ändern, sind die Risiken laufend zu überwachen. Die zunächst als wenig bedeutsam eingeschätzten Risiken können schnell gefährlich werden. Deswegen ist es erforderlich, eine kontinuierliche Risikoüberwachung zu installieren und regelmäßig über die Risikosituation zu berichten.

Bei mittleren und großen Projekten reicht vielen Unternehmen eine qualitative Bewertung und Steuerung der Projektrisiken nicht aus, sondern die Risiken werden quantifiziert, also in Euro umgerechnet. Die Multiplikation von Auftrittswahrscheinlichkeit und Risikoauswirkung in Euro fließt sofort in die Kosten- und Liquiditätsrechnung des Unternehmens unter anderem in Form von Rückstellungen ein. Dem können jetzt die Kosten einer präventiven oder korrektiven Maßnahme gegengerechnet werden.

BEISPIEL

Während des laufenden Projekts zur Renovierung von Personenzügen hat der Lieferant einer Türmechanik den Betrieb eingestellt. Die Neubewertung ergibt, dass ein erhebliches Risiko besteht, die kompletten Türen einer Baureihe austauschen zu müssen. Die Eintrittswahrscheinlichkeit wird mit 75 % abgeschätzt, und die Auswirkungen errechnen sich zu 800 000 Euro. Die Projektleitung entscheidet sich zum Aufkauf der Lagerbestände des Lieferanten und vermindert so die Eintrittswahrscheinlichkeit auf 40 %. Die Kosten der Maßnahme von 35 000 Euro können mit dem verminderten Projektrisiko von (75 % - 40 %) × 800 000 Euro = 280 000 Euro gegengerechnet werden (Bild 11.9).

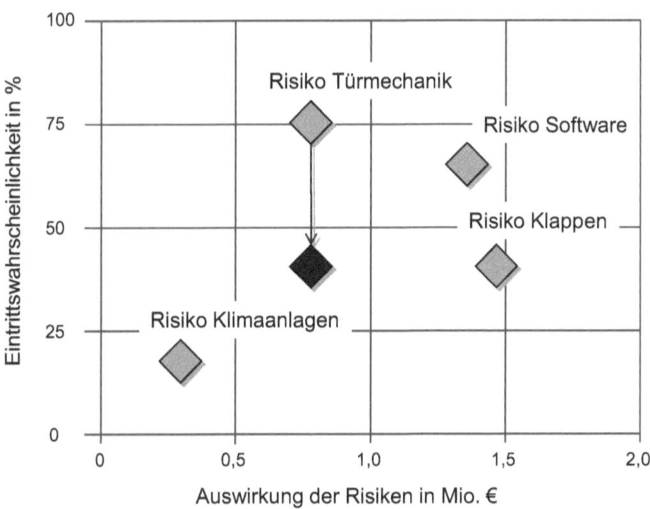

Bild 11.9 Beispiel für eine Risikoquantifizierung

11.4 Ergänzende Planungen

Je nach Projekt sind ergänzende Planungen unterschiedlichen Umfangs vorzunehmen. Hierzu gehören die Planung und Beschaffung der *Sachmittel* (Einsatz, terminliche Verfügbarkeit, Kosten) wie Büroräume oder Arbeitsplätze, Fertigungsmaschinen und Laboreinrichtungen, Hardware und Software.

Die Dokumentation des Projekts wird auch als Projekthandbuch bezeichnet. Es ist ein projektspezifisches Informationswerk, welches das Projekt dokumentiert. Inhalte können die Projektziele, Verantwortlichkeiten oder Festlegungen zum Berichtswesen sein. Die Planung der Dokumentation umfasst den Inhalt, die Art, die Systematik und die Regeln der Dokumentation. Zum Zwecke des Projektcontrollings wird eine interne und externe *Berichterstattung* geplant (Tabelle 11.2). Sie ist keine lästige Pflicht, sondern schafft Transparenz und bietet die Möglichkeit, für das Projekt und das Team zu werben.

Tabelle 11.2 Beispiele für die Berichtsplanung

Berichtsart	Empfänger	Termine
Projektbericht	Management	Wöchentlich / monatlich
Projektreview	Management	Monatlich / vierteljährlich
Fortschrittsmeldung	Projektcontrolling	Wöchentlich / monatlich
Quality-Gate-Freigaben	Management, Qualitätsmanagement	Quality-Gate-Erreichung
Projektinformation	Tangierte Abteilungen	Monatlich / vierteljährlich

Die *Kostenplanung* ist Teil der Projektentscheidung. Sie dient der Vorgabe eines Projektbudgets und dessen Controlling. Zudem gehen die Cash-out-Kosten in die Liquiditätsplanung ein. Zu den Kosten gehören die Personalkosten inklusive der Reisekosten, die Kapitalkosten der Sachmittel, die Materialkosten und eventuelle Fremdleistungskosten für extern vergebene Arbeitspakete.

Um den späteren Projektfortschritt besser überwachen zu können, werden *Quality Gates* definiert. Dies sind Meilensteine im Projektablauf, bei denen über die Freigabe der nächsten Projektphase entschieden wird (Bild 11.10).

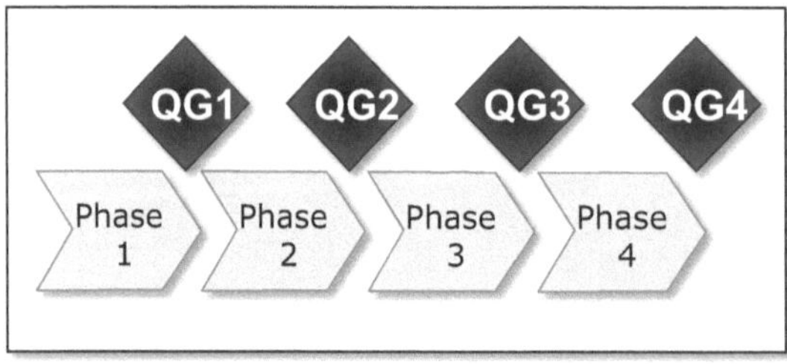

Bild 11.10
Der Quality-Gate-Prozess

Ein Quality Gate kann gesetzt werden nach

- einem abgeschlossenen Arbeitsergebnis,
- Erreichung eines Teilziels,
- dem Zeitpunkt für ein Review oder eine Teilabnahme.

Auch Projektanfang und -ende sind Quality Gates. Es muss immer eine individuelle Checkliste vorliegen, mit der die Qualität der Leistung geprüft werden kann. Erst wenn das Quality Gate der Überprüfung standgehalten hat, wird der nächste Vorgang bzw. das nächste Arbeitspaket genehmigt. An einem Quality Gate kann sich sogar entscheiden, ob ein Projekt abgebrochen wird.

Weiterhin muss definiert sein, wer autorisiert ist, den Quality Gate abzuprüfen und freizugeben. Die Planung und die Kontrolle der Gates sind Teil des umfassenden Qualitätsmanagements im Projekt. Im engeren Verständnis muss die Qualität der Projektlösung bei der Projektplanung festgelegt sein und umfasst Qualitätsvorgaben, Verfahrensvorgaben, Qualitätskontrollen und eventuell den Qualitätsverantwortlichen.

11.5 Simultaneous Engineering

Traditionell sind die Marktanalyse, die Produktentwicklung und die Produktionsplanung, gefolgt vom Produktionsstart, getrennte, nacheinander folgende Schritte. Zuerst wird das neue Produkt konstruiert und komplett ausgearbeitet. Danach beginnt die Planung der Produktionsanlagen. Diese sequenzielle Projektplanung kostet Zeit.

In vielen Branchen wird heute angestrebt, die Zeit zwischen der ersten Produktidee und der Einführung auf dem Markt deutlich zu verkürzen, da sich so Wettbewerbsvorteile durch technologische Vorsprünge gegenüber den Konkurrenten erzielen lassen.

Im *Simultaneous Engineering* (deutsch „simultane Entwicklung“) werden traditionell sequenziell ablaufende Phasen überlappend gestaltet mit dem Ziel der Verkürzung der Projektlaufzeit (Bild 11.11).

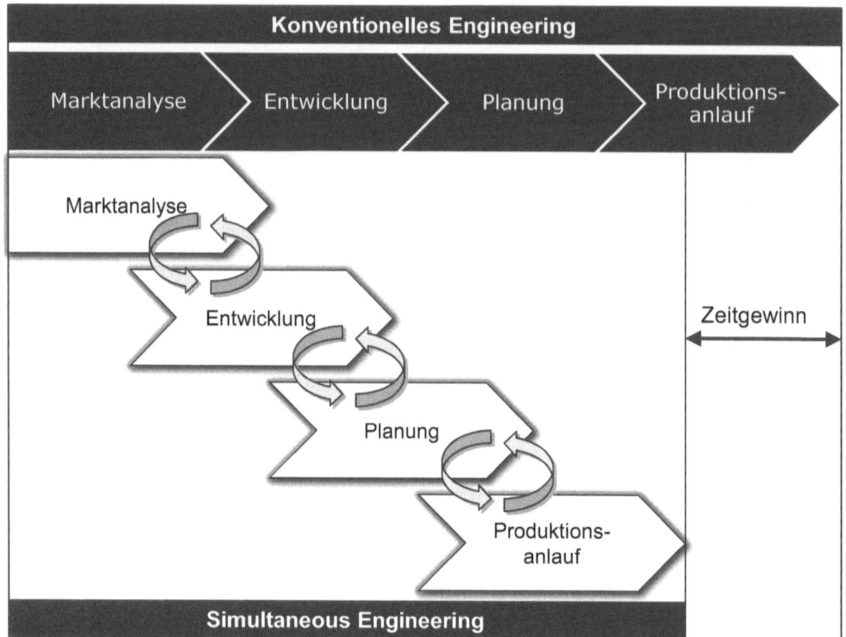

Bild 11.11 Verkürzung der Projektlaufzeit durch Simultaneous Engineering

Bei der Anwendung des Simultaneous Engineering beginnt die Produktionsplanung bereits früher. Sobald vorläufige Versionen des Produkts ausgearbeitet sind, wird damit begonnen, deren Produktion zu planen. Die Entwicklung läuft parallel dazu weiter. Es findet ein ständiger Informationsaustausch statt. Änderungen der Konstruktion müssen in die Planung der Betriebsmittel einfließen. Andersherum kann sich aus Optimierungsmöglichkeiten bei der Produktion eine Änderung der Konstruktion ergeben.

Vorteil dieser Vorgehensweise ist die Zeitersparnis. Die Produktionsmöglichkeiten und Kosten sind bereits geprüft sowie die Produktionsmittel teilweise geplant, wenn das Produkt fertig entwickelt ist. Man spricht dabei auch vom Paradox des Simultaneous Engineering, da für sich genommen jeder Prozessschritt länger dauert, allerdings die Summe der Prozessschritte wiederum kürzer ist als im herkömmlichen Verfahren. Dies ist dem schon beschriebenen Parallelisieren von Prozessschritten geschuldet.

Ein weiterer wichtiger Aspekt ist das frühzeitige Aufdecken von konstruktionsbedingten Produktionsproblemen: Je früher eine Konstruktionsänderung vorgenommen wird, desto weniger Kosten fallen in der Regel an. Schlimmster Fall bei der traditionellen Vorgehensweise kann sein: Das Produkt ist komplett fertig, lässt sich aber nicht herstellen. Es muss also neu konstruiert werden. Simultaneous Engineering hilft dabei, solche Erkenntnisse und daraus folgende Änderungen auf einen früheren Zeitpunkt zu verschieben. Weitere Vor- und Nachteile sind in Bild 11.12 zusammengefasst.

Vorteile	**Nachteile**
• Möglichkeit zu erheblicher Zeiteinsparung	• Arbeiten unter Unsicherheit
• Steigerung der Arbeitsqualität durch funktionsübergreifende Integration	• Starker Ressourcenverbrauch
• Gemeinsames Verständnis von Zielen und Zusammenarbeit	• Relativ hoher Koordinierungsaufwand

Bild 11.12 Vor- und Nachteile des Simultaneous Engineering

■ 11.6 Agiles Projektmanagement

Das klassische Projektmanagement ist „plangetrieben“. Alle Überlegungen und Planungsergebnisse werden im Projektplan schriftlich festgehalten. Inhalt und Umfang sind hierin vorab festgelegt: Leistungsumfang, Projektstrukturplan, Vorgänge, Ressourcen, Zeit und Kosten. Das klassische Projektmanagement ist geeignet, wenn das Ergebnis genau spezifiziert ist; man vorzugsweise schon ähnliche Projekte hatte; mit wenigen Änderungen im Projektverlauf zu rechnen ist; Feedback im Laufe des Projektes keine große Bedeutung zukommt; es sich um komplexe Sachverhalte handelt oder keine Zwischenlieferungen möglich sind bzw. keinen Nutzen spenden. *Aber*: Woher weiß man alles zu Beginn so genau, dass man es so planen kann?

Je innovativer die Projekte sind und je wichtiger das Feedback zwischendurch für das weitere Vorgehen ist, desto geeigneter ist die agile Vorgehensweise. Agil bedeutet „flink“, „flexibel“. Agiles Projektmanagement bezeichnet Vorgehensweisen, bei denen das Projektteam über hohe Toleranzen bezüglich Qualität, Umfang, Zeit und Kosten verfügt und eine sehr hohe Mitwirkung des Auftraggebers erforderlich ist. Kundenanforderungen werden als User Stories aus Sicht des Kunden definiert (vgl. Patzak/Rattay, 2018, S. 648 f.).

Eine Methode aus dem agilen Projektmanagement ist Scrum, und diese wird beispielweise bei der Entwicklung von Software oder eines völlig neuartigen Produkts angewendet. Der englische Begriff *scrum* bedeutet „angeordnetes Gedränge“. Die Entwicklung wird in Iterationen organisiert, die man „Sprints“ nennt. Eine gleichmäßige Sprintlänge gibt dabei dem Team einen Rhythmus. Ein Sprint dauert beispielsweise eine Woche, jedoch maximal vier Wochen, und jedes Teammitglied verpflichtet sich, die Aufgaben bis zum Ende des Sprints gemeinsam abgearbeitet zu haben. Am Anfang eines Sprints steht eine priorisierte Liste mit Anforderungen, die Product Backlog genannt wird. Davon entnimmt das Entwicklungsteam entsprechend der Priorität so viele Anforderungen, wie es erfahrungsgemäß in einem Sprint umsetzen kann. Das Sprint Backlog arbeitet das Team ab, sodass am Ende vom Sprint wieder ein nutzbares Produkt existiert. Dieses Zwischenprodukt zeigt das Team den Kunden, nimmt deren Feedback auf und passt damit die Anforderungen an. Zusätzlich werden im besten Fall täglich Meetings für die Dauer von ca. 15 Minuten stehend abgehalten und wichtige Fragen geklärt. Zum Abschluss eines Sprints überlegt das Team in einer Retrospektive, wie es seine Arbeitsweise verbessern kann. Dann beginnt der nächste Sprint (vgl. Bild 11.13). Das agile Projektmanagement eignet sich dann, wenn

- das Ergebnis und die Anforderungen noch nicht ganz klar sind, z. B. wenn inhaltlich oder technisch Neuland betreten wird, oder wenn es sich um innovative Sachverhalte handelt.
- dem Feedback und dem damit möglichen Lernen eine zentrale Bedeutung zukommt,
- auf Basis des Feedbacks Änderungen und Anpassungen gewollt sind und berücksichtigt werden,
- Zwischenergebnisse dem Kunden nutzen!

Zusammengefasst lässt sich sagen, dass Scrum eine sehr flexible Projektmanagementmethode ist, die funktionsfähige Zwischenprodukte erarbeitet und permanentes Feedback berücksichtigt. Nachteilig sind das hohe Maß an nötiger Selbstorganisation des Teams, wenig Dokumentation und der nicht definierte Zielzustand. Das klassische und das agile Projektmanagement widersprechen sich nicht, sondern sind bewährte Methoden im Projektmanagement mit unterschiedlichen Anwendungsgebieten.

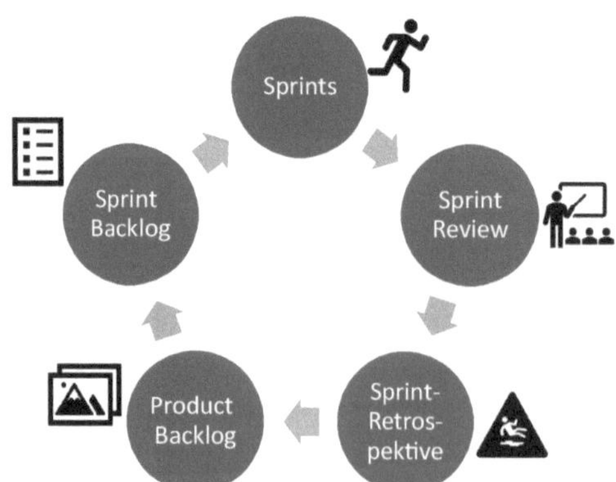

Bild 11.13
Überblick Scrum-Methode

■ 11.7 Zusammenfassung

Das Qualitätsmanagement benötigt ein professionelles Projektmanagement. Der Projektprozess besteht aus den Schritten Projektvorbereitung, Projektdesign, Projektplanung, Projektauslösung, Projektdurchführung und Projektabschluss. Die Terminplanung kann in Abhängigkeit von der Projektgröße als Balkendiagramm bzw. bei komplexeren Projekten als Netzplan dargestellt werden. Da der kritische Pfad keine Pufferzeit besitzt, bedeuten hier Verzögerungen eine Verschiebung im Endtermin. Risiken stellen immer eine Gefährdung der Projektlaufzeit dar. Die Bewertung von Risiken hinsichtlich Eintrittswahrscheinlichkeit und Auswirkung auf das Projekt führt zu präventiven und korrektiven Steuerungsmaßnahmen. Die laufende Überwachung der Risiken ist insbesondere im Simultaneous Engineering entscheidend, denn hier werden ehemals sequenziell ablaufende Projektphasen parallelisiert, um Zeit zu gewinnen. Dem erhöhten Koordinierungsaufwand der Teams in den überlappenden Phasen steht ein gemeinsames Verständnis von Zielen und Zusammenarbeit gegenüber. Bei schlecht planbaren Projekten mit hohem Einfluss des Kunden während der Projektlaufzeit bietet sich die flexible Vorgehensweise des agilen Projektmanagements an.

■ 11.8 Literatur

DIN 69900:2009: *Projektmanagement - Netzplantechnik; Beschreibungen und Begriffe.* Beuth Verlag, Berlin

DIN 69901-5:2009: *Projektmanagement - Projektmanagementsysteme - Teil 5: Begriffe.* Beuth Verlag, Berlin

Olfert, K. (2019): *Projektmanagement.* Kiehl Verlag, Ludwigshafen

Patzak, G.; Rattay, G. (2018): *Projektmanagement.* Linde Verlag, Wien

12 Führung von Projektteams

Die Projektarbeit findet im Qualitätsmanagement fast ausschließlich im Team statt. Nach der Projektplanung hängt der Erfolg der Teamarbeit entscheidend von den Führungsfähigkeiten des Leiters ab: Nachdem die richtige Zusammensetzung des Projektteams gefunden ist, muss die lose Gruppe durch die Phasen des Entwicklungsprozesses hin zu einem erfolgreichen Projektteam begleitet werden. Der Teamleiter muss zudem mit dem möglichen Rollenverhalten einzelner Mitglieder innerhalb des Teams umzugehen wissen. Grundlegende Regeln sind auch beim ersten Treffen zum Projektstart zu beachten. Weiterhin wird eine hilfreiche Methode zur Gestaltung eines produktiven Dialogs vorgestellt. Die Grenzen der heute üblichen, scheinbar einfachen und bequemen Kommunikation mittels Videokonferenz werden aufgezeigt und Empfehlungen ausgesprochen.

12.1 Zusammensetzung von Teams

Aufgabenbeschreibungen, Lohnsysteme, Karrierewege und Leistungsbewertungen sind auf die Einzelperson ausgerichtet. Die deutsche Kultur betont die Leistungen Einzelner, und wir fühlen uns unbehaglich, wenn wir von den Leistungen anderer abhängen. Die Sozialisierung des jungen Menschen, begonnen vom Schulsystem über die Hochschule bis zu den Firmen, belohnt das Einzelkämpfertum. Wer mehr Informationen hat als die anderen, hat einen Vorteil. Obwohl jeder von sich sagt, er sei teamfähig, wird Gruppenarbeit vermieden oder nur mit bekannten Personen zusammengearbeitet (Bild 12.1).

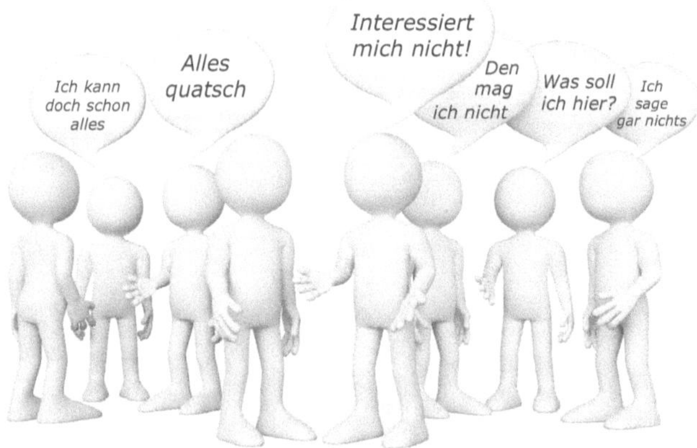

Bild 12.1 Teamarbeit fällt schwer

Die tragende Säule im Qualitätsmanagement und in der Projektarbeit ist der Teamgedanke. Nicht die Leistung eines Einzelkämpfers zählt, sondern erst die Fähigkeiten und Anstrengungen aller Mitarbeiter im Team bringen den Erfolg. Im Team vereinigen sich komplementäre Fähigkeiten und Erfahrungen jedes Einzelnen.

HINWEIS

Ein Team ist ein (temporärer) Zusammenschluss von Personen, deren Fähigkeiten einander ergänzen und die sich für eine gemeinsame Sache, gemeinsame Leistungsziele und einen gemeinsamen Arbeitsansatz engagieren und gegenseitig zur Verantwortung ziehen.

Komplexe Projekte benötigen in der Regel Spezialisten aus unterschiedlichen Abteilungen und Fachrichtungen, also Menschen, die nicht unbedingt die gleiche Fachsprache sprechen. Trotzdem oder gerade deshalb können Höchstleistungen erzielt werden. Beispielsweise arbeiten in einem übergreifenden Projekt zur Lieferantenentwicklung Mitglieder aus Einkauf, Qualität, Engineering und Produktion zusammen.

Erfolgreiche Teams vollbringen außerordentliche Leistungen auch unter schwierigen Bedingungen. Die Mitglieder fühlen sich für die Arbeit des Teams verantwortlich, und sie erörtern offen alle Probleme, die ihnen im Weg stehen.

Die Projektgruppe muss zu einem Projektteam geformt werden. Erfolgreiches Projektmanagement hängt entscheidend von psychologischen Kriterien ab. Hier kommt es auf die Kompetenzen des Projektleiters, aber auch auf das Verhalten jedes einzelnen Mitglieds im Team an. Von allen Kennzeichen erfolgreicher Teamarbeit ist das gemeinsame Ziel das wichtigste. Ein Team wird umso besser und effektiver zusammenarbeiten, je stärker es durch klar beschriebene Ziele, die von allen

Mitgliedern anerkannt, mitgetragen und angestrebt werden, verbunden ist. Dieses Ziel eines Teams bezeichnen wir als seinen „Auftrag".

Ein gutes Team erkennt man außerdem an der Ausprägung eines starken Wir-Gefühls, an der direkten Interaktion zwischen den Mitgliedern, der offenen Haltung, in der jeder bereit ist, vom anderen zu lernen, der Anerkennung gemeinsamer Normen, Regeln und dem gegenseitigen Respekt.

Bei der Zusammensetzung von Projektteams wird meist in erster Linie auf die fachliche Qualifikation ihrer Mitglieder geachtet. Die Leistung erfolgreicher Teams wird aber von weiteren Faktoren beeinflusst, die insbesondere im psychosozialen Bereich angesiedelt sind. Die Übersicht in Bild 12.2 zeigt, welche unterschiedlichen Rollen Teammitglieder einnehmen können.

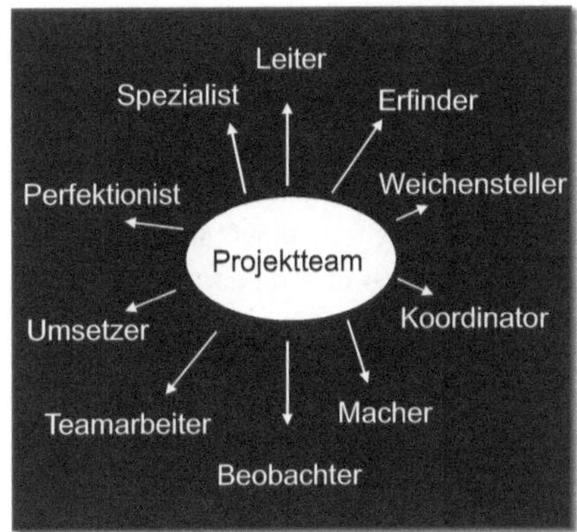

Bild 12.2
Rollen der Teammitglieder

Teams müssen die richtige Mischung von komplementären Fähigkeiten vereinigen, um ihre Aufgaben zu erfüllen. Diese gliedern sich in drei Kategorien:

- fachliche oder funktionale Sachkenntnis,
- Fähigkeiten zur Problemlösung und Entscheidungsfindung,
- Fähigkeiten für den Umgang miteinander.

Heterogene Gruppen, d. h. Gruppen, in denen verschiedene Persönlichkeiten, Werte und Vorbildungen zusammentreffen, sind oftmals kreativer. Nachteilig jedoch ist, dass sie ein erhebliches Maß an Energie und Zeit für gruppendynamische Prozesse aufwenden. Homogene Gruppen erzielen zwar schnell einvernehmliche Lösungen. Die Ergebnisse können oftmals weder quantitativ noch qualitativ überzeugen.

Somit gilt es, zwischen diesen Extremen ein für die Teamarbeit günstiges Optimum zu finden (Bild 12.3). Wo das Optimum liegt, hängt unter anderem stark von der inneren Einstellung der Teilnehmer ab. Die einen begrüßen die Varianz in der Gruppe als „Vielfalt und Chance", die anderen begreifen sie als „Störung".

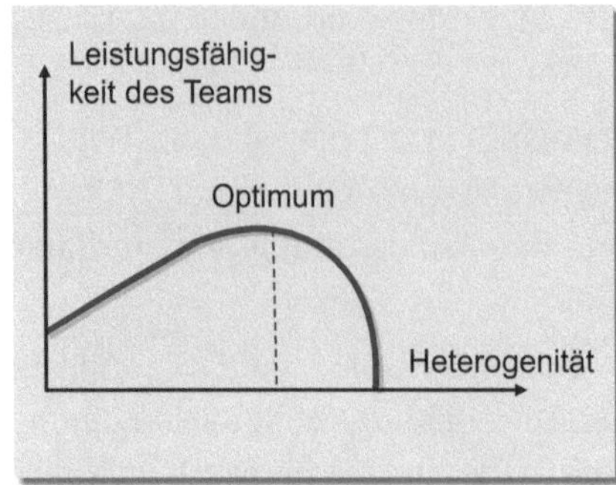

Bild 12.3
Grad der Leistungsfähigkeit

12.2 Teamentwicklungsprozess

HINWEIS

Bruce Wayne Tuckman, * 1938 in New York, ist ein US-amerikanischer Psychologe, Organisationsberater und Hochschullehrer an der Ohio State University. Er erforschte das Verhalten von kleinen Gruppen in verschiedenen Umgebungen und veröffentlichte 1965 das Phasenmodell für Teamentwicklungen.

Nach Bruce Tuckman durchläuft der Entwicklungsprozess eines Teams die vier in Bild 12.4 gezeigten grundlegenden Phasen. Die *Forming*-Phase beginnt euphorisch, denn ein neues Projekt bietet Chancen. Zugleich bestehen zwischen den Mitgliedern der Projektgruppe zunächst Unsicherheiten. Es wird nach Orientierung gesucht, wodurch die Abhängigkeit vom Projektleiter stark ist. Jeder testet, welches Verhalten noch von der Gruppe und vom Projektleiter toleriert wird. In der darauffolgenden *Storming*-Phase werden Grenzen ausgetestet, und es entstehen Konflikte zwischen den Gruppenmitgliedern und gegenüber dem Projektleiter. Kontrollen oder Überprüfungen werden abgelehnt. Die Meinungen der Gruppenmitglieder polarisieren sich. Die Leistungsfähigkeit der Gruppe für die Projektarbeit erreicht in dieser Phase ein Tief (Tal der Tränen), da die meiste Energie in internen Positions- und Rangkämpfen verbraucht wird. Erst nachdem die schmerzhafte Storming-Phase durchlaufen ist, können sich in der *Norming*-Phase Verhaltensregeln und Arbeitsnormen herausbilden, die dann in einem teamorientierten Verhalten münden. Es kommt zu einem Abbau entstandener Konflikte. Gegenseitige Unterstützung und Zusammenarbeit nehmen zu. Das Rollenverhalten entwickelt sich zunehmend teamorientierter. Die Energie der Mitarbeiter kann sich nun in der *Performing*-Phase auf die gemeinsame Projektarbeit konzentrieren. Jetzt kann von einem Team gesprochen werden.

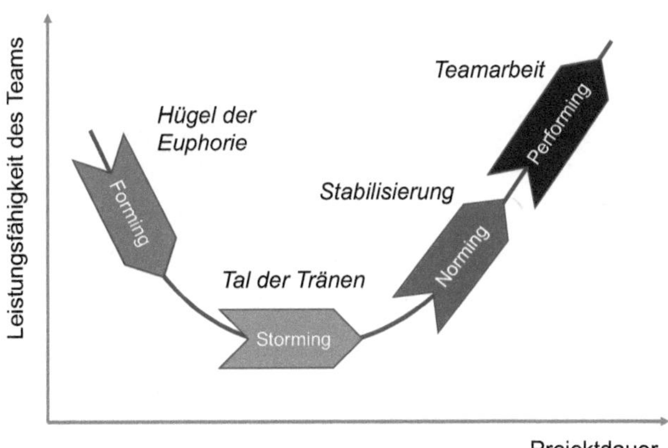

Bild 12.4 Phasen des Teamentwicklungsprozesses

Keine dieser vier Phasen kann übersprungen werden, auch wenn das oft gewünscht oder auch tatsächlich gemacht wird. Dies führt nur dazu, dass eine übersprungene Phase zu einem späteren Zeitpunkt so heftig durchbrechen wird, dass das Team daran zu scheitern droht. Dem Projektleiter kommt die Aufgabe zu, die ersten drei Phasen zügig zu durchlaufen und insbesondere dafür zu sorgen, dass die Gruppe nicht in der Storming-Phase an den Konflikten zerbricht.

Die Größe eines Teams darf einen gewissen Grenzwert nicht überschreiten, da dies negative Auswirkungen auf die Effizienz und Effektivität der Kommunikation innerhalb des Teams hat. Eine Teamgröße von fünf bis sieben Mitgliedern ist optimal. Man geht ab einer Größe von zehn Mitgliedern davon aus, dass eine Verdopplung der Größe eine Vervierfachung des Kommunikationsaufwands bedeutet.

Untersuchungen zeigen: Die Wahrscheinlichkeit, dass innerhalb einer Woche mindestens einmal kommuniziert wird, sinkt bereits bei einer räumlichen Distanz der Teammitglieder von 20 Metern - also schon im Großraumbüro - auf unter 10 %. Falls erhöhter Kapazitätsbedarf besteht, müssen mehrere Teams parallel arbeiten.

Wichtige Regeln für die Teamarbeit sind: Im Projekt wird Verantwortung aufgabenbezogen und nicht hierarchiebezogen ausgeübt. Niemand hält wichtige Informationen zurück. Wenn jemand meint, dass wichtige Ziele gefährdet sind, soll er dies sofort ansprechen. Wenn Fehler passieren, sind Vorwürfe und Schuldzuweisungen zu vermeiden. Es wird sachbezogen und nicht personenbezogen argumentiert. Über Herausforderungen wird offen gesprochen und gemeinsam an ihrer Lösung gearbeitet. Bei jeder Entscheidung wird gefragt: Was kommt danach? Das Team hat die Fähigkeit und Muße, fortlaufend zu reflektieren und seine Ergebnisse infrage zu stellen. Rückschläge werden genutzt, um nach den Ursachen zu forschen und es beim nächsten Mal besser zu machen.

12.3 Kick-off-Meeting

In der Projektpraxis beginnt die Teamarbeit häufig mit einem Kick-off-Meeting, also dem Treffen zum Projektstart. Im Fokus stehen das gegenseitige Kennenlernen und die Darstellung des Projekts und seiner Ziele. Der Projektleiter versucht im Kick-off-Meeting, dem Informationsbedarf der Mitglieder gerecht zu werden und gleichzeitig eine kreative Atmosphäre zu schaffen. Er spricht die Rahmenbedingungen an. Über Herausforderungen und Lösungen wird in einem zweiten Treffen gesprochen.

ANMERKUNG

Tipps zur Gestaltung des Kick-off-Meetings:

- Laden Sie das gesamte Team ein.
- Jedes Teammitglied soll sich vorstellen.
- Fragen Sie: Was erwarten Sie von dem Projekt? Was erhoffen Sie sich von der Teamarbeit?
- Bringen Sie alle Mitglieder auf den gleichen Informationsstand.
- Einigen Sie sich auf die Regeln der Zusammenarbeit.

(vgl. Litke/Kunow/Schulz-Wimmer 2018, S. 92)

In Abhängigkeit von den Projektbedingungen, der Größe des Teams, wie intensiv sich die Mitglieder kennen und ob es Unsicherheiten und Vorbehalte gibt, kann das Kick-off-Meeting auch in Form eines mehrtägigen Workshops abgehalten werden. Das Kennenlernen und die ersten Phasen des Teamentwicklungsprozesses können so ausführlicher gestaltet werden. Hierbei bieten sich diverse Gruppenübungen an, die gemeinsam durchgeführt und reflektiert werden.

In regelmäßigen Abständen, z. B. wöchentlich, versammelt sich das Team. Es werden zum einen Informationen, die das ganze Team betreffen, ausgetauscht (Projektstand, Arbeitsergebnisse, Maßnahmen, Feedback von der Lenkungsausschusssitzung) und zum anderen Ideen, Lösungen und das weitere Vorgehen diskutiert.

Bei großen Projekten wird es Subteams für Teilprojekte geben, die sich in einem eigenen Rhythmus treffen. Zusätzlich kann es sein, dass der Projektleiter Treffen zwischen Teammitgliedern anstoßen muss oder dass er sich zu Einzelgesprächen trifft.

In der Regel wird der Projektleiter die Moderation übernehmen. Als Moderation wird die Gesprächsführung bei Veranstaltungen oder Verhandlungen verstanden. Sie umfasst:

- Leitung der Projektsitzung,
- Steuerung des Ablaufs,

- ergebnisorientierte Gesprächslenkung,
- Herbeiführen von Entscheidungen,
- Zeitmanagement.

Effektive Teamsitzungen werden durch folgende Punkte gefördert: Der Raum sollte ein ungestörtes Arbeiten ermöglichen, und es sollten Visualisierungsinstrumente (Flipchart, Metaplantafel, Whiteboard) zur Verfügung stehen. Die Agenda ist überschaubar. Jeder geht gut vorbereitet in das Meeting. Der Moderator sorgt für einen geregelten Ablauf entlang der Agenda. Eventuell wird zusätzlich ein „Time Keeper" bestimmt. Entscheidungen und Arbeitsaufträge werden in der To-do-Liste protokolliert. Das Meeting endet mit dem gemeinsamen Bestätigen der To-do-Liste. Damit werden eventuelle Missverständnisse ausgeräumt. Die Liste gilt damit für alle als verbindlich angenommen. Wenn noch nicht geschehen, dann wird in dieser Runde der Nachfolgetermin festgelegt.

12.4 Rollenverhalten

Das Potenzial eines Teams sind die unterschiedlichen Charaktere und die verschiedenen Rollen der Mitglieder, die der Projektleiter kennen, in produktive Bahnen lenken und als Ganzes zusammenführen muss – ähnlich einem erfolgreichen Fußballtrainer, der aus elf Individuen ein Gewinnerteam formt. Die in Bild 12.5 gezeigten Charaktere oder Rollen mögen überspitzt, aber nicht unrealistisch sein:

Bild 12.5 Verschiedene Rollen im Team

a) *Der angriffslustige Teilnehmer*: Kühlen Kopf bewahren. Team zu seinen Behauptungen Stellung nehmen lassen. Verhindern, dass auch die anderen hitzig werden. Ihn offen bitten, persönliche Angriffe zu unterlassen.

b) *Der Teilnehmer, der gut mitmacht*: Ihn Ergebnisse zusammenfassen lassen, bewusst in die Diskussion einbeziehen.

c) *Der Alleswisser*: Ihn bitten, auch den anderen eine Gelegenheit zur Stellungnahme zu geben. Seine Beiträge anerkennen, denn er beteiligt sich ja positiv.

d) *Der Redselige*: Ihn nicht verletzen. Schweift er vom Thema ab, ihn direkt fragen, ob das zum soeben behandelten Punkt gehört, dabei die Gruppe einschalten.

e) *Der Schüchterne*: Ihn sachte in die Diskussion mit einbinden, ihn aber nicht zu einer seinem Wesen nicht angemessenen Aktivität drängen.

f) *Der Ablehnende*: Sein besonderes Interesse herausfinden und ihn auf sein Arbeitsgebiet hin ansprechen. Auch bei ihm sich vor jedem Zwang zu einer aktiven Beteiligung hüten, aber um seine Erfahrung bitten. Ihn um genaue Gründe für seine Einwände bitten. Bei allgemeinen Äußerungen wie „Das war schon immer so" oder „Das hat noch nie geklappt" auf Tatsachen bestehen.

g) *Der Uninteressierte*: Eine Zeit lang in Ruhe lassen, dann Fragen nach seinen Erfahrungen stellen. Gelegentlich auf seine Beiträge zurückkommen.

h) *Das hohe Tier*: Eine Person höherer Autorität, die sich nicht konstruktiv an der Diskussion beteiligt, sondern gelegentlich kritische Bemerkungen dazwischenwirft. Die Gruppe zu den Äußerungen Stellung nehmen lassen, aber persönliche Kritik vermeiden. Darauf achten, dass man nicht die Moderationsleitung aus der Hand genommen bekommt.

i) *Der kritische Ausfrager*: Er äußert seine eigene Meinung nicht, sondern versucht, den Moderator durch Haarspalterei aus dem Konzept zu bringen. Gegenfragen stellen: „Was veranlasst Sie zu dieser Äußerung?" Fragen an die Gruppe zurückgeben. Ihn um genaue Gründe für seine Einwände bitten.

Sie sollten Eskalationen oder Wortgefechte während einer Teamsitzung vermeiden, da es zu Überreaktionen führen kann. Stattdessen können Sie immer einem Mitglied im Einzelgespräch Feedback geben.

12.5 Sechs Denkhüte

Es kommt in Diskussionen häufig vor, dass zunächst Argumente ausgetauscht werden und dann aber jeder auf seinem Standpunkt beharrt. Im weiteren Verlauf der Diskussion verhärten sich die Fronten, die Atmosphäre wird zunehmend unproduktiver, und es kommt zu keiner Einigung.

Die sechs Denkhüte von de Bono (engl. Six Thinking Hats) gestatten es dem Team, kräftezehrende Konfrontationen zu vermeiden und sich gemeinsam einem produktiven Dialog zuzuwenden. Statt auf gegensätzlichen Standpunkten zu beharren, erforschen die Mitglieder gemeinsam Strategien und betrachten ein Thema aus sechs verschiedenen Richtungen, den sechs Denkhüten.

HINWEIS

Edward de Bono, * 1933 auf Malta, ist ein britischer Mediziner, Kognitionswissenschaftler und Schriftsteller. Er gilt als einer der führenden Pioniere der Kreativitätsforschung und formulierte: „Jeder Mensch ist von Geburt aus kreativ; den meisten mangelt es nur an der Methode.“

Jeder der sechs Hüte hat eine bestimmte Farbe und steht damit symbolhaft für eine bestimmte Denkhaltung (Bild 12.6). Die Vorgehensweise ist wie folgt (vgl. Bono, E. de 1999): Das Team setzt einen Hut auf und argumentiert ausschließlich entsprechend der Denkweise, die die Farbe symbolisiert. Danach wechselt das Team den Hut und ändert damit auch seine Denk- und Sichtweise. Alle sechs Hüte werden in einer definierten Reihenfolge nacheinander aufgesetzt.

Bild 12.6
Bedeutung der sechs Denkhüte

Es wird mit dem *weißen Hut* begonnen und ein objektiver Überblick über alle verfügbaren Daten und Informationen verschafft - vollkommen unabhängig von der persönlichen Meinung.

Dann folgt der *rote Hut*. Er steht im Gegensatz zum weißen Hut für Emotionen. Unter diesem Hut kann man den Gefühlen freien Lauf lassen. Es kann alles geäußert werden, was man in sich fühlt, ohne sich rechtfertigen zu müssen.

Beim *schwarzen Hut* geht es darum, die negativen Aspekte und Risiken der Fragestellung zu finden. Dazu gehören alle sachlichen Argumente, die gegen ein Projekt oder eine Entscheidung sprechen. Das Team ist bestrebt, objektiv alle negativen Aspekte eines Themas herauszufinden.

Im Gegensatz dazu steht der *gelbe Hut*. Hier geht es darum, das Positive zu entdecken. Das Team bemüht sich, alle Chancen und Pluspunkte zu finden, aber auch realistische Hoffnungen und erstrebenswerte Ziele zu formulieren.

Der *grüne Hut* steht für Kreativität, für Wachstum und für neue Ideen. Wenn dieser Hut getragen wird, begibt man sich auf die Suche nach Alternativen, anderen Ansätzen und neuen Ideen, unabhängig wie verrückt und unrealistisch sie sind.

Der *blaue Hut* steht für Kontrolle und für die Organisation des gesamten Denkprozesses. Der Moderator ist typischerweise der Träger des blauen Huts. Er fasst die Ergebnisse zusammen und trifft die Entscheidung, welche Hüte im weiteren Prozess noch einmal aufgesetzt werden.

Die Methode der sechs Denkhüte ist sehr schnell zu erlernen und benötigt der Erfahrung nach lediglich eine Proberunde. Der Moderator benennt die Regeln und erinnert wenn nötig daran während der Diskussion.

■ 12.6 Kommunikation in Videokonferenzen

In den Ausführungen wurde unterstellt, dass sich das Team in Präsenz zu Besprechungen trifft. In der Praxis wird aber vermehrt auf das Medium der Videokonferenz zurückgegriffen, bei der sich jeder Teilnehmer über einen Link individuell in die Konferenz einwählt. Auch wenn dies technisch problemlos machbar ist, sind die Nachteile für die Teamarbeit zu beachten, denn die Kommunikation ist in einer Online-Besprechung erheblich eingeschränkt. Das hat folgenden Hintergrund.

Kommunikation besteht aus mehreren Komponenten. In der *verbalen Komponente* werden die sachlichen Inhalte ausgetauscht. Kommunikation funktioniert nur, wenn die Grundbedeutung von Wörtern klar ist (Denotat). Mit dem Gebrauch von Wörtern werden oft zusätzliche Bewertungen und Einstellungen transportiert. Ein Pauker ist ein autoritärer und strenger Lehrer. Wird er hingegen Coach genannt, dann wird eine positive Assoziation transportiert. Das Wort Lehrer ist neutral. Solche „mitgemeinten" Nebenbedeutungen werden Konnotationen genannt. Die *nonverbale Komponente* beinhaltet u. a. die Mimik, die Gestik, die Körperhaltung, den Blickkontakt und die Raumnutzung. Die *paraverbale Komponente* beschreibt das Sprechverhalten, also Aussprache, Sprechtempo, Lautstärke, Pausen, Akzent, Sprechrhythmus, Füllwörter (z. B. hm). Die *extraverbale Kommunikation* umfasst die Rahmenbedingungen, in der die Kommunikation stattfindet, also Zeit, Ort, Beziehung der Beteiligten zueinander, Kleidung, Erscheinungsweise und weitere Kontexte.

In der Videokonferenz sind aber alle Kommunikationskomponenten erheblich reduziert (Bild 12.7). Dies betrifft sowohl die sachlich verbale Komponente, in der die reinen Inhalte ausgetauscht werden, als auch die anderen Komponenten der Kommunikation, durch die die für eine erfolgreiche Projektarbeit nötige Verbindlichkeit, Harmonie, Vertrautheit und Beziehung entstehen.

- So geht der sachliche Inhalt (Denotat) verloren, weil nebenher sachfremde Dinge getan werden; man geht seiner Arbeit nach und hört nur noch mit.
- Ein Gespräch mit dem Nachbarn zur Sache oder dessen Interpretation ist unmöglich. In einer „Hilfssprache“ wie Englisch geht das Konnotat verloren. Der Fokus liegt auf dem Sprecher. Die Zuhörergruppe wird ignoriert.
- Die nonverbale Kommunikation ist auf ein Minimum reduziert, denn durch den begrenzten Bildausschnitt kann der Körper kaum wahrgenommen werden; die Gestik von Sprecher und Zuhörern sind im Bild meist nicht enthalten; ein Augenkontakt ist nicht möglich; Stirnrunzeln oder leichtes Nicken der Zuhörer werden auch bei eingeschaltetem Bild nicht erkannt; ebenso kann man sich dem Sprecher nicht zuwenden; die Körperhaltung ist durch die Kamera verzerrt und kann leicht fehlinterpretiert werden; Händedruck und Vertrautheit entfallen; körperliche Distanzen sind nicht darstellbar.
- Wie wichtig die paraverbale Kommunikation ist, merkt man erst, wenn sie weg ist. Die Sprechlautstärke wird weniger durch den Sprecher, sondern durch den Tonregler bestimmt. Die Zuhörer können ihre Zustimmung nicht mehr implizit signalisieren, wenn die Stummtaste gedrückt ist. Die Stimmung lässt sich nicht spüren. Der Zeitversatz in der Übertragung erschwert den Redezugwechsel. Es entsteht die Illusion einer Teilnahme.
- Die extraverbale Kommunikation entfällt praktisch gänzlich. Es gibt keinen gemeinsamen Weg zu laufen; Keine gemeinsame Tasse Kaffee; keine gemeinsamen Pausen und damit keine Pausengespräche; keine zufälligen Begegnungen; keinen Small Talk; es kann kein Stuhl angeboten oder eine andere Geste der Wertschätzung erbracht werden. Eine Einladung in repräsentative Räume ist nicht möglich, ebenso entfällt die Sitzordnung.

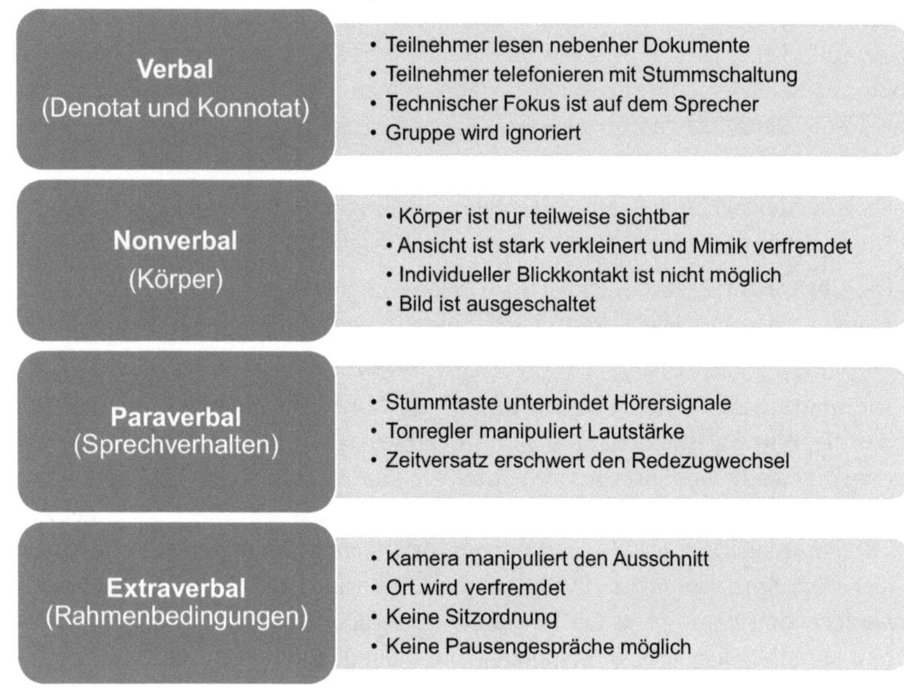

Bild 12.7 Gründe für die reduzierte Kommunikation in der Videokonferenz

Für technikgläubige Menschen ist das technische Funktionieren einer Videokonferenz schon ein Triumph. Nur weil es technisch möglich ist, ist es nicht sinnvoll, denn die Kommunikation ist stark eingeschränkt. Die große Illusion: Nur weil ich etwas sehe, sehe ich nicht das Wichtige. Und hören kann ich noch weniger. Insbesondere internationale Videokonferenzen mit Personen aus High-Context-Kulturen (vgl. Bild 13.8 und Bild 13.14, siehe auch Erklärungen in Abschnitt 13.4.2) sind kritisch zu sehen. Sind die Beziehungen im Team bereits gefestigt, herrschen also Verständnis und Vertrautheit, und werden gleichzeitig nicht Themen mit hoher Meinungsverschiedenheit behandelt, dann sind Videokonferenzen nicht schädlich. Ansonsten ist immer das persönliche Gespräch in Präsenz zu bevorzugen.

12.7 Zusammenfassung

Ein erfolgreiches Team besteht aus Personen, deren Fähigkeiten sich ergänzen. Neben fachlicher Expertise werden ebenso Mitglieder mit hoher Kommunikationskompetenz benötigt. Die Mitglieder durchlaufen die vier Phasen Forming, Storming, Norming und Performing, bevor sie sich zu einem Team mit Wir-Gefühl, gemeinsamen Verhaltensregeln und Zielen entwickelt haben. Teil der Führungsaufgabe ist es, diesen Entwicklungsprozess konstruktiv zu begleiten und zu beschleunigen. Ein wichtiges Element ist die erste Teamsitzung. Hier gilt es für die Führungsperson, Regeln bei der Auswahl der Räumlichkeiten, bei der Zusammenstellung der Agenda und der Gesprächsführung zu beachten. Ebenso ist es Teil der Führungsaufgabe, das Rollenverhalten einzelner Mitglieder in produktive Bahnen zu lenken. Die Methode der sechs Denkhüte erlaubt es, festgefahrene Diskussionen aufzulösen. Ein Thema wird aus sechs verschiedenen Denkrichtungen betrachtet. Jede Denkrichtung wird durch einen farbigen Hut symbolisiert. Der Reihe nach werden die Farben durchgegangen, und es wird ausschließlich aus der jeweiligen Farbe argumentiert. Weiß steht für Objektivität, Rot für Emotionen, Schwarz für Risiken, Gelb für Chancen, Grün für Kreativität und Blau für Entscheidung. Das in der Praxis vermehrt genutzte Medium der Videokonferenz ist kritisch zu hinterfragen. Die verbalen, die nonverbalen, die paraverbalen und die extraverbalen Kommunikationskomponenten sind technisch bedingt erheblich reduziert, wodurch die für das Projektteam nötige Beziehung und Vertrautheit verloren gehen.

12.8 Literatur

Bono, E. de (1999): *Six Thinking Hats.* Back Bay Books, New York

DIN 69900:2009: *Projektmanagement-Netzplantechnik; Beschreibungen und Begriffe.* Beuth Verlag, Berlin

DIN 69901-5:2009: *Projektmanagement - Projektmanagementsysteme - Teil 5: Begriffe.* Beuth Verlag, Berlin

Litke, H.-D.; Kunow, I.; Schulz-Wimmer, H. (2018): *Projektmanagement.* Haufe Verlag, Freiburg im Breisgau

13 Interkulturelles Qualitätsmanagement

Nicht nur Konzerne, auch viele mittlere und kleine Firmen treten als Global Player auf. Die Internationalisierung der deutschen Industrie zeigt, dass die allermeisten Ingenieure und Fachkräfte irgendwann international arbeiten und kooperieren müssen. Es werden Kunden im Ausland betreut oder es stehen Verhandlungen mit Lieferanten an, es müssen Produktionsstätten oder Serviceniederlassungen im Ausland gemanagt werden. Auch wenn der deutsche Hersteller aus seiner chinesischen oder mexikanischen Fertigung den Weltmarkt beliefert oder Teile von einem ausländischen Lieferanten bezieht, so erwartet der Kunde trotzdem die gewohnte hohe Qualität. Viele Herausforderungen wie der Aufbau von Infrastruktur, die Einhaltung nationaler Regularien oder das Mitarbeiter-Recruiting lassen sich meistern. Die schwierigste Herausforderung liegt darin, die hohen Qualitätsstandards, die mit viel Mühe und über Jahre in Deutschland entwickelt und da sorgfältig umgesetzt wurden, nun in der eigenen ausländischen Fertigung oder beim Lieferanten im Ausland zu implementieren.

Warum ist das eine Herausforderung? Mit „copy and paste" ließe sich das Qualitätsmanagementsystem der deutschen Zentrale doch schnell und effizient eins zu eins ins Ausland übertragen. Die Erfahrung aber zeigt: Das wird nicht gelingen! Nach einigen Anfangserfolgen kommt es zu einem sehr langwierigen Prozess mit offenen sowie verdeckten Widerständen und Missverständnissen.

Aus diesem Grund sensibilisiert das folgende Kapitel für die interkulturellen Aspekte im QM, benennt Unterschiede, erklärt den Stand der Wissenschaft, gibt innovative Methoden und Lösungen an die Hand und fördert durch viele Praxisbeispiele das Lernen. Als Ausgangspunkt wird das neu entwickelte Leitbild des *House of Intercultural Quality Management* eingeführt. Dort sind in den vier Säulen interkulturelle Kommunikation, technisches Qualitätsmanagement, Servicequalität und Mitarbeiterbefähigung insgesamt zwölf zentrale Themenfelder definiert, mit denen der Komplex des interkulturellen Qualitätsmanagements umfänglich abgedeckt ist. Jedes Themenfeld wird in drei Schritten erläutert: Zuerst wird das jeweilige Verständnis in der deutschen Kultur beschrieben, dem wird das Verständnis im Ausland insbesondere in den Schwellenländern gegenübergestellt, und im dritten Schritt werden Handlungswege zur Überbrückung dieser Unterschiede aufgezeigt. Das Leitbild steht im Zentrum einer Vorgehensweise aus vier Schritten, mit dem der Qualitätsmanager kritische Interaktionssituationen systematisch analysieren und lösen kann und auf dessen Grundlage die Entwicklung des kulturell angepassten Qualitätsmanagementsystems stattfindet. Zwei Fallbeispiele aus der Industrie demonstrieren die praxisnahe Anwendung der Vorgehensweise.

13.1 Qualität und Kommunikation

Kommunikation ist schon im eigenen Kulturkreis je nach Umfeld unterschiedlich anspruchsvoll. Besonders herausfordernd wird es, wenn genau und exakt kommuniziert werden muss, so wie beim Qualitätsmanagement. Es geht um exakte Vorgaben, genaue Bewertung und identische Interpretation von Vereinbarungen, aber auch um ein gemeinsames Verständnis von Qualität, Methoden und Vorgehen. Kleinste Missverständnisse bzw. Ungenauigkeiten in der Kommunikation haben sofort eine große Auswirkung auf die Arbeitsweise der Mitarbeiter, die Qualität der Produkte, die Zufriedenheit der Kunden und das Qualitätsimage des Unternehmens. Die Kommunikation im Qualitätsmanagement ist also mindestens genauso bedeutend wie die technischen Gesichtspunkte von Qualität. Es sind zwei Seiten derselben Medaille (Bild 13.1). Die Kommunikation der Qualitätspolitik und der Ziele, das Training der QM-Methoden, das Managen der Kundenerwartungen und die Arbeit in den QM-Teams sind schon innerhalb Deutschlands kompliziert und Herausforderung genug. Gute Kommunikation über Qualität ist dialogorientiert, persönlich und visionär. Qualitätsexperten und -expertinnen berichten übereinstimmend, dass sie zwischen 60% und 90% ihrer Arbeitszeit nur mit Kommunikation beschäftigt sind.

Bild 13.1 Qualität und Kommunikation sind zwei Seiten derselben Medaille

Bei genauerem Hinsehen lässt sich erkennen, dass der Anteil der Kommunikation in der Entwicklungsgeschichte des Qualitätsmanagements von Phase zu Phase kontinuierlich zugenommen hat (Bild 13.2). Wurde in den 1970er-Jahren Qualität herauskontrolliert, so ist heute die Einbindung und Überzeugung aller Mitarbeiter, Kunden und Lieferanten das erklärte Ziel. Durch die Internationalisierung der Lieferketten und Vertriebswege wird diese Aufgabe umso anspruchsvoller, weil durch die kulturellen Unterschiede nicht mehr alle nach den gleichen Regel- und Wertesystemen handeln und kommunizieren. Die handelnden Personen entstammen nicht der gleichen Kultur, teilen andere Werte und haben kulturbedingt unterschiedliche Normalitätsannahmen. Pfade, Muster und Verhalten in der Kommunikation sind unterschiedlich. Sach- und Persönlichkeitsebene sind unterschiedlich stark gewichtet.

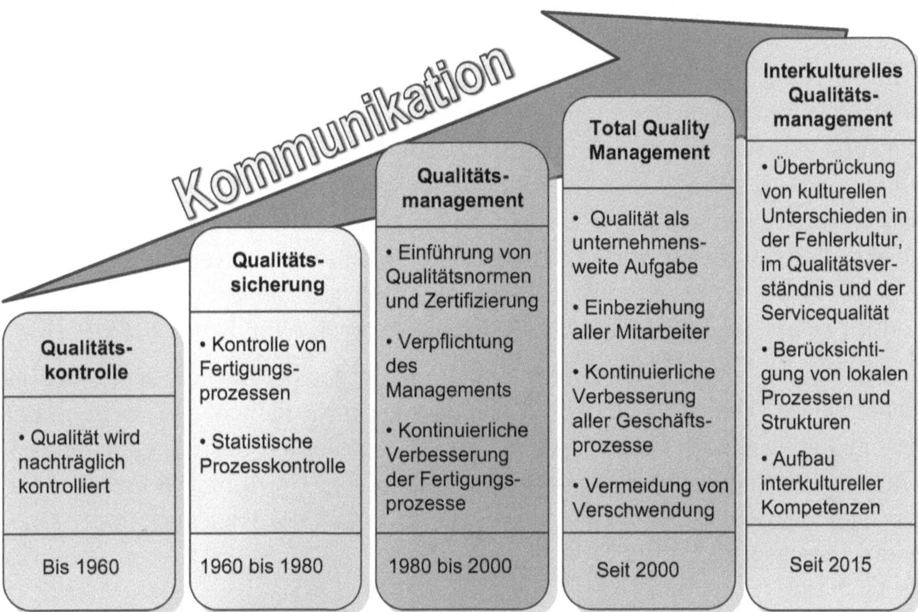

Bild 13.2 Interkulturelles Qualitätsmanagement als die neue Herausforderung

Manager berichten bei ihren internationalen QM-Bemühungen von diesen oder ähnlichen Situationen mit den ausländischen Partnern:

- Ausweichende Antworten auf klare Fragen.
- Besprechungen ohne handfeste Ergebnisse.
- Keine echte Teamarbeit, nur der Chef redet.
- Starres Festhalten an Zielvorgaben.
- „Falsches“ Verständnis von Qualität.

- Fehler werden nicht oder nur zögerlich angesprochen.
- Keine Ursachenforschung bei Fehlern.
- Qualität wird herauskontrolliert.
- Unklare E-Mails - viele Daten, aber keine Lösungen.
- Gelernte Qualitätsanweisungen aus dem Training werden nicht umgesetzt.
- Viele Vor-Ort-Besuche ohne merklichen Fortschritt.

Gerade in Ländern mit einer anderen „Qualitätskultur“ müssen besondere Anstrengungen unternommen werden, die QM-Ziele so zu kommunizieren, dass sich die Mitarbeiter mit diesen Zielen identifizieren. Während Konzerne für internationale Aufgaben oft geschulte Mitarbeiter haben, sind sich viele kleine und mittlere Unternehmen nicht einmal des Problems bewusst oder unterschätzen es. Die Feststellung „Wir haben es doch allen mehrfach erklärt!“ ist angesichts unbefriedigender Ergebnisse ein eindeutiger Hinweis auf die zentrale Bedeutung von Kommunikation.

Allzu oft kommt es zu Missverständnissen, Ärger und womöglich zu Verzweiflung. Die Vorstellungen von Qualität und Qualitätsmanagement, von Kollegen und Lieferanten im Ausland oder von internationalen Kunden stimmen einfach nicht mit den deutschen Vorstellungen überein! Dabei wurden die entsprechenden Qualitätsstandards doch ausführlich vorgestellt und konkrete Zielvereinbarungen getroffen. Warum dann die Probleme? Worüber sollte nachgedacht werden? Wie können wir selbst zur dauerhaften Lösung beitragen? (vgl. Winz/Bauer 2014, S. 14)

In den Hochschulen, in den Unternehmen und in der beruflichen Weiterbildung werden diese Themen nicht ausreichend oder gar nicht thematisiert. Es gibt zwar jede Menge Seminare über das Verhalten im Ausland und nur wenige gute Trainings in interkultureller Kommunikation, aber nicht explizit für das Qualitätsmanagement, obwohl es gerade hier um Genauigkeit und Präzision auch in der Kommunikation geht.

13.2 Kultur beeinflusst Qualität

Häufig wird bei der ersten Begegnung mit dem ausländischen Gesprächspartner festgestellt, dass man ähnlich gekleidet ist und sich hervorragend in Englisch über europäische Fußballvereine, Autos oder Popmusik unterhalten kann. Die anfängliche Distanz schwindet, und es breitet sich vermeintliche Vertrautheit aus. Der deutsche Manager fühlt sich sicher und nimmt an, dass die Unterschiede doch nicht so groß sind. Jetzt ist er - wie schon viele vor ihm - in die sogenannte Ähnlichkeitsfalle gelaufen. Obwohl er bis dahin glaubte, gut mit anderen kommunizieren zu können, überraschen ihn in der beruflichen Kommunikation plötzlich Missverständnisse.

HINWEIS

Die *Ähnlichkeitsfalle* ist eines der populärsten Irrtümer bei der beruflichen Arbeit im Ausland. Aufgrund von oberflächlichen Ähnlichkeiten in der Umgebung, im Umgang und in der Kommunikation werden kulturelle Unterschiede unterschätzt, und Missverständnisse sind vorprogrammiert.

Oder der Manager ist in eine der anderen typischen Situationen geraten, in denen er erst beim Scheitern bemerkt, dass seine interkulturellen Kompetenzen nicht ausreichen: Die Mitarbeiter in der ausländischen Fabrik setzen die gelernten Qualitätsanweisungen aus dem Training nicht um, und das passiert, obwohl jeder nach der Trainingseinheit unterschrieben hat, dass alles verstanden wurde. Oder nach den zeitaufwendigen Trainings in Deutschland verlassen die jetzt gut ausgebildeten ausländischen Fachleute die Firma, wenige Wochen nach der Rückkehr in ihre Heimat.

Diese geschilderten Situationen sind tatsächlich vorgekommen und wiederholen sich in namhaften Firmen tagtäglich in ähnlicher Form. Das hat dramatische Folgen: Managementkapazitäten werden gebunden, Zeitpläne nicht eingehalten, der Break Even Point der Auslandsinvestition verschiebt sich, Rückrufaktionen und Nacharbeitsaktionen verschlingen den Profit. Das alles nicht wegen mangelnden guten Willens, sondern mangels besseren Wissens.

Doch was ist Kultur? Es gibt in der Wissenshaft eine Vielzahl von Versuchen einer Definition. Sie sind weder falsch noch richtig, aber einige sind brauchbarer als andere. So ist für den niederländischen Organisationsanthropologen Gerd Hofstede Kultur die kollektive mentale Programmierung, die die Mitglieder der einen Gruppe von einer anderen unterscheidet (vgl. Hofstede 2017, S. 517). Kutschker und Schmidt (2011, S. 674) beschreiben Kultur als die Gesamtheit der Grundannahmen, Werte, Normen, Einstellungen und Überzeugungen einer sozialen Einheit, die sich in einer Vielzahl von Verhaltensweisen und Artefakten ausdrückt.

Die Definition von Alexander Thomas (2005, S. 21; 2022, S. 187) soll als Grundlage für die weiteren Betrachtungen in diesem Kapitel dienen. „Kultur ist ein universelles, für die Gesellschaft, Organisation und Gruppe aber sehr typisches Orientierungssystem, welches aus spezifischen Symbolen gebildet und in der jeweiligen Gesellschaft tradiert wird. Es beeinflusst das Wahrnehmen, Denken, Werten und Handeln aller ihrer Mitglieder." Damit beeinflusst Kultur den Umgang mit Zeit, die Bedeutung der Beziehungsebene, die Art wie wir Feedback geben oder wie Vertrauen aufgebaut wird (Bild 13.3).

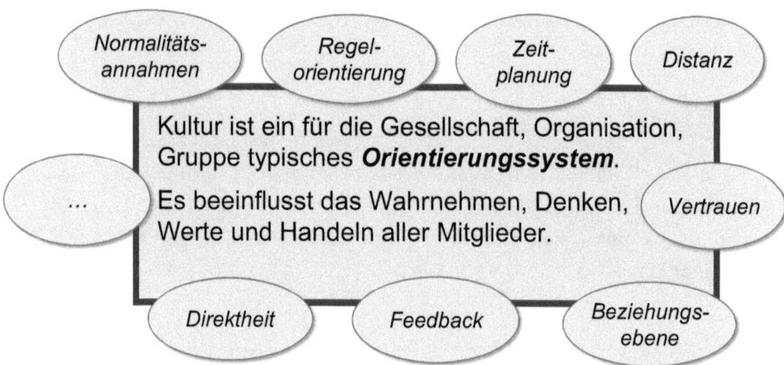

Bild 13.3 Definition von Kultur nach Thomas

Die eigene Kultur prägt die folgenden vier Bereiche (vgl. Erll/Gymnich 2013, S. 20f.):

- *Kommunikation*: Wörter, Symbole, Zeichen (etwa das Kopfnicken als Zustimmung im deutschen Kulturkreis).
- *Denken*: Urteile und Ansichten zeigen sich oft in Lebensregeln und Sprichwörtern (etwa „Wo gehobelt wird, fallen Späne").
- *Empfinden*: Gefühle (Scham und Mitleid), Reaktionen auf Gefühle.
- *Verhalten/Handeln*: Es ist stark ritualisiert und an Situationen gebunden (bei der Begrüßung das Händeschütteln).

Jeder Mensch wird neutral und kulturfrei geboren und wächst dann unmerklich in die eigene Kultur hinein. Dieser Sozialisierungsprozess wird als Enkulturation bezeichnet. Wir lernen von unseren Eltern, Großeltern, älteren Geschwistern, Freunden, Nachbarn, Lehrern, über Medien und soziale Institutionen weitgehend unbewusst Wahrnehmungs- und Deutungsmuster, Werte, Einstellungen, Konzepte, Normen, Routinen. In der Enkulturation wird also die gesellschaftliche Wirklichkeit verinnerlicht.

Demgegenüber steht die Anpassung an eine fremde Kultur, die als *Akkulturation* bezeichnet wird. Hier werden Teile aus einer fremden Kultur übernommen. Die Akkulturation baut auf der Enkulturation auf und wird daher der Sekundärsozialisation zugerechnet.

Hervorzuheben ist, dass Haltungen, auf denen das QM fußt, zu einem erheblichen Anteil bereits kulturell vermittelt sind. Zu diesen Haltungen zählen Verlässlichkeit und Redlichkeit; Präzision und Genauigkeit; Zielstrebigkeit; Loyal zum Kunden, zu Kollegen oder zur Institution; Integrität; Pflichtgefühl und Zuverlässigkeit; Ethos und Ehrlichkeit; individuelle Verantwortlichkeit; Pünktlichkeit; Zuverlässigkeit; Ordnungsliebe, Sauberkeit.

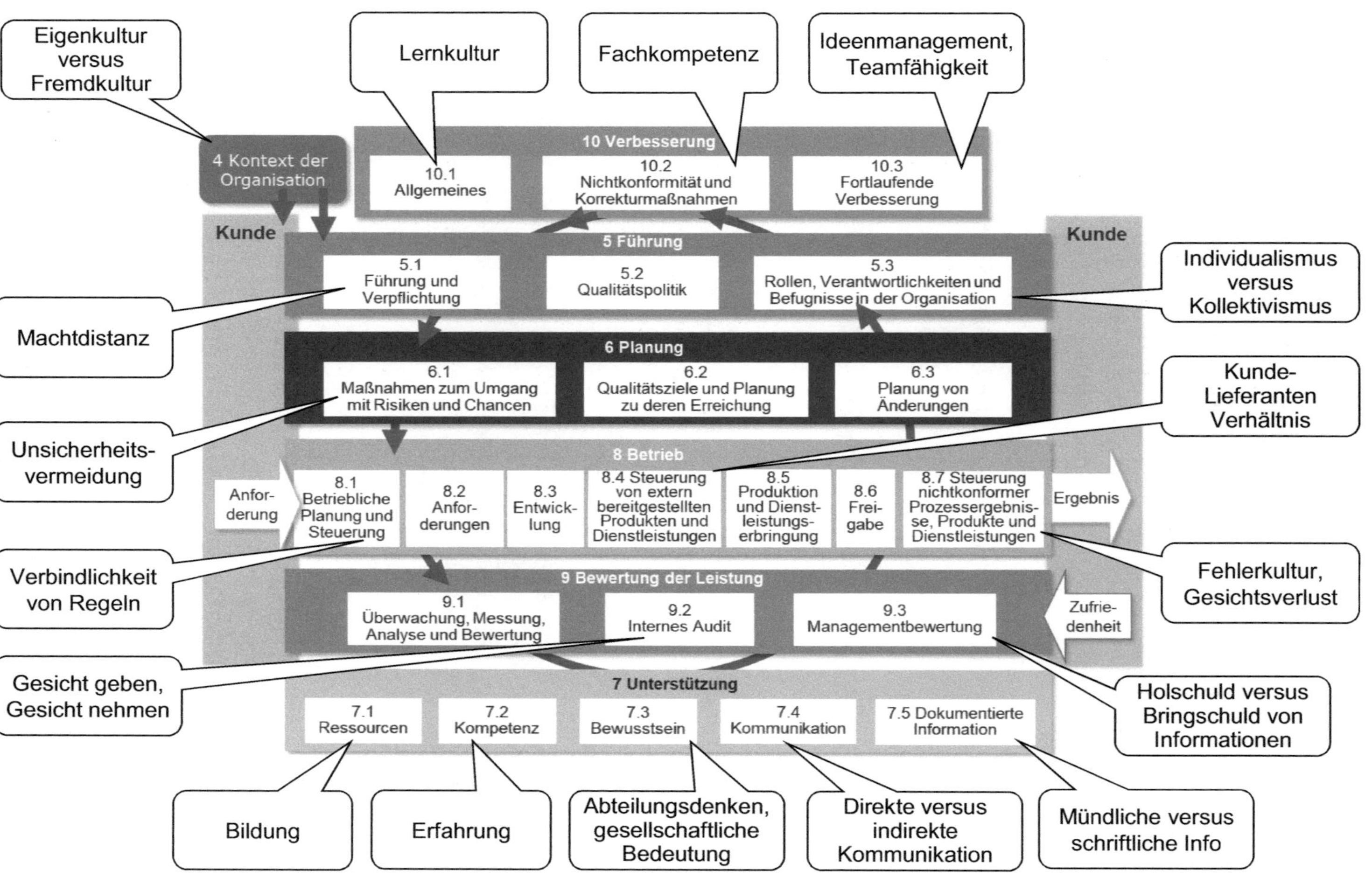

Bild 13.4 Kultursensible Aspekte im integrierten Qualitätsmanagementsystem

Obwohl alle wichtigen Normen im Qualitätsbereich ISO-Normen sind, also weltweit gültig, ist in keiner Norm erklärt, wie ein Qualitätsmanagementsystem an kulturelle Differenzen, die sich im internationalen Geschäft zwangsläufig ergeben, angepasst wird. Es wird nirgends auf die Besonderheiten der interkulturellen Kommunikation im QM, eines kulturell unterschiedlichen Qualitätsverständnisses oder einer Fehlerkultur eingegangen. Tatsächlich sind die Forderungen der einzelnen Kapitel kulturell bedingt unterschiedlich interpretierbar (Bild 13.4). Lediglich in der Revision 2015 der ISO 9001 ist im Kapitel „Kontext der Organisation“ in einer Anmerkung versteckt, dass das Kontextverständnis durch das Betrachten der kulturellen Zusammenhänge gefördert wird. Dem steht die Praxis gegenüber, in der der Ingenieur, Qualitätsexperte und Manager beim Umsetzen von Qualitätssystemen im internationalen Geschäft nicht am *Was*, sondern am *Wie* scheitert.

13.3 House of Intercultural Quality Management

Viele Voraussetzungen aus Deutschland sind im Ausland nicht gegeben. Es gibt Unterschiede in der Mitarbeiterqualifikation, im Qualitätsverständnis, in der Kommunikation und vor allem bei der Bereitschaft, überhaupt über Fehler zu sprechen.

BEISPIEL

Nach einem Qualitätsproblem bitten Sie Ihre Kollegen im chinesischen Tochterwerk, bei dem örtlichen Lieferanten nachzuforschen. Kurz danach taucht der Fehler nicht mehr auf. Aber zu früh gefreut. Bei Ihrem nächsten Besuch in China müssen Sie feststellen, dass eine weitere manuelle 100-%-Wareneingangskontrolle eingeführt wurde. Die fehlerhaften Teile werden einfach herauskontrolliert. Die Fehlerursache ist nicht beseitigt.

Was ist passiert? Wurde schlecht kommuniziert oder liegt es an einem anderen Qualitätsverständnis, bei dem die Beseitigung einer Fehlerursache im Sinne des präventiven QM keine zentrale Bedeutung hat? Besteht die Gefahr, dass jemand sein Gesicht verliert, der Produktionsmitarbeiter vielleicht oder sein Chef, der Lieferant oder die „Langnase“ aus Deutschland etwa? Sind die Kollegen einfach nicht teamfähig oder liegt es noch an weiteren Gründen wie dem Kundenverständnis oder der Ausbildung?

Deutsche Denkweisen, Normalitätsannahmen und Methoden lassen sich hier nicht erfolgreich anwenden, viel Grundsätzliches muss erst aufgebaut werden, einige Lücken werden sich nicht schließen lassen. Die Frage lautet: Wie können die hohen deutschen Qualitätsforderungen und das notwendige Qualitätsverständnis im Ausland trotz großer kultureller und kommunikativer Unterschiede verfolgt und nachhaltig umgesetzt werden?

Das Leitbild des *House of Intercultural Quality Management* gibt eine Perspektivierung in vier Säulen mit insgesamt zwölf Themenfeldern (Bild 13.5). Es dient als Raster zur Analyse von problematischen QM-Situationen und leistet Hilfestellung bei der Umsetzung von Qualitätsmanagementsystemen. Im Mittelpunkt steht das Qualitätsmanagement sowohl des technischen Produkts als auch der produktbegleitenden Dienstleistung. Flankiert werden diese Themen von der Säule interkulturelle Kommunikation und der Säule Mitarbeiterbefähigung.

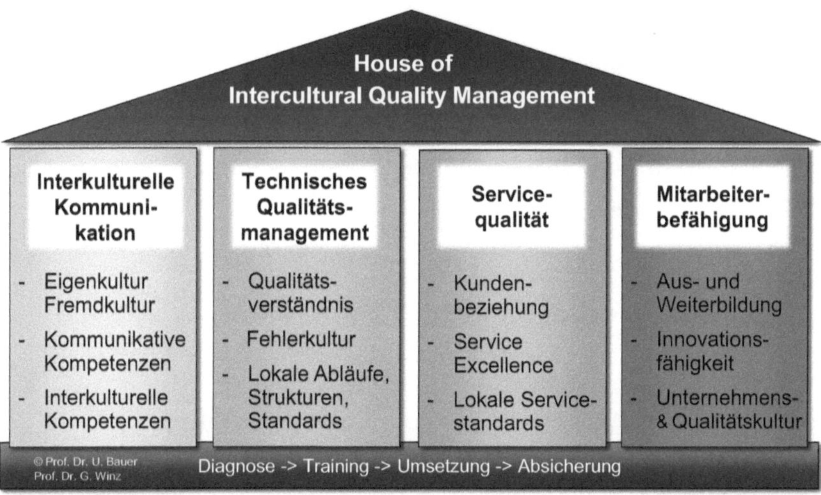

Bild 13.5 Das House of Intercultural Quality Management

Zur Erleichterung der Verständlichkeit sind die Themen als nebeneinanderstehende Säulen dargestellt. In Wirklichkeit sind sie auf vielfältige Weise miteinander verwoben und lassen sich am besten im Zusammenspiel verstehen, wie das Beispiel der Fehlerkultur zeigt (vgl. Bild 13.13). Ein einzelner Aspekt lässt sich nicht sinnvoll isoliert betrachten, sondern erst im Zusammenspiel mit weiteren Feldern erschließen sich die Zusammenhänge und lassen sich Lösungsszenarien entwickeln.

13.4 Kulturelle Ausprägung von QM-Aspekten und Lösungswege zur Überbrückung

13.4.1 Eigenkultur – Fremdkultur

Kultur ist das Orientierungssystem. Innerhalb dieses Orientierungssystems sind die Kulturstandards die Orientierungsmerkmale, Normen und Maßstäbe. Sie sind die „ungeschriebenen Gesetze" der jeweiligen Kultur und werden von den der Kultur angehörigen Mitgliedern akzeptiert und als verbindlich angesehen. Ein Verhalten entsprechend der Kulturstandards ist normal. Sie leiten also die Kommunikation, das Denken, das Empfinden (Gefühle) und das Handeln. Oft werden erst im Kontakt mit Fremden die eigenen Kulturstandards deutlich. Sie sind stark geschichtlich und religiös begründet und reichen auf Ereignisse, die Jahrzehnte (teilweise Jahrhunderte) alt sind zurück. Kulturstandards sind statisch aber nicht grundsätzlich unveränderbar.

HINWEIS

Alexander Thomas, *1939 in Köln, ist emeritierter Professor der Universität Regensburg mit dem Forschungsschwerpunkt interkulturelle Psychologie. Von ihm stammt der Begriff des Kulturstandards.

„*Kulturstandards* sind Arten des Wahrnehmens, Denkens, Wertens und Handelns, die von der Mehrzahl der Mitglieder einer bestimmten Kultur als normal, typisch und verbindlich angesehen werden" (Thomas 2005, S. 45). „Kulturstandards wirken wie ein Maßstab, ein Gradmesser, ein Bezugssystem für richtiges und kulturell akzeptiertes Handeln" (Thomas 2022, S. 196).

Hieraus leitet der Mensch unbewusst die Annahme ab, dass sein Verhalten und seine Kommunikation normal sind. Mit diesen *Normalitätsannahmen* interpretiert er die fremde Situation.

Thomas und andere führten Interviews mit Menschen durch, die über langjährige Erfahrung in der interkulturellen Interaktion und Kommunikation verfügen – vorwiegend Fach- und Führungskräfte – und fanden die in Tabelle 13.1 gezeigten deutschen Kulturstandards heraus, die im Vergleich mit den chinesischen und US-amerikanischen gezeigt werden.

Tabelle 13.1 Deutsche, chinesische und US-amerikanische Kulturstandards

Deutsch (Thomas 2005, S. 46)	Chinesisch (Thomas / Schenk / Heisel 2015, S. 152 ff.)	US-amerikanisch (Slate / Schroll-Machl 2013, S. 41 ff.)
▪ Sachorientierung ▪ Regelorientierung ▪ Zeitplanung ▪ Trennung von Persönlichkeits- und Lebensbereichen ▪ Direkte Kommunikation („schwacher Kontext") ▪ Individualismus	▪ Hierarchieordnung ▪ Regelrelativismus ▪ Strategie und Taktik ▪ Soziale Harmonie ▪ Guanxi-System (Beziehungsnetzwerke) ▪ Bürokratie ▪ Gesicht wahren	▪ Gleichheitsdenken ▪ Handlungsorientierung ▪ Gelassenheit ▪ Leistungsorientierung ▪ Individualismus ▪ Bedürfnis nach sozialer Anerkennung ▪ Interpersonale Distanzminimierung

Die sechs zentralen Kulturstandards der Deutschen stellen insbesondere in der Industrie die sozialen Spielregeln dar:

Sachorientierung: Jede menschliche Interaktion findet auf der Sachebene und der Beziehungsebene zugleich statt. Beide Ebenen sind miteinander verbunden, werden aber je nach Kultur unterschiedlich gewichtet. Die Deutschen gewichten im Beruf eindeutig die Sachebene. Es geht um Inhalte, um die Sache, um Fachkompetenz, um die Rolle. Es wird mit Zahlen, Daten und Fakten argumentiert. In eine Besprechung gehen die Teilnehmer vorbereitet, diese beginnt mit einer formalen Einführung, dann wird über Details gesprochen und sachlich argumentiert. Wichtige Informationen und Entscheidungen werden verschriftlicht. Man muss sich nicht kennen, um produktiv an der Sache zu arbeiten und um ins Geschäft zu kommen. Die typische Small-Talk-Dauer unter Deutschen beträgt unter drei Minuten.

Regelorientierung: Die Deutschen schätzen formale Strukturen und Regeln. So sind viele ISO-Normen als DIN-Norm gestartet. Da der Deutsche risikoscheu ist, sollen mit den Regeln, Vorschriften, Prozessbeschreibungen und Checklisten das Risiko minimiert und die Qualität abgesichert werden. Es wird unterstellt, dass eine Regel per se sinnvoll ist, da sie von Experten mit viel Erfahrung aufgestellt wurde. Die Regel, die Vorschrift, das Gesetz ist quasi geronnene Erfahrung. Damit verbunden ist die regelorientierte internalisierte Kontrolle (vgl. Schroll-Machel 2007, S. 94). Die konkrete oder abstrakte Regel gilt unabhängig von Person, Beziehung und wird auch nicht je nach Situation oder persönlichen Interessen anders ausgelegt oder ausgesetzt. Man spricht vom deutschen Rechtsstaat. Eine Regelverletzung wird geahndet. Neben dem sozialen Druck wurden eine Vielzahl von Mechanismen und Institutionen geschaffen wie etwa die Polizei, das Ordnungsamt, die Aufsichtsbehörden, das Audit, die Qualitätsabteilung.

Zeitplanung: Die Zeitplanung der Deutschen ist linear. Die Projektschritte werden in einer sequenziellen Weise angegangen. Eine Aufgabe wird beendet, bevor eine neue begonnen wird. Der Fokus liegt auf dem Zieldatum und der Einhaltung des Zeitplans. Schnelligkeit und gute Organisation sind wichtiger als Flexibilität. Dem gegenüber steht die flexible Zeitplanung (Bild 13.6) anderer Kulturen. Hier werden die Projektschritte in einer fließenden Art angegangen. Aufgaben werden verändert, wenn sich neue Möglichkeiten ergeben. Viele Dinge werden gleichzeitig behandelt und Unterbrechungen akzeptiert. Der Fokus liegt auf der Anpassungsfähigkeit. Flexibilität ist wichtiger als Organisation.

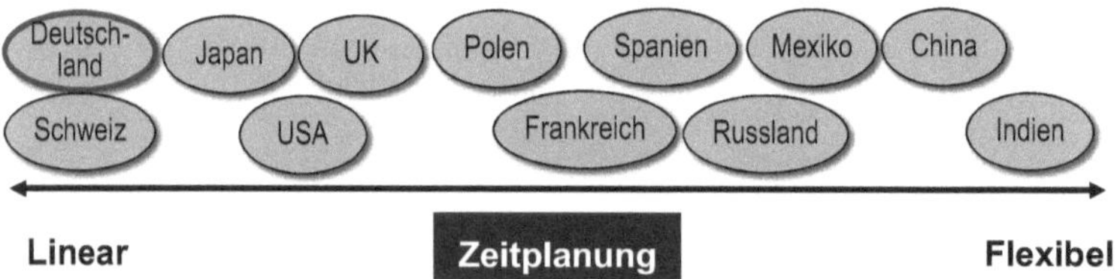

Bild 13.6 Kulturen im Vergleich (in Anlehnung an Erin Meyer 2015)

Trennung von Persönlichkeits- und Lebensbereichen: Die Deutschen trennen beruflich von privat. In der Arbeit gibt man sich sachorientiert, privat beziehungsorientiert. Das Privatleben von Kollegen und Mitarbeitern wird respektiert. Auch nach vielen Jahren des Zusammenarbeitens tauscht man sich wenig über Privates aus. Das Geburtsdatum des anderen ist oftmals nicht bekannt. Ebenso wird Rationalität und Emotionalität voneinander getrennt. Im Berufsleben gilt es als professionell, sich von objektiven Fakten leiten zu lassen. Persönliche Gefühle werden hintenangestellt. Zuständigkeits- und Verantwortungsbereiche werden eingehalten. Die Deutschen füllen die ihnen durch die Aufgabenbeschreibung zugewiesene Rolle aus. Sie identifizieren sich mit ihrem Tätigkeitsbereich, sind pflichtbewusst und nehmen ihre Arbeit und ihre Verantwortung sehr ernst.

Direkte Kommunikation: Die Deutschen geben ihrem Gegenüber explizit alle notwendigen Informationen, die dieser zum Verständnis einer Sache oder eines Vorgangs benötigt. Die Deutschen sprechen direkt, strukturiert und kommen ohne Umschweife auf den Punkt. Durch eine präzise, klare und unmissverständliche Ausdrucksweise wird möglichst kein Interpretationsspielraum gelassen. Das Gegenüber braucht deshalb wenig bis keine Hintergrundinformationen, um das Gesagte zu verstehen. Damit entfällt die zeitraubende Arbeit, den Kontext zu erarbeiten. Die direkte Kommunikation ist im Gegensatz zur indirekten Kommunikation sehr effizient.

Individualismus: Im Gegensatz zum Kollektiv liegt beim Individualismus die Betonung auf dem Einzelmenschen. Jeder einzelne Mensch ist unabhängig von einer

Gruppe und hat seine persönliche Identität. Er ist selbst für sein Schicksal verantwortlich, verfolgt seine eigenen Ziele und Interessen und trägt alleine die Konsequenzen seines Handelns. Seine Freiheit ist nur durch Gesetze, Regeln und Verträge begrenzt. Schon im deutschen Schulsystem lernt das Kind, selbstständig zu denken und zu urteilen. So werden in einer Erörterung Argumente dafür und dagegen abgewogen. Die Erörterung muss immer mit der eigenen Meinung schließen. Die Aufklärung des 18. Jahrhunderts zielt auf die persönliche Handlungsfreiheit des Menschen, bei dem das Individuum seinen Verstand benutzt und rational handelt. Der deutsche Individualismus liegt in der Reformation des 16. Jahrhunderts tiefer begründet. Im Protestantismus muss sich jeder Mensch alleine vor Gott rechtfertigen.

Kritische Situation im Ausland

BEISPIEL

Ein deutscher Manager, fachlich versiert, flexibel, belastbar und mit einem hohen Selbstbewusstsein ausgestattet, verhandelt Qualitätsstandards in einer fremden Kultur. Nach einer Weile stellt er entnervt fest, dass sich sein Gegenüber nicht an die Konventionen hält, unhöflich ist, klare Fragen nicht beantwortet und ihn stattdessen ausfragt. Zudem hat er abwegige Vorstellungen und verletzt grundlegende Selbstverständlichkeiten. Kennt diese Person denn überhaupt nicht die Regeln oder hat er kein Regelsystem? Der Manager reist ab und meldet seiner Zentrale, dass man mit diesen Leuten keine Geschäfte machen kann.

Was ist passiert? In Situationen wie dieser gibt es grundlegende Missverständnisse im Verhalten, in der Kommunikation und deren Interpretation. Der Manager handelt in der Situation nach seinen eigenen Kulturstandards: Er spricht die Themen an, wählt seine Worte, stellt Fragen und argumentiert so, wie er es aus Deutschland gewohnt ist und wie er in deutschen Verhandlungssituationen auch bisher äußerst erfolgreich war. Obwohl er Englisch spricht, behält er die Sprachgeschwindigkeit so wie im Deutschen bei, ebenfalls die Gesten und die Betonung. Ohne weiter darüber nachzudenken, unterstellt er dabei unbewusst, dass auch sein Gegenüber so wie in Deutschland reagieren und handeln müsste. Er trifft also die Annahme, sein Verhalten sei der Standard, sei normal. Mit diesen *Normalitätsannahmen* interpretiert er nun auch die Kommunikation und das Verhalten seines fremden Gegenübers. Da dieser aber aus einer anderen Kultur mit anderen Standards kommt, widerspricht die Reaktion des Fremden den Normalitätsannahmen des deutschen Managers. Der Manager kann die Situation nicht adäquat interpretieren und zweifelt am Ende, ob denn sein ausländischer Geschäftspartner überhaupt Regeln hat.

Handlungswege zur Überbrückung

Das beschriebene Beispiel zeigt, wie es durch die Nichtbeachtung von kulturellen Differenzen zu einer folgenschweren Kette von Missverständnissen kommt. Da es sich für den deutschen Manager um eine ungewohnte stressbehaftete Situation handelt, möchte er keine Fehler machen und verhält sich besonders korrekt. Unbewusst verstärkt er damit seine eigenen kulturellen Verhaltensweisen und spitzt damit die kritische Situation weiter zu. Für jemanden, der Geschäfte im Ausland macht, dort über Qualität mit oftmals diffizilen Details spricht, ein gemeinsames Verständnis von Qualität zu erzielen versucht und am Ende Qualitätsvereinbarungen treffen muss, ist es besonders wichtig, sich vorher und auch während der Situation bewusst zu machen, dass die Kulturen anders, zum Teil völlig verschiedenartig sind. Es gibt keine „gute" oder „schlechte" Kultur. Jeder Mensch wurde zufällig in seine Kultur hineingeboren und dort sozialisiert. Die Kulturstandards, ob nun die eigenen oder die fremden, sind deshalb weder gut noch schlecht. Es wäre also absolut falsch, alles, was „anders" ist, als schlecht zu bewerten. Sondern man muss sich in diesem Moment klarmachen, dass es deshalb anders ist, weil es nicht den Standards der Eigenkultur entspricht. Es gilt, die Unterschiede zu erkennen und dann zu überlegen, wie damit umzugehen ist. Oftmals hilft es, abends im Hotel mit einer Kollegin oder einem Kollegen die Situationen gemeinsam zu reflektieren und nach Interpretationsmöglichkeiten zu suchen.

Eines ist aber auch klar: Es lässt sich in fremden Kulturen nicht in der gleichen Geschwindigkeit verhandeln und To-do-Listen abarbeiten wie in Deutschland. Alleine die Erarbeitung des Hintergrundwissens (Kontext) auf beiden Seiten benötigt mindestens einen Besuch. Der Manager, der mit einem vollen Terminkalender ins Ausland reist und zwei Firmentermine pro Tag plant, weil sich ja die teure Reise „lohnen" muss, und der für jeden Termin eine volle Agenda mitbringt, muss sich nicht wundern, wenn er nichts erreicht.

In der Wissenschaft gibt es Stimmen, die sagen, dass es mit dem zunehmenden Wirtschaftsaustausch zu einer Angleichung der Kulturen kommen werde. Die Kulturstandards würden verschwimmen und sich über längere Zeiträume angleichen. Dies mag vereinzelt zutreffen, beispielsweise, wenn jemand das Glück hat, in zwei Kulturen aufzuwachsen, zu studieren und international zu arbeiten. Tatsächlich wird aber in Zeiten der globalen Omnipräsenz von McDonald's, Lidl, H&M, Coca-Cola und Co. die Gefahr zunehmen, von den Äußerlichkeiten leichtfertig auf die inneren Werte einer Kultur zu schließen und so in die Ähnlichkeitsfalle zu laufen.

13.4.2 Kommunikative Kompetenzen

Bei dem Begriff Kommunikation denken wir wie selbstverständlich an den Austausch von Informationen mittels Worte. Tatsächlich ist Kommunikation vielschichtiger. In dem weiten Kommunikationsbegriff steht die verbale Komponente im Wechselspiel mit weiteren Komponenten. Jürgen Bolten (2018, S. 23) führt die nonverbale (Mimik, Gestik, Körperhaltung, Blickkontakt), die paraverbale (Lautstärke, Stimmlage, Sprechrhythmus, Pausen, Hüsteln, Lachen) und die extraverbale (Ort, Kleidung, Kontext) Kommunikation an.

Beispiel: Auch wenn exakt die gleichen Worte ausgetauscht würden, ist es ein Unterschied in der extraverbalen Kommunikation, ob der Fertigungsleiter seine verantwortlichen Mitarbeiter aus der Produktion zu sich ins Chefbüro einbestellt, um einen Report über das aktuelle Qualitätsproblem zu erhalten. Oder ob der Leiter an den Ort des Geschehens in die Fertigung kommt und dort die gemeinsame Besprechung abhält.

Die vier Komponenten der Kommunikation sind je nach Kultur unterschiedlich gewichtet. Der Amerikaner Edward Twitchell Hall (*1914 in Webster Groves, Missouri, †2009 in Santa Fe, New Mexico) gilt als Begründer der interkulturellen Kommunikation als anthropologische Wissenschaft. Er unterscheidet zwei Kommunikationskulturen, und zwar die Low-Context- und die High-Context-Kulturen (Bild 13.7).

Bei der direkten (Low-Context-)Kommunikation ist der Kontextbezug schwach, d.h. der Bezug zum Situationszusammenhang und zu den Nebenumständen ist gering. Die Informationen werden ausdrücklich und sachlich ausgetauscht. Hier wird alles beim Namen genannt, man wirkt direkter und fühlt sich verpflichtet, dem Gegenüber möglichst präzise Angaben zu machen. Low-Context-Kulturen sind etwa die USA, Kanada, die skandinavischen Länder, Deutschland, die Beneluxländer und mit leichter Einschränkung auch Großbritannien.

In den Low-Context-Kulturen ist die Kommunikation im Wesentlichen auf die Sachebene bezogen. Da die persönliche Ebene davon abgetrennt ist, können Qualitätsfehler offen angesprochen werden, ohne dass sich jemand persönlich verletzt fühlt. Kritik wird offen geäußert und nicht in schöne Worte verpackt. Fühlt sich dennoch jemand verletzt, wird er dies sagen.

Direkte Kommunikation

Der **Informationsinhalt** ist relevant.

Es wird zwischen **Sachebene und persönlicher Ebene** unterschieden.

Es wird **direkt** gesagt, was gemeint ist. Die Sprache ist **klar** und strukturiert.

Auf eine Frage erwartet man eine **exakte Information**.

Es werden **wenig Gesten** eingesetzt.

Dem Gesprächspartner wird detailliert erklärt, was er wissen muss. Es wird **kein Kontextwissen** vorausgesetzt.

Es gibt **kaum** informelle Netzwerke. Wichtige Kommunikation findet in Besprechungen und Arbeitsgruppen statt.

Man darf dem Gesprächspartner **widersprechen**. Ein ehrliches „Nein" gilt als Tugend.

Indirekte Kommunikation

Der **Kontext** ist genauso relevant wie der Inhalt. Man muss „höflich" sein.

Sach- und persönliche Ebene werden **nicht** unterschieden.

Es wird **angedeutet**, was gemeint ist. Die Sprache ist blumig.

Man stellt die gleiche Frage an viele.

Das **Nonverbale** spielt eine große Rolle.

Es wird viel Wissen über den Kontext beim Gesprächspartner vorausgesetzt **(dichter Kontext)**.

Es gibt sehr viele und umfangreiche **Netzwerke**. Vieles wird über „Mittelsleute" geregelt.

Gesichtsverlust muss auf jeden Fall vermieden werden. Es darf kein offenes „Nein" geben.

Bild 13.7 Aspekte von direkter und indirekter Kommunikation

Situation im Ausland

Nur knapp 7 % der Weltbevölkerung kommuniziert wie die Deutschen direkt. In der indirekten (High-Context-)Kommunikation ist es weniger üblich, die Dinge direkt beim Namen zu nennen. Es wird nicht zwischen Sachebene und Beziehungsebene unterschieden, sondern in High-Context-Kulturen ist dies ein- und dieselbe Ebene. Um niemanden zu verletzen, ist die indirekte Kommunikation anspruchsvoll, nuanciert und vielschichtig. Gesichtsausdruck der Gesprächspartner, Anspielungen, die Umstände der Begegnung und viele weitere Kontextfaktoren sind eigene Informationsträger. Kulturen mit starkem Kontextbezug finden sich in Ländern Südeuropas (Spanien, Frankreich), in vielen asiatischen (China, Japan) und afrikanischen Ländern sowie in Lateinamerika (Bild 13.8). Das Ansprechen von Fehlern bedeutet hier immer eine Kritik an der Person selbst, wodurch die Beziehung leidet bzw. gefährdet wird. Es droht der Gesichtsverlust.

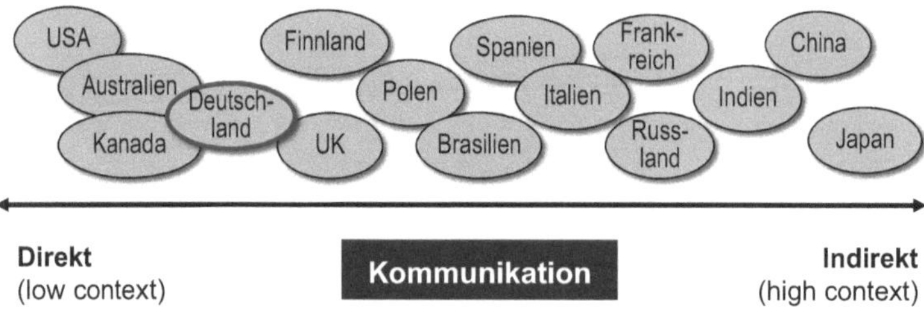

Bild 13.8 Kulturvergleich Kommunikation (in Anlehnung an Erin Meyer 2015)

Ein Beispiel verdeutlicht die untrennbare Verbindung von Person und Sache in den High-Context-Kommunikationskulturen:

BEISPIEL

Eine Gruppe von deutschen und mexikanischen Qualitätsfachleuten eines Industrieunternehmens wird in Deutschland trainiert und soll in Kürze die operative Qualitätsverantwortung im neuen Werk in Mexiko übernehmen. Während des Seminars werden die Teilnehmer gebeten, den unvollständigen Satz „... ist für mich das Wichtigste bei der Kommunikation" sinnvoll zu ergänzen. Die Antworten auf den Metaplankarten zeigen deutlich die Unterschiede zwischen Sach- und Personenbezug in den beiden Kulturen. Für die Deutschen sind bei der Kommunikation Verständlichkeit, Offenheit und Klarheit wichtig, also der Sachbezug. Die mexikanischen Antworten hingegen nennen Respekt, Atmosphäre und Toleranz. Sie zielen damit auf die Person. Zum Erstaunen der Gruppe ergänzen die mexikanischen Qualitätsfachleute die zweite Frage „Bei dem Umgang mit Kollegen aus dem anderen Land ist mir wichtig ..." wieder mit respektvoll und nett. Es zeigt deutlich, dass die mexikanischen Teilnehmer zwischen Kommunikation und Person keinen Unterschied machen. Dies ist typisch für High-Kontext-Kommunikationskulturen. ■

Handlungswege zur Überbrückung

BEISPIEL

Ein großer börsennotierter Automobilzulieferer aus Deutschland hat andauernde Qualitätsprobleme in seiner Fabrik in Mexiko. Die Lage spitzt sich so stark zu, dass das deutsche Management kurz entschlossen aus verschiedenen deutschen Standorten die zehn besten Experten aus Qualität, Fertigung und Technologie zu einem einwöchigen Workshop mit den mexikanischen Kollegen in die Fabrik schickt. Danach, so ist die Annahme, sollten die Fehlerursachen erkannt und genügend Wissen transferiert sein.

Am zweiten Tag muss der Workshop abgebrochen werden, nachdem die mexikanische Qualitätsleiterin weinend zusammengebrochen ist. Die deutschen Experten reisen ab und geben als Feedback, dass sie ihr Bestes gegeben haben, aber von den Mexikanern ja keine Antworten kamen. Die Mexikaner hingegen beklagen sich, dass man ihnen nicht zuhörte und die vielen Fragen von der deutschen Seite wie Maschinengewehrfeuer auf sie wirkten. ■

Es war ein typisch deutscher Ansatz: schnell und auf die Sache konzentriert. Dieser gut gemeinte wie auch hilflose Versuch des deutschen Managements war von vornherein zum Scheitern verurteilt. Stattdessen hätte man sich zunächst auf die Personen konzentrieren und den Workshop intensiv vorbereiten müssen. Zur Vorbereitung gehört es auch, sich im Ausland die Zeit zu nehmen, den Kontext herzustellen. Dazu kann beispielsweise ein gemeinsames Abendessen vor dem offiziellen Start am nächsten Tag gehören. Während eines solchen Essens werden die Gäste „ausgefragt". Tatsächlich dient es der Kontextfindung. Beide Seiten können Fragen stellen, Anknüpfungspunkte suchen und beobachten. Beim ersten Treffen dürfen keine handfesten Ergebnisse erwartet werden, denn zunächst wird eine vertraute Atmosphäre geschaffen. Der Geschäftsbeziehung sollte Zeit zum Wachsen gegeben werden.

Bei einem Routinebesuch im Ausland sollte die Agenda auf die Hälfte von dem reduziert werden, was in Deutschland zu schaffen wäre. Bei zentralen Punkten des Programms sollten Checkpoints eingefügt werden. Wenn es beispielsweise um die Abstimmung von Qualitätsmerkmalen geht, sollte explizit die Frage gestellt werden, ob die Vereinbarung auf das volle Verständnis trifft, oder besser noch, die Gegenüber sollten die Gesprächsergebnisse zusammenfassen. Jetzt ist es wichtig, die interkulturellen Antennen auszufahren und genau darauf zu achten, ob es ausweichende Antworten gibt. Es gibt typische kulturspezifische Antworten: Ein „Ja, ich habe verstanden, was Sie sagen" oder „Ja, wir hören Sie" oder „Ich werde darüber nachdenken" oder „Ich bin mir nicht sicher" sollten genug Grund zum Zweifel geben, denn sie bedeuten Ablehnung und keine Zustimmung.

13.4.3 Interkulturelle Kompetenzen

Die interkulturelle Kompetenz ist als Teil der allgemeinen Handlungskompetenz zu verstehen und wird oftmals als eine weitere Schlüsselqualifikation von Fach- und Führungskräften gefordert.

HINWEIS

„*Interkulturelle Handlungskompetenz* zeigt sich in der Fähigkeit, kulturelle Bedingungen und Einflussfaktoren im Wahrnehmen, Urteilen, Empfinden und Handeln bei sich selbst und bei anderen Personen zu erfassen, zu respektieren, zu würdigen und produktiv zu nutzen" (Thomas 2005, S. 87).

Die interkulturelle Kompetenz gehört zum Bereich des lebenslangen Lernens. Sie entwickelt sich mit jeder neuen interkulturellen Begegnung weiter. Dabei greifen die drei Teilkompetenzen stets ineinander (vgl. Erll/Gymnich 2013, S. 11):

- *Affektive Teilkompetenz*: Interesse und Aufgeschlossenheit an anderen Kulturen, Empathie und die Toleranz, Mehrdeutiges zu akzeptieren (Ambiguitätstoleranz).
- *Kognitive Teilkompetenz*: Wissen über andere Kulturen und Selbstreflexion.
- *Pragmatisch-kommunikative Teilkompetenz*: Einsatz geeigneter kommunikativer Muster und Konfliktlösungsstrategien.

Die interkulturelle Kompetenz entwickelt sich wie in Bild 13.9 dargestellt mit der Zeit. Ausgangspunkt sind die persönlichen Voraussetzungen und Fähigkeiten wie beispielsweise die Teilnahme an einem interkulturellen Training oder Sprachkenntnisse. Thomas (2021, S. 17) nennt folgende förderliche spezifische Persönlichkeitsmerkmale: Neugier und die Bereitschaft, sich auf Unbekanntes einzulassen; Selbstsicherheit; Belastbarkeit; die Fähigkeit zum Perspektivenwechsel; Ambiguitätstoleranz, womit die Fähigkeit gemeint ist, mehrdeutige Situationen und widersprüchliche Handlungsweisen zu ertragen.

Die Entwicklung der interkulturellen Kompetenz ist ein andauernder Prozess, der seinen Beginn in einer interkulturellen Begegnung hat, beispielsweise im Rahmen einer Verhandlung oder der Mitarbeit in einem internationalen Projektteam. In dieser interkulturellen Interaktionssituation werden Erfahrungen gemacht, beispielsweise über die Art und Weise der Kommunikation des Gegenübers, die dann durch Reflexion (Nachdenken) in einen Lernprozess überführt werden. Daraus entsteht ein zunehmendes interkulturelles Verständnis. Mit jeder Interaktion wird dieser Prozess in einer zunehmenden Qualität durchlaufen, und das Handlungsziel wird effektiver erreicht. Es bildet sich interkulturelle Handlungskompetenz heraus. Oftmals passieren diese Prozesse unbewusst und wie selbstverständlich, insbesondere dann, wenn eine ausreichende Sensibilisierung und Bereitschaft zur Reflexion vorliegen.

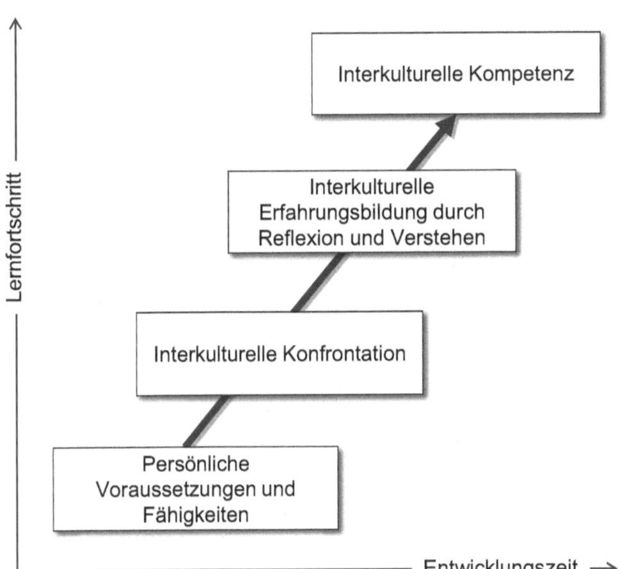

Bild 13.9 Die Entwicklung der interkulturellen Kompetenz (in Anlehnung an Thomas 2021, S. 16)

Die Dauer eines Auslandsaufenthalts alleine sagt noch nichts über die interkulturelle Kompetenz aus. Es gibt Manager, die jahrelang im Ausland arbeiten und kein Verständnis für die lokale Kultur entwickeln, weil sie jeden Abend mit anderen Expatriates beim Bier sitzen, alles schlechtreden, sich gegenseitig bedauern und ihr Scheitern mit vorurteilsvollen Begründungen erklären: Die Qualität hier kann nicht klappen, weil es hier so heiß ist ... die nur Reis essen ... die noch auf dem Boden hocken ... wegen der russischen Seele.

Handlungswege zur Überbrückung

Interkulturelle Kompetenz kann nur entstehen, wenn über negative wie auch positive kritische Interaktionssituationen, sogenannte Critical Incidents, reflektiert wird. Einfache Erklärungsmuster helfen nicht. Die eigenen Normalitätsannahmen müssen hintenangestellt werden, ansonsten besteht die Gefahr, zu werten anstelle zu verstehen. Die Welt ist auch nicht schwarz-weiß. Dies ist insbesondere für den deutschen Qualitätsmanager, der gewohnt ist, in gut/schlecht, in i.O./n.i.O. zu denken, eine echte Herausforderung. Ein digitales Qualitätsverständnis wird im Ausland zum Hindernis.

HINWEIS

Critical Incident oder *kritische Interaktionssituation* bezeichnet ein kritisches oder bedeutsames Ereignis, in dem die Kommunikation nicht so wie erwartet funktioniert aufgrund kultureller Unterschiedlichkeit und Fehlinterpretationen des Verhaltens der Interaktionspartner.

Der deutsche Qualitätsmanager ist es gewohnt, im Recht zu sein, weil er sich auf die Norm berufen kann, die Prozessbeschreibung kennt und von der Geschäftsleitung eingesetzt wurde. Ein solches Selbstverständnis wird dazu führen, im Ausland nicht sensibel genug zu sein, um die interkulturellen Einflüsse auf das Qualitätsmanagement zu erkennen und zu verstehen. Darunter leidet die Nachhaltigkeit der getroffenen Maßnahmen.

Stattdessen zeichnet sich interkulturelle Kompetenz im Qualitätsmanagement dadurch aus, dass in Handlungsszenarien und Lösungsräumen gedacht wird anstelle in Schwarz-Weiß-Mustern. Nicht die mitgebrachte fertige Lösung ist die einzig richtige, sondern Qualität ist als Prozess zu verstehen, der sich ähnlich wie die interkulturelle Kompetenz über die Zeit entwickelt (Bild 13.10). Dazu ist es notwendig, dass der Qualitätsmanager kritische Interaktionssituationen mit einer gewissen Rollendistanz reflektiert. Beispielsweise reflektiert er schwierige interkulturelle Qualitätssituationen und überlegt, welche Handlungswege möglich sind, um Unterschiede zu überbrücken. Hieraus entsteht dann in Summe ein kulturell angepasstes und nachhaltig implementiertes Qualitätsmanagementsystem.

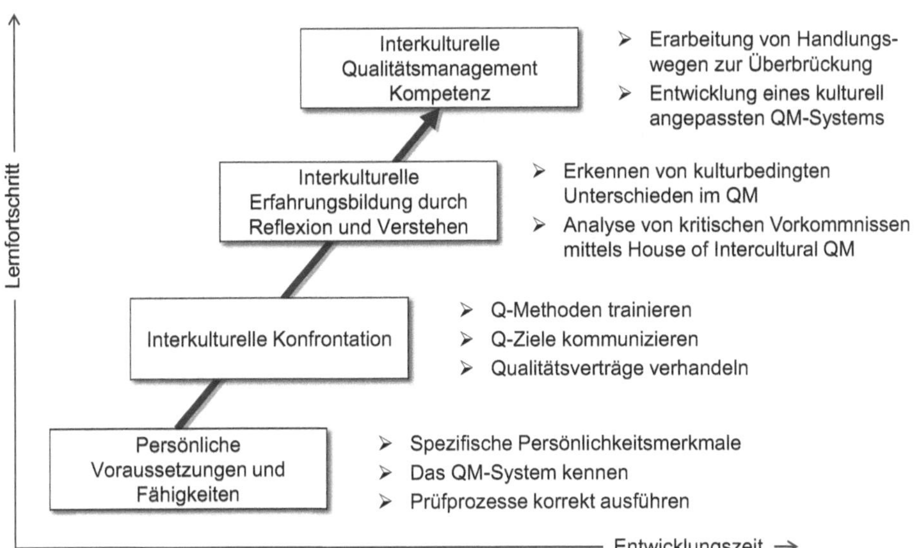

Bild 13.10 Die Entwicklung der interkulturellen Qualitätsmanagementkompetenz

13.4.4 Qualitätsverständnis

Ein wesentlicher Punkt bei der Arbeit mit ausländischen Partnern ist es zu beachten, dass es zum Teil deutliche Unterschiede zum deutschen Qualitätsverständnis gibt. Diese sind auch kulturell bedingt, und die Diskrepanzen können sich als fast unüberbrückbar erweisen und somit zu sehr unterschiedlichen Vorgehensweisen führen. Beispielsweise reklamiert die deutsche Firma wiederholt Schlechtteile bei ihrem asiatischen Lieferanten und pocht auf einen schriftlichen 8D-Report. Der Lieferant kann diese deutsche Forderung nicht nachvollziehen, denn er hat ja genau deshalb die Menge mit 5 % überliefert und das kostenlos.

Wie kann damit erfolgreich umgegangen werden? Zunächst ist es wichtig, sein eigenes Qualitätsverständnis zu erforschen und sich klarzumachen, was die eigenen Normalitätsannahmen sind, also das, was wir, ohne weiter darüber nachzudenken, für „völlig normal" halten. Dieses ist auch kulturell geprägt. Die deutsche Industrie, die Forschung und die Lehre beschäftigen sich seit Jahrzehnten mit dem Thema Qualitätsmanagement. Das „Made in Germany" symbolisiert immer auch Spitzenqualität. Der deutsche Maschinen- und Fahrzeugbau steht in besonderem Maße für technisch komplexe Produkte. Deutsche Produkte wie Autos, Maschinen und Anlagen gelten nicht nur als innovativ, sondern auch als zuverlässig und langlebig. Voraussetzung dafür ist ein umfangreiches QM in der gesamten Lieferkette mit dem Fokus auf präventive Maßnahmen.

Das heutige deutsche Qualitätsverständnis hat sich über mehrere Jahrhunderte entwickelt. Die Entwicklung basiert auf der Geschichte des Handwerks, der Aufklärung und der Industrialisierung. Qualität hat seit dem ausgehenden Mittelalter eine tiefe historische Verankerung (Bild 13.11). Die Zünfte garantieren die „zünftige" Qualität; der „ehrbare Meister" bürgt dafür usw. Aus den Handwerksbetrieben entstehen Manufakturen und daraus Industriebetriebe. Die fortschreitende Industrialisierung mit der Arbeitsteilung führt zu dem Verständnis, dass nur Gutteile zur nächsten Arbeitsstation weitergereicht werden. Der deutsche Philosoph der Aufklärung, Immanuel Kant (1724 - 1804), fordert, selbst zu denken, selbst zu entscheiden und Verantwortung zu übernehmen. Die Aufklärung in Europa ist der Beginn der Entwicklung der Gewaltenteilung und hat Auswirkungen auf die Akzeptanz einer unabhängigen Qualitätsabteilung, die eine Kontrollfunktion ausübt. Das sich ändernde Bewusstsein im politischen Bereich und die Mitbestimmung entwickeln sich als Voraussetzung dafür, dass heutige moderne Qualitätsmethoden wie das KVP-Programm (Kontinuierlicher Verbesserungsprozess) von allen mitgetragen werden.

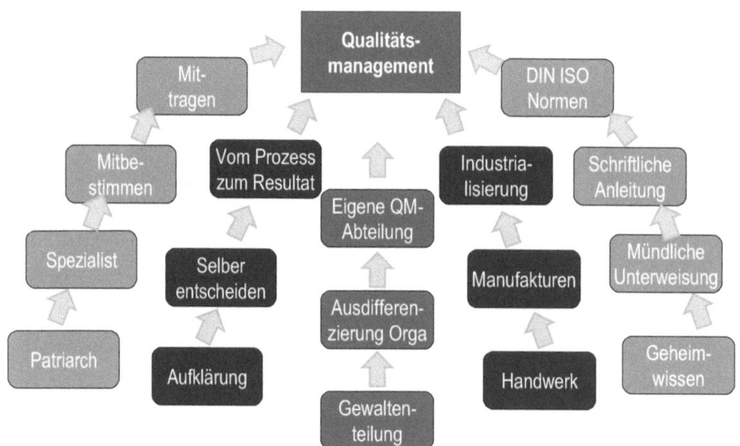

Bild 13.11 Entwicklung der deutschen Kultur der Qualität

An vielen deutschen Sprichwörtern lässt sich die tiefe gesellschaftliche Wertschätzung von Qualität erkennen: „Gut Ding will Weile haben"; „Qualität setzt sich durch"; Qualität statt Quantität" oder auch „Qualität ist das Produkt der Liebe zum Detail".

Das deutsche Qualitätsverständnis, welches für große Teile der deutschen Industrie charakteristisch ist, kann in folgenden Punkten zusammengefasst werden:

- Vorgaben sind einzuhalten, und zwar exakt: „Knapp daneben ist auch vorbei".
- Es gibt ein Streben nach ständiger Verbesserung: „Wer aufhört, besser zu werden, hat aufgehört, gut zu sein" und Perfektion: „Der Teufel steckt im Detail".

- Es existieren zahlreiche Normen und Richtlinien. Verschiedentlich wird schon von einer Normungskultur gesprochen.
- Die Geschäftsleitung und das Management sind Vorbild.
- Eine ganzheitliche Betrachtungsweise unter Einbezug aller Mitarbeiter und Geschäftsprozesse wird angestrebt. Es herrscht eine Kultur der Mitbestimmung.
- Moderne Managementmethoden wie Total Quality Management und Six Sigma werden angestrebt.
- Die Ausbildung für die industriellen Arbeitnehmer im dualen System ist vergleichsweise sehr gut (Lehrlinge, Gesellen, Facharbeiter, Meister usw.).
- Zum lebenslangen Lernen herrscht eine offene Einstellung. Es gibt vielfältige Fort- und Weiterbildungsangebote.

Das Qualitätsverständnis des deutschen Qualitätsmanagers ist also wesentlich durch seine Kultur geprägt. Es darf nicht vorausgesetzt oder unterstellt werden, dass es ein weltweites identisches oder zumindest sehr ähnliches Qualitätsverständnis gibt. Dies mag zwar naheliegend sein, da ja gültige ISO-Normen existieren, die Wirtschaft globalisiert ist und es einen weltweiten Informationsaustausch gibt. An der Oberfläche mögen die Prozesse und Werte ähnlich aussehen, aber bei der Betrachtung von Details im Qualitätsmanagement lässt sich feststellen, dass es Unterschiede in mehr oder weniger deutlicher Ausprägung gibt. Die Gründe sind auch nachvollziehbar. In weiten Teilen der Welt fehlt das Fundament der Aufklärung. In den Schwellenländern steht die Wirtschaftsentwicklung auf einer anderen Stufe, hinzu kommen die kulturellen Einflüsse, und ebenso ist das Ausbildungsniveau zu beachten.

Qualitätsverständnis in Schwellenländern

Produktqualität ist oftmals kaum ein strategischer Erfolgsfaktor. Was zählt, sind Menge und Preis. Es zählt weniger die Perfektion, sondern der praktische Gebrauchswert. Mängel in der Optik, die den Nutzen nicht stören wie Kratzer oder Schlieren, sind nicht so wichtig. Im Gegensatz dazu steht die japanische Qualitätskultur, in der von der Optik Rückschlüsse auf die Gesamtqualität gezogen werden.

Qualität wird nicht produziert, sondern herauskontrolliert. Qualität ist, was durch die Endkontrolle kommt. Zur Not wird nachgearbeitet. Da dies nicht immer gelingt, wird einfach überliefert zum Ausgleich für Schlechtteile.

Zum Teil sind die Lohnkosten auch so gering, dass es billiger ist, nachzuarbeiten, als das Werkzeug auszutauschen. Die Nacharbeit gehört sozusagen zum geplanten Prozessablauf. Der deutsche Qualitätsingenieur sieht die Nacharbeit als eine Schwäche in der Prozessqualität. Dem thailändischen Vorarbeiter hingegen fehlt jedes Verständnis, denn sein Prozess liefert doch ausgezeichnete Ergebnisse. Zwei

Welten stoßen hier zusammen. Der Unterschied zwischen „gleich" und „ähnlich" wird nicht verstanden.

BEISPIEL

Deutsche und mexikanische Ingenieure werden in einem interkulturellen Qualitätsmanagementtraining gefragt, was für sie Qualität bedeutet. Die Antworten werden verdeckt auf Metaplankarten notiert und dann auf einer Tafel gegenübergestellt. Wie erwartet, nennen die Deutschen überwiegend messbare Größen wie Zuverlässigkeit, Kundenzufriedenheit und die 100-%-Erfüllung von Vorgaben. Die mexikanischen Teilnehmer hingegen nennen genau solche messbaren Merkmale nicht, sondern verstehen unter Qualität, dass man sich um Details kümmert und das persönliche Lob „gut gemacht". ■

Zum Thema Normen, Qualitätsmanagementhandbuch und Prozessbeschreibungen: Entweder fehlen sie oder sind in der Entstehung. Zertifikate, die die Einhaltung von ISO-Normen bestätigen, geben dem Unternehmen Gesicht. Sie haben genauso wie Qualitätsverträge eine nicht so bindende Wirkung, sondern eher den Charakter einer Absichtserklärung.

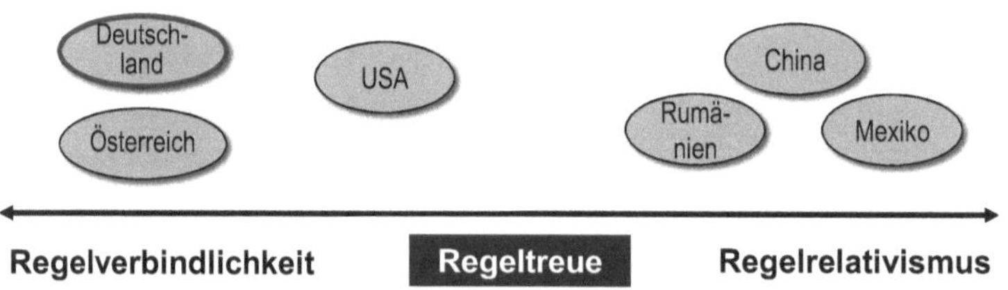

Bild 13.12 Kulturvergleich Regeltreue

Im deutschsprachigen Raum werden Regeln, Normen und Qualitätsvorschriften befolgt. Strukturen werden als geronnene Erfahrung betrachtet. Die Norm wurde nicht willkürlich ausgedacht, die auch ganz anders sein könnte, sondern es hat sich die Erfahrung vieler niedergeschlagen. (vgl. Schroll-Machl 2016, S. 74). Regeln gelten hier für alle. Wohingegen in Ländern mit Regelrelativierung (Bild 13.12) die Beziehung wichtiger ist als die Regel. Da es kein funktionierendes Rechtssystem gibt, zählt die Beziehung. Verträge werden durch Vertrauen ersetzt. In Ländern, die in ihrer Vergangenheit fremdbeherrscht wurden, wurden die Regeln immer von den Besetzern, den Ausbeutern gemacht. Eine Regel wird per se als ungerecht empfunden, die es zu umgehen gilt. Die Regelkonformität zeigt nicht Rechtschaffenheit, sondern die Regeln zu verletzen, ist eine Machtdemonstration, denn wer die Regeln verletzen kann, muss sehr gute Beziehungen haben.

Auch in Brasilien und Mexiko gibt es schriftliche Regeln und Dokumente. Sie werden aber nicht unbedingt eingehalten, zumindest nicht von allen. Dort werden die wichtigen Informationen mündlich transportiert. Ob die betreffende Regel auch für diese Person und diesen Fall tatsächlich Anwendung findet, wird deshalb mündlich erfragt und erst dann befolgt, wenn dies zweifelsfrei gegenbestätigt wird.

BEISPIEL

Der deutsche Qualitätsmanager besucht das mexikanische Schwesterwerk. Die lokalen Mitarbeiter fragen ihn, nach welchen Vorgaben zu arbeiten und die Qualität abzusichern sei. Der Qualitätsmanager wird ungehalten und verweist auf die von ihm lange vorher in Kraft gesetzten Prozessbeschreibungen und Qualitätsanweisungen. ■

Die mexikanischen Mitarbeiter wissen über die Prozessbeschreibungen Bescheid. Sie wollen sich nur bestätigen lassen, ob diese oder vielleicht andere Dokumente für sie gelten. Die nur eingeschränkte Durchsetzung von Recht im Allgemeinen und Privatrecht im Besonderen zwingt zu anderen Vorgehensweisen. Es kann für den Facility Manager einer Fabrik in Malaysien wichtig sein, einmal im Monat mit dem örtlichen Polizeichef zum Mittagessen zu gehen. Der General Manager eines chinesischen Staatsunternehmens hält Gesetze nicht ein, weil er genügend Guanxi (Verbindung zu Mächtigen) hat.

Handlungswege zur Überbrückung

Das Qualitätsverständnis muss sich entwickeln und ist ein Prozess, der Zeit benötigt. Das steht im Gegensatz zur deutschen Ungeduld. Um dennoch im Ausland zurechtzukommen, müssen die Unterschiede bewusst erkannt und es darf nicht jede kleinste Abweichung von der eigenen Norm als Katastrophe angesehen werden. Viele grundlegende Einsichten dürfen nicht vorausgesetzt werden. Es muss Zeit und Energie in die Entwicklung des Qualitätsverständnisses investiert werden. Der Prozess muss beschleunigt und die richtigen Partner müssen gefunden werden.

Die Lieferantenauswahl sollte in einem mehrstufigen Prozess durchgeführt werden. Dazu gehört auch ein Audit des Qualitätsmanagementsystems vor Ort. Hier empfiehlt sich das Trichtermodell, welches sich für die globale Lieferantenauswahl bewährt hat (Abschnitt 3.3).

Bei solchen Audits oder Besuchen beim ausländischen Lieferanten bietet es sich an, in gemischten deutsch-lokalen Teams aufzutreten, und zwar die Deutschen aus der zentralen Qualitätsabteilung und die Kollegen aus der Vertretung oder der Fabrik vor Ort. Die Deutschen sind für die Qualitätsdiskussion zuständig und die lokalen Mitglieder für die Kommunikation und die Atmosphäre. Gleichzeitig lernen beide Seiten voneinander, das Qualitätsverständnis und die interkulturelle Kompetenz werden gefördert.

Kommt es dann zum Hochlauf der Fertigung beim Lieferanten oder in der eigenen Fabrik, dann ist besonders diese Phase durch QM-Maßnahmen wie zusätzliche Erstmusterprüfungen abzusichern. Handelt es sich um zeitkritische Projekte, dann ist die Begleitung durch erfahrene deutsche Ingenieure vor Ort ratsam. Alle getroffenen QM-Vereinbarungen müssen ausführlich und vor allem verständlich sein. Hilfreich ist es, immer zur Veranschaulichung Vergleichs- oder Grenzmusterkataloge einzusetzen.

Gehen Sie nicht davon aus, dass Ihre Vorstellungen von Regeln, Prozessen, Strukturen und Qualität dem anderen einleuchtend sind. Erklären Sie den Kontext, entwickeln Sie Strukturen und Regeln gemeinsam. Machen Sie deutlich, wo Dinge angepasst oder abgeändert werden können und wo es sich um eine harte Regel handelt, die genauso eingehalten werden muss. Vergessen Sie dabei niemals, dass in den meisten Kulturen die Einhaltung von Vorgaben auch auf der Beziehungsebene adressiert werden muss.

13.4.5 Fehlerkultur

Eng mit dem Qualitätsverständnis hängt die Fehlerkultur zusammen, also die Art und Weise, wie mit dem Auftreten von Fehlern umgegangen wird. Es kann sich um Fehler an technischen Produkten oder Dienstleistungen handeln oder um Fehler im Herstellungsprozess. Die Fehler können im Materialfluss oder häufig auch im Informationsfluss liegen. Das Auftreten von Fehlern wird sich nie restlos vermeiden lassen. In unseren Sprichwörtern spiegelt sich dies wider: „Wo gehobelt wird fallen Späne“; „es ist noch kein Meister vom Himmel gefallen“; „ein Fehler kann gemacht werden, aber nicht zweimal derselbe“. Wird der Fehler aus welchen Gründen auch immer ignoriert, so wird er sich wiederholen, meistens eher früher als später. Deshalb ist es in einem effektiven QM unabdingbar, den Fehler zu benennen, die Ursache zu ergründen und Maßnahmen zur Beseitigung zu definieren. Auf diesem Prinzip basieren QM-Methoden wie 8D-Report, FMEA oder Lessons Learned. Personen müssen Fehler dokumentieren und darüber sprechen dürfen, ohne Nachteile befürchten zu müssen.

In der deutschen Fehlerkultur steht man einem Fehler heutzutage eher konstruktiv gegenüber. Das Auftreten eines Fehlers wird in der Regel als Anlass für Verbesserungen genommen. Sehr gut ist diese Kultur an der Volksweisheit „Nur wer Fehler macht, kann lernen“ abzulesen. Viele Unternehmen gehen sogar noch einen Schritt weiter und sprechen von der Lernenden Organisation. Das ist eine Organisation, die sich ständig verbessert und weiterentwickelt. Sie basiert wesentlich auf dem Leitgedanken, dass ein Fehler als Chance gesehen wird, sich zu verbessern. Nach Brückner (2021, S. 36) hat eine positive Fehlerkultur unterstützende Wirkung auf das Innovationsmanagement, das Wissensmanagement und fördert die Lernkultur.

Ingenieure können sich bei der Analyse der Fehlerursachen in Themen vertiefen. Weitere Experten werden hinzugezogen, und es herrscht eine ansatzweise offene Diskussionskultur, auch wenn Schuldzuweisungen nicht ausgeschlossen sind. Zudem sind viele QM-Methoden zur Analyse vorhanden. Es gibt immer QM-Fachleute, die zurate gezogen werden können, und es werden umfangreiche Schulungen zu einzelnen Methoden angeboten.

HINWEIS

Fehlerkultur bezeichnet die Art und Weise, wie mit Fehlern, Risiken und Folgen umgegangen wird. Der Begriff Fehlerkultur hat in Deutschland eine einheitliche und weite Verbreitung. Er wird nicht nur in der Industrie benutzt, sondern hat sich in vielen anderen Lebensbereichen etabliert. So wird von Fehlerkultur bei der Polizei, beim Militär und im Gesundheitswesen gesprochen. Dies zeigt, wie intensiv sich die Gesellschaft mit dem Thema beschäftigt. Im Englischen hingegen fehlt schon ein entsprechender Begriff. Es wird uneinheitlich von error culture, concept of error management, mistake culture, zero-defect culture, culture of error tolerance, culture of nonconformity oder anderen Varianten gesprochen. Für den Qualitätsingenieur im Ausland ist es deshalb wichtig, in seiner neuen Umgebung zunächst ein einheitliches Verständnis von Fehlerkultur zu erarbeiten. ■

Die Fehlerkultur in anderen Teilen der Welt

Während der deutsche Qualitätsingenieur mit der Normalitätsannahme arbeitet, dass jede Nichtkonformität einen Fehler darstellt und die eigene Anspruchshaltung am Zero-Defect-Prinzip (Null-Fehler-Prinzip) ausgerichtet ist, kann Fehlerfreiheit woanders bedeuten, dass sich der Kunde nicht beschwert hat, dass es funktioniert, dass der Endtest passiert wurde oder dass niemand einen Fehler sieht.

In vielen anderen Gesellschaften steht nämlich weniger die Perfektion als das Finden einer pragmatischen Lösung im Vordergrund. Dies hat oftmals historische Gründe, die entweder in dem Stand der Industrialisierung oder der Geschichte der Entstehung der Gesellschaft begründet liegen.

In Australien hört man oft den Satz „That'll do“ (Es wird schon passen). Es besteht nicht der Anspruch, alles perfekt machen zu wollen. Diese Einstellung unterscheidet sich deutlich von der deutschen Vorgehensweise und liegt in der Entstehungsgeschichte von Australien begründet. Während der Zeit, als Australien noch eine Strafgefangenenkolonie war, ging es in erster Linie ums Überleben und nicht um Perfektion (vgl. Joskowicz/Stilijanow/Thomas 2007, S. 79).

Die Russen gelten als Meister der Improvisation. Wenn Probleme auftreten, wird passiv abgewartet, ob von oben eine Änderung kommt oder ob sich das Problem von selbst erledigt. Wenn dies nicht der Fall ist, wird improvisiert. Diese sowjetische Arbeitseinstellung ist auch heute noch anzutreffen (vgl. Yoosefi/Thomas 2012, S. 97 ff.).

Die Fehlerkultur in Ländern mit starker Beziehungsorientierung wie etwa den asiatischen Ländern (mit Ausnahme von Japan) wird hingegen von dem Prinzip des „Gesichtswahrens“ geprägt. Man neigt eher dazu, Fehler oder Missstände unter den Tisch zu kehren. Die Herausforderung beginnt damit, dass ein Fehler überhaupt benannt und offengelegt wird. Denn damit ist die Gefahr verbunden, dass eine oder vielleicht mehrere Personen ihr Gesicht verlieren. Das kann derjenige sein, bei dem der Fehler auftritt, oder der Verantwortliche für den Prozessschritt. Es können aber auch Unbeteiligte ihr Gesicht verlieren, etwa der Werksleiter oder der Experte und Trainer aus Deutschland. Die Person, die den Fehler zwar nicht verursacht hat, aber benennen muss, befindet sich in der unangenehmen Lage, „Gesicht zu nehmen“. All dies sind Gründe, warum Probleme nicht benannt und stattdessen geduldet und unter den Tisch gekehrt werden. Das Prinzip, das Gesicht zu wahren, steht über der QM-Prämisse, Fehler und Ursachen zu benennen, insbesondere dann, wenn es sich um ältere oder höhergestellte Personen handelt. Bild 13.13 zeigt die komplexen Zusammenhänge und Beeinflussungsgrößen der Fehlerkultur ausschnittsweise. Das Themenfeld Fehlerkultur lässt sich nur im Zusammenspiel der anderen elf Themenfelder des House of Intercultural Quality Management verstehen (Abschnitt 13.2).

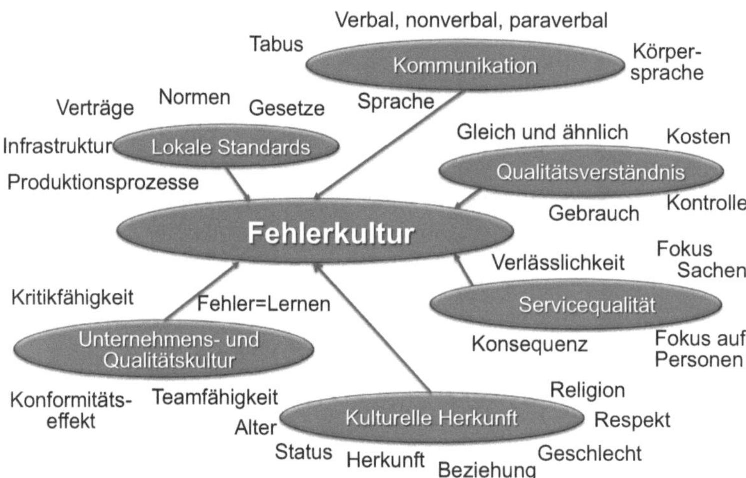

Bild 13.13 Was alles unsere Fehlerkultur beeinflusst

Gelingt es dann doch, den Fehler bzw. den Missstand zu benennen, kommt die nächste Herausforderung der Ursachenanalyse. Hierfür sind vor allem abstrahierendes Denken und analytische Fähigkeiten gerade bei komplexen Wirkungsketten notwendig. Die Mitarbeiter in asiatischen Ländern haben jedoch in der Regel eine Schulausbildung durchlaufen, in der Ursache-Wirkungs-Analysen nicht im Mittelpunkt stehen, sondern Fakten und Daten auswendig gelernt werden.

Handlungswege zur Überbrückung

Kern des Qualitätsmanagements sind die Prävention und die kontinuierliche Verbesserung. Dazu ist es unabdingbar, sowohl potenzielle als auch eingetretene Fehler zu analysieren und deren Ursachen konsequent abzustellen. Fehler müssen also explizit ausgesprochen werden. Wie ein Fehler angesprochen werden kann, hängt wiederum von der Kultur ab.

In konfrontativen Kulturen (Bild 13.14) wie der deutschen sind Meinungsverschiedenheiten und Diskussionen positiv für das Team oder die Organisation. Da es möglich ist, den Fehler ausschließlich über die Sachebene zu adressieren, ist die offene Konfrontation angemessen und beeinflusst die Beziehung nicht negativ. Dagegen sind in den Kulturen, die die Konfrontation vermeiden, Meinungsverschiedenheiten und Diskussionen hingegen negativ für das Team oder die Organisation. Da Sache und Beziehung untrennbar sind, ist die Konfrontation unangemessen, denn sie beeinflusst die Beziehung negativ und stört die Gruppenharmonie.

Auch wenn es in Asien, Afrika, Mittel- und Südamerika für Deutsche schwierig ist, Fehler ohne Verletzung der Beziehung anzusprechen, so ist es dennoch möglich. Es benötigt mehr Fingerspitzengefühl und Zeit, aber ein konsequentes Angehen der Missstände mit schnellen Erfolgen zeigt der Belegschaft, welchen Stellenwert Fehler und deren Umgang in der Unternehmenskultur haben. Wenn nicht von „falsch, Fehlern und Problemen" gesprochen wird, sondern positive Formulierungen gewählt werden wie „Verbesserung, Herausforderungen oder nächste Schritte", wird dies in den Konfrontation vermeidenden Kulturen sehr wohl richtig verstanden. Der Mitarbeiter oder die Gruppe müssen die Möglichkeit haben, das Gesicht zu wahren. Positive Effekte lassen sich durch gemeinsames Lernen und kleine Verbesserungen in 5S- oder Lean-Projekten erzielen. Damit wird auch die Qualitätskultur gestärkt.

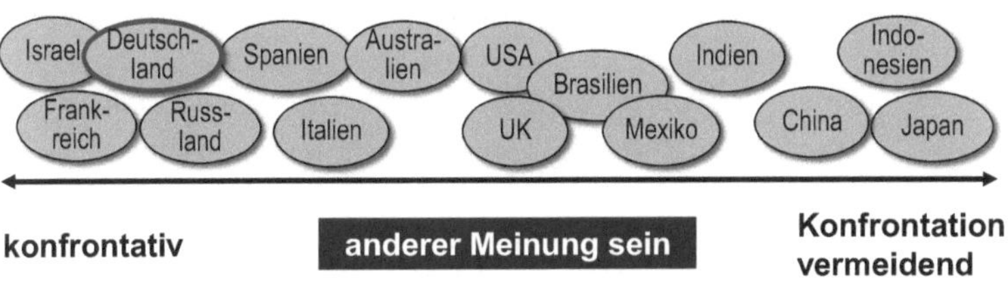

Bild 13.14 Kulturvergleich Konfrontation (in Anlehnung an Erin Meyer 2015)

Aufgrund der jeweiligen Fehlerkultur und des Ausbildungsniveaus empfiehlt es sich, Arbeitsabläufe zu standardisieren. In der ISO 9001 wird gefordert, dass die durchzuführenden Tätigkeiten zur Produktion und zur Dienstleistungserbringung inklusive der Messtätigkeiten angemessen dokumentiert werden. In Fällen der Massenproduktion mit angelernten Mitarbeitern erfolgt eine ausführliche Planung der Prozesse teilweise komplett bebildert mit allen Handgriffen, die durchzuführen sind. Dazu dienen Anleitungen in Landessprache mit Visualisierung. In Bild 13.15 ist die bebilderte Arbeitsanweisung für die Qualitätsprüfung bei der Montage eines Maschinenbetts abgebildet. Noch fortschrittlicher wäre die Einführung von Videoterminals an jedem Arbeitsplatz.

Qualitätsprüfung

	Laser in Y-Richtung (pro 200mm)	Laser in X-Richtung (pro 200mm)
Bett	-4µm bis +10µm	+/-10µm
Ständer	+/-10µm	+/-10µm
X-Schlitten	-5µm bis +5µm	+/-5µm

质量校验

	激光在 Y 轴方向 (每 200mm)	激光在 Y 轴方向 (每 200mm)
床身	-4µm 至 +10µm	+/-10µm
立柱	+/-10µm	+/-10µm
X 轴滑块	-5µm 至+5µm	+/-5µm

Die Vorrichtung wird handfest fixiert.

支撑架用手拧紧固定在床身上.

Ausrichten des Laserlichts im Mittelpunkt. 调节光点至中心位置

Bild 13.15 Bebilderte Arbeitsanweisung in Landessprache

Wenden Sie Poka Yoke an, d. h. Prozesse so zu organisieren, dass menschliche Fehler nicht zugelassen werden. Der japanische Ausdruck Poka Yoke bezeichnet ein aus mehreren Elementen bestehendes Prinzip, welches technische Vorkehrungen bzw. Einrichtungen zur sofortigen Fehleraufdeckung und -verhinderung umfasst (Schlüssel-Schloss-Prinzip). Nähere Ausführungen zur Methode finden sich in Abschnitt 6.4.

13.4.6 Lokale Abläufe, Strukturen und Standards

Deutschland hat eine lange Phase der Industrialisierung durchlaufen, die mehrere Jahrzehnte dauerte. Neben dem technischen Wandel gab und gibt es auch einen Wandel in den Köpfen. Vieles von den heutigen Errungenschaften sah vor 40 bis 50 Jahren noch komplett anders aus. So sind durch diverse Sicherheitsmaßnahmen die tödlichen Unfälle am Arbeitsplatz zurückgegangen. Normen wie die DIN ISO 45001 für Sicherheit und Gesundheit bei der Arbeit geben Hilfestellung. Der Schutz der Umwelt wird großgeschrieben. Firmen lassen sich ihr vorbildliches

Umweltmanagement nach ISO-Norm 14001 zertifizieren und ihr Energiemanagementsystem nach DIN ISO 55001.

Weiterhin zeichnet sich Deutschland durch eine hervorragende Infrastruktur aus. Verkehrsträger und Energieversorgung sind stabil. Zudem gibt es die Sicherheit, dass dies auch morgen so sein wird. Politische Stabilität, Verlass auf die Gewaltenteilung, ein geringes Maß an Korruption und eine stabile Währung kommen hinzu. All dies ist Standard. Bringt ein Unternehmen ein fehlerhaftes Produkt in Umlauf und kommt dadurch eine Person zu Schaden, dann verstößt es gegen das Produkthaftungsgesetz und muss mit Bestrafung rechnen.

Die Deutschen sind risikoscheu und detailorientiert. Sie möchten weitgehend nichts dem Zufall überlassen, sondern versuchen, durch Planung und Vorbereitung potenzielle Fehlerquellen und Risiken auszuschalten. Dabei bevorzugen Deutsche formelle Systeme. Alles wird schriftlich dokumentiert: Zuständigkeiten im Organigramm, das Qualitätsmanagementsystem im Handbuch, Vorgehensweisen in Prozessbeschreibungen und Besprechungsergebnisse in Protokollen. Arbeitsbezogene Normen und Systeme betrachten Deutsche als geronnene Erfahrung. Es hat sich nicht jemand willkürlich eine Norm oder eine Prozessbeschreibung ausgedacht, die im Grunde auch anders aussehen könnte, sondern hier schlägt sich die Erfahrung vieler nieder, die den optimalen Weg zur Qualität aufzeigt. Ihre Einhaltung wird in Deutschland als selbstverständlich angesehen, und Verletzungen werden geahndet (vgl. Schroll-Machl 2007, S. 71 ff.).

Teil der Entwicklung ist die Überwachung und Durchsetzung der Maßnahmen durch technische Überwachungsvereine, Gewerbeaufsichtsämter, Berufsgenossenschaften und Auditoren. Alles Dinge, die bei uns vor einigen Jahrzehnten noch nicht selbstverständlich waren. Teil der Entwicklung ist auch die Akzeptanz solcher Überwachungen.

Standards und Abläufe in Schwellenländer

In vielen Schwellenländern und Zielmärkten der deutschen Industrie ist dieser Industrialisierungsprozess noch nicht so weit fortgeschritten. Sie haben später begonnen und durchlaufen vieles wie Arbeitssicherheit, Umweltschutz, Gesetze und Normen im Zeitraffer.

In Deutschland und Westeuropa herrscht in den meisten Bereichen des gesellschaftlichen Lebens wenig bis keine Korruption. Es gibt ein starkes Rechtssystem, Verträge sind bindend und das politische System stabil. Deutschland liegt seit Jahren im weltweiten Korruptionsindex (Bild 13.16) auf den ersten zehn Plätzen. Die süd- und osteuropäischen Länder liegen bereits im Mittelfeld, ebenso China. Wichtige Handelspartner wie Indien, Türkei, Russland, Südafrika und die afrikanischen Länder belegen die hinteren Plätze. Deutsche Geschäftsleute müssen sich möglicherweise von ihrer Normalitätsannahme lösen, dass alles mit rechten Dingen zugeht.

Insbesondere bei Critical Incidents in Beschaffungs- und Vertriebsprozessen muss Korruption mitgedacht werden.

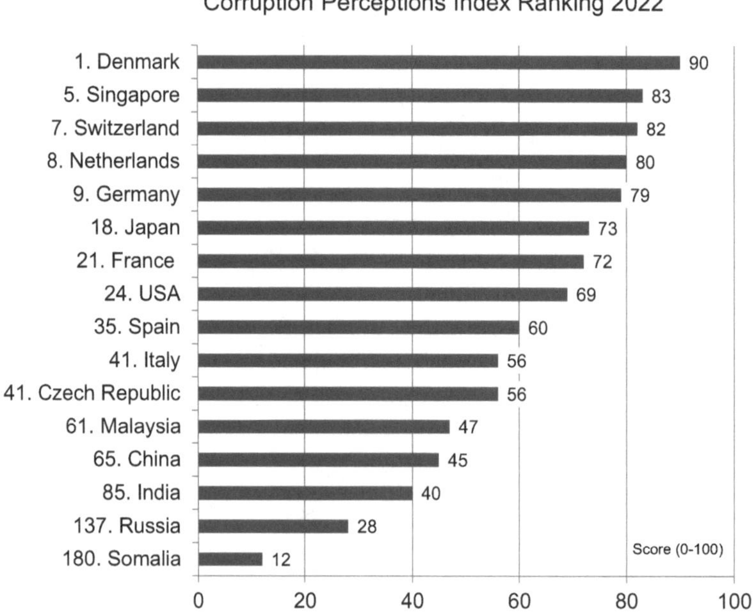

Bild 13.16 Weltweiter Korruptionswahrnehmungsindex (Datenquelle: *www.transparency.org/en/cpi/2022*)

BEISPIEL

Ein deutscher Ingenieur, der erstmals unvorbereitet die Halbleiterfabrik in Indonesien besucht, ist entsetzt, als er sieht, wie die lokalen Techniker auf dem Boden sitzend die teuren, aus Deutschland transferierten Maschinen reparieren und dabei alle Einzelteile und Schrauben weit verstreut um sich herum auf dem Boden liegen haben. ■

Wer das Land kennt und weiß, wie die Menschen dort leben, der wundert sich über diese Arbeitsweise nicht. Es ist in Indonesien wie in vielen Ländern normal, auf dem Boden zu sitzen, so wie man in Deutschland auf Stühlen sitzt. Zudem herrscht auch der Ansatz vor, dass man alles selber reparieren könne, was bei einer hochanspruchsvollen Maschine aus dem Ausland allerdings nicht immer möglich ist. Eine andere Besonderheit in muslimischen Ländern hängt mit den Gebetszeiten zusammen, die bei der Organisation der Arbeits- und Schichtzeiten zu berücksichtigen sind. Es darf auch nicht verwundern, wenn während des Ramadans die Qualitätsrate in der Produktion einbricht.

Handlungswege zur Überbrückung

Es ist nicht zu erwarten, dass die lokalen Gegebenheiten den deutschen Bedingungen entsprechen. Ein gewisses Verständnis hierfür ist notwendig. Es fällt leichter, wenn man sich vor Augen führt, wie es vor 40 Jahren bei uns in Deutschland aussah. Viele Lösungen aus dieser Zeit lassen sich verwenden. Es macht mehr Sinn, die Maschinen, welche in der indonesischen Fabrik aufgestellt werden, einfacher zu gestalten und die Vielfalt der Einzelteile und Umrüstkits zu begrenzen. Das Gleiche gilt für die Variantenvielfalt der transferierten Produkte. Produkte, die lokal verkauft werden sollen, müssen angepasst und vereinfacht werden. Lokalisierung heißt dies. Ein Hersteller von Stufenendschaltern, die in chinesischen Transformatoren verbaut werden, musste sein Produkt anpassen und das deutsche „Overdesign" reduzieren. Welche Produkte sollen in den ausländischen Standort transferiert werden? Gibt es ausreichend Lieferanten, die auch zuverlässig sind? Denn für spezielle Produkte in kleinen Stückzahlen finden sich oftmals keine Lieferanten.

Bei der Umsetzung von Prozessen ist es ratsam, die Ziele und Vorgaben nicht im Detail zu formulieren. Eine Prozessbeschreibung eins zu eins aus Deutschland zu überführen, ist zunächst einfach, wird aber bei der Umsetzung vor Ort viel Energie und Zeit kosten, wenn es überhaupt gelingt. Die Vorgaben sollten auf einem übergeordneten Niveau gemacht werden. Die Ausgestaltung und Umsetzung, z. B. in Arbeitsanweisungen oder Checklisten, sollte vor Ort geschehen, weil dann gewährleistet ist, dass die lokalen Rahmenbedingungen Berücksichtigung finden. Es wird zu kleineren und größeren Unterschieden zu den deutschen Inhalten kommen. Hier ist Flexibilität notwendig. Ausgangspunkt ist die Frage, was wirklich wichtig ist, alles andere kann flexibel gehandhabt werden.

13.4.7 Kundenbeziehung

In den weltweiten Geschäftsaktivitäten und Logistikketten werden vielfältige Kunden-Lieferanten-Beziehungen eingegangen. In Deutschland sind diese rechtlich durch einen Vertrag abgesichert. Solange sich alle an die Verträge halten, vertraut man sich. Vertrauen wird durch geschäftliche Aktivitäten aufgebaut und liegt in der Sache begründet. Persönliche Sympathie ist förderlich, aber nicht notwendig. Zu viel persönliche Beziehung wird sogar abgelehnt, um keine Compliance-Regeln der Firma zu verletzen. Arbeitsbeziehungen werden leicht aufgebaut, können aber auch schnell wechseln, je nach Situation, Aufgabe oder Sache. „Geschäft ist Geschäft", so heißt es.

Bedingungen im Ausland

In vielen anderen Ländern wie den BRIC-Staaten (Brasilien, Russland, Indien und China) heißt es hingegen: „Geschäft ist persönlich". Hier wird das Vertrauen nicht nur durch die gemeinsame Sache, sondern in erster Linie durch die gemeinsame Beziehung geschaffen und definiert (Bild 13.17). Aufgrund von fehlender Rechtssicherheit ist diese persönliche Beziehung unabdingbar. Vertrauen entsteht durch gemeinsame Mahlzeiten, abendliche Drinks, persönlich geteilte Zeit und viel berufliches und privates Hintergrundwissen, welches erarbeitet werden muss. Vertrauen und Arbeitsbeziehungen bauen sich deshalb langsam Schritt für Schritt auf. Erst wenn das Gegenüber durchschaut ist und wenn man andere gut kennt, die ihm vertrauen, dann vertraue auch ich ihm und mache Geschäfte. Eine solche beziehungsorientierte Kunden-Lieferanten-Beziehung hält dafür langfristig, wenn sie beständig gepflegt wird. Beständig pflegen heißt, die Beziehung zwischen den Partnern zu pflegen. Das muss unabhängig vom Vertrag geschehen, denn der Vertrag ist nur ein Stück Papier, der die momentan gute Beziehung ausdrückt. Verschlechtert sich die Beziehung, kann er jederzeit verändert werden.

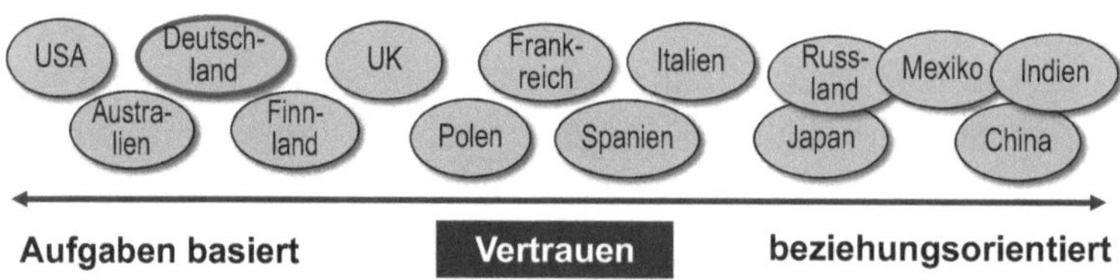

Bild 13.17 Kulturvergleich Vertrauen (in Anlehnung an Erin Meyer 2015)

Handlungswege zur Überbrückung

Ausländische Partner müssen versuchen, sich auf die deutschen Kunden und Lieferanten einzustellen. Einiges wird ähnlich sein wie in Deutschland, einiges wird konträr anders sein und wiederum vieles gänzlich neu und nicht vergleichbar. Häufige Dienstreisen von deutschen Vertriebs- und Marketingexperten alleine werden nicht ausreichen, um die anderen Bedingungen zu erlernen. Dafür ist das notwendige Erfahrungswissen zu groß. Zweckmäßig ist es, ein Marketing lokal aufzubauen und den Markt von dort aus zu verstehen, zu betreuen und zu pflegen. Der Lohn für die Mühe ist die langfristige Partnerschaft.

13.4.8 Service Excellence

Die Ausrichtung der Qualität von Produkten und den produktbegleitenden Services am externen Kunden ist keine grundsätzlich neue Erkenntnis. Die ISO 9001 schreibt zur Kundenorientierung: Die oberste Leitung muss in Bezug auf die Kundenorientierung Führung und Verpflichtung zeigen. Die Kundenanforderungen müssen bestimmt, verstanden und erfüllt werden. Zudem muss der Fokus auf der Verbesserung der Kundenzufriedenheit liegen. Darüber hinaus gibt es mit der DIN ISO 10002 eine eigene Norm für das Reklamationsmanagement. Trainings- und Fortbildungsvereinigungen bieten zahlreiche Seminare zum Thema Beschwerdemanagement und Kundenverständnis an.

Der Kunde verlangt in vielen Bereichen, besonders im Premiumsegment, mehr als nur das technische Produkt. Er verlangt eine Lösung. Das technische Produkt stellt nur einen Teil dieser Lösung dar. Der andere Teil ist das dazugehörige Servicepaket. Dies gilt insbesondere für hochwertige technische Güter. Zum Beispiel kauft ein Kunde eine Werkzeugmaschine im Premiumsegment nur deshalb, weil er eine bestimmte Fertigungsaufgabe lösen möchte. Die Lösung wird nur erreicht im Zusammenspiel von perfektem Produkt mit einem Bündel an ebenso perfekten Services, die sich am Lebenszyklus des Produkts orientieren, wie Beratung, Training, Ersatzteilservice und Nachrüstung.

Auch wenn in Deutschland noch ein langer Weg zurückzulegen ist, wird das Thema Servicequalität bereits aufgegriffen und heute intensiv in Wissenschaft und Praxis behandelt. Firmen haben die Wachstumschancen im Servicemarkt erkannt und bieten produktbegleitende Services an. Die ISO 9001 und die DIN ISO 10002 wurden für Service Excellence in der DIN SPEC 77224 weiterentwickelt und auf europäischer Ebene in der CEN/TS 16880. Eine ausführliche Beschreibung findet sich in Kapitel 10, „Servicequalität“.

Die Voraussetzung für einen exzellenten Service nach außen sind die reibungslosen internen Abläufe. Die internen Kunden-Lieferanten-Beziehungen müssen genau so perfekt ablaufen, wie das Unternehmen es für den externen Kunden fordert.

Bedingungen im Ausland

In vielen Schwellenländern waren wichtige Produkte in der Vergangenheit Mangelware. Der Kunde kam als Bittsteller und war mit einem einfachen funktionierenden Produkt bereits zufrieden, weil Alternativen fehlten. Der Verkäufer musste keinen Service bieten. Diese Bedingungen haben die Mentalität in vielen Köpfen bis heute geprägt. Für zum Teil selbstverständliche Dienstleistungen muss extra bezahlt werden. Dies ändert sich aber bereits mit dem Anwachsen einer anspruchsvollen Mittelschicht und der Ausweitung des Angebots.

Beispielsweise steht für viele chinesische Unternehmen die externe Kundenbegeisterung nicht im Fokus, sondern das kostengünstige Produzieren von Waren. Das ist für die meisten asiatischen Kunden ausreichend. Ausländische Produkte hingegen sind im Regelfall teurer. Ein höherer Preis oder wie bei deutschen Produkten das positive Image implizieren auch einen ebenso überlegenen Service.

Hieraus erklären sich auch die höheren Serviceansprüche gegenüber deutschen Produkten. Die Mehrheit der Chinesen attestiert den deutschen Unternehmen ein hohes Qualitätsbewusstsein, jedoch sind die chinesischen Kunden der Ansicht, deutsche Anbieter sind arrogant, sollten im Service besser werden und sich auf die chinesischen Kundenwünsche besser einstellen. Ein langjähriger deutscher Manager in Schanghai stellt fest: „Der Chinese liest keine Betriebsanleitung, er schreit sofort nach Service."

Auch der erbrachte Service ist trotz des Bemühens Einzelner nicht immer zufriedenstellend, geschweige denn begeisternd. Es mangelt an der Abstimmung von internen Abläufen und Rahmenbedingungen, die einen exzellenten Service ermöglichen. Dem einzelnen Mitarbeiter fehlt oftmals der Überblick, wer seine internen Kunden und wer seine internen Lieferanten sind. Stattdessen herrscht im Unternehmen ein ausgeprägtes Abteilungsdenken vor. Ein falsches Bonussystem kann das Abteilungsdenken verstärken. Teamarbeit ist nur ansatzweise zu erkennen. Das Senioritätsprinzip hindert zusätzlich an einer abteilungsübergreifenden Zusammenarbeit. Es wird gemacht, was der Chef sagt.

Handlungswege zur Überbrückung

In vielen deutschen Firmen wird der gesamte Kontakt zum externen ausländischen Kunden über die deutsche Zentrale abgewickelt. Stattdessen ist es zweckmäßig, schrittweise lokale Kundenkompetenz aufzubauen, indem vor Ort ein Marketing eingerichtet wird, welches dann auch die Aufgabe hat, die Kundenstimme (voice of customer) in die internen Prozesse und Abteilungen zu kommunizieren.

Damit sich ein deutsches Unternehmen besser auf die teilweise sehr komplexen Kundenbedürfnisse im ausländischen Markt einstellen kann, muss es vieles lernen. Genauso wie in Deutschland kann es auch im Ausland hilfreich sein, den oder die Kunden einzuladen und in Gegenwart der Key Accounts (Kundenbetreuer) das aktive Feedback vom Kunden einzuholen. Dabei wird deutlich, welchen Stellenwert die Themen Produktqualität und Servicequalität aus Kundensicht haben. Zur Vertiefung und weiteren Vermittlung lassen sich Verbesserungs- und Innovationsprojekte im Servicebereich initiieren. Teilweise reicht es schon, einfache Kennzahlen zu definieren und nachzuhalten.

Folgende Fragen können als Checkliste benutzt werden:

Erfasst die Organisation die Kundenwünsche? Wird Kundenfeedback systematisch ausgewertet? Wird Mitarbeiterfeedback systematisch ausgewertet? Ist das erwartete Serviceniveau im lokalen Markt bekannt? An welchen Stellen im Serviceprozess können die Kundenerwartungen übertroffen werden? Gibt es kulturbedingte Besonderheiten (Geschmack, Farben ...)?

13.4.9 Lokale Umsetzung

Die lokalen Gewohnheiten, die Randbedingungen und Voraussetzungen zur Serviceerbringung unterscheiden sich in den Kulturen zum Teil sehr stark. Dies betrifft sowohl die Kunden als auch die Mitarbeiter. Folgende Beispiele sollen das verdeutlichen:

BEISPIEL

Der US-Handelsriese Walmart scheiterte bei seinem Markteintritt in Deutschland. Wesentlicher Grund war die Missachtung von kulturellen Aspekten und lokalen Serviceprozessen. 1997/98 kauft Walmart Wertkauf-Filialen und Märkte der Marke Interspar. Geschäftsführer ist zunächst der 40-jährige Amerikaner Ron Tiarks, der sich bei Walmart in Arkansas hochgedient hat. Er spricht anfangs kein Wort Deutsch, hat aber die amerikanisch geprägte Philosophie des Konzerns verinnerlicht. 2006 muss sich der Konzern aus dem deutschen Markt zurückziehen. Was ging schief: Die Standorte waren zusammengekauft und damit nicht einheitlich. Die Wettbewerbsanalysen berücksichtigten die Besonderheiten des deutschen Markts und die Einkaufsgewohnheiten der Deutschen nicht ausreichend. Zudem wurde die amerikanische Unternehmenskultur nicht angepasst. Kunden fühlten sich vom „Begrüßer“ am Eingang eher belästigt. Für die Belegschaft war der morgendliche Appell demotivierend.

Anders macht es McDonald's: 2013 taufte die Burgerkette anlässlich des australischen Nationalfeiertags am 26. Januar in ganz Australien insgesamt 13 Filialen für einige Tage in ihren australischen Spitznamen Macca's um. Damit will sie zeigen, dass sie stolz ist, ein Teil der australischen Gemeinschaft zu sein. ■

Auch Unterschiede in der nötigen Infrastruktur zur Erbringung des Service müssen beachtet werden. In Deutschland existiert in jeder Branche eine Kette von Zulieferern, Logistik- und Servicedienstleistern. In Just-in-Time-Lieferketten legen die Betreiber von Logistikzentren ihre Prozesse redundant aus. Auch im Falle von großen Störungen wie dem Ausfall eines Regalbediengeräts oder der Lagersoftware ist ein Weiterbetrieb gewährleistet. In Schwellenländern gibt es unter Umständen keine oder nur wenig kompetente Dienstleister, weil die Branche vielleicht keine Schlüsselindustrie in dem Land darstellt.

In China zeichnet eine Baufirma ihren Maschinenlieferanten mit einer Serviceflagge aus, weil dieser eine große Reparatur kurzfristig erfolgreich ausführen konnte (Bild 13.18). Dies ehrt den Lieferanten und gibt ihm Gesicht. In Deutschland wäre maximal ein Dankesschreiben üblich. Die Flagge hingegen gibt dem Lieferanten die Möglichkeit, seine Servicekompetenz nach außen zu zeigen, und hilft bei der Akquisition neuer Kunden.

Bild 13.18
Kundenauszeichnung für gute Technik und exzellenten Service in China

Handlungswege zur Überbrückung

Die örtlichen Gegebenheiten müssen also bei der Erbringung des Service berücksichtigt werden. Deshalb macht es keinen Sinn, alle Details zentral vorzuschreiben. Vielmehr sollte zentral der übergeordnete Serviceprozess mit seinen relevanten Qualitäts- und Erfolgsmerkmalen entwickelt und vorgegeben werden. Die umsetzungsgerechte Ausarbeitung der Details geschieht lokal. So empfiehlt das Fraunhofer-Institut für Arbeitswissenschaft (vgl. Husen/Zähringer 2010, S. 63 ff.), dass die Unternehmenszentrale für jeden Service einen Referenzprozess erarbeitet und individuelle Anpassungsmöglichkeiten für die Länder vorsieht. Wenn beispielsweise die Organisation in Europa einen Service-Pkw für ihren Kundendienst einsetzt, kann es für den Servicestützpunkt in Vietnam geeigneter sein, ein Servicemofa zu nutzen, um auch alle Kunden zu erreichen.

In einer internationalen Organisation empfiehlt es sich, in Analogie zum ISO-Qualitätsmanagementhandbuch ein sogenanntes Servicehandbuch zu erstellen. Hierin sind die empfohlenen Servicereferenzprozesse mit den Merkmalen für Service Excellence beschrieben und beispielhafte Umsetzungen dargestellt. Die Beispiele stellen immer eine Best Practice dar und kommen aus den weltweiten Organisationseinheiten oder von den Servicepartnern. Eine Umsetzung ist immer so lange Best Practice, bis eine bessere Vorgehensweise gefunden ist. Auf diese Weise entwickelt sich ein internationales Best Practice Sharing, das Servicehandbuch füllt sich mit Leben und entwickelt sich kontinuierlich weiter. Mit internen Audits wird die lokale Umsetzung der Referenzprozesse geprüft. Sind die Auditteams zudem mit Personen verschiedener Organisationseinheiten besetzt, dann tritt ein Lernprozess ein, und das Best Practice Sharing wird gefördert.

13.4.10 Aus- und Weiterbildung

Die Ausbildung und die Motivation der Mitarbeiter bestimmen maßgeblich die Qualität der Prozesse und des Produkts. Der Mitarbeiter ist also der Dreh- und Angelpunkt für jegliches Qualitätsbemühen. In der ISO 9001:2015 Kapitel 7 wird gefordert:

- Das Personal muss auf Grundlage angemessener Ausbildung, Schulung und Erfahrung kompetent sein.
- Es muss sichergestellt sein, dass sich die Mitarbeiter der Qualitätspolitik, der Qualitätsziele und ihres individuellen Beitrags zur Wirksamkeit des QMS bewusst sind.

Aber, was heißt kompetent, was heißt Ausbildung und Erfahrung? Wird das überall auf der Welt gleich verstanden? Auch wenn es sich um eine internationale Norm handelt, wäre es fahrlässig zu unterstellen, im Ausland die gleichen Voraussetzungen bei der Ressource Mitarbeiter anzutreffen wie in Deutschland. Facharbeiter, Meister und Techniker sind in Deutschland aufgrund des dualen Ausbildungssystems gut ausgebildet. Weiterbildung ist Standard, und wir sprechen von lebenslangem Lernen. Nicht jedes Land hat hier die gleichen Bedingungen.

Firmen mit komplexen Produkten und Produktionsprozessen fordern eine abgeschlossene Berufsausbildung, Berufserfahrung und eventuell ein Studium. Mitarbeiter werden in die kontinuierliche Verbesserung durch KVP-Gruppen einbezogen. Dadurch wird die Arbeit des Einzelnen in den Gesamtzusammenhang gebracht und die persönliche Verantwortlichkeit gefördert.

Durch die lange Firmenzugehörigkeit ist viel Erfahrungswissen in den Köpfen. Der deutsche Mitarbeiter ist stolz darauf, seit 20 Jahren bei seiner Firma zu sein. In der Mitarbeiterzeitschrift werden die Kollegen mit 25 und 40 Jahren Firmenzugehörigkeit ausgezeichnet. Insbesondere für das Qualitätsmanagement ist dieses Erfahrungswissen wertvoll.

Gleichzeitig sind die schwache interkulturelle Kommunikationsfähigkeit, viele Stereotype und Vorurteile kritisch zu sehen. Viele Deutsche sind von der Globalisierung überfordert und übernehmen leichtfertig vorgefertigte Meinungen aus den Medien. Die Vorstellung, es gebe tatsächlich „eine beste Lösung“ und man kenne sie selber, führt bei vielen Deutschen zu einem „oberlehrerhaften“ Verhalten.

Situation im Ausland

BEISPIEL

Nach einer Kunden-Retoure bittet der Deutsche Abteilungsleiter in Indonesien seinen lokalen Mitarbeiter, die Produktionsdaten zu analysieren. Bei der Besprechung fallen Widersprüchlichkeiten auf. Diese können nicht ad hoc geklärt werden. Der Mitarbeiter verspricht, sich bis morgen die Daten nochmals anzuschauen. Am nächsten Tag bringt er zur Besprechung aber einen komplett neuen Datensatz. Es stört ihn in keiner Weise, dass es keinen Bezug zu den gestrigen Daten gibt, und dass die heutige Analyse wieder nicht schlüssig ist. Woran liegt das?

Das Erfassen des Problems in Zahlen ist ein typisch deutsches Verlangen. Der Deutsche will eine auf Zahlen fundierte Hypothese für die Ursache, bevor er anfängt, eine Lösung zu suchen. Die Indonesier hingegen sind zufrieden, wenn sie das Problem und die Hypothese in Worten beschreiben. Ohne weitere Analyse wird zur Lösung geschritten. Wenn sich dann herausstellt, dass Hypothese und Lösung nicht übereinstimmen, wird kurzerhand nach der nächsten Hypothese gesucht, also der klassische Trial-and-Error-Ansatz. ■

In vielen Schwellenländern gibt es für eine weiterführende Ausbildung wenig Zeit, denn die Menschen müssen früh arbeiten, um Geld zu verdienen. Im Gegensatz dazu haben in der neuen Mittelschicht Bildung und das Studium einen großen Stellenwert.

Die asiatischen Mitarbeiter sind ehrgeizig und wissbegierig, ausgehend von einem deutlich niedrigeren Ausbildungsniveau. Facharbeiter sind nicht oder nur kaum verfügbar. Ein duales Ausbildungssystem ist weder in Asien noch in den meisten anderen Ländern außerhalb Europas vorzufinden. Die meisten Beschäftigten sind angelernt. Rund 36 Millionen Studierende gibt es an 2956 chinesischen Unis, inzwischen hat China nach den USA das zweitgrößte Hochschul- und Forschungsprogramm (vgl. Bossmann/Wertmann 2019, S. 4). Es wird viel auswendig gelernt, aber wenig die Kreativität oder Teamarbeit gefordert. Das Studium ist sehr theoretisch mit wenig Praxisbezug. Gelerntes Wissen wird abgespult, kann aber nur schwer auf die Praxis angewendet werden. Es werden Akademiker ausgebildet, die während ihres Studiums noch nie ein Unternehmen von innen gesehen haben.

Aber alle wollen durch Wissen und Qualifikation auf der Karriereleiter nach oben klettern. Wird dann ein tüchtiger asiatischer Vorarbeiter aus der Produktion zum Techniker mit Büroschreibtisch befördert, so wird er nie mehr die Fabrikhalle betreten, denn das könnte von seinen Kollegen als Karriererückschritt gedeutet werden, und er hätte sein Gesicht verloren. Auch hier bildet Japan die Ausnahme.

Besonders extrem ist die Fluktuation der chinesischen Beschäftigten. Hier wird wegen 10 bis 20% mehr Geld der Job gewechselt, Kündigungszeit ein bis vier Wochen. Gefährlich wird es nach Qualitätstrainings insbesondere dann, wenn diese in Deutschland stattgefunden haben, denn diese gelten wie ein Ritterschlag. Der

Marktwert für den gerade trainierten Mitarbeiter kann sich womöglich verdoppeln, und umso schneller wechselt er die Firma.

Die durchschnittliche Betriebszugehörigkeit in Deutschland liegt bei rund elf Jahren, in den USA zwischen vier und fünf Jahren und in China lediglich zwischen einem und zwei Jahren. Damit fehlt dem QM das so wichtige Fundament des Erfahrungswissens. Es ist die Herausforderung des internationalen Qualitätsmanagements, sich auf diese Randbedingungen einzustellen.

Handlungswege zur Überbrückung

Im optimalen Fall arbeiten deutsche Qualitätsabteilungen mit Menschen zusammen, die gewissenhaft sind, fundiertes Fachwissen haben und analytisch denken können. Zwar produzieren Chinas Universitäten massenhaft Ingenieure, doch passen diese oft nicht ins Anforderungsprofil deutscher Unternehmen. Aufgrund der theoretischen Wissensvermittlung brauchen sie oftmals mehrere Jahre zur Einarbeitung. Um Abhilfe zu schaffen, startete das Bundesministerium für Bildung und Forschung 2004 zusammen mit deutschen Unternehmen an der Tongji-Universität in Schanghai ein Modellprojekt für eine möglichst praxisnahe und interkulturelle technische Ausbildung. Weitere Pilotprojekte in China nehmen sich das duale Ausbildungssystem Deutschlands zum Vorbild. In chinesischen Städten wie Jinan, Taicang und Wuxi bilden deutsche Unternehmen dafür inzwischen Ausbildungs-Cluster, was die Qualität der Lehre verbessern und die Kosten drücken soll (Bild 13.19).

Bild 13.19 Chinesische Fachkräfte sind rar (Bildquelle: obs/Heidelberger Druckmaschinen AG)

Was bringt das Training von ausländischen Mitarbeitern in Deutschland? Neben der Vermittlung von Fach- und Methodenwissen das Kennenlernen der deutschen Ansprechpartner, der deutschen Kultur und der Low-Context-Kommunikation. Gleichzeitig lernen die deutschen Counterparts genauso viel. Sie lernen ihren ausländischen Kollegen kennen und schätzen, erleben dessen Kultur und Kommunikation. Diese „Internationalisation at home“ ist genau so wertvoll.

Das Lohnniveau in Asien steigt ständig. Singapur ist bereits ein Hochlohnland. Auch in Schanghai verdienen asiatische Mitarbeiter mit Erfahrung und nachweisbaren Erfolgen nicht unwesentlich weniger als in Deutschland. Wie sollte es auch anders sein bei den schwindelerregenden Lebenshaltungskosten und dem geringen Angebot. In vielen Kulturen wird über Geld und das persönliche Gehalt offen geredet. So ist damit zu rechnen, dass sich die Angestellten innerhalb und außerhalb der Firma austauschen.

Neben den monetären Gesichtspunkten sollte der deutsche Qualitätsmanager insbesondere in den High-Context-Kulturen, in denen ja zwischen Sach- und Personenebene nicht unterschieden wird, vor allem in den Aufbau einer persönlichen Beziehung zu den ausländischen Kollegen investieren. Die guten Mitarbeiter sollen spüren, dass ihre Leistung geschätzt wird. Durch das Aufzeigen von Aufstiegswegen werden die besten Mitarbeiter gehalten. Das gilt übrigens auch, wenn man einen seiner besten Fachleute verliert. Es empfiehlt sich trotzdem oder gerade deswegen, weiter den Kontakt zu halten. Es kommt vor, dass nach einiger Zeit der neue Arbeitgeber oder die neue Stadt die Hoffnungen nicht erfüllen und sich so die Chance eröffnet, „seinen“ Fachmann wieder zurückzuholen. Da der Kontakt gehalten wurde, ist dies nicht mit einem Gesichtsverlust verbunden.

13.4.11 Innovationsfähigkeit

Innovation und Qualität bedingen sich gegenseitig. Neue technische Produkte setzen sich nur bei bester Qualität durch. Die Entwicklungsprozesse für Innovationen müssen durch das Qualitätsmanagement entsprechend begleitet werden. Aber auch das Qualitätswesen muss sich durch Innovationen weiterentwickeln, beispielsweise in der Messsystemtechnik, in den organisatorischen Abläufen und in der Entwicklung von innovativen QM-Methoden.

Deutschland lag 2022 auf Rang 8 des weltweiten Innovationsindexes (vgl. Bild 13.20). Zahlreiche Innovationspreise und die hohe Anzahl an Patenten sind Belege für die Innovationsfähigkeit im Technologiebereich. Diese werden nicht nur von den Großkonzernen wie den DAX-Unternehmen getrieben, sondern ebenso von den vielen mittelständischen und kleinen Firmen, die die deutsche Wirtschaft prägen. Der Staat fördert mit erheblichen Mitteln die Forschung in Instituten, Hochschulen und Universitäten und deren Zusammenarbeit insbesondere mit kleinen und mittleren Unternehmen.

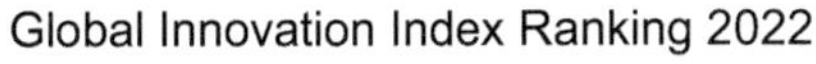

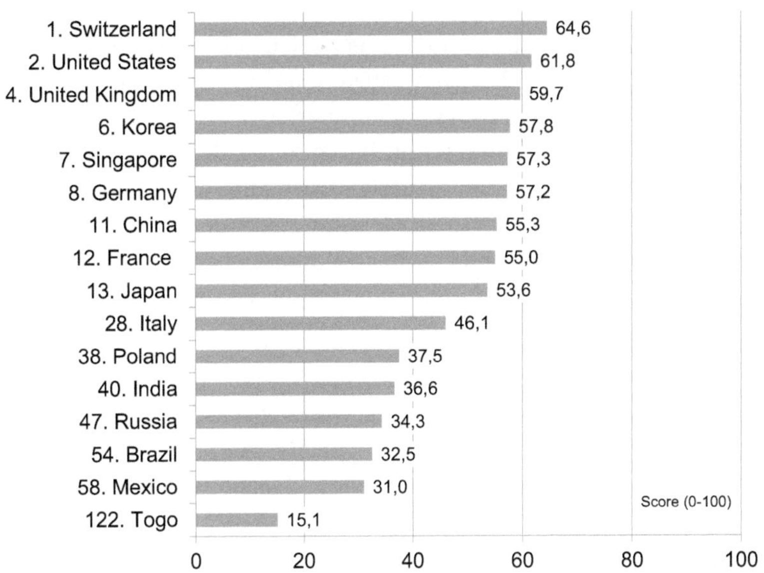

Bild 13.20 Global Innovation Index 2022 (Datenquelle: Dutta et al. 2022)

In der Regel ist die Entwicklung von neuen Technologien oder Produkten auch immer eine Gemeinschaftsarbeit von mehreren Partnern, z.B. Kunde und Lieferant. Zum Beispiel wird in der Halbleiterindustrie die Steigerung der Wafergröße erst durch die Lieferanten von Maschinen und Equipment ermöglicht, die im Zusammenspiel mit den Rückmeldungen der Prozess- und Qualitätsexperten aus den Halbleiterwerken ihre Anlagen weiterentwickeln und optimieren. Die Maschinenlieferanten wiederum sind auf die Innovationsfähigkeit ihrer Unterlieferanten angewiesen, beispielsweise von optischen Systemen, und diese wiederum auf die Software von darauf spezialisierten Firmen.

Trotz der hervorragenden Randbedingungen wie Infrastruktur, Ausbildung und Förderung zeigt das Abschneiden im weltweiten Vergleich, dass es den Deutschen wenigstens gelingen sollte, das Gute weiterhin in hoher Qualität herzustellen, ansonsten kann der gute Ruf verloren gehen. So mahnt der Robert-Bosch-Manager Franz Fehrenbach 2014: „In der Praxis scheitern die Unternehmen meist nicht aus einem Mangel an Ideen, sondern eher an der Aufgeschlossenheit für neue Ideen. Denn der Erfolg von gestern fördert nicht unbedingt die Bereitschaft zum Lernen. Nach einer Reihe von erfolgreichen Innovationen entsteht die trügerische Vorstellung, auch weiterhin alles im Griff zu haben. Dem entgegenzusteuern ist eine der wichtigsten Führungsaufgaben.“ Hinzu kommt, dass die alternde Gesellschaft in Deutschland und in Europa die Innovationsfähigkeit tendenziell reduziert, denn eine ältere Gesellschaft ist weniger risikofreudig und verhält sich gegenüber Änderungen träge.

Bedingungen im Ausland

In Südostasien und China wird die deutsche Firma enttäuscht, wenn sie Kreativität, Innovation oder Initiative beim Lieferanten erwartet. Imitation und das perfekte Kopieren sind, z.B. im chinesischen Wertesystem, tief verhaftet. Auch das Schulsystem fördert wenig Kreativität und Eigeninitiative. Zudem hemmt die aus dem Konfuzianismus resultierende hierarchische Ordnung der Gesellschaft die Innovationsfähigkeit. In den asiatischen, den südamerikanischen, der indischen und teilweise auch den osteuropäischen Kulturen gilt das Senioritätsprinzip: Der Ältere (Chef) gibt vor, und die Jüngeren (Mitarbeiter) führen aus.

In der hierarchischen Führung ist die ideale Distanz zwischen dem Chef und seinen Untergebenen hoch. Der Chef führt von oben. Es wäre eine Beleidigung, dem Chef zu widersprechen. Status ist wichtig. Die Organisation besteht aus vielen Hierarchieebenen, und die Kommunikation folgt entlang diesen hierarchischen Ebenen. Um aktiv zu werden, benötigen Mitarbeiter die Zustimmung des Chefs. Die Mitarbeiter verhalten sich daher passiv und sind resistent gegen Eigeninitiative und Verantwortungsübernahme. Informationen muss sich der Chef explizit holen. In hierarchischen Ländern wie China, Mexiko und Russland (Bild 13.21) ist die Einbindung der Mitarbeiter in kontinuierliche Verbesserungsprozesse und die Partizipation im QM-System nur schwierig möglich. Die Kultur und die daraus folgenden Strukturen sind immens innovationshemmend.

Bild 13.21 Kulturvergleich egalitäre vs. hierarchische Führung (in Anlehnung an Erin Meyer 2015)

Ein weiteres Hemmnis stellt die bereits besprochene Fehlerkultur dar, in der ein Fehler nicht offen angesprochen werden kann. Das erschwert jede Form der kontinuierlichen Verbesserung und Innovation.

Trotzdem werden sich Südostasien und hier speziell Singapur, Korea und China in naher Zukunft wandeln. Singapur bezeichnet sich als der Research Hub Asiens (vgl. Zettler et al. 2021, S. 6). Der Stadtstaat möchte den besten Köpfen der Welt ideale Forschungsbedingungen bieten. In China erwartet die Partei Innovationen und Forschung. Das ist notwendig, weil die Länder über wenige Bodenschätze verfügen, die das Wachstum langfristig garantieren. Mit wachsender Innovation wird auch in China der Bedarf nach einem einheitlich geregelten Patentschutz größer. Der Trend geht eindeutig in die Richtung einer innovativen Gesellschaft. Schon heute ist Asien Technologieführer in ausgewählten Gebieten wie bei den elektrochemischen Energiespeichern. Mit dem Ziel der technologischen Weltherrschaft hat insbesondere seit Anfang 2020 die Zahl politischer Eingriffe durch die kommunistische Partei Chinas sogar noch erheblich zugenommen (vgl. Bauer 2022, S. 39 f).

Handlungswege zur Überbrückung

Die Innovationen werden heute im Team erbracht. Dies wird durch abteilungsübergreifende Projekte gefördert. Jeder Ingenieur, jede Ingenieurin sollte in einem solchen Projekt mitarbeiten. Dies kann ein Kreativitätsprojekt sein, ein QM-Projekt oder ein Produktivitätsprojekt. Wichtig ist die hohe Vernetzung der Teammitglieder. Damit wird jeder aus seinem Abteilungsdenken herausgerissen und gezwungen, die Sichtweise der anderen zu betrachten und voneinander zu lernen. Das sind alles wichtige Voraussetzungen für eine Innovationskultur.

Förderlich ist auch die Einführung einer Organisation, in der Teams gemeinsame Qualitäts- und Verbesserungsprojekte betreiben. Das muss organisiert sein. Wer beruft diese Projekte ein, wer coacht, wer kontrolliert und welche Belohnung gibt es? Fragen Sie deshalb:

Zeigen meine internationalen Partner und Kollegen ein hohes Maß an Eigeninitiative? Ist Teamarbeit am ausländischen Standort möglich? Besteht das Team aus Mitgliedern verschiedener Abteilungen und Disziplinen? Wird nur gemacht, was der Chef vorgibt? Sind innovative Partner am ausländischen Standort vorhanden, also Dienstleister, Forschungseinrichtungen, Universitäten?

Der Innovationsgedanke in abteilungsübergreifenden Teams wird erst dann nachhaltig gelebt, wenn er in der Unternehmens- und Qualitätskultur eingebettet ist. Innovative Unternehmen, die für den Weltmarkt entwickeln und produzieren, sind gut beraten, offen zu sein für neue Impulse auch aus anderen Kulturen, die die technokratische Denkweise der deutschen Ingenieure ergänzen. Märkte sind unterschiedlich, was den Geschmack von Design angeht, aber auch Standards und Gewohnheiten. Beispielsweise werden Vorserienfahrzeuge der Premiumklasse heute ausgiebig in China getestet, um Fahrerassistenzsysteme auf die örtlichen Verkehrsbedingungen abzustimmen, Nutzungsgewohnheiten zu erfassen und das Design von Exterieur und Interieur anzupassen.

BEISPIEL

Ein globaler Nahrungsmittelkonzern hat seine Forschungsaktivitäten zentralisiert. Dazu wurden Forschungscenter gegründet, welche für die weltweite Produktentwicklung innerhalb eines Geschäftsfeldes tätig sind. Asiatische Spezialisten wurden beispielsweise nach Deutschland versetzt. Durch solche Konstellationen können internationale Konzerne eine gute Balance finden, auf der einen Seite die regionalen Bedürfnisse zu erfüllen und trotzdem auf der anderen Seite eine übermäßige Komplexität in den Produkten und der Organisation zu vermeiden. ■

13.4.12 Unternehmens- und Qualitätskultur

Jedes Unternehmen bildet seine eigene spezifische Kultur, die für die Mitarbeiter eine Corporate Identity (Unternehmensidentität) darstellt. Die DIN ISO 9000:2015, S. 10 stellt den Zusammenhang zwischen Unternehmenskultur und Qualitätskultur dar: „Eine auf Qualität ausgerichtete Organisation fördert eine Kultur, die zu Verhaltensweisen, Einstellungen, Tätigkeiten und Prozessen führt, die Wert schaffen, indem sie die Erfordernisse und Erwartungen von Kunden und anderen relevanten Parteien erfüllen." In Abschnitt 10.8 ist beschrieben, dass lediglich ein Teil der Unternehmenskultur dokumentiert und damit sichtbar ist. Der größere Teil ist dagegen unsichtbar. Er drückt sich durch Werte und Denkhaltungen aus. Dies beinhaltet auch die Einstellung zu Qualität, den Umgang mit Fehlern und ebenso die Fähigkeit, ausländische Kollegen und Geschäftspartner zu integrieren. Die kulturübergreifende partnerschaftliche Zusammenarbeit zeichnet erfolgreiche Unternehmen aus, was sich in Respekt, Kooperation und besten Ergebnissen ausdrückt.

Bedingungen im Ausland

BEISPIEL

Die deutsche Zentrale setzt große Hoffnung auf den jungen Qualitätsingenieur Jeff Zheng ihres chinesischen Produktionsstandorts. Jeff soll perspektivisch die dortige Qualitätsabteilung leiten und wird deshalb für ein dreimonatiges Training nach Deutschland geholt. Dort lernt er die unternehmensspezifischen Qualitätsstandards, Vorgehensweisen, Abteilungen und wichtige Bezugspersonen kennen. In eigenständig durchgeführten Projekten beweist Jeff, dass er das moderne QM beherrscht. Zurück in China zeigt Jeff zunächst gute Leistungen, dann fällt er aber zurück in die lasche Arbeitsweise des Standorts. Fehler werden nicht angesprochen, Ursachen nicht analysiert. Das deutsche Mutterhaus ist nicht nur angesichts des immensen Trainingsaufwands enttäuscht. ■

Neben Unterschieden im Qualitätsverständnis und in der Fehlerkultur führt zusätzlich der sogenannte *Konformitätseffekt* dazu, dass sich eine Person trotz identischer Qualitätsvorschriften in China, in Indien oder in Rumänien anders verhält als in Italien oder Deutschland. Sie verhält sich entsprechend ihrer Kulturstandards und in Übereinstimmung mit den Normalitätsvorgaben ihrer sozialen Gruppe, denn hier verbringt sie ja die meiste Zeit und hat das Verlangen, ein geachtetes Mitglied ihrer Gruppe zu sein. Die Psychologie spricht vom Konformitätszwang als evolutionäre menschliche Verhaltensanpassung.

In individualistischen Gesellschaften zählt die individuelle Meinung, und es bildet sich eine Ichbezogene Identität. Selbstbestimmung und Selbstverwirklichung stehen an erster Stelle. Die individuelle Beurteilung erfolgt aufgrund von Fähigkeiten und Leistungen. Aufgaben werden sachgerecht erledigt.

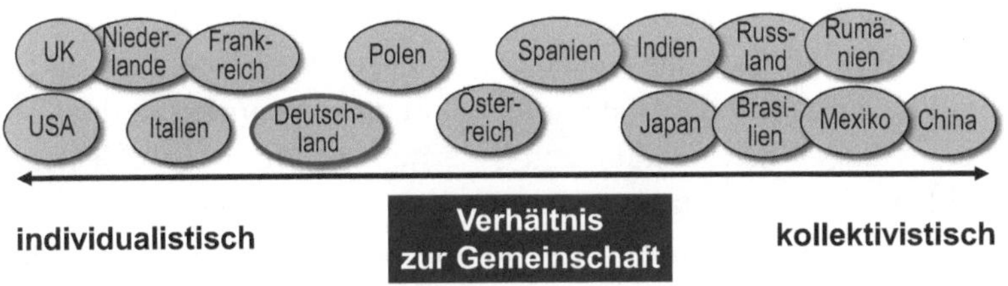

Bild 13.22 Kulturvergleich individualistisch vs. kollektivistisch (Datenquelle: *www.hofstede-insights.com*)

Im Gegensatz dazu zählt in kollektivistischen Kulturen die Meinung der Gruppe, welche vom Einzelnen übernommen wird, denn die Gruppenidentität steht im Vordergrund. Die Gruppe bestimmt über das Individuum. Die Gruppenzugehörigkeit prägt die Behandlung und die Beurteilung. Aufgaben werden beziehungsorientiert erledigt.

In kollektivistischen Gesellschaften wie der russischen, der mexikanischen oder chinesischen (Bild 13.22) gibt es den starken Druck, sich dem Kollektiv anzupassen und sich möglichst nicht zu unterscheiden. Der Einzelne passt sich der Gemeinschaft an, um nicht aufzufallen. Im Gegenzug bietet das Kollektiv Schutz und Sicherheit (vgl. Yoosefi/Thomas 2012, S. 46; Ferres et al. 2005, S. 64). Es ist schier unmöglich, die Fehlerkultur und das Qualitätsverständnis bei einzelnen Personen im Kollektivismus zu verändern, denn das Individuum verhält sich so, wie es die Gruppe erwartet. Das Management muss sich auf die Führung der Gruppe anstelle des Individuums konzentrieren.

Handlungswege zur Überbrückung

Deshalb ist es wichtig, als Gegengewicht eine Unternehmens- und Qualitätskultur aufzubauen, die als Klammer für alle weltweit Beschäftigten wirkt und die die wesentlichen unternehmensweiten Werte und Leitlinien vorgibt. So wird über die weltweit verteilten Organisationseinheiten und Schnittstellen möglichst schnell ein gemeinsames Verständnis erreicht, welches die Basis für gemeinsame Prozesse und Handlungsroutinen ist.

Bolten (2018, S. 121) weist auf die Gefahr hin, dass damit das Bewusstsein für die kulturbedingten Differenzen auf ein Minimum reduziert und an der Oberfläche eine Normalität bzw. ein Konsens suggeriert werden könnte, der zumindest in der Tiefe der Strukturen nicht existiert. Mit dem Streben nach Konsens ist die Gefahr verbunden, bewusst oder unbewusst tatsächlich bestehende kulturelle Unterschiede auszuklammern. Missverständnisse werden dadurch gefördert. Dies ist auch der Grund, warum die interkulturelle Zusammenarbeit nicht nur zu Beginn, sondern auch noch nach einigen Jahren gefährdet ist.

Übertragen auf das Qualitätsverständnis ist hier mit großem Fingerspitzengefühl vorzugehen. Bei der Formulierung und Umsetzung von Prozessen ist auf der einen Seite Toleranz und Flexibilität nötig, auf der anderen Seite Konsequenz in der Vorgehensweise. Es muss aktiv eine Qualitäts- und Unternehmenskultur gebildet werden, die eine hohe Lern- und Veränderungsbereitschaft fördert. Dies schließt insbesondere auch das persönliche Lernen in interkulturellen Gegebenheiten mit ein wie z.B. die Bereitschaft, eigene Vorurteile abzubauen, oder die Bereitschaft, sich mit den Kollegen im Ausland genauer auseinanderzusetzen.

Viele international tätige Firmen nehmen das Thema Qualität explizit in die weltweit gültigen Leitsätze ihrer Unternehmensphilosophie auf. Die Unternehmenskultur einer auf Spitzenqualität ausgelegten internationalen Organisation beinhaltet immer eine hohe Bereitschaft, Dinge infrage zu stellen und zu verändern, kurz gesagt: zu lernen. Jeder einzelne Mitarbeiter lernt und damit in Summe die Organisation, welche sich so zu einer Lernenden Organisation wandelt (Bild 13.23).

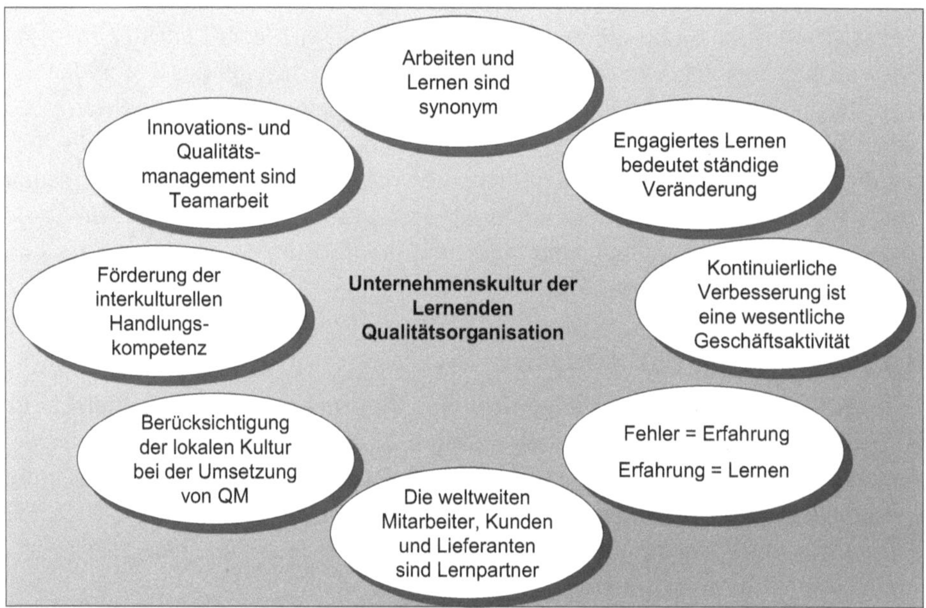

Bild 13.23 Die Lernende Qualitätsorganisation

Im präventiven QM wird laufend der Ist-Zustand hinterfragt: Wo sind Risiken, was geht besser, was kann man von anderen lernen? Die kontinuierliche Verbesserung basiert wesentlich darauf, einen Fehler als Erfahrung zu begreifen und als Chance, etwas besser zu machen. Lokale Unterschiede und andere Vorgehensweisen sollen nicht sofort verurteilt, sondern daraufhin untersucht werden, ob sich hier positive Elemente für das Qualitätsmanagement befinden. Das Aufeinander zugehen und die lebenslange Veränderung auch in interkulturellen Aspekten sind in einer internationalen Qualitätskultur gefordert, in der alle Beteiligten ihre Heimat finden. Die ISO 10010:2022 schlägt folgende Vorgehensweise vor: Verstehen des Kontextes der Organisation → Bestimmen der gewünschten Qualitätskultur → Bestimmen der aktuellen Qualitätskultur → Bestimmen und Implementieren von Maßnahmen zur Erreichung der gewünschten Qualitätskultur → Verankern und Aufrechterhalten der neuen Qualitätskultur. Fragen Sie sich deshalb:

Gibt es in ihrer Organisation eine einheitliche Unternehmens- und Qualitätsvision? Gibt es eine Mission? Sind diese weltweit identisch? Was wird zu deren Umsetzung getan? Steht die Qualitätskultur in Konkurrenz zur lokalen Kultur? Kommuniziert die Führung die Bedeutung von Qualität klar und konsistent? Identifizieren sich die Mitarbeiter damit?

13.5 Vorgehensweise zur Lösung von Critical Incidents

Aufgrund der großen kulturellen Unterschiede wird der Ingenieur, wird die Qualitätsexpertin bei der internationalen Arbeit mit kritischen Interaktionssituationen im Qualitätsbereich, den sogenannten Critical Incidents, konfrontiert werden. Teil der interkulturellen Kompetenz ist deren Lösung in einem systematischen Vorgehen, das aus vier zentralen Schritten besteht (Bild 13.24):

1. *Beschreibung*: Die Situation wird detailliert beschrieben. Dazu gehört die Benennung des eigentlichen Critical Incidents, welches entweder bereits eingetreten ist oder künftig als potenzielles Risiko vorhergesehen wird. Weiterhin wird der Kontext beschrieben, in dem sich der Critical Incident abgespielt: Personen, Beziehungen, Unternehmensstrukturen, Kommunikationspfade usw. Hilfreich ist es, die Zusammenhänge zu visualisieren.
2. *Analyse*: Jedes der zwölf Themenfelder des Leitbilds des House of Intercultural Quality Management wird einzeln abgearbeitet, und zwar unter der Fragestellung, ob es einen relevanten Beitrag zur Erklärung des Critical Incident liefert. Wenn ja, wird daraus eine Hypothese formuliert. Auch hier ist eine Visualisierung mit Metaplankarten für eine Gruppendiskussion vorteilhaft.
3. *Bewertung*: Nachdem die Hypothesen formuliert sind, wird der Erklärungswert jeder einzelnen Hypothese bestimmt zwischen sinnvoll - möglich - schwach - nichtzutreffend. Es liegt in der Natur der Sache, dass mehrere Hypothesen im Bereich des Wahrscheinlichen liegen können. Zudem wird die Bewertung begründet.

4. *Empfehlung*: Es werden Lösungsszenarien entwickelt. Günstig ist es, einen Szenarienraum aufzuspannen und dort alle Möglichkeiten durchzuspielen. In der Praxis wird es meistens mehrere Empfehlungen geben, die eventuell priorisiert oder situationsabhängig umgesetzt werden. Solche Szenarien sind nicht statisch, sondern werden flexibel der Situation angepasst. Wichtig ist es, dabei immer eine langfristige Strategie zu verfolgen.

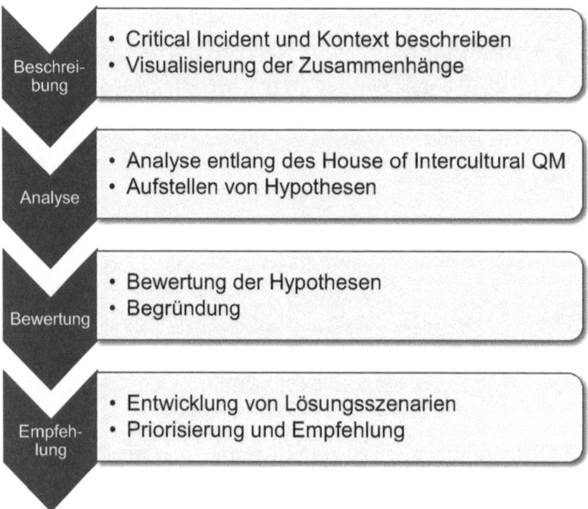

Bild 13.24 Vorgehensweise zur Lösung von Critical Quality Incidents

13.6 Fallbeispiele

13.6.1 Critical-Incident-Qualifikationsmatrix Malaysia

Dieser typische Critical Incident ereignete sich bei Osram Opto Semiconductors (vgl. Pschorr/Winz/Bauer 2017).

Schritt 1: Beschreibung

Der Regensburger Qualitätsingenieur Bach und sein Projektleiter besprechen mit dem langjährigen Ingenieur im Schwesterwerk Malaysia, Herrn Wang, per Telecon die Qualifikationsmatrix für ein neues Produkt, die ein großer europäischer Kunde verlangt. Hierin sind Versuchsreihen, Verantwortlichkeiten und Termine schriftlich in Excel festgelegt. Ein Teil der Versuche soll in Malaysia stattfinden. Einige Tage später kann Herr Bach in der EDV erkennen, dass Herr Wang die ersten Versuche startete. Am Laufzeitende stellt sich überraschend heraus, dass mehrere wichtige Versuche in Malaysia nicht durchgeführt wurden! Der Kunde ist verärgert.

Schritt 2: Analyse

Entlang des House of Intercultural Quality Managements lassen sich zentrale Hypothesen aufstellen (Bild 13.25).

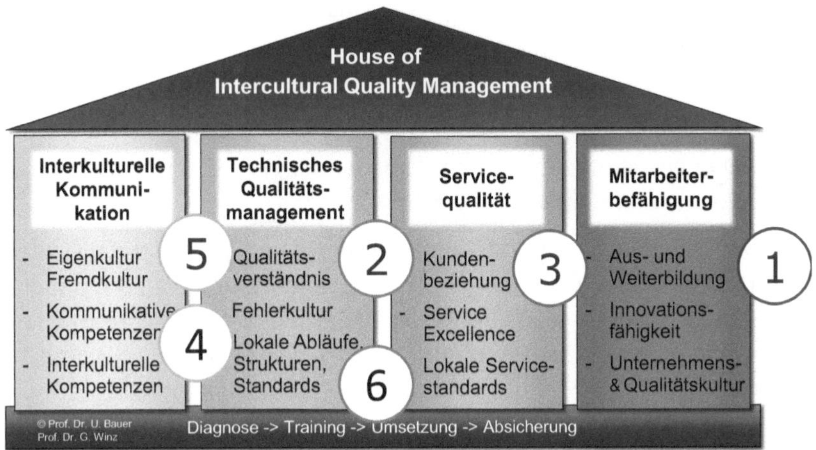

Bild 13.25 Aufstellen von Hypothesen entlang des House of Intercultural Quality Management

Hypothese 1: Herr Wang hat schlicht die Hälfte der Versuche vergessen.

Hypothese 2: Im Qualitätsverständnis von Herr Wang ist die Hälfte der Versuche völlig ausreichend.

Hypothese 3: Für Herrn Wang ist der europäische Kunde nicht wichtig, da er selbst keinen Kontakt hat.

Hypothese 4: Herr Bach hat in der Telecon das *Nein* von Herrn Wang nicht gehört.

Hypothese 5: Die deutschen QM'ler sind selber schuld, sie hätten stärker kontrollieren müssen.

Hypothese 6: Herr Wang hat von seinem lokalen Chef Aufgaben mit höherer Priorität bekommen.

Schritt 3: Bewertung jeder Hypothese, wie gut sie die Situation erklärt

Zu Hypothese 1 Mitarbeiterbefähigung: Herr Wang hat schlicht die Hälfte der Versuche vergessen.

Erklärungswert: Dies wäre bei einem neuen Mitarbeiter durchaus denkbar. Die Ausbildung und insbesondere die Qualitätserfahrung im Ausland sind oftmals geringer. Ein Diploma ist nicht mit dem deutschen Diplom oder Bachelor gleichzusetzen. Da Herr Wang aber schon länger bei der Firma ist, ist diese Antwort nichtzutreffend.

Zu Hypothese 2 Qualitätsverständnis: Für Herrn Wang sind die Hälfte der Versuche völlig ausreichend.

Erklärungswert: Der deutsche Qualitätsingenieur hat ein eher perfektionistisches und analytisches Vorgehen. Er will präventiv Fehlerursachen ausschließen und systematisch die Zuverlässigkeit prüfen. In Schwellenländern ist eine pragmatische Herangehensweise nicht unüblich. Mangelnde Qualität kann ja nachgearbeitet werden. Da es um die Abarbeitung einer vereinbarten Versuchsreihe geht und nicht die Interpretation von Messwerten, ist der Erklärungswert schwach. Andere Antworten haben einen höheren Erklärungswert.

Hypothese 3 Kundenbeziehung: Für Herrn Wang ist der europäische Kunde nicht wichtig, da er selbst keinen Kontakt zu diesem hat.

Es ist nicht auszuschließen, dass durch den fehlenden Kundenkontakt die Ownership bei Herrn Wang fehlt oder zumindest die Dringlichkeit nicht verstanden wurde. Da Asiaten in höherem Maße als Deutsche beziehungsorientiert arbeiten, ist eine wie auch immer geartete Einbindung Herrn Wangs beim Kunden überlegenswert.

Hypothese 4 Kommunikation: Herr Bach hat in der Telecon das *Nein* von Herrn Wang nicht gehört.

Erklärungswert: Malaysia gehört zu den High-Context-Kommunikationskulturen. Hier wird in der persönlichen Kommunikation nicht zwischen Beziehungsebene und Sachebene unterschieden. Deshalb wird kein direktes Nein ausgesprochen, sondern es wird beispielsweise von „Ja, man könnte es auch so und so machen …“ gesprochen. Der gutgläubige Deutsche hört bzw. will das Ja hören. Dies ist das klassische Missverständnis in der interkulturellen Kommunikation. Erschwerend kommt in diesem Critical Incident hinzu, dass der Projektleiter als hierarchisch höhergestellte Person mit in der Telecon anwesend ist. In den hierarchischen Kulturen Asiens ist die Distanz zum Chef groß. Ihm wird niemals widersprochen. Die Hypothese hat einen hohen Erklärungswert.

Hypothese 5 Eigenkultur – Fremdkultur: Die deutschen QM‘ler sind selber schuld, sie hätten stärker kontrollieren müssen.

Erklärungswert: Da Herr Bach das erste Nein nicht gehört hat, versucht es Herr Wang nochmals durch ein zweites Nein, indem er einen Teil der Versuche nicht startet. Er geht davon aus, dass Herr Bach dies in der EDV erkennt und richtig zu deuten weiß. Damit ist im malaysischen Kulturstandard die gute Beziehung nicht beschädigt. Auch wenn die Hypothese denkbar ist, erklärt das Critical Incident nicht vollständig.

Hypothese 6 lokale Abläufe: Herr Wang hat von seinem lokalen Chef Aufgaben mit höherer Priorität bekommen.

Erklärungswert: Die Hypothese stellt wie viele Erklärungsversuche eine Kombination aus mehreren Feldern des House of Intercultural QM dar. Aus der Beschreibung wissen wir, dass Herr Wangs Chef nicht in der Telecon involviert war. Er weiß also von nichts. Insbesondere wenn er nicht vorab informiert wurde, wird er sich übergangen fühlen. Stattdessen gibt er seinem Untergebenen Wang neue Aufgaben. Herr Wang wird seinem direkten *Chef* anders als wir Deutschen niemals widersprechen. Er steckt jetzt in der Zwickmühle, denn er will auch die langjährige gute Beziehung zu Herrn Bach nicht aufs Spiel setzen. Deutsche wiederum empfinden sein fehlendes *Nein* als unehrlich. Diese Antwort hat einen hohen Erklärungswert.

Das Fallbeispiel hat einen zweiten Teil. Nach dem Vorfall stellt Herr Bach seinen Kollegen Herrn Wang zur Rede. Dieser redet sich heraus, dass kein Versuchsmaterial vorhanden war, was aber nicht stimmt und Herr Bach aus der EDV leicht als sachlich falsch erkennen kann. In den Augen des enttäuschten Herrn Bach sagt sein Kollege Wang die Unwahrheit. War Herr Wang vielleicht unkonzentriert und hat die Versuchswafer einfach nicht gesehen? Dies ist wenig plausibel genauso wie Herr Wang kein unehrlicher Zeitgenosse ist. Sondern Herr Wang benutzt die fehlenden Versuchswafer als offensichtliche Ausrede, um die gute Beziehung zu Herrn Bach nicht zu beschädigen. Damit sind die Gesichter beider Seiten gewahrt.

Schritt 4: Empfehlung

Das reale Fallbeispiel lässt sich in mehrere zeitlichen Phasen zerlegen. In jeder Phase hätte das Critical Incident vermieden werden können. In der Phase des Kundenkontaktes sollte die Dringlichkeit und Bedeutung des Kunden zumindest stärker herausgestellt werden, eventuell hätte Herr Wang in den Kundenkontakt einbezogen werden können. Vor der darauffolgenden Telefonkonferenz hätte der Projektleiter mit dem malaysischen Manager vorab die Prioritäten und die Zeitschiene klären sollen. In dem Telefonat selbst müssen mögliche Bedenken abgeklärt und unter Berücksichtigung der indirekten Kommunikation ein eindeutiges *Ja* abgeholt werden. Während der mehrwöchigen Versuchsdurchführung ist es ratsam, mehrmals im persönlichen Gespräch ein Follow Up zu machen. Neben der Kontrolle wird so weiterhin die Priorität betont. Zudem können diese Gelegenheiten genutzt werden, nicht nur auf der Sachebene, sondern auch auf der Beziehungsebene zu kommunizieren. In solchen Momenten ist es einfacher für Herrn Wang, Hindernisse zu äußern und nach Unterstützung zu fragen. Nachdem nun die Versuchsdurchführung misslungen ist, sollten die interkulturellen Ursachen in einem Telefonat aufgeklärt werden. Aber anstelle von Anschuldigungen ist die Person ausdrücklich zu schätzen. Anstelle von Fehlern zu sprechen, ist es eine gesichtswahrende Kommunikation, wenn deutlich gemacht wird, an welchen Stellen es beim nächsten Mal besser laufen muss.

13.6.2 Critical-Incident-Qualitätsproblem im Werk China

Schritt 1: Beschreibung

Der deutsche Standort für Elektronikprodukte hat sich auf Innovationen und Spezialprodukte konzentriert, deshalb wurde vor wenigen Jahren ein Werk in China aufgebaut. Das Hauptvolumen wird jetzt dort produziert und in den Weltmarkt geliefert. Die chinesischen Ingenieure wurden intensiv sowohl vor Ort in China als auch in Deutschland trainiert. Nach anfänglichen Schwierigkeiten hat sich das Team in China stabilisiert.

Kürzlich kam es im chinesischen Werk im automatischen Endtest des fertigen Produkts zu einer erhöhten Rückweiserate. Das Problem ist ein lokales Zulieferprodukt. Der Qualitätsleiter in Deutschland drängt auf die Ursachenbeseitigung und rät den chinesischen Kollegen, sofort beim Lieferanten Nachforschungen anzustellen. Per E-Mail und Videokonferenz kommuniziert er ausführlich mit den chinesischen Kollegen. Kurz darauf zeigt der Endtest wieder normale Werte. Die Ursache können die chinesischen Kollegen aber nicht erklären.

Bei einem Routinebesuch vor Ort in China zusammen mit dem deutschen Fertigungsleiter fällt beim obligatorischen Fertigungsrundgang auf, dass in der Fertigungslinie zwei neue Arbeitsstationen stehen, die es beim letzten Besuch nicht gab. Bei näherer Betrachtung sehen die Deutschen, dass hier genau das kritische Zulieferprodukt zu der schon bestehenden 100-%-Eingangsprüfung nochmals 100 % manuell geprüft wird und - ebenfalls neu - das fertige Produkt zusätzlich 100 % manuell geprüft wird vor dem automatischen Endtest. Es wird klar, dass die chinesischen Kollegen keine Ursachenforschung betrieben haben, sondern lediglich zwei manuelle Prüfungen einfügten. Der deutsche Besuch staunt und schaut fassungslos in die freundlichen Gesichter der Chinesen.

Schritt 2: Analyse

Entlang des House of Intercultural Quality Managements werden wieder die zentralen Hypothesen aufgestellt (Bild 13.26).

Hypothese 1: Die Deutschen haben die Ablehnung der Chinesen zu ihrem Vorschlag nicht gehört.

Hypothese 2: Im chinesischen Verständnis werden Fehler durch Kontrollen herausgeprüft.

Hypothese 3: Lokale Abläufe, Strukturen und Standards verhindern die gewünschte Lösung.

Hypothese 4: Der lokale Lieferant hat die Kollegen korrumpiert.

Hypothese 5: Die Chinesen haben trotz Trainings noch nicht ausreichend Fachkompetenz.

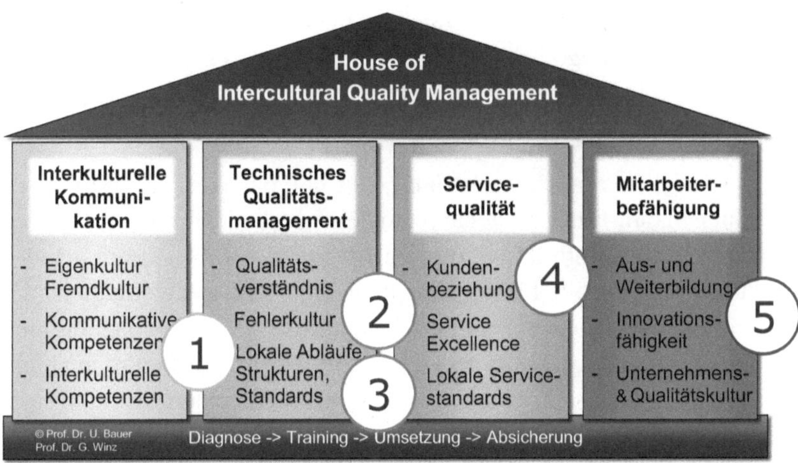

Bild 13.26 Aufstellen von Hypothesen entlang des House of Intercultural Quality Management

Schritt 3: Bewertung jeder Hypothese, wie gut sie die Situation erklärt

Hypothese 1 Kommunikation: Die Deutschen haben die Ablehnung der Chinesen zu ihrem Vorschlag nicht gehört.

Die Deutschen kommunizieren auf der Sachebene. All ihre Vorschläge basieren auf Fakten und logischen Argumenten. Für sie gibt es deshalb keine Zweifel an ihrer „richtigen" Vorgehensweise. Zudem haben sie alles haarklein erklärt und mehrmals wiederholt. Da keine Gegenargumente aus China kommen und die Deutschen auch kein *Nein* hören, sehen sie dies als Zustimmung. Die Antwort hat einen hohen Erklärungswert.

Hypothese 2 Fehlerkultur: Im chinesischen Verständnis werden Fehler durch Kontrollen herausgeprüft.

Der deutsche Qualitätsleiter will Qualität präventiv managen. Damit Fehler erst gar nicht entstehen, müssen die Ursachen gefunden und beseitigt werden. Er weiß, dass alle Kontrollen einen Durchschlupf haben. Insbesondere manuelle Kontrollen sind die denkbar schlechteste Lösung, denn Mitarbeiter können ermüden und falsch entscheiden. Die Chinesen haben dahingegen ein pragmatisches Verständnis von Fehlervermeidung. Solange durch Tests die Fehlteile aussortiert und die gewünschten Ergebnisse angezeigt werden, sind alle Mittel recht. Eine solche Einstellung ist nicht auszuschließen und kann eine mögliche Erklärung liefern.

Hypothese 3: Lokale Abläufe, Strukturen und Standards verhindern die gewünschte Lösung.

Die Personalkosten für ungelernte Arbeiter sind extrem gering. Der Einsatz von zusätzlichen Arbeitern ist in China üblich und akzeptiert. Die Maßnahme ist zudem schnell umsetzbar und zeigt dem lokalen Management Aktivismus. Passieren in den manuellen Kontrollen Fehler, kann die betreffende Person schnell entlassen werden. Man hat also Schuldige. Die Erklärung liegt im Bereich des Möglichen, erklärt aber den Critical Incident nicht vollständig.

Hypothese 4 Kundenbeziehung: Der lokale Lieferant hat die Kollegen korrumpiert.

Normalitätsannahme ist, dass auch im Ausland alles fair, nach Gesetz und Vertrag abläuft wie in Deutschland. Tatsächlich kämpfen chinesische Lieferanten mit allen verfügbaren Mitteln. China steht im weltweiten Korruptionswahrnehmungsindex 2022 nur auf Platz 65 (vgl. Bild 13.16). Der junge chinesische Ingenieur ist für „Zuwendungen" offen, denn auch er will eine Eigentumswohnung, Möbel und ein Auto kaufen, um eine Familie gründen zu können. Vielleicht wurde ihm auch ein lukrativer Job angeboten. Dieses Phänomen ist aus verschiedensten Gründen eklatant und damit im Bereich des Möglichen.

Hypothese 5 Ausbildung: Die Chinesen haben trotz Trainings noch nicht ausreichend Fachkompetenz.

Schon in der Schule wird Wissen in Asien auswendig gelernt und repetiert. Die analytischen Fähigkeiten sind schwach. Eine Umsetzung in berufliche Handlungskompetenz, d.h. eigenständige Anwendung von Methoden auf neue berufliche Situationen, gelingt oftmals nicht. Das Erarbeiten von innovativen Lösungen im Team mit Experten aus verschiedenen Disziplinen ist Neuland. Die Hypothese ist sinnvoll und kann das Critical Incident erklären.

Schritt 4: Empfehlung

Es gibt verschiedene Lösungsrichtungen, die eventuell auch parallel angegangen werden müssen. Es wird systematisch unterschätzt, wie viel Managementressourcen der Aufbau eines ausländischen Produktionswerkes verbraucht. Die Betreuung ist mit dem SoP (Start of Production) keineswegs abgeschlossen. Zunächst hätte der deutsche Qualitätsleiter trotz seines sicherlich hektischen Alltagsgeschäfts auf der Erklärung der Ursachen bestehen sollen, um die Situation frühzeitig abzuwenden. Dazu muss er lernen, die indirekte Kommunikation zu verstehen und damit umzugehen. In dem Fallbeispiel ist offensichtlich, dass die Zusammenarbeit mit dem Lieferanten nicht wie gewünscht funktioniert. Es ist eine intensivere und längere Hilfestellung notwendig. Dazu sollte ein deutscher Qualitätsexperte nach China reisen und gemeinsam mit seinem chinesischen Kollegen im Team beim Lieferanten nach den Ursachen suchen. Neben dem Trainingseffekt kann auf Hinweise der Korrumpierung geachtet werden. Parallel ist es hilfreich, wenn aufgrund des Senioritätsprinzips und der hierarchischen Ordnung in China ein Topmanager aus dem Werk mit dem Lieferanten Kontakt aufnimmt und so die Dringlichkeit beim Lieferanten erhöht.

13.7 Zusammenfassung

Im internationalen Geschäft müssen sowohl in der Kommunikation als auch beim Aufbau von Qualitätsmanagementsystemen zusätzlich kulturelle Unterschiede berücksichtigt werden. Die Normalitätsannahmen der eigenen Kultur treffen in der fremden Kultur nicht zu. Dies gilt insbesondere für das Verständnis und den Umgang mit Qualität, Fehlern und Kunden. Das neu entwickelte House of Intercultural Quality Management gibt Klarheit in der Analyse und dient als Leitbild. In den vier Säulen sind zwölf für das internationale Qualitätsmanagement zentrale Themenfelder benannt, die signifikante handlungsrelevante Unterschiede zwischen den Kulturen aufweisen.

In der Mitte stehen die beiden Qualitätssäulen technische Qualität und Servicequalität, die die Aspekte Fehlerkultur, Qualitätsverständnis, lokale Abläufe, Kundenbeziehung, Service Excellence und lokale Servicestandards beinhalten. Tatsächlich kann ein tieferes Verständnis zur Vermeidung bzw. zur Lösung von Critical Quality Incidents nur erzielt werden, wenn gleichzeitig die weitere Säule interkulturelle Kommunikation mit den Aspekten Eigenkultur – Fremdkultur, kommunikative und interkulturelle Kompetenz sowie die Säule der Mitarbeiterbefähigung mit den Aspekten Ausbildung, Innovationsfähigkeit und Unternehmens- und Qualitätskultur in die Analyse einbezogen werden.

Zwischen den deutschen und den ausländischen Vorstellungen gibt es zum Teil erhebliche Unterschiede. Es gilt, diese zu überbrücken und ein interkulturelles Qualitätsmanagementsystem aufzubauen. Dazu werden praktische Handlungswege zur Überbrückung aufgezeigt.

Kommt es zu kritischen Interaktionssituationen im Qualitätsmanagement oder werden diese erwartet, so empfiehlt sich ein vierstufiges Vorgehen. Zunächst wird der Critical Incident im Zusammenhang des Kontexts beschrieben, dann anhand des House of Intercultural Quality Management systematisch analysiert. Die daraus abgeleiteten Hypothesen werden bewertet und Lösungswege empfohlen.

13.8 Literatur

Bauer, U. (2022): „Total Incomprehension: Why Entrepreneurs from Europe Do Not Understand China: And It Is Getting Worse“. In: Pechlaner, H.; Thees, H.; Manske-Wang, W. (Hrsg.): The Clash of Entrepreneurial Cultures? Interdisciplinary Perspectives Focusing on Asian and European Ecosystems. Springer Verlag Cham, Switzerland, S. 35 – 47

Bolten, J. (2018): *Einführung in die Interkulturelle Wirtschaftskommunikation.* Verlag Vandenhoeck & Ruprecht, Göttingen

Bossmann, H.; Wertmann, P. (2019): *DAAD Bildungssystemanalyse China*; veröffentlicht vom Deutschen Akademischen Austauschdienst (DAAD). Der Bericht ist abrufbar unter www.daad.de/de/bildungssystemanalysen-ueberblick/. Zugriff am 10.01.2023

Brückner, C. (2021): *Qualitätsmanagement und Fehlerkultur. Mit Fehlern gewinnbringend umgehen.* Carl Hanser Verlag, München

DIN EN ISO 9000:2015: Qualitatsmanagementsysteme – Grundlagen und Begriffe. Beuth Verlag, Berlin

Dutta, S. et al (2022): *Global Innovation Index 2022 – What is the future of innovation-driven growth?* Der Bericht ist abrufbar unter: *www.globalinnovationindex.org/gii-2022-report#*. Zugriff am 31.01.2023

Erll, A.; Gymnich, M. (2013): *Interkulturelle Kompetenzen. Erfolgreich kommunizieren zwischen den Kulturen.* Klett Verlag, Stuttgart

Fehrenbach, F. (2014): *Innovation und Wettbewerbsfähigkeit – eine Unternehmerperspektive.* Festvortrag anlässlich des Hochschultages 2014 der Hochschule Kempten am 24.10.2014

Ferres, R. et al. (2005): *Beruflich in Mexiko.* Verlag Vandenhoeck & Ruprecht, Göttingen

Hofstede G.; Hofstede G.J.; Minkov M. (2017): *Lokales Denken, globales Handeln. Interkulturelle Zusammenarbeit und globales Management.* DTV Verlag, München

Husen, C.v.; Zähringer, D. (2010): „Der Gesamtprozess internationaler Dienstleistungen". In: Spath, D. et al.: *Service Engineering internationaler Dienstleistungen.* Fraunhofer IRB Verlag, S. 50 – 67

ISO 10010:2022: *Quality management – Guidance to understand, evaluate and improve organizational quality culture.* Beuth Verlag, Berlin

Joskowicz, L.; Stilijanow, U.; Thomas, A. (2007): *Beruflich in Australien.* Verlag Vandenhoeck & Ruprecht, Göttingen

Kotter, J.P. (2011): *Leading Change. Wie Sie Ihr Unternehmen in acht Schritten erfolgreich verändern.* Verlag Franz Vahlen, München

Kutschker M.; Schmid, S. (2011): *Internationales Management.* Oldenbourg Wissenschaftsverlag, München

Pschorr A., Winz G., Bauer U. (2017): *Sendestörung – Interkulturelles Lernen im Qualitätsmanagement.* In QZ Qualität und Zuverlässigkeit; Jahrgang 62-01, S. 42 – 44

Schroll-Machl, S. (2007): *Die Deutschen – Wir Deutsche. Fremdwahrnehmung und Selbstsicht im Berufsleben.* Verlag Vandenhoeck & Ruprecht, Göttingen

Slate, E.J.; Schroll-Machl, S. (2013). *Beruflich in den USA. Trainingsprogramm für Manager, Fach- und Führungskräfte.* Verlag Vandenhoeck & Ruprecht, Göttingen

Thomas, A. (2005): *Grundlagen der interkulturellen Psychologie.* Verlag Traugott Bautz, Nordhausen

Thomas, A. (2021): *Interkulturelle Handlungskompetenz. Versiert, angemessen und erfolgreich im internationalen Geschäft.* Springer Gabler, Wiesbaden

Thomas, A. (2022): *Praxishandbuch Interkulturelle Handlungskompetenz. Für Fach- und Führungskräfte mit globalen Herausforderungen.* Springer Verlag, Berlin

Thomas, A.; Schenk, E.; Heisel, W. (2015). *Beruflich in China. Trainingsprogramm für Manager, Fach- und Führungskräfte.* Verlag Vandenhoeck & Ruprecht, Göttingen

Winz, G.; Bauer, U. (2014): „Unterschätzte Herausforderung – Mehr Kompetenz für internationales Qualitätsmanagement". In: *QZ Qualität und Zuverlässigkeit* 59-3, S. 14 – 15

Yoosefi, T; Thomas, A. (2012): *Beruflich in Russland.* Verlag Vandenhoeck & Ruprecht, Göttingen

Zettler T. et al. (2021): *DAAD Bildungssystemanalyse Singapur, veröffentlicht vom Deutschen Akademischen Austauschdienst (DAAD).* Der Bericht ist abrufbar unter www.daad.de/de/bildungssystem analysen-ueberblick/. Zugriff am 10.01.2023

Literatur

Allemann, M. (2016): *Rückruf-Aktionen nehmen zu. Oder doch nicht?* Interview im Schweizer Rundfunk. Abrufbar unter: *www.srf.ch/news/wirtschaft/rueckruf-aktionen-nehmen-zu-oder-doch-nicht.* Zugriff am 10.01.2023

Back, S.; Weigel, H. (2014): *Design for Six Sigma.* Carl Hanser Verlag, München

Beckmann, H. (2012): *Prozessorientiertes Supply Chain Engineering.* Springer Gabler Verlag, Wiesbaden

Benes, G.; Groh, P.E. (2022): *Grundlagen des Qualitätsmanagements.* Carl Hanser Verlag, München

Bolten, J. (2018): *Einführung in die Interkulturelle Wirtschaftskommunikation.* Verlag Vandenhoeck & Ruprecht, Göttingen

Bono, E.d. (1999): *Six Thinking Hats.* Back Bay Books, New York

Bossmann, H.; Wertmann, P. (2019): *DAAD Bildungssystemanalyse China*; veröffentlicht vom Deutschen Akademischen Austauschdienst (DAAD). Der Bericht ist abrufbar unter *www.daad.de/de/bildungssystemanalysen-ueberblick/.* Zugriff am 10.01.2023

Bruhn, M. (2020): *Qualitätsmanagement für Dienstleistungen.* Springer-Verlag, Berlin

Brunner, F.J.; Wagner, K.W. (2016): *Taschenbuch Qualitätsmanagement.* Carl Hanser Verlag, München

Brückner, C. (2021): *Qualitätsmanagement und Fehlerkultur. Mit Fehlern gewinnbringend umgehen.* Carl Hanser Verlag, München

CEN/TS 16880:2016: *Service Excellence.* Beuth Verlag, Berlin

DGQ (Hrsg.) (2012): *FMEA – Fehlermöglichkeits- und Einflussanalyse.* Deutsche Gesellschaft für Qualität, Frankfurt am Main

Dietrich, E.; Conrad, S. (2009): *Anwendung statistischer Qualitätsmethoden.* Carl Hanser Verlag, München

Dietrich, E.; Schulze, A. (2014): *Statistische Verfahren zur Maschinen- und Prozessqualifikation.* Carl Hanser Verlag, München

DIN 55350:2021: *Begriffe zum Qualitätsmanagement.* Beuth Verlag, Berlin

DIN 55350-31:1985: *Begriffe der Qualitätssicherung und Statistik; Begriffe der Annahmestichprobenprüfung.* Beuth Verlag, Berlin

DIN 69900:2009: *Projektmanagement-Netzplantechnik; Beschreibungen und Begriffe.* Beuth Verlag, Berlin

DIN 69901-5:2009: *Projektmanagement – Projektmanagementsysteme – Teil 5: Begriffe.* Beuth Verlag, Berlin

DIN EN ISO 9000:2015: *Qualitätsmanagementsysteme – Grundlagen und Begriffe.* Beuth Verlag, Berlin

DIN EN ISO 9001:2015: *Qualitätsmanagementsysteme – Anforderungen.* Beuth Verlag, Berlin

DIN EN ISO 9004:2018: *Qualitätsmanagement – Qualität einer Organisation – Anleitung zum Erreichen nachhaltigen Erfolgs.* Beuth Verlag, Berlin

DIN EN ISO 14001:2015: *Umweltmanagementsysteme – Anforderungen mit Anleitung zur Anwendung.* Beuth Verlag, Berlin

DIN ISO 2859-1:2014: *Annahmestichprobenprüfung anhand der Anzahl fehlerhafter Einheiten oder Fehler (Attributprüfung) – Teil 1: Nach der annehmbaren Qualitätsgrenzlage (AQL) geordnete Stichprobenpläne für die Prüfung einer Serie von Losen.* Beuth Verlag, Berlin

DIN ISO 10002:2019: *Qualitätsmanagement: Kundenzufriedenheit – Leitfaden für die Reklamationsbearbeitung in Organisationen.* Beuth Verlag, Berlin

DIN ISO 14253-1:2018: *Geometrische Produktspezifikationen (GPS) – Prüfung von Werkstücken und Messgeräten durch Messen – Teil 1: Entscheidungsregeln für den Nachweis von Konformität oder Nichtkonformität mit Spezifikationen.* Beuth Verlag, Berlin

DIN ISO 50001:2018: *Energiemanagementsysteme – Anforderungen mit Anleitung zur Anwendung.* Beuth Verlag, Berlin

DIN SPEC 77224:2011: *Erzielung von Kundenbegeisterung durch Service Excellence.* Beuth Verlag, Berlin

Dutta, S. et al (2022): *Global Innovation Index 2022 – What is the future of innovation-driven growth?* Der Bericht ist abrufbar unter: *www.globalinnovationindex.org/gii-2022-report#.* Zugriff am 31. 01. 2023

EFQM (Hrsg.) (2019): *Das EFQM-Modell.* EFQM, Brüssel

Erll, A.; Gymnich, M. (2013): *Interkulturelle Kompetenzen. Erfolgreich kommunizieren zwischen den Kulturen.* Klett Verlag, Stuttgart

Fehrenbach, F. (2014): *Innovation und Wettbewerbsfähigkeit – eine Unternehmerperspektive.* Festvortrag anlässlich des Hochschultages 2014 der Hochschule Kempten am 24. 10. 2014

Ferres, R. et al. (2005): *Beruflich in Mexiko.* Verlag Vandenhoeck & Ruprecht, Göttingen

Freisinger et al. (2022): *Die digitale Transformation des Qualitätsmanagements.* Carl Hanser Verlag, München

Frochte, J. (2019): *Maschinelles Lernen. Grundlagen und Algorithmen in Python.* Carl Hanser Verlag, München

Gouthier, M. (2013): *Kundenbegeisterung durch Service Excellence.* Beuth Verlag, Berlin

Haller, S.; Wissing c. (2020): *Dienstleistungsmanagement. Grundlagen – Konzepte – Instrumente.* Springer Gabler Verlag, Wiesbaden

Helmig, E. (2014): „Haftungsfalle Wareneingangsprüfung in der Automobilzulieferindustrie". In: *PHi Haftpflicht international – Recht & Versicherung* 3/2014, S. 86 – 90

Herrmann, J.; Fritz, H. (2021): *Qualitätsmanagement. Lehrbuch für Studium und Praxis.* Carl Hanser Verlag, München

Hofstede G.; Hofstede G. J., Minkov M. (2017): *Lokales Denken, globales Handeln. Interkulturelle Zusammenarbeit und globales Management.* DTV Verlag, München

Husen, C. v.; Zähringer, D. (2010): „Der Gesamtprozess internationaler Dienstleistungen". In: Spath, D. et al.: *Service Engineering internationaler Dienstleistungen.* Fraunhofer IRB Verlag, S. 50 – 67

IATF 16949:2016: *Qualitätsmanagement – System-Standard der Automobilindustrie.* Beuth Verlag, Berlin

ISO 10010:2022: *Quality management – Guidance to understand, evaluate and improve organizational quality culture.* Beuth Verlag, Berlin

Jochem, R.; Giebel, M.; Geers, D. (2010): „Sind hoher Qualitätsanspruch und Wirtschaftlichkeit miteinander vergleichbar?" In: Jochem, J. (Hrsg.): *Was kostet Qualität?* Carl Hanser Verlag, München, S. 1 – 26

Joskowicz, L.; Stilijanow, U.; Thomas, A. (2007): *Beruflich in Australien.* Verlag Vandenhoeck & Ruprecht, Göttingen

Jung, B.; Schweißer, S.; Wappis, J. (2020): *8D und 7STEP – Systematisch Probleme lösen.* Pocket Power, Carl Hanser Verlag, München

Kaplan, R. S.; Norton, D. P. (1997): *Balanced Scorecard. Strategien erfolgreich umsetzen.* Schäffer-Poeschel Verlag, Stuttgart

Kotler, P.; Keller, K. L. (2012): *Marketing Management.* Pearson Verlag, Hallbergmoos

Kuhn, A.; Winz, G. (1999): „Einführung in das Prozesskettenmanagement". In: Kuhn, A.: *Prozessketten-management. Erfolgsbeispiele aus der Praxis.* Verlag Praxiswissen, Dortmund, S. 9 – 24

Kutschker M.; Schmid, S. (2011): *Internationales Management.* Oldenbourg Wissenschaftsverlag, München

Langmann, K. (2018): *Servicequalität in internen und externen Kunden-Lieferanten-Beziehungen.* Antezedenzien und Effekte in einer modifizierten Service-Profit Chain. Nomos Verlagsgesellschaft, Baden-Baden

licht.de (Hrsg.) (o. J.): licht.wissen – *Industrie und Handwerk* Heft 05

Linß, G. (2018): *Qualitätsmanagement für Ingenieure.* Carl Hanser Verlag, München

Litke, H.-D.; Kunow, I.; Schulz-Wimmer, H. (2018): *Projektmanagement.* Haufe Verlag, Freiburg im Breisgau

Melzer, A. (2019): *Six Sigma – kompakt und praxisnah: Prozessverbesserung effizient und erfolgreich implementieren.* Springer Gabler, Wiesbaden

Olfert, K. (2019): *Projektmanagement.* Kiehl Verlag, Ludwigshafen

Patzak, G.; Rattay, G. (2018): *Projektmanagement.* Linde Verlag, Wien

Pfeufer, H.-J. (2021): *FMEA – Fehler-Möglichkeits- und Einfluss-Analyse.* Pocket Power, Carl Hanser Verlag, München

Prorok, S. (2022): *Statistische Unsicherheiten in der industriellen Produktion.* Springer Vieweg Verlag, Berlin

Pschorr A., Winz G., Bauer U. (2017): *Sendestörung-Interkulturelles Lernen im Qualitätsmanagement.* In QZ Qualität und Zuverlässigkeit; Jahrgang 62-01, S. 42 – 44

Rankl, W.; Effing, W. (2002): *Handbuch der Chipkarte.* Carl Hanser Verlag, München

Refflinghaus, R. (2016): Vorwort. In: Refflinghaus, Kern, Klute-Wenig: *Qualitätsmanagement 4.0 – Status Quo! Quo vadis?* Kassel university, S. 1

Schmitt, R.; Pfeifer, T. (2010): *Qualitätsmanagement. Strategien – Methoden – Techniken.* Carl Hanser Verlag, München

Schmitt, R.; Pfeifer, T. (2015): *Qualitätsmanagement. Strategien – Methoden – Techniken.* Carl Hanser Verlag, München

Schroll-Machl, S. (2007): *Die Deutschen – Wir Deutsche. Fremdwahrnehmung und Selbstsicht im Berufsleben.* Verlag Vandenhoeck & Ruprecht, Göttingen

Slate, E. J.; Schroll-Machl, S. (2013). *Beruflich in den USA. Trainingsprogramm für Manager, Fach- und Führungskräfte.* Verlag Vandenhoeck & Ruprecht, Göttingen

Sommerhoff, B.; Kamiske G. (2018): *EFQM zur Organisationsentwicklung.* Carl Hanser Verlag, München

Sondermann, J. P. (2019): *Poka Yoke. Prinzip und Techniken für Null-Fehler-Prozesse.* Pocket Power, Carl Hanser Verlag, München

Thomas, A. (2005): *Grundlagen der interkulturellen Psychologie.* Verlag Traugott Bautz, Nordhausen

Thomas, A. (2021): *Interkulturelle Handlungskompetenz. Versiert, angemessen und erfolgreich im internationalen Geschäft.* Springer Gabler, Wiesbaden

Thomas, A. (2022): *Praxishandbuch Interkulturelle Handlungskompetenz. Für Fach- und Führungskräfte mit globalen Herausforderungen.* Springer Verlag, Berlin

Thomas, A.; Schenk, E.; Heisel, W. (2015). *Beruflich in China. Trainingsprogramm für Manager, Fach- und Führungskräfte.* Verlag Vandenhoeck & Ruprecht, Göttingen

VDA 4.2 (2020): *Sicherung der Qualität in der Prozesslandschaft. Abschnitt 2: Risikoanalysen.* Verband der Automobilindustrie e. V., Frankfurt am Main

VDA 4.3 (2020): *Qualitätsmanagement in der Automobilindustrie. Sicherung der Qualität in der Prozesslandschaft. Abschnitt 3: Methoden.* Verband der Automobilindustrie, Berlin

VDA 6.1 (2016): *Qualitätsmanagement in der Automobilindustrie. Teil 1 QM-Systemaudit Serienproduktion.* Verband der Automobilindustrie, Berlin

VDI/VDE/DGQ 2619:1985: *Richtlinie zur Prüfplanung.* Beuth Verlag, Berlin

Wälder, K.; Wälder, O. (2013): *Statistische Methoden der Qualitätssicherung.* Carl Hanser Verlag, München

Weckenmann, A. (2012): *Koordinatenmesstechnik. Flexible Strategien für funktions- und fertigungsgerechtes Prüfen.* Carl Hanser Verlag, München

Winz, G. (1996): *Methodik zur kontinuierlichen Verbesserung der logistischen Qualität - Ein Beitrag zum logistischen Qualitätsmanagement.* Dissertation Universität Dortmund; Verlag Praxiswissen, Dortmund

Winz, G. (2012): *Die dynamische Gestaltung der Produktions- und Logistikketten. Logistische Gesetzmäßigkeiten im schlanken Materialfluss.* Logos Verlag, Berlin

Winz, G.; Bauer, U. (2014): „Unterschätzte Herausforderung - Mehr Kompetenz für internationales Qualitätsmanagement". In: *QZ Qualität und Zuverlässigkeit* 59-3, S. 14 - 15

Winz, G.; Brysch, A. (2013): „Wenn Kundenbegeisterung entscheiden soll - Neuer Leitfaden zur Einführung von Service Excellence". In: *QZ Qualität und Zuverlässigkeit* 58-4, S. 22 - 25

Winz, G.; Quint, M. (1997): *Prozesskettenmanagement.* Leitfaden für die Praxis. Verlag Praxiswissen, Dortmund

Yoosefi, T; Thomas, A. (2012): *Beruflich in Russland.* Verlag Vandenhoeck & Ruprecht, Göttingen

Zeithaml, V. A.; Parasuraman, A.; Berry, L. B. (1992): *Qualitätsservice. Was Ihre Kunden erwarten - was Sie leisten müssen.* Campus Verlag, Frankfurt am Main

Abkürzungen

5S	Methode zur Arbeitsplatzgestaltung
8D	Report im Qualitätsmanagement mit acht Schritten (Disziplinen)
A	Auftrittswahrscheinlichkeit der Fehlerursache in der FMEA
AIAG	Automotive Industry Action Group
AQL	Acceptable Quality Limit; annehmbare Qualitätsgrenzlage
B	Bedeutung der Fehlerfolge in der FMEA
BSC	Balanced Scorecard; ausgewogener Berichtsbogen
B2B	Business-to-Business
CAQ	Computer-Aided Quality; rechnerunterstützte Qualitätssicherung
CEN	Europäisches Komitee für Normung; Comité Européen de Normalisation
CNC	Computerized Numerical Control; computergestützte numerische Steuerung
DGQ	Deutsche Gesellschaft für Qualität
DIN	Deutsches Institut für Normung
DMAIC	Define Measure Act Improve Control
E	Entdeckungswahrscheinlichkeit der Fehlfunktion in der FMEA
EDV	Elektronische Datenverarbeitung
EFQM	European Foundation for Quality Management
EN	Europäische Norm
ETL	Extract Transfer Load
FEM	Finite-Elemente-Methode
FMEA	Failure Mode and Effects Analysis; Fehlermöglichkeits- und Einflussanalyse
HoIQM	House of Intercultural Quality Management

i.O.	in Ordnung
IATF	International Automotive Task Force
ISO	International Organization for Standardization
IT	Information Technology, Informationstechnologie
JIS	Just in Sequence – Konzept zur Anlieferung in der richtigen Reihenfolge
JIT	Just in Time – Konzept zur Anlieferung zum richtigen Zeitpunkt
KI	Künstliche Intelligenz; Artificial Intelligence (AI)
KMG	Koordinatenmessgerät
KN	Kundennutzen
KPI	Key Performance Indicator; Leistungskennzahl
Kst.	Kostenstelle
KVP	Kontinuierlicher Verbesserungsprozess
MA	Mitarbeiter
Mgmt.	Management
ML	Maschinelles Lernen; Machine Learning
MSA	Measurement System Analysis; Messsystemanalyse
n.i.O.	nicht in Ordnung
OEG	obere Eingriffsgrenze
OEM	Original Equipment Manufacturer; Originalhersteller
OSG	obere Spezifikationsgrenze
OTG	obere Toleranzgrenze
P	Probability, Wahrscheinlichkeit
PDCA	Plan, Do, Check, Act
ppm	parts per million; Teile pro Million
Q	Qualität
Q7	die sieben Qualitätstechniken
QM	Qualitätsmanagement
QMS	Qualitätsmanagementsystem
QRK	Qualitätsregelkarte
RADAR	Results, Approaches, Deployment, Assess, Refine
RPZ	Risikoprioritätszahl
RV	Ressourcenverbrauch

SMART	Spezifisch-Messbar-Attraktiv-Realistisch-Terminiert
SIPOC	Suppliers-Inputs-Process-Outputs-Customers
SoP	Start of Production
SPC	Statistical Process Control
TS	Technische Spezifikation
TQM	Total Quality Management
UEG	untere Eingriffsgrenze
USG	untere Spezifikationsgrenze
UTG	untere Toleranzgrenze
VDA	Verband der Automobilindustrie
VDE	Verband der Elektrotechnik, Elektronik und Informationstechnik
VDI	Verein Deutscher Ingenieure
V/T	Verantwortlicher und Termin

Glossar

Acceptable Quality Limit (AQL) (annehmbare Qualitätsgrenzlage)

Schlechteste hinnehmbare Qualitätslage eines Prozesses für eine fortlaufende Serie von Prüflosen (ISO 2859).

Ähnlichkeitsfalle (similarity trap)

Unterschätzung von kulturellen Unterschieden aufgrund von oberflächlich betrachteten Gemeinsamkeiten im Geschäfts- und Kommunikationsverhalten. Aufgrund dieser mangelnden interkulturellen Kompetenz kommt es zu folgenschweren Irrtümern.

Anforderung (requirement)

Erfordernis oder Erwartung, die festgelegt, üblicherweise vorausgesetzt oder verpflichtend ist (ISO 9001).

Annahmestichprobenprüfung (acceptance sampling inspection)

Verfahren zur Entscheidung über die Annahme oder Rückweisung eines Loses, bei der zufällig aus dem Los Einheiten entnommen wurden (ISO 2859).

Audit

Systematischer, unabhängiger und dokumentierter Prozess zum Erlangen von objektiven Nachweisen (ISO 9001). Es werden Eignung, Angemessenheit und Wirksamkeit des zu betrachtenden Aspekts, beispielsweise das Qualitätsmanagementsystem, untersucht.

Auditor

Person mit den persönlichen Eigenschaften und der Kompetenz, ein Audit durchzuführen.

Auflösung (resolution)

Der kleinste, durch ein Messsystem erfassbare Inkrement zur Unterscheidung zweier diskreter Positionen.

Balanced Scorecard (ausgewogener Berichtsbogen)

Mehrdimensionales Kennzahlensystem zur Messung, Dokumentation und Steuerung der Aktivitäten einer Organisation, abgeleitet aus seiner Vision und Strategie. Neben der finanziellen sind weitere Perspektiven einbezogen.

Change Management (Veränderungsmanagement)

Veränderung in einer Organisation bezüglich Strategien, Strukturen, Prozessen, Systemen oder Verhaltensweisen beispielsweise zur Anpassung an veränderte Rahmenbedingungen.

Corporate Identity (Unternehmensidentität)

Einheitliches Selbstverständnis des Unternehmens. Dieser Begriff beinhaltet alle Unternehmensaktivitäten zur Identifizierung gegenüber der Öffentlichkeit, die sich in Verhalten, Kommunikation und Erscheinungsbild des Unternehmens ausdrücken.

Critical Incident (kritische Interaktionssituation)

Kritisches oder bedeutsames Ereignis. In der Kommunikation kann es aufgrund kultureller Unterschiedlichkeit und Fehlinterpretationen des Verhaltens der Interaktionspartner zu kritischen Ereignissen kommen.

Im Zusammenhang mit der Analyse von Dienstleistungen werden Kunden mittels offener Fragen direkt nach negativen oder positiven Ereignissen gefragt.

Fehler (nonconformity)

Nichterfüllung einer festgelegten Forderung (ISO 2859).

Fehlerkultur (culture of nonconformity)

Bezeichnet die Art und Weise, wie mit Fehlern, Risiken und Folgen umgegangen wird.

Grenzmuster

Insbesondere schwer zu spezifizierende Kriterien werden über Muster mit klar erkennbaren Zuständen und Bewertungen (i. O./n. i. O.) definiert. Oftmals werden mit Lieferanten sogenannte Grenzmusterkataloge abgestimmt, die als Vergleichsmuster dafür dienen, was noch qualitativ akzeptabel ist und was nicht.

High-Context-Kommunikation (indirekte Kommunikation)

In der Kommunikation spielen neben der Sprache auch der Kontext (Begleitumstände, Zusammenhang) des Gesprächs und die Beziehung der Sprecher zueinander eine maßgebliche Rolle.

House of Intercultural Quality Management (HoIQM)

Leitbild, welches die interkulturellen Aspekte im Qualitätsmanagement in den vier Säulen interkulturelle Kommunikation, technisches Qualitätsmanagement, Servicequalität und Mitarbeiterbefähigung mit insgesamt zwölf zentralen Themenfeldern perspektiviert.

Interkulturelle Handlungskompetenz (intercultural competence)

Fähigkeit, kulturelle Bedingungen und Einflussfaktoren im Wahrnehmen, Urteilen, Empfinden und Handeln bei sich selbst und bei anderen Personen zu erfassen, zu respektieren, zu würdigen und produktiv zu nutzen (Thomas 2005).

Kalibrierung (calibration)

Kalibrierung ist das Feststellen der Abweichung der Anzeige eines Messgeräts vom wahren Wert der Messgröße.

Konformität (conformity)

Erfüllung einer Anforderung (ISO 9000:2015).

Kritischer Fehler (critical nonconformity)

Führt zur Gefährdung von Personen oder zieht einen beträchtlichen wirtschaftlichen Schaden nach sich, beispielsweise dadurch, dass die Funktionserfüllung einer größeren Anlage verhindert wird.

Kritischer Pfad (critical path)

Stellt im Netzplan die Verbindung aller Vorgänge dar, die keine Pufferzeit besitzen. Sie können nicht verschoben werden, ohne dass sich der Endtermin des Projekts verschiebt. Er ist für die Gesamtdauer des Projekts verantwortlich.

Kultur (culture)

Kultur ist ein universelles, für die Gesellschaft, Organisation und Gruppe aber sehr typisches Orientierungssystem, welches aus spezifischen Symbolen gebildet und in der jeweiligen Gesellschaft tradiert wird. Es beeinflusst das Wahrnehmen, Denken, Werten und Handeln aller ihrer Mitglieder (Thomas 2005).

Kulturstandards (cultural standards)

Arten des Wahrnehmens, Denkens, Wertens und Handelns, die von der Mehrzahl der Mitglieder einer bestimmten Kultur als normal, typisch und verbindlich angesehen werden (Thomas 2005).

Kundenbegeisterung (customer delight)

Emotionen der Freude und Überraschung, die der Kunde erlebt und die sich entweder aus einem intensiven Gefühl erfahrener Wertschätzung oder aus übertroffenen Erwartungen ergeben (CEN/TS 16880).

Low-Context-Kommunikation (direkte Kommunikation)

In der Kommunikation hat die Sprache eine bedeutendere Rolle als der Kontext des Gesprächs bzw. die Beziehung der Sprecher zueinander. Die Informationen werden ausdrücklich und sachlich ausgetauscht.

Maschinelles Lernen (machine learning)

Algorithmen erkennen Muster und Gesetzmäßigkeiten in den Trainingsdaten. Ziel ist es, unbekannte Daten zu beurteilen. Anhand von Testdaten wird die Genauigkeit des Machine-Learning-Modells überprüft.

Merkmal (characteristic)

Kennzeichnende Eigenschaft (DIN ISO 9000:2015).

Messmittel (measuring equipment)

Messgerät, Software, Messnormal, Referenzmaterial, apparatives Hilfsmittel oder eine Kombination davon, wie sie zur Realisierung eines Messprozesses erforderlich sind (ISO 9001).

Messsystemanalyse (measurement system analysis)

Als Messsystemanalyse bzw. Messmittel-Fähigkeitsanalyse, kurz MSA, bezeichnet man die Analyse der Fähigkeit von Messmitteln und kompletten Messsystemen im Qualitätsmanagement.

Messunsicherheit (uncertainty of measurement)

Unsicherheit eines Messergebnisses. Sie setzt sich aus der systematischen Messabweichung und der zufälligen Messabweichung zusammen.

Motivation

Motivation tritt ein durch die Aktivierung von Motiven durch Anreize. Motive sind spezifische Persönlichkeitsmerkmale. Anreize sind Reize, die das Verhalten beeinflussen.

Norm (standard)

Dokument zur Anwendung, welches Regeln und Forderungen für Geschäfts- und Arbeitsprozesse, Tätigkeiten, Produkte und Merkmale festlegt. Eine Norm wird von nationalen oder internationalen Gremien und Verbänden erarbeitet und verabschiedet.

Normalitätsannahme (normality assumption)

Annahme, dass die eigenen Kulturstandards auch in fremden Kulturen normal sind. Dadurch werden fremde Situationen falsch interpretiert und führen zu interkulturellen Missverständnissen.

Organisation

Person oder Personengruppe, die eigene Funktionen mit Verantwortlichkeiten, Befugnissen und Beziehungen haben, um ihre Ziele zu erreichen (DIN ISO 9000:2015). Dies kann ein Einzelunternehmer, eine Gesellschaft, ein Konzern, eine Firma, eine Behörde, eine Institution oder Teile davon sein.

Prozessbeherrschung (process control)

Prozess ist frei von systematischen Einflüssen (beispielsweise Werkzeugverschleiß), steuerbar und frei zentrierbar.

Prozessfähigkeit (process capability)

Prozess ist beherrscht und produziert innerhalb der Spezifikation. Als Kennwerte dienen der c_p-Wert, als Maß für die Breite der Prozessstreuung im Verhältnis zur Toleranzbreite und der c_{pk}-Wert zur Berücksichtigung der Lage der Verteilung.

Pufferzeit (buffer time)

Zeitspanne, um welche die Lage oder die Dauer eines Ereignisses bzw. Vorgangs verändert werden kann, ohne dass sich dies auf die Projektdauer auswirkt.

Qualität (quality)

Grad, in dem ein Satz inhärenter Merkmale eines Objekts Anforderungen erfüllt (ISO 9001).

Qualitätsmanagementsystem (quality management system)

Gestaltung der Aufbau- und der Ablauforganisation wie auch die Verknüpfung der qualitätsbezogenen Aktivitäten untereinander. Es entsteht ein System vernetzter Regelkreise auf allen betrieblichen Ebenen, welches die Ziele, die Verantwortlichkeiten, die Prozesse, die Dokumentation und die zur Durchführung erforderlichen Mittel festlegt.

Qualitätsregelkarte (control chart)

Grafische Zweikoordinatendarstellung von Kenngrößen zur Qualitätsregelung von Prozessen, beispielsweise Fertigungsprozesse.

Service Excellence

Fähigkeiten einer Organisation, durchgehend herausragende Kundenerlebnisse zu bieten (CEN/TS 16880).

Simultaneous Engineering (simultane Entwicklung)

Traditionell sequenziell ablaufende Phasen werden überlappend gestaltet mit dem Ziel der Verkürzung der Projektlaufzeit.

Six Sigma

Systematische Vorgehensweise zur Prozessverbesserung unter Anwendung analytischer und statistischer Methoden. Der Verbesserungsprozess besteht aus den fünf Phasen Define, Measure, Analyse, Improve und Control, die abgekürzt DMAIC-Zyklus genannt werden.

Statistical Process Control (statistische Prozessregelung)

Qualitätslenkung von Prozessen unter Einsatz von statistischen Verfahren.

Stichprobe (sample)

Satz von einer oder mehreren Einheiten, die aus der Grundgesamtheit entnommen werden.

Stichprobenanweisung (sampling instruction)

Zusammenstellung des anzuwendenden Stichprobenumfangs sowie der zugehörigen Annahmekriterien für das Prüflos. Eine Einfachstichprobenanweisung ist die Zusammenstellung eines Stichprobenumfangs sowie von Annahmezahl und Rückweisezahl. Eine Doppelstichprobenanweisung ist die Zusammenstellung von zwei Stichprobenumfängen sowie von Annahmezahlen und Rückweisezahlen für die erste Stichprobe und für die zusammengefasste Stichprobe (ISO 2859).

Team

(Temporärer) Zusammenschluss von Personen, deren Fähigkeiten einander ergänzen und die sich für eine gemeinsame Sache, gemeinsame Leistungsziele und einen gemeinsamen Arbeitsansatz engagieren und gegenseitig zur Verantwortung ziehen.

Vertrauensintervall (confidence intervall)

Bereich um den geschätzten Wert des Parameters, der mit einer zuvor festgelegten Wahrscheinlichkeit (dem Konfidenzniveau) die wahre Lage des Parameters trifft. Das Vertrauensintervall sagt etwas über die Präzision der Lageschätzung eines Parameters aus.

Zertifizierung (certification)

Begutachtung einer bestimmten Einheit (Unternehmen, Produkt, Prozess, Person) durch einen akkreditierten, also anerkannten Prüfer, der die Einhaltung von bestimmten Standards schriftlich bestätigt.

Der Autor

Prof. Dr.-Ing. Gerald Winz studierte Maschinenbau an der RWTH Aachen und war danach wissenschaftlicher Mitarbeiter am Fraunhofer-Institut für Materialfluss und Logistik. Er promovierte an der Universität Dortmund. Anschließend war Dr. Winz viele Jahre bei Siemens und später bei der Infineon Technologies AG in leitenden Positionen im In- und Ausland tätig. Seine regionalen Schwerpunkte sind Singapur, Malaysia, Indonesien und China. Seit 2010 ist er Professor für Qualitätsmanagement an der Hochschule Kempten. Dort leitet er den Studiengang Wirtschaftsingenieurwesen – Maschinenbau und ist wissenschaftlicher Leiter des Digital Laboratory, welches sich mit der digitalen Transformation im Maschinenbau beschäftigt.

Die Ausbildung der Nachwuchsingenieure und Ingenieurinnen und deren Motivation für die spannende Querschnittsaufgabe Qualitätsmanagement liegen ihm besonders am Herzen. Durch industrienahe Forschung wird die Verbindung zwischen Wissenschaft und Industrie geschaffen. Prof. Winz ist Mitglied der Gesellschaft für Qualitätswissenschaft e. V. (GQW). Für die TÜV Süd Akademie hat er das innovative Managementseminar „Internationales Qualitätsmanagement“ entwickelt und für die Deutsche Gesellschaft für Qualität e. V. (DGQ) den Lehrgang „Kundenbegeisterung mit Service Excellence“.

Index